Ernst Kunz

# Einführung in die algebraische Geometrie

# vieweg studium
## Aufbaukurs Mathematik

Herausgegeben von M. Aigner, G. Fischer,
M. Grüter, M. Knebusch, R. Scharlau, G. Wüstholz

Martin Aigner
**Diskrete Mathematik**

Albrecht Beutelspacher und Ute Rosenbaum
**Projektive Geometrie**

Manfredo P. do Carmo
**Differentialgeometrie von Kurven und Flächen**

Gerd Fischer
**Ebene algebraische Kurven**

Wolfgang Fischer und Ingo Lieb
**Funktionentheorie**

Wolfgang Fischer und Ingo Lieb
**Ausgewählte Kapitel aus der Funktionentheorie**

Otto Forster
**Analysis 3**

Manfred Knebusch und Claus Scheiderer
**Einführung in die reelle Algebra**

Horst Knörrer
**Geometrie**

Ulrich Krengel
**Einführung in die Wahrscheinlichkeitstheorie und Statistik**

Ernst Kunz
**Algebra**

Ernst Kunz
**Einführung in die algebraische Geometrie**

Reinhold Meise und Dietmar Vogt ·
**Einführung in die Funktionalanalysis**

Erich Ossa
**Topologie**

Alexander Prestel
**Einführung in die mathematische Logik und Modelltheorie**

Jochen Werner
**Numerische Mathematik 1 und 2**

Jürgen Wolfart
**Einführung in die Zahlentheorie und Algebra**

Ernst Kunz

# Einführung in die algebraische Geometrie

Mit 145 Übungsaufgaben

**Prof. Dr. Ernst Kunz**
Universität Regensburg
Fachbereich Mathematik
Universitätsstr. 31
93053 Regensburg



Der Verlag Vieweg ist ein Unternehmen der Bertelsmann Fachinformation GmbH.

Gedruckt auf säurefreiem Papier

ISBN-13:978-3-528-07287-2     e-ISBN-13:978-3-322-80313-9
DOI: 10.1007/978-3-322-80313-9

# Inhaltsverzeichnis

# Vorwort

Diese Einführung in die algebraische Geometrie ist aus dem gleichen Kurs hervorgegangen, dem auch mein Algebra-Buch [$K_4$] entstammt. Sie schließt an dieses an und wendet sich hauptsächlich an Studierende, die sich über einen algebraischen Grundkurs hinaus in ein Gebiet der Algebra einarbeiten und Fragen der aktuellen Forschung näherkommen wollen.

Die algebraische Geometrie besitzt zahlreiche Facetten und erlaubt sehr unterschiedliche Zugänge. Viele Mathematiker verstehen unter algebraischer Geometrie hauptsächlich projektive algebraische Geometrie. In diesem Buch wird der Standpunkt eingenommen, daß man in der algebraischen Geometrie vor allem die Lösungsmengen algebraischer Gleichungssysteme mit Koeffizienten aus einem Körper, also die algebraischen Varietäten, verstehen möchte. Es werden die algebraischen Methoden beschrieben, die von van der Waerden, Krull, A. Weil und Zariski in die Geometrie eingeführt und in neuerer Zeit von Serre, Grothendieck und vielen anderen weiterentwickelt wurden. Zu den modernen Verallgemeinerungen der Varietäten, den Schemata, wird hingeführt, und es wird ihre Nützlichkeit auch für die klassische Theorie am Beispiel der elementaren Schnitt-Theorie zumindest angedeutet.

Der jetzige Text hat ein gemeinsames Gerüst mit meinem vergriffenen Buch [$K_1$], von dem nur noch eine amerikanische Ausgabe [$K_2$] vorliegt, die in Deutschland ziemlich teuer ist. Das frühere Buch setzte sich zum Ziel, einige zum Zeitpunkt seines Erscheinens aktuelle Entdeckungen über vollständige Durchschnitte zu erreichen. Hier wird Bescheideneres angestrebt. Das jetzige Buch ist elementarer, es betont die Geometrie etwas stärker, und es sind neue Übungsaufgaben gewählt worden.

Der Leser soll die Teile von [$K_4$] kennen, die sich mit der Körper- und Ringtheorie beschäftigen, z.B. den Hilbertschen Basissatz und den Nullstellensatz sowie Grundtatsachen über ganze Ringerweiterungen. Darüberhinaus wird Vertrautheit mit der linearen und multilinearen Algebra von Moduln über kommutativen Ringen erwartet, z.B. soll man mit dem Tensorprodukt von Moduln und Algebren umgehen können, und es wird vorausgesetzt, daß man über den Transzendenzgrad und Transzendenzbasen von Körpererweiterungen Bescheid weiß. Auf diesen Grundlagen aufbauend, werden stets vollständige Beweise angestrebt.

Was sonst noch aus der Algebra verwendet wird, ist in den Anhängen A-F zusammengefaßt, die man zu Beginn lesen kann, oder aber dann, wenn sie im mehr geometrischen Teil des Buches zum ersten Mal angewendet werden.

Für zahlreiche nützliche Hinweise und Verbesserungsvorschläge bin ich Markus Bockes, Bettina Kreuzer, Winfried Weber und vielen anderen Teilnehmern der Regensburger Vorlesungen und Seminare zu Dank verpflichtet. Die mit Metafont und

Maple erzeugten Bilder verdanke ich Bernhard und Wolfgang Rauscher sowie Markus Bockes. Der Text ist von Eva Rütz in bewährter Weise in $\TeX$ gesetzt worden.

Verlag und Herausgebern danke ich, daß sie mich ermuntert haben, ihr Lehrbuchprogramm erneut durch ein Buch über algebraische Geometrie zu ergänzen.

Regensburg, Januar 1997                                         Ernst Kunz

# Vereinbarungen und Bezeichnungen

Unter einem **Ring** verstehen wir immer einen assoziativen, kommutativen Ring mit Eins. **Ringhomomorphismen** bilden die Eins auf die Eins ab. In einem **Modul** $M$ gilt $1 \cdot m = m$ für alle $m \in M$. **Primideale** eines Rings werden immer $\neq R$ vorausgesetzt. Eine endlich erzeugte Algebra über einem Körper $K$ wird auch **affine** $K$–**Algebra** genannt. Neben Standardsymbolen werden noch folgende **Symbole** ohne nähere Erklärung verwendet:

$\mathsf{N} = \{0, 1, 2, \dots\}$ Menge der natürlichen Zahlen

$\mathsf{N}_+ = \{1, 2, \dots, \}$

$\mathsf{R}_+$ Menge der reellen Zahlen $> 0$

$|M|$ Anzahl der Elemente einer Menge $M$

$\emptyset$ leere Menge

$\supset, \subset$ Zeichen für Inklusion

$\supsetneq, \subsetneq$ Zeichen für echte Inklusion

$f \mid_U$ Einschränkung einer Abbildung $f$ auf die Menge $U$

$K^*$ Menge der Elemente $\neq 0$ eines Körpers $K$

$\mathsf{F}_q$ Körper mit $q$ Elementen

$\operatorname{Trgr} L/K$ Transzendenzgrad einer Körpererweiterung $L/K$

$a \mid b$    $a$ teilt $b$ (in einem Ring)

$a \sim b$    $a$ und $b$ sind zueinander assoziiert (d.h. $a \mid b$ und $b \mid a$)

$\operatorname{Spec} R$   Menge der Primideale eines Rings $R$ (Spektrum)

$\operatorname{Max} R$   Menge der maximalen Ideale von $R$ (Maximalspektrum)

$\operatorname{Min} R$   Menge der minimalen Primideale von $R$

$(\dots)$ Ideal erzeugt von ...

$\langle\dots\rangle$ Untermodul erzeugt von ...

$\dim_K V$ Dimension eines $K$–Vektorraums $V$

$\deg_{X_i} f$ Grad eines Polynoms $f$ bzgl. der Variablen $X_i$

$\operatorname{Grad} f = \left( \frac{\partial f}{\partial X_1}, \dots, \frac{\partial f}{\partial X_n} \right)$ Gradient eines Polynoms $f$

**Zitate** der Form (X,3.4) besagen, daß man das Betreffende im Kapitel X unter der Nummer 3.4 findet. Nummern ohne Kapitelangabe beziehen sich auf das Kapitel, in dem sie gerade stehen, und Zitate der Form X.4 auf den Anhang X.

# Kap.I. Affine algebraische Varietäten

Die Lösungsmengen algebraischer Gleichungssysteme nennt man affine algebraische Varietäten. Man betrachtet sie als Objekte der Geometrie des affinen Raums. Wir wollen hier zunächst ihre Grundeigenschaften besprechen und die Beziehung zur Idealtheorie herstellen.

## § 1. Definition und erste Eigenschaften affiner algebraischer Varietäten

Ein **algebraisches Gleichungssystem** über einem Körper $K$ ist ein System der Form

$$
\begin{aligned}
f_1(X_1, \ldots, X_n) &= 0 \\
&\vdots \\
f_m(X_1, \ldots, X_n) &= 0
\end{aligned}
\tag{1}
$$

wobei $f_1, \ldots, f_m$ Polynome in den Variablen $X_1, \ldots, X_n$ mit Koeffizienten aus $K$ sind. Ist ein System (1) gegeben, so interessiert man sich natürlich für seine Lösungen in $K^n$ oder $L^n$, wenn $L$ ein Erweiterungskörper von $K$ ist. Spezielle Systeme (1) sind die **linearen Gleichungssysteme**

$$
\sum_{k=1}^{n} a_{ik} X_k - b_i = 0 \qquad (a_{ik}, b_i \in K;\ i = 1, \ldots, m)
\tag{2}
$$

die in der linearen Algebra behandelt werden. Für sie gibt es einfache Antworten auf die folgenden Fragen, die man an ein System (1) stellen kann:

a) Wann ist (1) lösbar?

b) Kann man die Lösungsmenge mit Hilfe einer "Parameterdarstellung" ausdrücken, und wie kann man diese berechnen?

c) Wie hat man sich die Lösungsmenge "geometrisch" vorzustellen?

d) Kann man die "Größe" der Lösungsmenge durch eine "Dimension" messen?

e) Wann besitzt (1) eine endliche Lösungsmenge, wie viele Lösungen gibt es dann, und wie kann man sie berechnen?

f) Wann besitzen zwei Systeme (1) die gleiche Lösungsmenge?

g) Sei $V$ die Lösungsmenge des Systems (1). Wie viele Polynome benötigt man, um $V$ als Lösungsmenge eines entsprechenden Gleichungssystems darzustellen?

Natürlich sind die Antworten auf diese Fragen für algebraische Gleichungssysteme viel schwieriger als für lineare Gleichungssysteme, und es wird eine Weile dauern, bis wir befriedigende Aussagen erhalten können. Beispielsweise handelt Kap.VI von den

Fragen d) und g) und Kap.VIII von Frage e). Man verschafft sich zunächst einen Eindruck von der Gesamtheit der Lösungsmengen von Systemen der Form (1).

Es bezeichne $\mathsf{A}_L^n = L^n = \{(x_1, \ldots, x_n) | x_i \in L\}$ den $n$**-dimensionalen affinen Raum** über einem Erweiterungskörper $L$ von $K$. In ihm sind, wie in der linearen Algebra üblich, **affine Unterräume** (insbesondere Punkte, Geraden und Hyperebenen) definiert und der Begriff der **Parallelität**.

1.1.DEFINITION. *Eine Teilmenge $V \subset \mathsf{A}_L^n$ heißt* **affine algebraische $K$-Varietät** *(auch affine* **algebraische Menge***), wenn es ein System (1) gibt, so daß $V$ die Menge aller Lösungen des Systems ist. Man sagt dann, $V$ sei definiert über $K$ und nennt (1) ein* **definierendes Gleichungssystem** *von $V$, ferner heißt $K$ ein* **Definitionskörper** *und $L$ der* **Koordinatenkörper** *von $V$. Die Punkte aus $V \cap \mathsf{A}_K^n$ heißen $K$-rationale Punkte von $V$.*

Es ist zugelassen, daß in (1) $m = 0$ gilt; in diesem Fall erhält man $V = \mathsf{A}_L^n$ als Lösungsmenge. Auch die leere Menge ist eine affine algebraische Varietät mit dem definierenden Gleichungssystem $1 = 0$.

Eine $K$-Varietät $V$ ist auch eine $K'$-Varietät für jeden Teilkörper $K' \subset L$, welcher alle Koeffizienten eines $V$ definierenden Gleichungssystems enthält, etwa wenn $K'$ ein Zwischenkörper von $L/K$ ist.

Bevor wir allgemeine Betrachtungen über affine algebraische Varietäten anstellen, wollen wir uns anhand zahlreicher Beispiele und Bilder einen Eindruck von ihrer Vielgestaltigkeit verschaffen. Der Wunsch, sie zu klassifizieren, scheint unerfüllbar zu sein. Dennoch versucht man in der algebraischen Geometrie, wenigstens in Spezialfällen eine Klassifikation durchzuführen.

1.2.BEISPIELE:

a) **Lineare $K$-Varietäten.** Dies sind die Lösungsmengen in $\mathsf{A}_L^n$ von linearen Gleichungssystemen (2). Es handelt sich um die affinen Unterräume von $\mathsf{A}_L^n$, die sich durch ein lineares Gleichungssystem (2) mit Koeffizienten aus $K$ beschreiben lassen. Wenn ein solches System in $L^n$ lösbar ist, dann ist es bekanntlich auch in $K^n$ lösbar. Hat in diesem Fall die Matrix $(a_{ik})$ den Rang $r$, so nennt man $V$ eine lineare Varietät der Dimension $d := n - r$. Sie besitzt eine Parameterdarstellung

$$V = \{(\alpha_1, \ldots, \alpha_n) + \sum_{i=1}^{d} \lambda_i(\alpha_{i1}, \ldots, \alpha_{in}) | \lambda_1, \ldots, \lambda_d \in L\}$$

mit einer speziellen Lösung $(\alpha_1, \ldots, \alpha_n) \in K^n$ und $d$ linear unabhängigen Lösungen $(\alpha_{i1}, \ldots, \alpha_{in}) \in K^n$ des zu (2) gehörigen homogenen Systems.

Nulldimensionale lineare $K$-Varietäten sind die Punkte aus $K^n$. Die 1-dimensionalen linearen $K$-Varietäten heißen auch $K$-**Geraden** und die $(n-1)$-dimensionalen werden $K$-**Hyperebenen** genannt. Über diese Objekte ist natürlich vieles aus der linearen Algebra bekannt, und wir werden diese Kenntnisse manchmal auch verwenden.

b) $K$**–Hyperflächen.** Diese sind durch eine einzige Gleichung $f(X_1, \ldots, X_n) = 0$ definiert, wobei $f \in K[X_1, \ldots, X_n]$ ein nichtkonstantes Polynom ist. Definitionsgemäß ist jede $K$–Varietät ein endlicher Durchschnitt von $K$–Hyperflächen. Im Fall $n = 3$ nennt man Hyperflächen auch einfach **Flächen**. Im Fall $n = 2$ spricht man von **ebenen algebraischen Kurven**. Diese Kurven können schon außerordentlich vielgestaltig sein, und mehr noch gilt dies für die Flächen im Raum.

Man beachte, daß z.B. im Reellen eine "Hyperfläche" leer sein kann oder auch nur aus einem Punkt zu bestehen braucht. Später werden wir immer voraussetzen, daß der Koordinatenkörper $L$ algebraisch abgeschlossen ist. Dann können solche Phänomene nicht auftreten (vgl. 1.6b). Mit den speziellen Eigenschaften der reellen algebraischen Varietäten beschäftigt sich die **reelle algebraische Geometrie** (vgl. [KS]).

c) **Kegel**. Ein Polynom $f = \sum a_{\nu_1 \ldots \nu_n} X_1^{\nu_1} \cdots X_n^{\nu_n}$ heißt **homogen vom Grad** $d$, wenn $a_{\nu_1 \ldots \nu_n} = 0$ für alle $n$–Tupel $(\nu_1, \ldots, \nu_n) \in \mathbf{N}^n$ mit $\sum_{i=1}^{n} \nu_i \neq d$ (A.2a). Die Lösungsmenge eines Systems (1) mit lauter homogenen Polynomen $f_i$ $(i = 1, \ldots, m)$ heißt ein $K$–**Kegel** mit der Spitze im Ursprung $0 := (0, \ldots, 0)$. Für jeden Punkt $P = (x_1, \ldots, x_n) \in V$, $P \neq 0$, gehört die Gerade $\{\lambda \cdot P | \lambda \in L\}$ durch $0$ und $P$ zu $V$.

d) **Hyperflächen 2. Ordnung (Quadriken)** sind definiert als die Lösungsmengen von Gleichungen der Form

$$\sum_{i,k=1}^{n} a_{ik} X_i X_k + \sum_{i=1}^{n} b_i X_i + c = 0 \qquad (a_{ik}, b_i, c \in K, (a_{ik}) \neq (0))$$

Ihre auf der Hauptachsentransformation beruhende Klassifikation wird gewöhnlich in der linearen Algebra behandelt.

Die folgenden Bilder zeigen zunächst die wichtigsten Repräsentanten für die Quadriken in der reellen Ebene und im Raum. Anschließend betrachten wir Beispiele für ebene algebraische Kurven, welche durch Gleichungen vom Grad $> 2$ gegeben werden, und auch einige Flächen höheren Grades im 3–dimensionalen Raum. Früher hat man viele solcher Flächen durch Gipsmodelle veranschaulicht, sie wurden von G. Fischer [F] fotografiert und beschrieben.

### Kegelschnitte

Im Fall $n = 2$ heißen die Hyperflächen 2. Ordnung Kegelschnitte. Sie wurden zum ersten Mal systematisch untersucht von Apollonius von Perga ($\sim$ 262-190 v.Chr.), den man vielleicht als den frühesten Vertreter der algebraischen Geometrie betrachten kann (vgl. [A]). Später erlangten die Kegelschnitte auch in den Anwendungen der Mathematik große Bedeutung, mit der Entdeckung der Keplerschen Gesetze der Planetenbewegung und in der Newtonschen Mechanik.

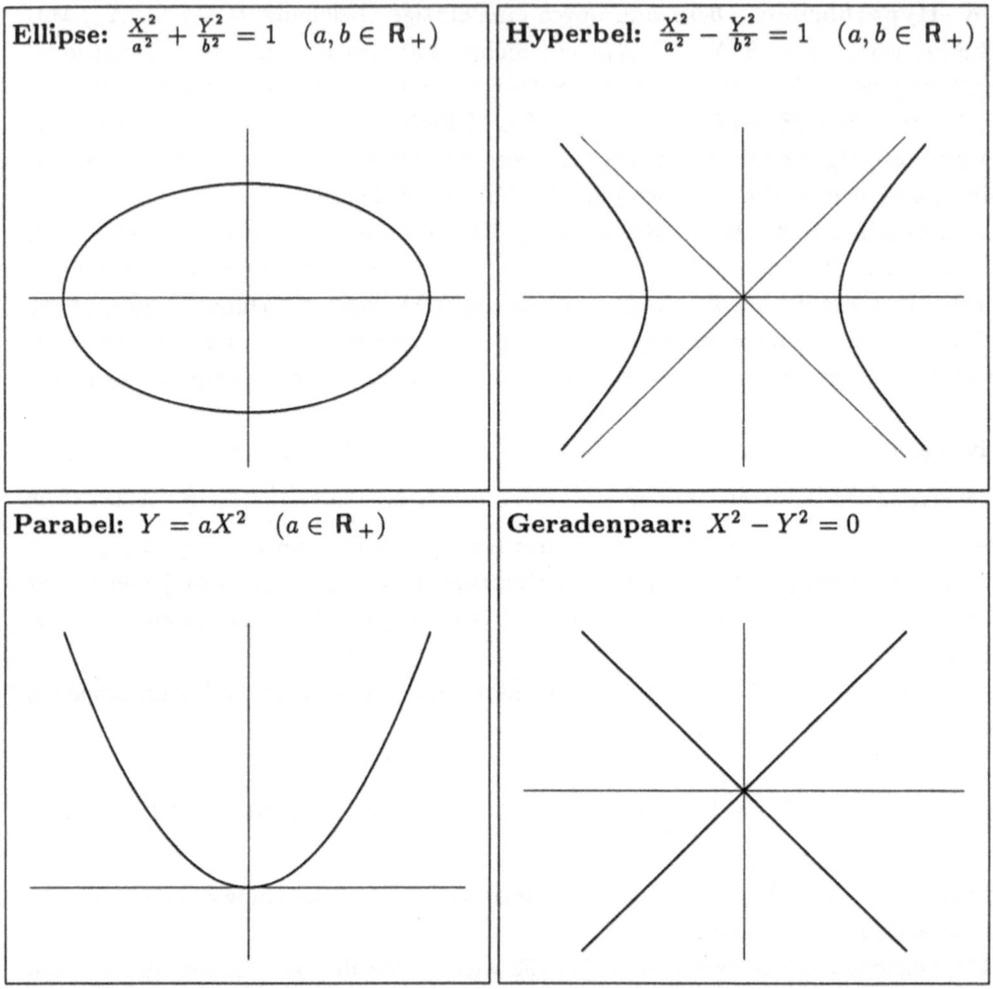

<table>
<tr><td>

**Ellipse:** $\frac{X^2}{a^2} + \frac{Y^2}{b^2} = 1$ $(a, b \in \mathbf{R}_+)$

</td><td>

**Hyperbel:** $\frac{X^2}{a^2} - \frac{Y^2}{b^2} = 1$ $(a, b \in \mathbf{R}_+)$

</td></tr>
<tr><td>

**Parabel:** $Y = aX^2$ $(a \in \mathbf{R}_+)$

</td><td>

**Geradenpaar:** $X^2 - Y^2 = 0$

</td></tr>
</table>

Wie schon ihr Name andeutet, entstehen die Kegelschnitte als Schnitte eines Kegels mit einer Ebene.

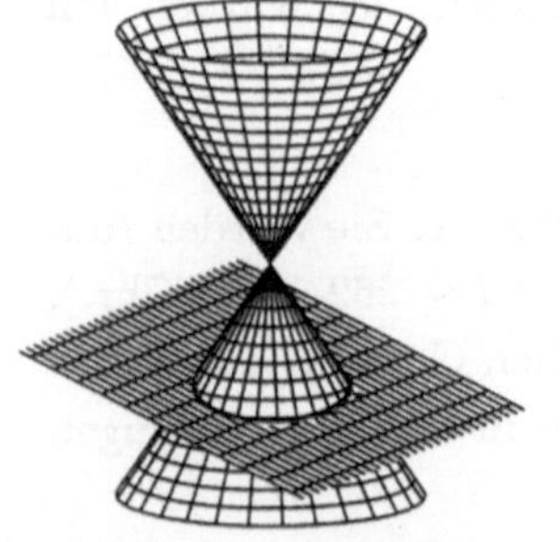 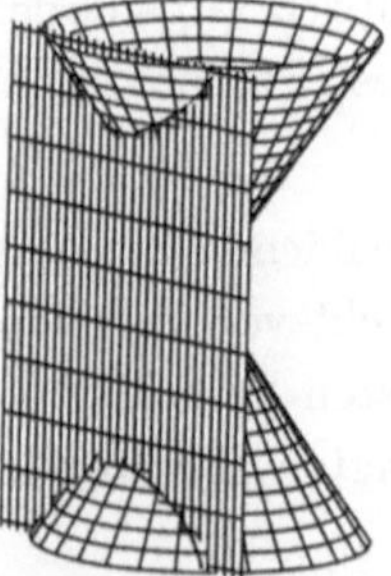 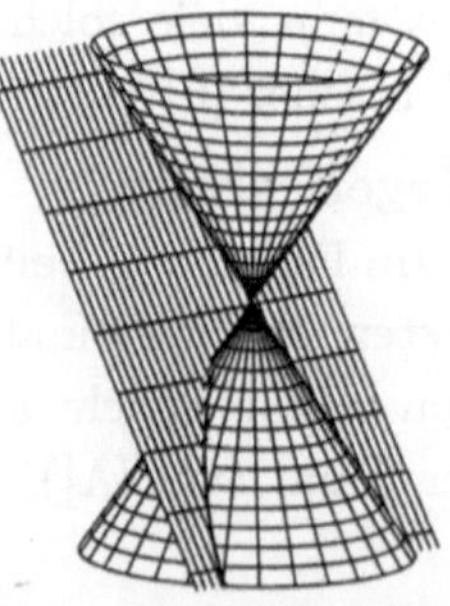

# Flächen 2.Ordnung

$\frac{x^2}{a^2} + \frac{y^2}{b^2} + \frac{z^2}{c^2} = 1$

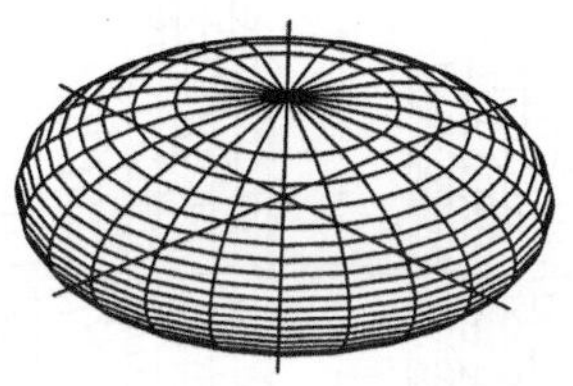

**Ellipsoid**

$\frac{x^2}{a^2} + \frac{y^2}{b^2} - z = 0$

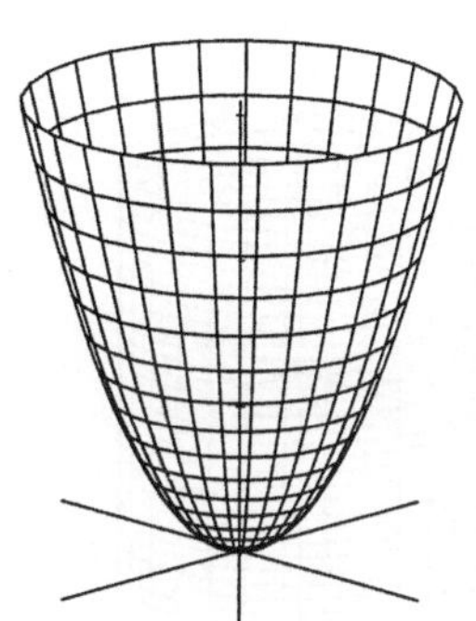

**Elliptisches Paraboloid**

$\frac{x^2}{a^2} + \frac{y^2}{b^2} - \frac{z^2}{c^2} = 1$

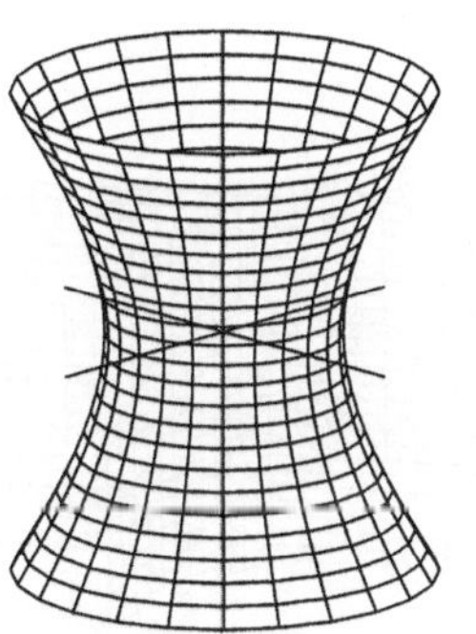

**Einschaliges Hyperboloid**

$\frac{x^2}{a^2} + \frac{y^2}{b^2} - z^2 = 0$

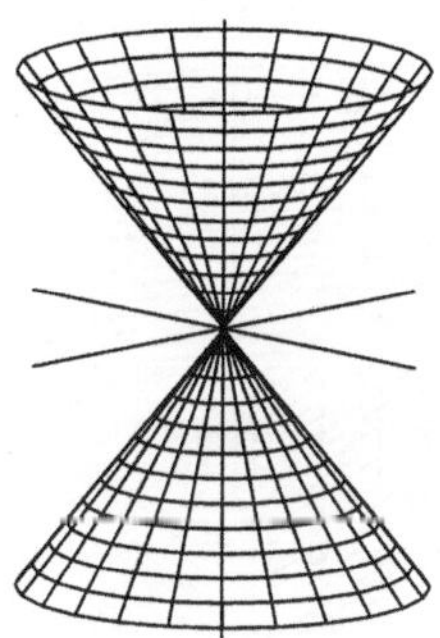

**Doppelkegel**

$\frac{x^2}{a^2} - \frac{y^2}{b^2} - \frac{z^2}{c^2} = 1$

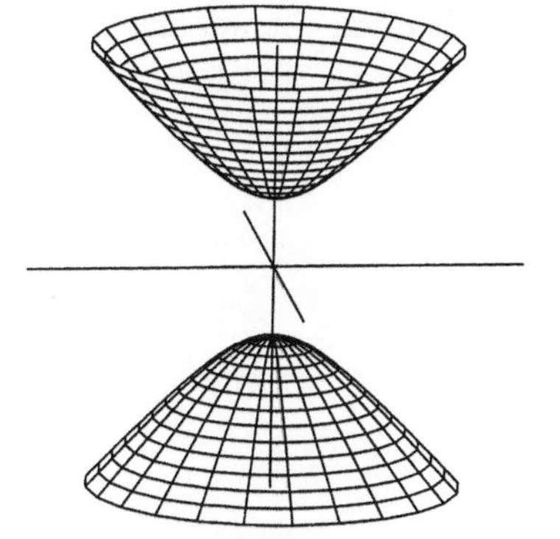

**Zweischaliges Hyperboloid**

$\frac{x^2}{a^2} - \frac{y^2}{b^2} - z = 0$

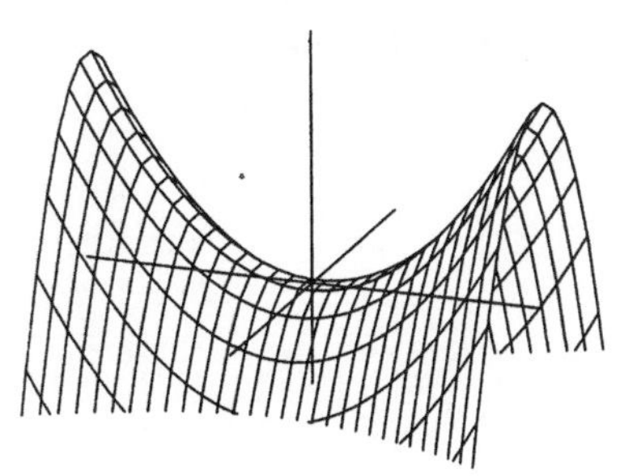

**Hyperbolisches Paraboloid (Sattelfläche)**

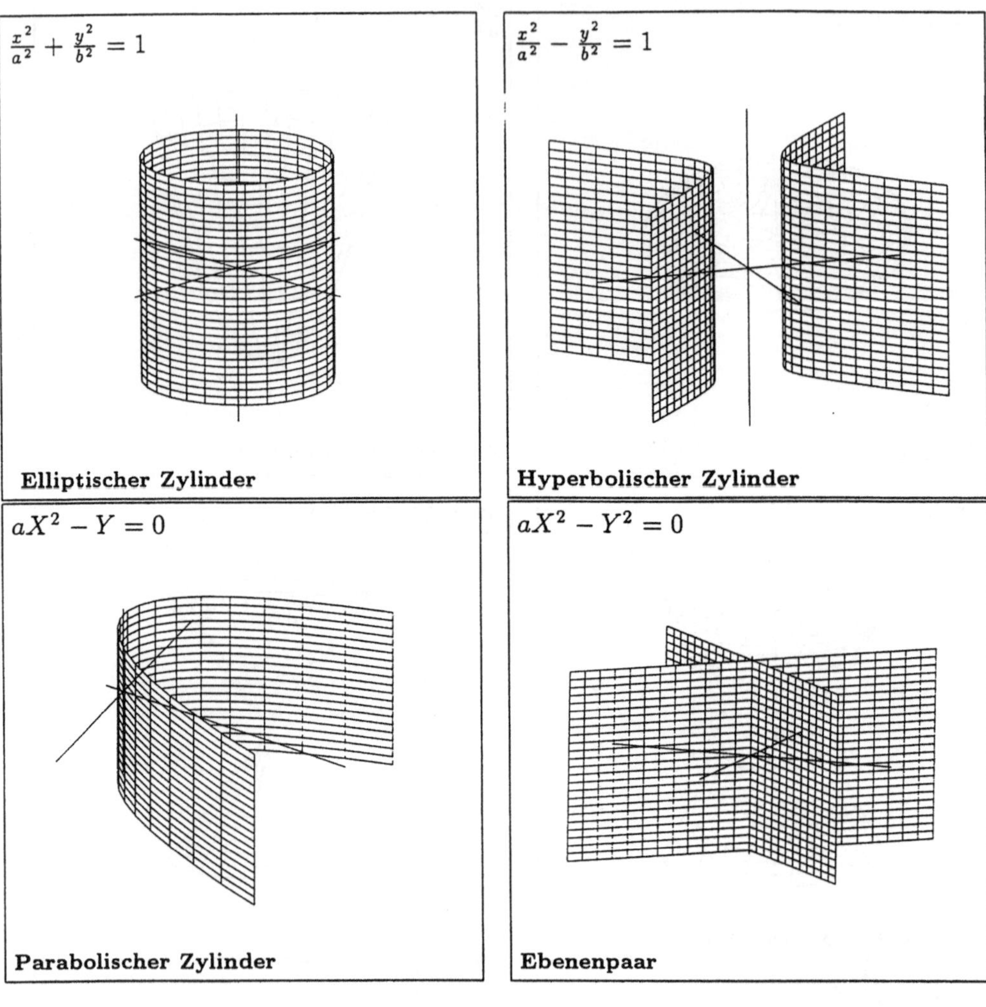


Diese Flächen sind das kartesische Produkt der entsprechenden ebenen algebraischen
Kurve mit einer Geraden.

## Ebene algebraische Kurven höheren Grades

Die Bilder zeigen prominente Vertreter für diese Kurven, die manchmal von besonderem ästhetischen Reiz sind. Über die historische Bedeutung einiger von ihnen siehe [BK] oder Bücher zur Geschichte der Mathematik (etwa [C]). Fermat hat vermutet, daß es auf der Fermat-Kurve (siehe Seite 9) für $n \geq 3$ keine $\mathbb{Q}$–rationalen Punkte außer den offensichtlichen gibt. Nach jahrhundertelangen vergeblichen Versuchen wurde die Fermatvermutung 1994 von Wiles [Wi] bewiesen.

**Neilsche Parabel:** $X^3 - Y^2 = 0$

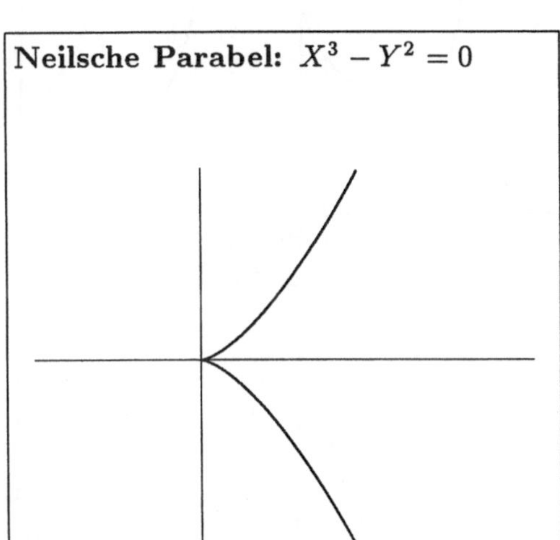

**Kartesisches Blatt:**
$X^3 + X^2 - Y^2 = 0$

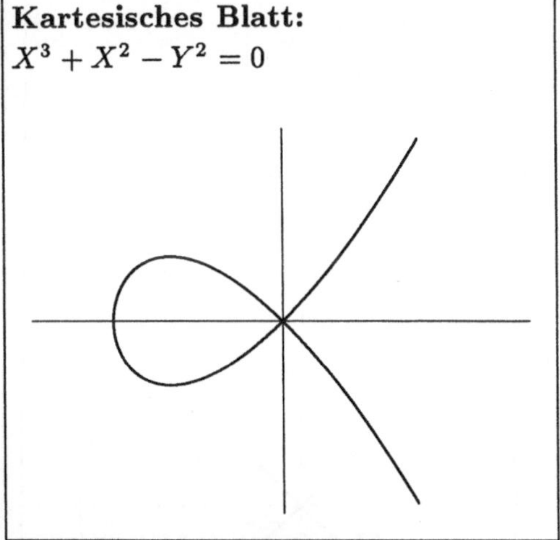

**Dreiblättriges Kleeblatt:**
$(X^2 + Y^2)^2 + 3X^2Y - Y^3 = 0$

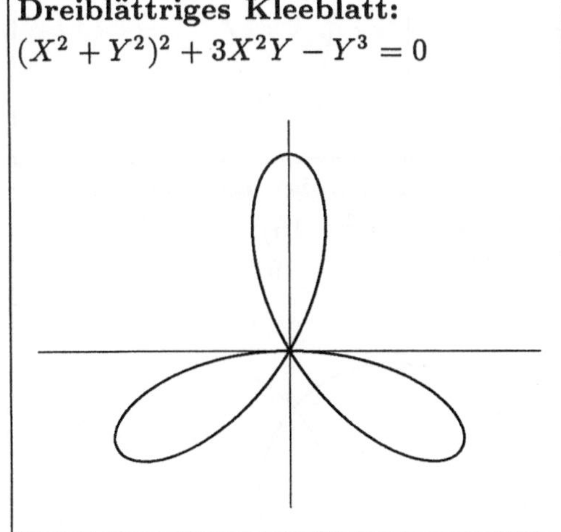

**Vierblättriges Kleeblatt:**
$(X^2 + Y^2)^3 - 4X^2Y^2 = 0$

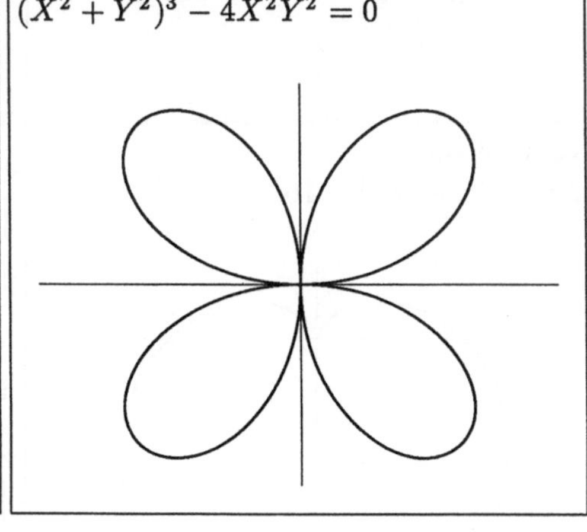

**Kissoide des Diokles:**

$$Y^2(1 - X) - X^3 = 0$$

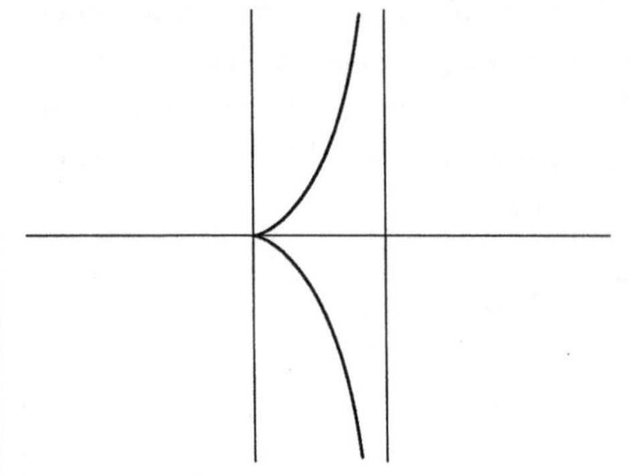

**Elliptische Kurve in Weierstraß-Normalform** ($e_1 < e_2 < e_3$ reell) :

$$Y^2 - 4(X - e_1)(X - e_2)(X - e_3) = 0$$

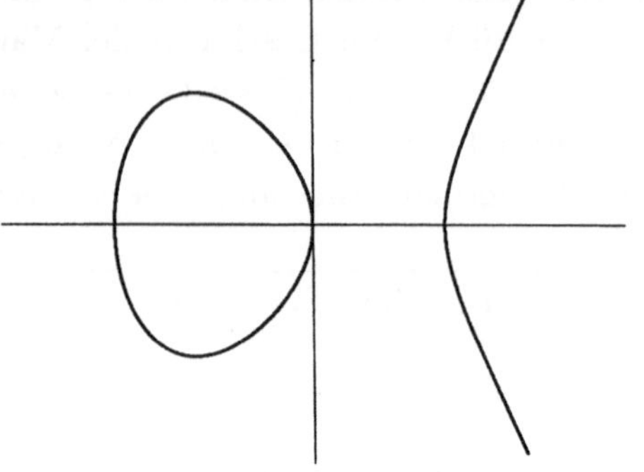

**Lemniskate:** $X^2(1 - X^2) - Y^2 = 0$

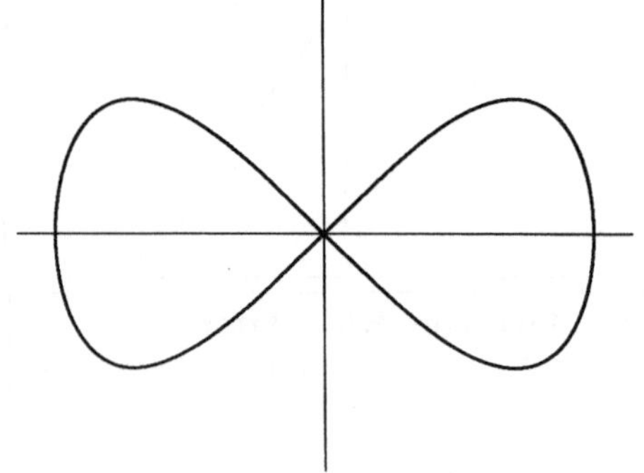

**Konchoide des Nikomedes:**

$$(X^2 + Y^2)(X - 1)^2 - X^2 = 0$$

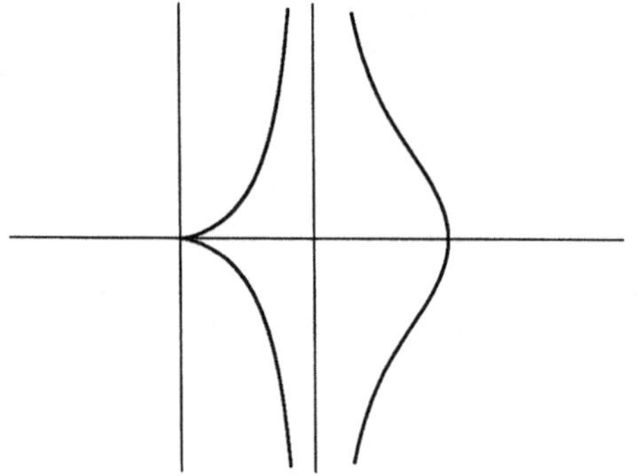

**Kardioide:**

$$(X^2 + Y^2 + 4Y)^2 - 16(X^2 + Y^2) = 0$$

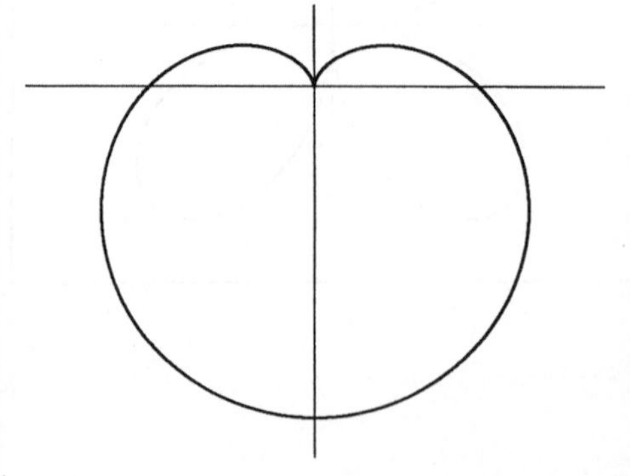

**Vereinigung zweier Kreise:**

$$(X^2 - 9)^2 + (Y^2 - 16)^2 + 2(X^2 + 9)(Y^2 - 16) = 0$$

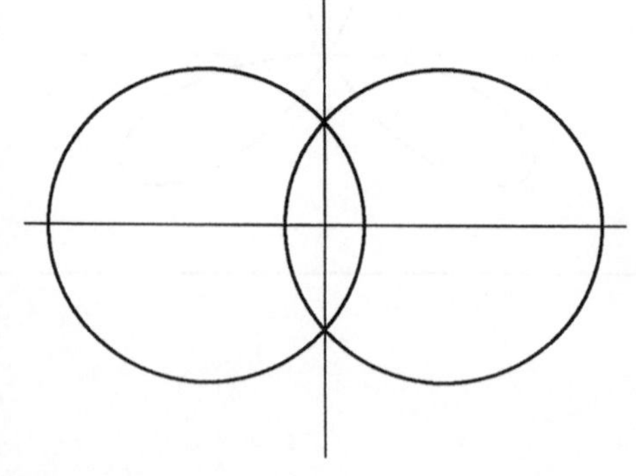

**Fermatkurve:** $X^n + Y^n = 1$

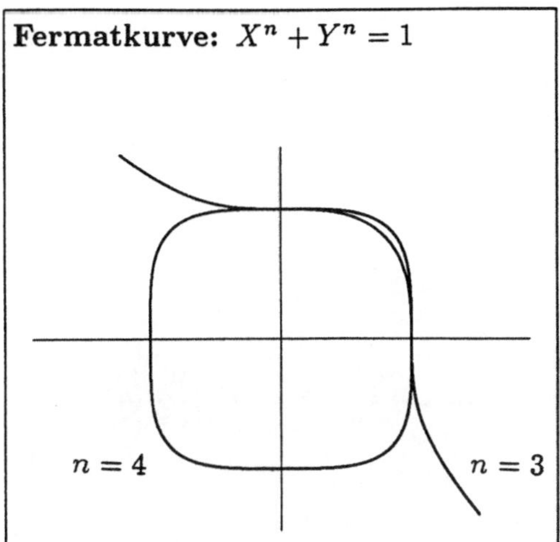



**Pascalsche Schnecke:**
$(2X^2 + 2Y^2 - 3X)^2 - (X^2 + Y^2) = 0$

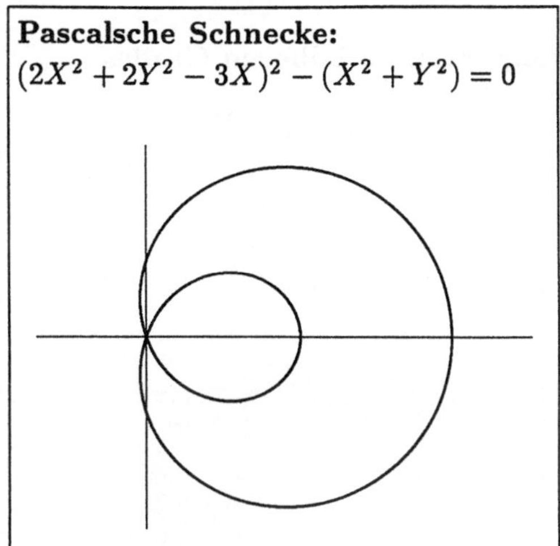

**Rosette:** $(X^2 + Y^2)^5 = 16\,X^2Y^2(X^2 - Y^2)^2$

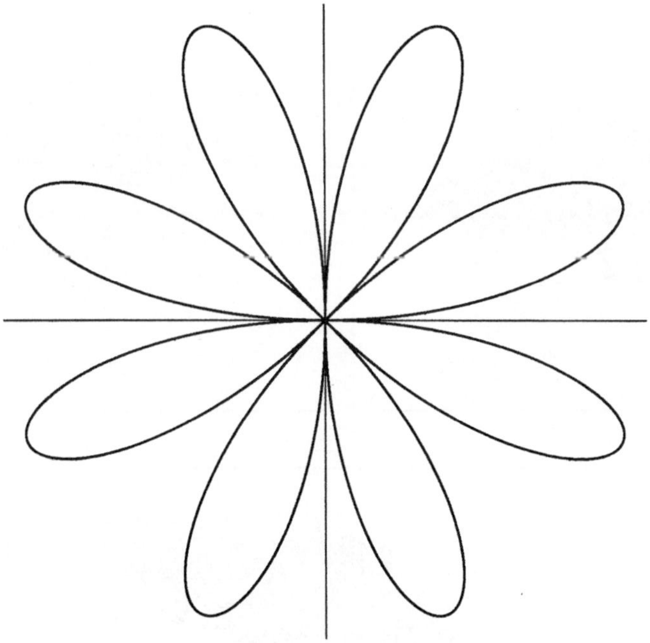

## Einige Flächen höheren Grades

$X^3 + XY + Z = 0$

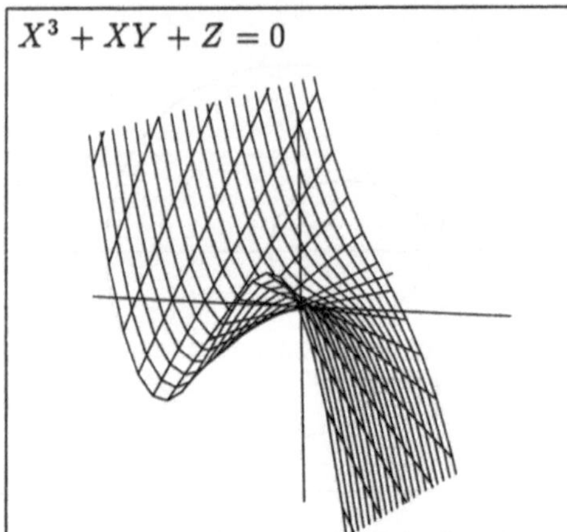

**Reguläre Katastrophenfläche**

$(X^2 + Y^2 + Z^2 + 12)^2 = 64(X^2 + Y^2)$

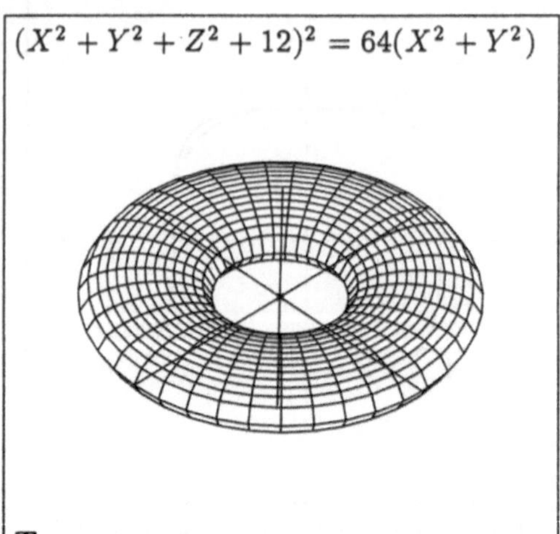

**Torus**

$Z \cdot (X^2 + Y^2 + 1) = 1$

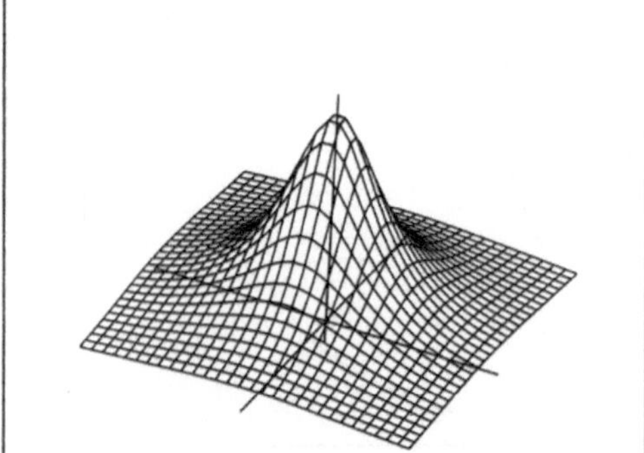

$X^2 - Y^8 + Z^2 = 1$

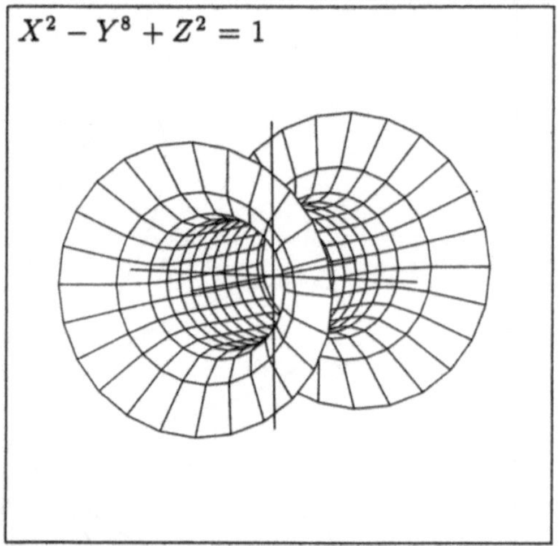

$Y^5 - X^2 Z^3 = 0$

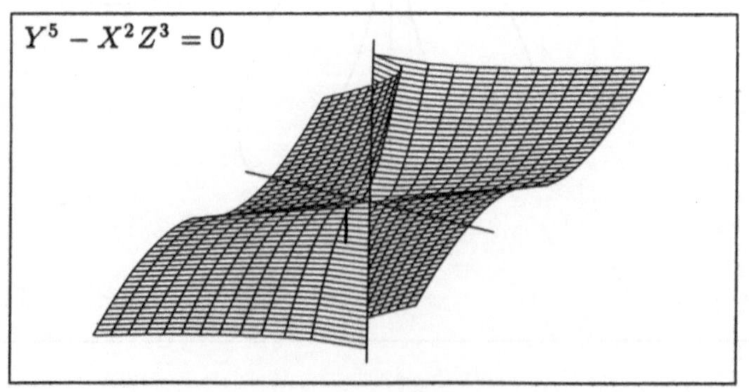

Es folgen nun einige einfache Aussagen über algebraische Varietäten.

**1.3.SATZ.** *Der Begriff der $K$-Varietät ist invariant gegenüber affinen Koordinatentransformationen, die über $K$ definiert sind, d.h. Transformationen*

$$(Y_1,\ldots,Y_n) = (X_1,\ldots,X_n) \cdot A + (b_1,\ldots,b_n)$$

*mit einer invertierbaren $n \times n$-Matrix $A = (a_{ik})$, wobei $a_{ik}, b_i \in K$.*

In der Tat ergibt sich aus (1), wenn man

$$(X_1,\ldots,X_n) = (Y_1,\ldots,Y_n) \cdot A^{-1} - (b_1,\ldots,b_n) \cdot A^{-1}$$

in den $f_i$ einsetzt, ein entsprechendes System in den Variablen $Y_1,\ldots,Y_n$. Man verwendet Koordinatentransformationen, um die Gleichungen möglichst zu vereinfachen und deren Lösung zu erleichtern, oder die Varietäten in eine für die Untersuchung günstige Lage zu bringen.

**1.4.SATZ.** *Endliche Durchschnitte und Vereinigungen affiner $K$-Varietäten in $\mathbb{A}_L^n$ sind wieder solche.*

BEWEIS: Es genügt, dies für zwei Varietäten $V_1$ und $V_2$ zu zeigen. Wird $V_1$ durch ein System $f_i = 0$ $(i = 1,\ldots,m)$ und $V_2$ durch $g_j = 0$ $(j = 1,\ldots,\ell)$ gegeben, so ist $V_1 \cap V_2$ die Lösungsmenge des Systems $f_i = 0$, $g_j = 0$ $(i = 1,\ldots,m; j = 1,\ldots,\ell)$, also die Zusammenfassung der beiden Systeme zu einem. Ferner ist $V_1 \cup V_2$ die Lösungsmenge des Systems

$$f_i \cdot g_j = 0 \qquad (i = 1,\ldots,m; j = 1,\ldots,\ell)$$

Beispielsweise sind die Schnitte zweier algebraischer Flächen in $\mathbb{A}_L^3$ algebraische Varietäten und zwar im allgemeinen "Kurven". Den genauen Begriff einer algebraischen Kurve in höherdimensionalen Räumen werden wir im Rahmen der Dimensionstheorie (Kap. VI) kennenlernen. Endliche Vereinigungen von Geraden ("Geradenkonfigurationen") sind ebenfalls algebraische Varietäten, z.B. die Vereinigung der Geraden, auf denen die Kanten eines Polyeders liegen.

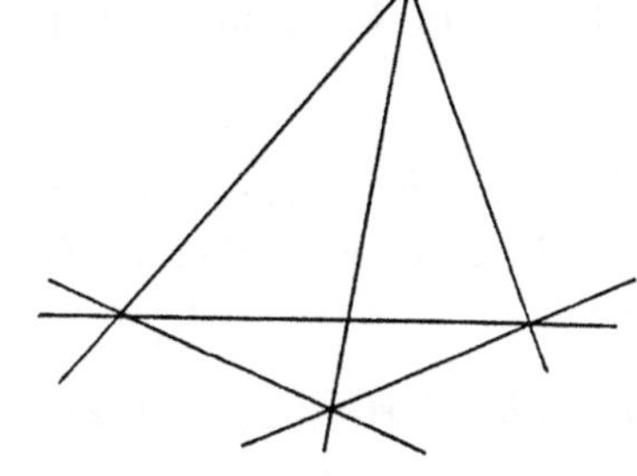

Endlich viele $K$-rationale Punkte in $\mathbb{A}_L^n$ bilden ebenfalls eine $K$-Varietät.

**1.5.Satz.** *(Produkt von Varietäten). Sind $V_1 \subset \mathbb{A}_L^{n_1}$ und $V_2 \subset \mathbb{A}_L^{n_2}$ zwei $K$-Varietäten, so ist ihr kartesisches Produkt*

$$V_1 \times V_2 \subset \mathbb{A}_L^{n_1} \times \mathbb{A}_L^{n_2} = \mathbb{A}_L^{n_1+n_2}$$

*eine $K$-Varietät.*

BEWEIS: Sei $V_1$ die Lösungsmenge des Systems $f_i = 0$ $(i = 1,\ldots,m)$ mit Polynomen $f_i \in K[X_1,\ldots,X_{n_1}]$ und $V_2$ die von $g_j = 0$ $(j = 1,\ldots,\ell)$ mit $g_j \in K[Y_1,\ldots,Y_{n_2}]$. Faßt man nun die $f_i$ und $g_j$ als Polynome in $K[X_1,\ldots,X_{n_1},Y_1,\ldots,Y_{n_2}]$ auf, so ist ihre Nullstellenmenge in $\mathbb{A}_L^{n_1+n_2}$ gerade $V_1 \times V_2$.

Bildet man das Produkt einer Varietät $V \subset \mathbb{A}_L^{n_1}$ mit einer Geraden in $\mathbb{A}_L^{n_2}$, so erhält man in $\mathbb{A}_L^{n_1+n_2}$ einen "Zylinder" über $V$ (siehe die Beispiele auf S. 6).

**1.6.Satz.** a) *Besitzt $L$ unendlich viele Elemente und ist $n \geq 1$, so gibt es außerhalb jeder $K$-Varietät $V \neq \mathbb{A}_L^n$ unendlich viele Punkte von $\mathbb{A}_L^n$.*
b) *Ist $L$ algebraisch abgeschlossen und $n \geq 2$, so enthält jede $K$-Hyperfläche in $\mathbb{A}_L^n$ unendlich viele Punkte.*

BEWEIS: a) Es genügt, die Aussage für eine Hyperfläche zu zeigen. Sie werde durch ein nichtkonstantes Polynom $f \in K[X_1,\ldots,X_n]$ gegeben. Wir können annehmen, daß $X_n$ in $f$ wirklich auftritt, d.h. es gibt eine Darstellung

$$(3) \qquad\qquad f = \varphi_0 + \varphi_1 \cdot X_n + \cdots + \varphi_t \cdot X_n^t$$

mit $\varphi_i \in K[X_1,\ldots,X_{n-1}]$ $(i = 0,\ldots,t)$, $t > 0$ und $\varphi_t \neq 0$. Induktiv können wir annehmen, daß ein $(x_1,\ldots,x_{n-1}) \in L^{n-1}$ existiert mit $\varphi_t(x_1,\ldots,x_{n-1}) \neq 0$. Dann ist $f(x_1,\ldots,x_{n-1},X_n)$ ein nichtverschwindendes Polynom aus $L[X_n]$. Dieses besitzt nur endlich viele Nullstellen. Da $L$ unendlich ist, gibt es somit unendlich viele $x_n \in L$ mit $f(x_1,\ldots,x_{n-1},x_n) \neq 0$.
b) Die Hyperfläche werde durch $f = 0$ mit einem $f$ wie in (3) gegeben. Da $n \geq 2$ ist und ein algebraisch abgeschlossener Körper unendlich ist, gibt es nach a) unendlich viele $(x_1,\ldots,x_{n-1}) \in L^{n-1}$ mit $\varphi_t(x_1,\ldots,x_{n-1}) \neq 0$. Für jedes dieser $(x_1,\ldots,x_{n-1})$ besitzt $f(x_1,\ldots,x_{n-1},X_n)$ eine Nullstelle $x_n$ in $L$. Somit hat $f$ unendlich viele verschiedene Nullstellen.

**1.7.Satz.** *Sei $n \geq 1$ und sei $L$ algebraisch abgeschlossen. Die Hyperflächen $H_i$ seien durch Gleichungen $f_i = 0$ $(i = 1,2)$ gegeben, wobei $f_1, f_2 \in K[X_1,\ldots,X_n]$ zwei teilerfremde Polynome sind. Dann gilt*

$$H_1 \cap H_2 \neq H_i \qquad (i = 1,2)$$

Im Beweis verwenden wir das folgende Lemma.

**1.8. LEMMA.** *Sei $R$ ein faktorieller Ring mit dem Quotientenkörper $K$. Sind $f_1, f_2 \in R[X]$ teilerfremd, so sind sie auch in $K[X]$ teilerfremd. Es gibt ein $d \in R \backslash \{0\}$ und $a_1, a_2 \in R[X]$, so daß*

$$d = a_1 f_1 + a_2 f_2$$

BEWEIS: Angenommen es gilt $f_i = \alpha_i h$ mit Polynomen $\alpha_1, \alpha_2, h \in K[X]$ $(i = 1, 2)$, wobei $h$ nicht konstant ist. Indem man eventuell in den Koeffizienten von $h$ auftretende Nenner durch Hinüberziehen zu den $\alpha_i$ beseitigt, kann man annehmen, daß $h \in R[X]$. Schreibe nun

$$\alpha_i = \sum \gamma_{ik} X^k \qquad (\gamma_{ik} \in K,\, i = 1, 2)$$

Sei $\eta \in R$ ein Hauptnenner für die $\gamma_{ik}$. Dann gilt

$$\eta f_i = \varphi_i h \qquad (i = 1, 2)$$

mit $\varphi_i := \eta \alpha_i \in R[X]$. Ein Primelement von $R$, das $\eta$ teilt, kann nicht gleichzeitig $\varphi_1$ und $\varphi_2$ teilen, da $\eta$ ein Hauptnenner für die Koeffizienten von $\alpha_1$ und $\alpha_2$ war. Es muß daher ein Teiler von $h$ sein. Somit ist $\eta$ ein Teiler von $h$, und man erhält Gleichungen

$$f_i = \varphi_i \cdot h^* \qquad (i = 1, 2)$$

mit einem nicht konstanten $h^* \in R[X]$. Dies widerspricht der Teilerfremdheit von $f_1, f_2$ in $R[X]$. Folglich sind $f_1, f_2$ auch in $K[X]$ teilerfremd.

Nach dem euklidischen Algorithmus gibt es Polynome $A_1, A_2 \in K[X]$, so daß

$$1 = A_1 f_1 + A_2 f_2$$

Multipliziert man diese Gleichung mit einem gemeinsamen Nenner $d$ für die Koeffizienten der $A_i$ $(i = 1, 2)$, so erhält man die gewünschte Gleichung

$$d = a_1 f_1 + a_2 f_2 \qquad (a_1, a_2 \in R[X])$$

BEWEIS VON 1.7:

Wir können annehmen, daß $X_n$ in $f_1$ auftritt. Schreibe dann $f_1 = \varphi_0 + \varphi_1 X_n + \cdots + \varphi_t X_n^t$ wie in (3). Nach dem Lemma 1.8 gibt es Polynome $d \in K[X_1, \ldots, X_{n-1}] \setminus \{0\}$ und $a_1, a_2 \in K[X_1, \ldots, X_n]$, so daß

$$(4) \qquad d = a_1 f_1 + a_2 f_2$$

Wähle nach 1.6a) ein $(x_1, \ldots, x_{n-1}) \in L^{n-1}$ mit

$$d(x_1, \ldots, x_{n-1}) \cdot \varphi_t(x_1, \ldots, x_{n-1}) \neq 0$$

Da $L$ algebraisch abgeschlossen ist, existiert ein $x_n \in L$ mit $f_1(x_1, \ldots, x_{n-1}, x_n) = 0$. Nach (4) kann dann nicht auch $f_2(x_1, \ldots, x_n) = 0$ gelten, weil sonst $d(x_1, \ldots, x_{n-1}) = 0$ wäre. Somit ist $(x_1, \ldots, x_n) \in H_1$ und $(x_1, \ldots, x_n) \notin H_1 \cap H_2$,                **q.e.d.**

**1.9.ZUSATZ.** *Für zwei ebene algebraische Kurven $H_1$ und $H_2$, welche durch teilerfremde Polynome definiert sind, ist $H_1 \cap H_2$ eine endliche Punktmenge. Mit andern Worten: Ein Gleichungssystem*

$$f_1 = 0 \, , \, f_2 = 0$$

*mit teilerfremden Polynomen $f_1, f_2 \in K[X_1, X_2]$ besitzt nur endlich viele Lösungen in $\mathbb{A}_L^2$.*

BEWEIS: In der jetzigen Situation ist $d \in K[X_1] \backslash \{0\}$ ein Polynom mit endlich vielen Nullstellen. Es gibt daher nur endlich viele Möglichkeiten für die $X_1$-Koordinaten der Punkte aus $H_1 \cap H_2$. Entsprechendes gilt auch aus Symmetriegründen für die $X_2$-Koordinaten,

**q.e.d.**

Der Satz von Bézout (Kap.VIII.1.5) macht die genauere Aussage, daß in der Situation von 1.9 höchstens $\deg f_1 \cdot \deg f_2$ Schnittpunkte auftreten können.

Wir haben bisher noch nicht über die rechnerischen Aspekte im Zusammenhang mit algebraischen Gleichungssystemen gesprochen. In der linearen Algebra lernt man ja den Gaußschen Algorithmus für die Auflösung von linearen Gleichungssystemen kennen, der es einem ermöglicht, eine Lösungsbasis für homogene lineare Gleichungssysteme zu berechnen, insbesondere also die Dimension des Lösungsraums zu bestimmen, und eine spezielle Lösung eines inhomogenen Systems, wenn es eine gibt, was einem der Algorithmus ebenfalls gleich mitteilt.

Bei polynomialen Gleichungssystemen ist das alles schwieriger, denn schon bei algebraischen Gleichungen in einer Variablen können die Lösungen i.a. nur näherungsweise angegeben werden, erst recht gilt dies für Systeme von algebraischen Gleichungen in mehreren Variablen. Aber die näherungsweise Berechnung vieler Lösungspunkte, natürlich mit einem Computer, erlaubt es oft, nützliche Bilder von den Lösungsmengen herzustellen, und die obigen Figuren sind ja mit entsprechenden Computerprogrammen gewonnen worden.

Aber man kann auch fragen, ob es mit Hilfe der Computer bei einem vorgelegten Gleichungssystem möglich ist, exakte Auskünfte zu erzielen, z.B. ob das System nur endlich viele Lösungen hat, ob die Lösungsmenge "irreduzibel" ist, wie groß ihre Dimension oder andere ihrer Invarianten sind, usw. Dies sind Fragestellungen aus der **Computer-Algebra**, einer jüngeren Disziplin der Mathematik, deren Vertreter mit Recht bei jeder Gelegenheit fragen: "Kann man dies auch ausrechnen und wie am geschicktesten"? "Und wie lange braucht man dafür"? Natürlich will man auch viele Beispiele rechnen, um Ideen für allgemeine Sätze zu bekommen und Vermutungen zu testen. Diese Aspekte kommen im vorliegenden Text zu kurz. Es geht dem Autor mehr um die allgemeingültigen Tatsachen und darum, das Verständnis zu wecken, was sich auszurechnen lohnt. Für die rechnerischen Methoden selbst sei auf die einschlägige, sich fruchtbar entwickelnde Literatur verwiesen. Zum Einstieg in dieses Gebiet sei [CLO] empfohlen.

AUFGABEN:

1) Die Kurve in $\mathsf{A}^2_{\mathbb{C}}$ mit der Gleichung $X_1^2 + X_2^2 = 3$ besitzt keine $\mathbb{Q}$-rationalen Punkte.

2) Ist die durch die Parameterdarstellung $X_1 = t$, $X_2 = e^t$ ($t \in \mathbb{C}$) gegebene Kurve in $\mathsf{A}^2_{\mathbb{C}}$ algebraisch?

3) a) Skizzieren Sie die Fläche in $\mathbf{R}^3$ mit der Gleichung $X_2^2 - X_1^2 X_3 = 0$ (Whitney's Regenschirm).

b) Zeigen Sie, daß es durch jeden Punkt dieser Fläche eine auf der Fläche liegende Gerade gibt.

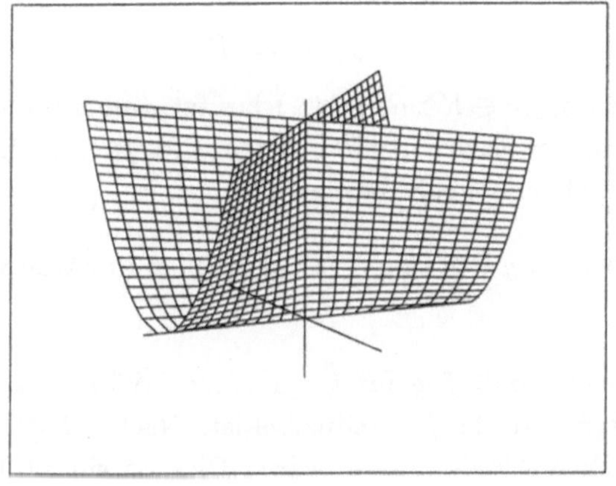

## § 2. Schnitt einer Hyperfläche mit einer Geraden

Dieser Paragraph handelt von den algebraischen Gleichungssystemen mit nur **einer** nichtlinearen Gleichung, wobei die linearen Gleichungen zusammen eine Gerade als Lösungsmenge besitzen. Wir haben es also mit der einfachsten Verallgemeinerung der linearen Gleichungssysteme zu tun, und alles führt auf die Betrachtung der Nullstellen von Polynomen in einer Variablen.

In geometrischer Sprechweise geht es um den einfachsten Fall der Schnitt-Theorie, abgesehen von den Situationen der linearen Algebra, nämlich um den Schnitt von Hyperflächen und Geraden.

Es sei $L/K$ eine Körpererweiterung, wobei $L$ algebraisch abgeschlossen ist. $H \subset \mathsf{A}_L^n$ sei eine $K$-Hyperfläche mit der definierenden Gleichung $f=0$ $(f \in K[X_1,\ldots,X_n]\backslash K)$, welche die Zerlegung

$$f = c \cdot f_1^{\alpha_1} \cdot \ldots \cdot f_s^{\alpha_s}$$

in irreduzible Faktoren $f_i$ $(c \in K^*, \alpha_i \in \mathsf{N}_+)$ besitzt, wobei für $i \neq j$ die Polynome $f_i$ und $f_j$ nicht zueinander assoziiert sind. Setze $\varphi := f_1 \cdot \ldots \cdot f_s$. Es ist dann klar, daß auch $\varphi$ die Nullstellenmenge $H$ besitzt.

2.1.LEMMA. *Verschwindet* $g \in K[X_1,\ldots,X_n]$ *in allen Punkten von* $H$, *so ist* $\varphi$ *ein Teiler von* $g$.

BEWEIS: Es ist zu zeigen, daß $f_i|g$ für $i = 1,\ldots,s$. Wäre $f_i$ kein Teiler von $g$, so wären $f_i$ und $g$ teilerfremd, da $f_i$ irreduzibel ist. Nach 1.7 gäbe es eine Nullstelle von $f_i$, die nicht auch Nullstelle von $g$ wäre. Dies ist ein Widerspruch, denn die Nullstellen von $f_i$ gehören zu $H$, und $H$ ist in der Nullstellenmenge von $g$ enthalten.

Aus dem Lemma folgt, daß es zu jeder $K$-Hyperfläche $H$ ein bis auf Assoziiertenbildung eindeutiges Polynom $\varphi$ kleinsten Grades in $K[X_1,\ldots,X_n]$ mit der Nullstellenmenge $H$ gibt. Ein solches Polynom heißt **Minimalpolynom** von $H$ in $K[X_1,\ldots,X_n]$. Sein Grad heißt der $K$-**Grad** von $H$. Ein Minimalpolynom von $H$ über $K$ kann in $L[X_1,\ldots,X_n]$ zerfallen, der $L$-Grad von $H$ kann daher kleiner als der $K$-Grad sein.

Der $L$-Grad einer Hyperfläche $H$ heißt auch einfach der **Grad** von $H$ (geschrieben $\deg H$). Im folgenden Satz erhalten wir eine geometrische Interpretation dieses Grades.

2.2.SATZ. *Sei* $H \subset \mathsf{A}_L^n$ *eine Hyperfläche vom Grad* $d$ *und* $g \subset \mathsf{A}_L^n$ *eine Gerade.*
*a) Entweder ist* $g \subset H$ *oder* $g \cap H$ *besteht aus höchstens* $d$ *Punkten.*
*b) Es gibt immer eine Gerade* $g$, *so daß* $g \cap H$ *aus genau* $d$ *verschiedenen Punkten besteht.*

BEWEIS: Sei $f \in L[X_1, \ldots, X_n]$ ein Minimalpolynom von $H$, also $\deg f = d$, und die Gerade $g$ sei durch eine Parameterdarstellung

$$(1) \qquad g = \{(x_1, \ldots, x_n) + \lambda(y_1, \ldots, y_n) \mid \lambda \in L\}$$

mit $x := (x_1, \ldots, x_n) \in \mathsf{A}_L^n$, $y := (y_1, \ldots, y_n) \in \mathsf{A}_L^n \setminus \{(0, \ldots, 0)\}$ gegeben. Um $g \cap H$ zu bestimmen, hat man die Gleichung

$$(2) \qquad f(x + \lambda y) = 0$$

nach $\lambda$ aufzulösen. Ist $f(x + \lambda y) \equiv 0$, so ist $g \subset H$. Andernfalls besitzt $f(x + \lambda y)$ als Polynom in $\lambda$ höchstens den Grad $d$. Die Anzahl seiner Nullstellen und damit die Zahl der Schnittpunkte von $g$ mit $H$ kann dann ebenfalls höchstens $d$ sein.

Das Polynom $f$ besitzt eine Zerlegung in homogene Komponenten $f_i$ vom Grad $i$ (A.2a)

$$(3) \qquad f = f_d + f_{d-1} + \cdots + f_0 \qquad (f_d \neq 0)$$

und die Gleichung (2) läßt sich in der Form

$$(4) \qquad f_d(y) \cdot \lambda^d + \left( \sum_{i=1}^{n} \frac{\partial f_d}{\partial X_i}(y) \cdot x_i + f_{d-1}(y) \right) \cdot \lambda^{d-1} + \cdots = 0$$

schreiben. Um eine Gerade $g$ zu konstruieren, welche $H$ in $d$ verschiedenen Punkten schneidet, muß zunächst dafür gesorgt werden, daß (4) eine Gleichung vom Grad $d$ in $\lambda$ ist, d.h. es muß $y$ so gewählt werden, daß $f_d(y) \neq 0$ ist, was nach 1.6a) auf unendlich viele Weisen möglich ist.

Genauer wollen wir $x$ und $y$ so bestimmen, daß das Polynom

$$F(\lambda) = f(x + \lambda y)$$

den Grad $d$ besitzt und teilerfremd zu seiner Ableitung $F'(\lambda) = \sum_{i=1}^{n} \frac{\partial f}{\partial X_i}(x + \lambda y) \cdot y_i$ ist. Dann hat $F$ sicher $d$ verschiedene Nullstellen und wir sind fertig.

Sei

$$f = \varphi_1 \cdot \ldots \cdot \varphi_s$$

eine Zerlegung von $f$ in irreduzible Faktoren $\varphi_j \in L[X_1, \ldots, X_n]$, wobei $\deg \varphi_j =: d_j$ $(j = 1, \ldots, s)$ und folglich $d = \sum_{j=1}^{s} d_j$ ist.

Mit $n + 1$ weiteren Unbestimmten $Y_1, \ldots, Y_n$ und $U$ betrachten wir das Polynom $\phi_j := \varphi_j(X_1 + UY_1, \ldots, X_n + UY_n)$ und entwickeln es nach Potenzen von $U$:

$$\phi_j = \varphi_j(X_1, \ldots, X_n) + \left( \sum_{i=1}^{n} \frac{\partial \varphi_j}{\partial X_i}(X_1, \ldots, X_n) \cdot Y_i \right) \cdot U + \cdots + G\varphi_j(Y_1, \ldots, Y_n) \cdot U^{d_j}$$

wobei $G\varphi_j$ die Gradform von $\varphi_j$ ist, also die homogene Komponente vom Grad $d_j$, und die Punkte Terme bezeichnen, in denen $U$ nur mit Exponenten $k$ auftritt, für die $1 < k < d_j$ gilt.

Es kann nicht $\frac{\partial \varphi_j}{\partial X_i} = 0$ für $i = 1, \ldots, n$ gelten, denn sonst wäre Char $L =: p > 0$, und alle $X_i$ würden in $\varphi_j$ mit durch $p$ teilbaren Exponenten auftreten. Da $L$ algebraisch abgeschlossen ist, wäre $\varphi_j$ nach Frobenius eine $p$–te Potenz und nicht irreduzibel. Wir können daher $x = (x_1, \ldots, x_n) \in \mathsf{A}_L^n$ so wählen, daß

$$(5) \qquad \varphi_j(x) \neq 0, \quad \sum_{i=1}^n \frac{\partial \varphi_j}{\partial X_i}(x) \cdot Y_i \neq 0 \qquad (j = 1, \ldots, s)$$

Das Polynom

$$\psi_j(Y_1, \ldots, Y_n, U) := \varphi_j(x_1 + UY_1, \ldots, x_n + UY_n)$$

ist dann in $L[Y_1, \ldots, Y_n, U]$ irreduzibel. Angenommen, es zerfalle in zwei Faktoren $g$ und $h$. Kommt in beiden eine der Variablen $Y_1, \ldots, Y_n$ vor, so gibt es bei geeigneter Wahl von $u \in L^*$ eine Zerlegung von $\psi_j(Y_1, \ldots, Y_n, u) = \varphi_j(x_1 + uY_1, \ldots, x_n + uY_n)$ in nichtkonstante Faktoren aus $L[Y_1, \ldots, Y_n]$. Das ist ein Widerspruch, da $\varphi_j$ in $L[X_1, \ldots, X_n]$ irreduzibel ist und auch nach der Substitution $X_i \mapsto x_i + uY_i$ $(i = 1, \ldots, n)$ irreduzibel bleibt.

Ist $g$ (oder $h$) ein Polynom, in dem keine $Y_i$ auftreten, so ist es wegen $\varphi_j(x) \neq 0$ nicht durch $U$ teilbar. Man findet dann ein $u \in L^*$ mit $g(u) = 0$, und es ergibt sich $\varphi_j(x_1 + uY_1, \ldots, x_n + uY_n) \equiv 0$, ein Widerspruch zu (5).

Damit ist die Irreduzibilität der $\psi_j$ gezeigt. Für $j \neq k$ ist auch $\psi_j$ nicht zu $\psi_k$ assoziiert. Andernfalls wären $\varphi_j$ und $\varphi_k$ zueinander assoziiert, wie man sieht, indem man in $\psi_j$ und $\psi_k$ die Variable $U = 1$ setzt. Schließlich ist nach Wahl von $x$ in (5) auch $\frac{\partial \psi_j}{\partial U} \neq 0$ für $j = 1, \ldots, s$.

Setze nun $\psi := \psi_1 \cdot \ldots \cdot \psi_s$. Dann sind $\psi$ und $\frac{\partial \psi}{\partial U} = \sum_{j=1}^s \psi_1 \cdot \ldots \cdot \widehat{\psi_j} \cdot \ldots \cdot \psi_s \cdot \frac{\partial \psi_j}{\partial U}$ zueinander teilerfremde Polynome. Nach 1.8 gibt es Polynome $\delta \in L[Y_1, \ldots, Y_n] \setminus \{0\}$ und $a, b \in L[Y_1, \ldots, Y_n, U]$ mit $\delta = a \cdot \psi + b \cdot \frac{\partial \psi}{\partial U}$.

Wähle nun $y \in \mathsf{A}_L^n$ mit $f_d(y) \neq 0$ und $\delta(y) \neq 0$. Dann ist

$$F(U) = \psi(y_1, \ldots, y_n, U) = f(x_1 + y_1 U, \ldots, x_n + y_n U)$$

vom Grad $d$ und teilerfremd zu $F'(U) = \frac{\partial \psi}{\partial U}(y_1, \ldots, y_n, U)$. Folglich hat die Gerade $g := \{x + \lambda y \mid \lambda \in L\}$ mit $H$ genau $d$ verschiedene Schnittpunkte, **q.e.d.**

**2.3.BEMERKUNGEN:**

a) Der Beweis von 2.2b) zeigt genauer, daß die Gerade

$$g_{x,y} := \{x + \lambda y \mid \lambda \in L\}$$

mit $H$ genau $d$ verschiedene Schnittpunkte besitzt, wenn $x$ bzw. $y$ nicht Nullstellen von gewissen endlich vielen Polynomen sind, die durch $f$ bestimmt sind. Man sagt hierfür, daß "fast alle" Geraden die Hyperfläche $H$ in $d$ verschiedenen Punkten schneiden.

b) Damit dieser Fall eintritt, muß insbesondere $(Gf)(y) \neq 0$ sein. Wie in Kap. II über projektive Varietäten noch genauer ausgeführt werden wird, ist diese Bedingung dazu äquivalent, daß $g$ und $H$ keinen unendlich fernen Punkt gemeinsam haben. Ist dies verletzt, so kann die Maximalzahl $d$ der Schnittpunkte nicht mehr erreicht werden.

Im folgenden setzen wir $(Gf)(y) \neq 0$ voraus und untersuchen das Schnittverhalten der Gerade $g_{x,y}$ mit $H$ noch etwas genauer. Seien dann $\lambda_1, \ldots, \lambda_t$ die verschiedenen Nullstellen von $f(x + \lambda y)$, wobei $\lambda_k$ die Nullstellenordnung $\alpha_k$ besitzt, also $\sum_{k=1}^{t} \alpha_k = d$ ist. $g_{x,y} \cap H$ besteht dann aus den $t$ verschiedenen Punkten $P_k = x + \lambda_k y$ $(k = 1, \ldots, t)$. Wir sagen, $P_k$ sei ein $\alpha_k$–facher Schnittpunkt von $g_{x,y}$ mit $H$ und $\alpha_k$ sei die **Schnittmultiplizität** von $g_{x,y}$ und $H$ im Punkt $P_k$.

**2.4.LEMMA.** *Die Zahl $\alpha_k$ ist invariant unter affinen Koordinatentransformationen. Sie hängt weder ab von der Wahl des Minimalpolynoms $f$ von $H$ noch von der Wahl der speziellen Parameterdarstellung der Gerade $g_{x,y}$.*

BEWEIS: Schreibe $f(x + \lambda y) = c \cdot \prod_{k=1}^{t} (\lambda - \lambda_k)^{\alpha_k}$ mit $c \in L^*$. Da sich zwei Minimalpolynome von $H$ nur um einen konstanten Faktor unterscheiden, ist klar, daß die $\alpha_k$ nicht von der Wahl eines Minimalpolynoms abhängen. Bei einer affinen Koordinatentransformation (1.3) geht $f(x + \lambda y)$ über in ein Polynom mit entsprechender Zerlegung, wie leicht zu sehen ist.

Ersetzt man $y$ durch $\mu \cdot y$ mit $\mu \in L^*$, so hat das entsprechende Polynom die Nullstellen $\lambda_k \mu^{-1}$ mit der gleichen Nullstellenordnung $\alpha_k$ und $\lambda_k \mu^{-1}$ entspricht dem Schnittpunkt $P_k$ $(k = 1, \ldots, t)$. Ersetzt man schließlich $x$ durch $x + \mu y$ $(\mu \in L)$, so hat das entsprechende Polynom die Nullstellen $\lambda_k - \mu$ mit den Nullstellenordnungen $\alpha_k$, und $\lambda_k - \mu$ entspricht erneut dem Punkt $P_k$.

Die Schnittmultiplizität von $g_{x,y}$ mit $H$ ist also wohldefiniert, und $g_{x,y}$ schneidet $H$ in $d$ Punkten, wenn man die Schnittpunkte mit ihrer Vielfachheit zählt, immer vorausgesetzt, daß sich $g_{x,y}$ und $H$ nicht "im Unendlichen" schneiden ($Gf(y) \neq 0$).

Genau dann ergeben sich $d$ verschiedene Schnittpunkte, wenn überall die Schnittmultiplizität $= 1$ ist. Dies kann man geometrisch interpretieren ($g_{x,y}$ schneidet $H$ in keinem "singulären" Punkt und ist nirgends "tangential" an $H$), worauf aber erst in Kap. VIII genauer eingegangen werden kann (VIII.1.11).

Die nun folgenden Betrachtungen über Schwerpunkte handeln vom "Durchschnitt der Lösungen" des $g_{x,y} \cap H$ entsprechenden algebraischen Gleichungssystems. Es stellt sich heraus, daß dieser Durchschnitt einfacher zu handhaben ist als die Lösungen selbst.

Nach wie vor sei $f \in L[X_1, \ldots, X_n]$ ein Minimalpolynom von $H$, und es sei $Gf(y) \neq 0$. Ferner sei

$$g_{x,y} \cap H = \{P_1, \ldots, P_t\} \qquad (P_j \neq P_k \quad \text{für} \quad j \neq k)$$

und $\alpha_k$ sei die Schnittmultiplizität von $g_{x,y}$ und $H$ im Punkt $P_k$ $(k = 1, \ldots, t)$.

**2.5.DEFINITION.** *Sei Char $L$ kein Teiler von $d$. Dann heißt*

$$S_{x,y} := \frac{1}{d} \sum_{k=1}^{t} \alpha_k P_k$$

*der* **Schwerpunkt** *von $g_{x,y} \cap H$. Hierbei ist die Summe zu verstehen als die Vektorsumme in $L^n$.*

Es ist leicht zu sehen, daß der Schwerpunkt unabhängig vom gewählten affinen Koordinatensystem ist. Natürlich ist 2.5 analog zur physikalischen Definition für den Schwerpunkt eines Systems von endlich vielen Massenpunkten, wobei jedem Schnittpunkt als Masse die Schnittmultiplizität zugewiesen ist.

Da $P_k = x + \lambda_k y$ $(k = 1, \ldots, t)$ ist, ergibt sich

$$S_{x,y} = x + \frac{1}{d} \sum_{k=1}^{t} \alpha_k \lambda_k \cdot y$$

und die Gleichung (4) zeigt, daß

$$\sum_{k=1}^{t} \alpha_k \lambda_k = -\frac{1}{f_d(y)} \left( \sum_{i=1}^{n} \frac{\partial f_d}{\partial X_i}(y) \cdot x_i + f_{d-1}(y) \right)$$

woraus man die folgende **Formel für den Schwerpunkt** erhält:

$$(6) \qquad S_{x,y} = x - \frac{1}{d \cdot f_d(y)} \left( \sum_{i=1}^{n} \frac{\partial f_d}{\partial X_i}(y) \cdot x_i + f_{d-1}(y) \right) \cdot y$$

Im Gegensatz zu den Schnittpunkten von $g_{x,y}$ mit $H$ ist der Schwerpunkt bei gegebenem Minimalpolynom von $H$ und gegebener Parameterdarstellung der Gerade leicht zu berechnen.

Im folgenden halten wir den Richtungsvektor $y$ der Geraden fest, lassen aber $x$ in einer Hyperebene $E : \sum_{i=1}^{n} a_i X_i = 0$ variieren, welche $y$ nicht enthält. $\{g_{x,y} \mid x \in E\}$ ist dann die Menge aller parallelen Geraden mit der Richtung $y$. Wir setzen $\varphi := \frac{1}{d \cdot f_d(y)}(\frac{\partial f_d}{\partial X_1}(y), \ldots, \frac{\partial f_d}{\partial X_n}(y)) = \frac{1}{d \cdot f_d(y)}(\mathrm{Grad} f_d)(y)$. Nach (6) gilt

$$S_{0,y} = -\frac{1}{d \cdot f_d(y)} \cdot f_{d-1}(y) \cdot y$$

und somit

$$(7) \qquad\qquad S_{x,y} = x \cdot (E_n - N) + S_{0,y}$$

wobei $E_n$ die $n$–reihige Einheitsmatrix ist und $N$ die Matrix $\varphi^t \cdot y$ (Produkt der Spalte $\varphi^t$ mit der Zeile $y$). Hierbei ist $\{x \cdot (E_n - N) \mid x \in E\}$ das Bild der Hyperebene $E$ bei der linearen Abbildung $\ell$ mit der Matrix $E_n - N$. Weil über jedem Punkt $x$ von $E$ ein Schwerpunkt liegt, ist dieses Bild selbst eine Hyperebene, und wir haben gezeigt

**2.6.**Satz von Newton. *Bei festem $y$ mit $f_d(y) \neq 0$ durchlaufe $x$ eine Hyperebene $E$ mit $y \notin E$. Dann bilden die Schwerpunkte $S_{x,y}$ eine Hyperebene $D_y$.*

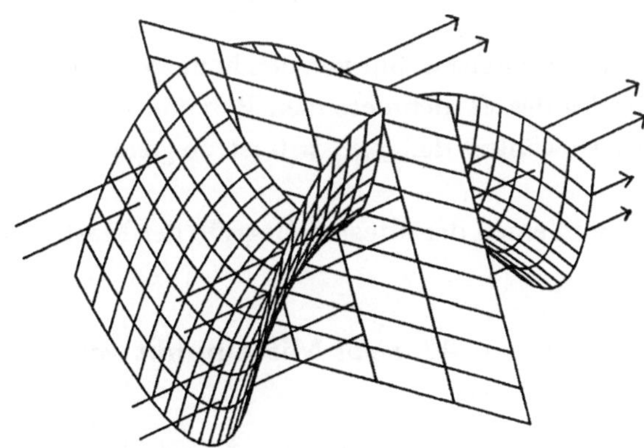

Der Satz wurde 1710 von Newton [N] für den Schnitt ebener Kurven mit einer Schar paralleler Geraden formuliert. Für Kegelschnitte war er schon Apollonius [A] bekannt. Mit Newton definieren wir

**2.7.DEFINITION.** *In der Situation von 2.6 heißt* $D_y$ *der zu* $y$ *gehörige* **Durchmesser** *von* $H$.

Wir wollen eine Gleichung für $D_y$ herleiten. Nach der Eulerschen Formel A(4) gilt

$$(8) \qquad \langle y, \varphi \rangle = y \cdot \varphi^t = \frac{1}{d \cdot f_d(y)} \sum_{i=1}^{n} \frac{\partial f_d}{\partial X_i}(y) \cdot y_i = 1$$

wenn $\langle , \rangle$ das Standard-Skalarprodukt auf $L^n$ bezeichnet. Daher ist $N^2 = \varphi^t \cdot y \cdot \varphi^t \cdot y = N$ und $N \cdot (E_n - N) = 0$. Es folgt, daß $E_n - N$ den Rang $n - 1$ besitzt, da die obige Diskussion bereits gezeigt hat, daß im $(\ell)$ mindestens $(n-1)$–dimensional ist.

Der Gleichung $N \cdot (E_n - N) = 0$ entnimmt man, daß im $(\ell)$ der Kern der linearen Abbildung mit der Matrix $N = \varphi^t \cdot y$ ist. Wegen $y \neq 0$ ist dies die Hyperebene $\sum_{i=1}^{n} \frac{\partial f_d}{\partial X_i}(y) \cdot X_i = 0$. Die Formel (7) und (8) liefern daher

**2.8.SATZ.** *Der Durchmesser* $D_y$ *ist die Hyperebene mit der Gleichung*

$$\sum_{i=1}^{n} \frac{\partial f_d}{\partial X_i}(y) \cdot X_i = -f_{d-1}(y)$$

**BEWEIS:** Für $z = (z_1, \ldots, z_n)$ mit $\sum_{i=1}^{n} \frac{\partial f_d}{\partial X_i}(y) \cdot z_i = 0$ ist $z - \frac{f_{d-1}(y)}{d \cdot f_d(y)} \cdot y \in D_y$, und es gilt

$$\sum_{i=1}^{n} \frac{\partial f_d}{\partial X_i}(y) \cdot \left( z_i - \frac{f_{d-1}(y)}{d \cdot f_d(y)} y_i \right) = -\frac{f_{d-1}(y)}{d \cdot f_d(y)} \sum_{i=1}^{n} \frac{\partial f_d}{\partial X_i}(y) \cdot y_i = -f_{d-1}(y)$$

Der Satz zeigt, daß die Durchmesser nur von den homogenen Komponenten höchsten und zweithöchsten Grades des $H$ definierenden Polynoms $f$ abhängen. Kann man das Koordinatensystem so wählen, daß $f_{d-1} = 0$ ist, so gehen alle Durchmesser durch den Ursprung.

Wir verallgemeinern nun einen der ältesten Begriffe der Mathematik, den des Zentrums.*)

**2.9.DEFINITION.** *Ein Punkt* $z \in \mathbb{A}_L^n$ *heißt* **Mittelpunkt** *von* $H$, *wenn* $z$ *auf allen Durchmessern* $D_y$ $(f_d(y) \neq 0)$ *liegt.*

Es braucht weder ein Mittelpunkt zu existieren, noch muß er eindeutig sein. Jedoch gilt

---

*)Das Wort "Zentrum" ist vom griechischen Wort für "Stab" abgeleitet. Es bezeichnet den Stab, der in den Boden gesteckt wurde, während an einer gestreckten Schnur ein anderer Stab herumgetragen wurde, um einen Kreis zu zeichnen ("Peripherie" kommt von "Herumtragen").

**2.10. SATZ.** *Genau dann besitzt $H$ einen Mittelpunkt, wenn sich $f_{d-1}$ als Linearkombination von $\frac{\partial f_d}{\partial X_1}, \ldots, \frac{\partial f_d}{\partial X_n}$ schreiben läßt. Jede Darstellung $-f_{d-1} = \sum_{i=1}^{n} m_i \frac{\partial f_d}{\partial X_i}$ mit $m_i \in L$ $(i = 1, \ldots, n)$ liefert einen Mittelpunkt $M = (m_1, \ldots, m_n)$ von $H$. Dieser ist genau dann eindeutig, wenn $\frac{\partial f_d}{\partial X_1}, \ldots, \frac{\partial f_d}{\partial X_n}$ linear unabhängig über $L$ sind.*

BEWEIS: Gilt $-f_{d-1} = \sum_{i=1}^{n} m_i \frac{\partial f_d}{\partial X_i}$, so liegt $M$ nach 2.8 auf allen Durchmessern $D_y$. Umgekehrt gilt $f_{d-1}(y) + \sum_{i=1}^{n} m_i \cdot \frac{\partial f_d}{\partial X_i}(y) = 0$ für jeden Mittelpunkt $(m_1, \ldots, m_n)$ von $H$ und jedes $y \in A_L^n$ mit $f_d(y) \neq 0$. Das Polynom $f_d \cdot (f_{d-1} + \sum_{i=1}^{n} m_i \frac{\partial f_d}{\partial X_i})$ verschwindet dann für alle $y \in A_L^n$; da $L$ unendlich ist, muß es nach 1.6a) das Nullpolynom sein. Wegen $f_d \neq 0$ ergibt sich $-f_{d-1} = \sum_{i=1}^{n} m_i \frac{\partial f_d}{\partial X_i}$,           **q.e.d.**

Mit Hilfe des Satzes lassen sich die Mittelpunkte von Hyperflächen leicht berechnen. Die Bedingung für die Existenz von Mittelpunkten ist dazu äquivalent, daß $f_{d-1}$ durch eine geeignete affine Koordinatentransformation zum Verschwinden gebracht werden kann. Es ist auch klar, daß die Durchmesser und Mittelpunkte der $(n-1)$-Sphären, also der Varietäten mit den Gleichungen

$$\sum_{i=1}^{n}(X_i - a_i)^2 = r^2 \qquad (r \neq 0)$$

die üblichen sind: $M = (a_1, \ldots, a_n)$ ist der eindeutige Mittelpunkt und die Hyperebenen $H$ mit $M \in H$ sind die Durchmesser.

Mehr über Durchmesser und Mittelpunkte von Hyperflächen kann man z.B. aus [KL] erfahren. Über den Schnitt von Hyperflächen und Geraden gibt es viele Verallgemeinerungen klassischer Sätze aus der Theorie der ebenen algebraischen Kurven, deren Beweise keine zusätzlichen Vorkenntnisse mehr erfordern (s. etwa [K5], § 2). Man kann diese Sätze noch weiter verallgemeinern auf den Schnitt von Hyperflächen mit beliebigen algebraischen Kurven (statt Geraden). Hierfür sind dann aber etwas diffizilere Hilfsmittel vonnöten ([K5], §§ 3-6, [KW1], [KW2], [HK]).

Dieser Paragraph illustriert auch, wie zweckmäßig es ist, beim Schnitt von Hyperflächen mit Geraden die Schnittpunkte mit geeigneten Vielfachheiten zu zählen, wenn man zu einheitlichen Aussagen über die Zahl der Schnittpunkte oder die Anzahl der Lösungen des entsprechenden algebraischen Gleichungssystems kommen will, wie das ja auch in der Theorie der algebraischen Gleichungen in einer Variablen üblich ist. Die "richtige" Definition der Schnittmultiplizitäten ist in allgemeineren Fällen allerdings keineswegs einfach, sondern ein Hauptproblem der algebraischen Geometrie (vgl. hierzu das preisgekrönte Werk von Fulton [Fu]).

AUFGABEN:

1) Welche der ebenen Kurven aus 1.2 besitzen Mittelpunkte? Unter welchen Bedingungen besitzt eine ebene Kurve, die Vereinigung von Geraden ist, einen eindeutigen Mittelpunkt?

2) Sei $L$ ein algebraisch abgeschlossener Körper und $H \subset \mathbb{A}^n_L$ eine Hyperfläche mit dem Minimalpolynom $f \in L[X_1, \ldots, X_n]$. Ein Punkt $P = (a_1, \ldots, a_n) \in H$ heißt **regulär**, wenn $(\mathrm{Grad}\, f)(P) = (f_{X_1}(P), \ldots, f_{X_n}(P)) \neq 0$ ist. Ferner heißt die Hyperebene $T_P H$ mit $\sum_{i=1}^{n} f_{X_i}(P) \cdot (X_i - a_i) = 0$ **Tangentialhyperebene** von $H$ in einem regulären Punkt $P$. Zeigen Sie:

a) Diese Begriffe sind unabhängig von der Koordinatenwahl und der Wahl des Minimalpolynoms $f$.

b) Ist $g \subset T_P H$ eine Gerade durch $P$, so liegt sie entweder ganz in $H$ oder sie schneidet $H$ in weniger als $d$ Punkten.

3) Sei $L$ ein algebraisch abgeschlossener Körper und $H \subset \mathbb{A}^n_L$ eine Hyperfläche mit dem Minimalpolynom $f \in L[X_1, \ldots, X_n]$. Sei $n = 2m + 1$ $(m \in \mathbb{N})$, und sei $P \in H$ ein Punkt mit $\gamma_P := \sum_{i=1}^{n} f_{X_i}(P)^2 \neq 0$. Dann heißt

$$\kappa_P(H) = -\frac{1}{\gamma_P^{m+1}} \begin{vmatrix} 0 & , f_{X_1}(P) & , \ldots, & f_{X_n}(P) \\ f_{X_1}(P) & , f_{X_1 X_1}(P) & , \ldots, & f_{X_1 X_n}(P) \\ \vdots & \vdots & & \vdots \\ f_{X_n}(P) & , f_{X_n X_1}(P) & , \ldots, & f_{X_n X_n}(P) \end{vmatrix}$$

die **Krümmung** von $H$ in $P$.

a) $\kappa_P(H)$ hängt nicht ab von der Wahl des Minimalpolynoms $f$ und ist invariant unter Koordinatentransformationen $(Y_1, \ldots, Y_n) = (X_1, \ldots, X_n) \cdot A + (t_1, \ldots, t_n)$ mit $(t_1, \ldots, t_n) \in L^n$ und einer orthogonalen $n \times n$–Matrix $A$ mit Koeffizienten aus $L$ (d.h. $A \cdot A^t = E$).

b) Berechnen Sie die Krümmung der Hyperfläche

$$\sum_{i=1}^{n} (X - a_i)^2 = r^2 \qquad (a_1, \ldots, a_n, r \in L, r \neq 0)$$

c) Zeigen Sie, daß im Fall eines affinen Kegels $H$ die Krümmung verschwindet.

## § 3. Das Verschwindungsideal einer algebraischen Varietät

Wir wenden uns nun wieder der allgemeinen Theorie algebraischer Varietäten zu. Es geht darum, mit Hilfe der Idealtheorie eine gewisse Übersicht über die affinen algebraischen Varietäten zu gewinnen. Sei $L/K$ eine Körpererweiterung und zunächst $V \subset A_L^n$ eine beliebige Teilmenge.

**3.1.DEFINITION.** *Die Menge $\mathcal{J}(V)$ aller Polynome $f \in K[X_1, \ldots, X_n]$ mit $f(P) = 0$ für alle $P \in V$ heißt das* **Verschwindungsideal** *von $V$.*

**3.2.BEISPIEL:** Sei $L$ algebraisch abgeschlossen. Ist $H \subset A_L^n$ eine $K$–Hyperfläche mit dem Minimalpolynom $f \in K[X_1, \ldots, X_n]$, so ist $\mathcal{J}(H) = (f)$ (vgl. 2.1).

Es ist klar, daß $\mathcal{J}(V)$ ein Ideal ist. Sei nun umgekehrt ein Ideal $I \subset K[X_1, \ldots, X_n]$ gegeben.

**3.3.DEFINITION.** *Die* **Nullstellenmenge** $\mathcal{V}(I)$ *von $I$ ist die Menge aller $P \in A_L^n$ mit $f(P) = 0$ für alle $f \in I$.*

Nach dem Hilbertschen Basissatz ([K$_4$], 6.6) besitzt $I$ ein endliches Erzeugendensystem $f_1, \ldots, f_m$. Daher ist $\mathcal{V}(I)$ die Nullstellenmenge von $f_1, \ldots, f_m$, also eine $K$–Varietät. Aus diesem Grund nennt man $\mathcal{V}(I)$ auch die **Varietät von $I$.** Der Hilbertsche Nullstellensatz ([K$_4$], 7.26) besagt, daß jedes Ideal $I \neq K[X_1, \ldots, X_n]$ in $A_L^n$ sicher eine Nullstelle besitzt, wenn $L$ algebraisch abgeschlossen ist. Unter dieser Voraussetzung an $L$ besitzt ein algebraisches Gleichungssystem $f_i(X_1, \ldots, X_n) = 0$ ($i = 1, \ldots, m$) genau dann eine Lösung in $A_L^n$, wenn $I := (f_1, \ldots, f_m)$ nicht ganz $K[X_1, \ldots, X_n]$ ist. Die Frage, ob das Gleichungssystem eine Lösung besitzt, übersetzt sich also in die Frage, ob man im Polynomring $K[X_1, \ldots, X_n]$ die Eins aus $f_1, \ldots, f_m$ linear kombinieren kann. Die Computer-Algebra fragt weiter, ob es einen effektiven Algorithmus gibt, dies zu entscheiden. Das ist der Fall.

Für die Operationen $\mathcal{J}$ und $\mathcal{V}$ gelten die folgenden einfachen Tatsachen.

**3.4.REGELN:**
a) Es ist $\mathcal{J}(\emptyset) = K[X_1, \ldots, X_n]$. Wenn $L$ unendlich ist, gilt $\mathcal{J}(A_L^n) = (0)$ (vgl. 1.6a).
b) Für jede Teilmenge $V \subset A_L^n$ gilt $\mathcal{J}(V) = \operatorname{Rad} \mathcal{J}(V)$. Hierbei ist

$$\operatorname{Rad} \mathcal{J}(V) := \{ f \in K[X_1, \ldots, X_n] \mid f^\rho \in \mathcal{J}(V) \text{ für ein } \rho \in \mathbb{N} \}$$

das **Radikal** von $\mathcal{J}(V)$.
c) Für jede $K$–Varietät $V \subset A_L^n$ gilt $\mathcal{V}(\mathcal{J}(V)) = V$.

d) Für zwei $K$-Varietäten $V_1, V_2 \subset A_L^n$ gilt $V_1 \subset V_2$ genau dann, wenn $\mathcal{J}(V_1) \supset \mathcal{J}(V_2)$, und $V_1 \subsetneq V_2$ genau dann, wenn $\mathcal{J}(V_1) \supsetneq \mathcal{J}(V_2)$.

e) Für zwei $K$-Varietäten $V_1, V_2 \subset A_L^n$ gilt

$$\mathcal{J}(V_1 \cup V_2) = \mathcal{J}(V_1) \cap \mathcal{J}(V_2)$$

und

$$V_1 \cup V_2 = \mathcal{V}(\mathcal{J}(V_1) \cap \mathcal{J}(V_2)) = \mathcal{V}(\mathcal{J}(V_1) \cdot \mathcal{J}(V_2))$$

Hierbei ist $\mathcal{J}(V_1) \cdot \mathcal{J}(V_2)$ das **Produkt** der Ideale $\mathcal{J}(V_i)$, d.h. das von allen Produkten $f \cdot g$ mit $f \in \mathcal{J}(V_1)$, $g \in \mathcal{J}(V_2)$ erzeugte Ideal.

f) Für jede Familie $\{V_\lambda\}_{\lambda \in \Lambda}$ von $K$-Varietäten $V_\lambda \subset A_L^n$ ist

$$\bigcap_{\lambda \in \Lambda} V_\lambda = \mathcal{V}(\sum_{\lambda \in \Lambda} \mathcal{J}(V_\lambda))$$

ebenfalls eine $K$-Varietät.

g) Jede absteigende Kette $V_1 \supset V_2 \supset \ldots$ von $K$-Varietäten wird stationär.

BEWEIS: a) und b) sind klar.

c) Offensichtlich ist $V \subset \mathcal{V}(\mathcal{J}(V))$. Wird andererseits $V$ durch ein System $f_i = 0$ ($f_i \in K[X_1, \ldots, X_n], i = 1, \ldots, m$) gegeben, so ist $f_1, \ldots, f_m \in \mathcal{J}(V)$ und

$$\mathcal{V}(\mathcal{J}(V)) \subset \mathcal{V}(f_1, \ldots, f_m) = V$$

d) Aus $\mathcal{J}(V_1) \supset \mathcal{J}(V_2)$ folgt nach c), daß $V_1 = \mathcal{V}(\mathcal{J}(V_1)) \subset \mathcal{V}(\mathcal{J}(V_2)) = V_2$. Die restlichen Aussagen von d) sind dann klar.

e) Die Formel $\mathcal{J}(V_1 \cup V_2) = \mathcal{J}(V_1) \cap \mathcal{J}(V_2)$ folgt unmittelbar aus der Definition des Verschwindungsideals. Aus c) ergibt sich dann

$$V_1 \cup V_2 = \mathcal{V}(\mathcal{J}(V_1 \cup V_2)) = \mathcal{V}(\mathcal{J}(V_1) \cap \mathcal{J}(V_2))$$

Ferner ist klar, daß $V_1 \cup V_2 \subset \mathcal{V}(\mathcal{J}(V_1) \cdot \mathcal{J}(V_2))$. Für $P \in \mathcal{V}(\mathcal{J}(V_1) \cdot \mathcal{J}(V_2))$ mit $P \notin V_2$ gibt es ein $g \in \mathcal{J}(V_2)$ mit $g(P) \neq 0$. Es ist dann $f(P) = 0$ für alle $f \in \mathcal{J}(V_1)$, d.h. $P \in V_1$. Somit gilt $V_1 \cup V_2 = \mathcal{V}(\mathcal{J}(V_1) \cdot \mathcal{J}(V_2))$.

f) folgt unmittelbar aus den Definitionen.

g) Da $K[X_1, \ldots, X_n]$ ein noetherscher Ring ist, wird die Idealkette $\mathcal{J}(V_1) \subset \mathcal{J}(V_2) \subset \ldots$ stationär, d.h. es gibt ein $n_0 \in \mathbb{N}$, so daß $\mathcal{J}(V_{n+1}) = \mathcal{J}(V_n)$ für $n \geq n_0$ ([K$_4$],6.5). Nach c) ist dann $V_{n+1} = V_n$ für $n \geq n_0$.

Da nach 3.4f) beliebige Durchschnitte und nach 1.4 endliche Vereinigungen von $K$-Varietäten aus $A_L^n$ wieder $K$-Varietäten sind, bilden die $K$-Varietäten die abgeschlossenen Mengen einer Topologie auf $A_L^n$, der $K$-**Topologie** oder **Zariski-Topologie** bzgl. $K$ auf $A_L^n$. Jede $K$-Varietät $V$ wird mit der Relativtopologie dieser Topologie versehen. Ihre abgeschlossenen Mengen sind die Untervarietäten von $V$, d.h. die $K$-Varietäten $W$ mit $W \subset V$. Die Zariski-Topologie werden wir in § 4 zum ersten Mal benützen.

Nach den Regeln wird durch $V \mapsto \mathcal{J}(V)$ eine injektive, inklusionsumkehrende Abbildung von der Menge aller $K$-Varietäten $V \subset \mathsf{A}_L^n$ in die Menge aller Ideale $I$ aus $K[X_1, \ldots, X_n]$ mit $\operatorname{Rad} I = I$ gegeben. Mit Hilfe des Hilbertschen Nullstellensatzes wird sich nun ergeben, daß diese Zuordnung sogar bijektiv ist, wenn $L$ algebraisch abgeschlossen ist. Durch diese grundlegenden Tatsachen wird das Studium der $K$-Varietäten in $\mathsf{A}_L^n$ auf die Idealtheorie von $K[X_1, \ldots, X_n]$ zurückgeführt, ähnlich wie man in der Galoisschen Theorie das Studium der Zwischenkörper einer Galoiserweiterung auf das der Untergruppen der Galoisgruppe reduziert.

**3.5. THEOREM.** *Sei $L/K$ eine Körpererweiterung, wobei $L$ algebraisch abgeschlossen ist. Die Zuordnung $V \mapsto \mathcal{J}(V)$ ist dann eine Bijektion der Menge aller $K$-Varietäten $V \subset \mathsf{A}_L^n$ auf die Menge aller Ideale $I \subset K[X_1, \ldots, X_n]$ mit $\operatorname{Rad} I = I$. Für ein beliebiges Ideal $I$ von $K[X_1, \ldots, X_n]$ gilt*

$$(1) \qquad\qquad \operatorname{Rad} I = \mathcal{J}(\mathcal{V}(I))$$

BEWEIS: Da die Injektivität der Zuordnung schon durch 3.4c) gezeigt ist, genügt es die Formel (1) zu beweisen. Dies geschieht mit dem Hilbertschen Nullstellensatz und dem "Schluß von Rabinowitch". Klar ist $\operatorname{Rad} I \subset \mathcal{J}(\mathcal{V}(I))$, denn eine Potenz $f^\rho$ ($\rho \in \mathsf{N}_+$) eines Polynoms $f$ hat die gleiche Nullstellenmenge wie $f$. Für $f \in \mathcal{J}(\mathcal{V}(I)) \setminus \{0\}$ betrachten wir im Polynomring $K[X_1, \ldots, X_n, T]$ mit einer zusätzlichen Variablen $T$ das Ideal $J$, das von $I$ und $T \cdot f - 1$ erzeugt wird.

Wäre $(x_1, \ldots, x_n, t) \in \mathsf{A}_L^{n+1}$ eine Nullstelle von $J$, dann wäre $(x_1, \ldots, x_n) \in \mathcal{V}(I)$, folglich $t \cdot f(x_1, \ldots, x_n) - 1 = -1$, ein Widerspruch. Da $J$ somit keine Nullstelle in $\mathsf{A}_L^{n+1}$ besitzt, gilt $J = K[X_1, \ldots, X_n, T]$ nach dem Hilbertschen Nullstellensatz. Man hat dann eine Gleichung

$$(2) \qquad\qquad 1 = \sum_{i=1}^{s} a_i f_i + b(T \cdot f - 1)$$

mit $a_i, b \in K[X_1, \ldots, X_n, T]$ und $f_i \in I$ ($i = 1, \ldots, s$). Sei

$$\varphi \colon K[X_1, \ldots, X_n, T] \to K(X_1, \ldots, X_n)$$

der $K$-Homomorphismus mit $\varphi(X_i) = X_i$ ($i = 1, \ldots, n$) und $\varphi(T) = \frac{1}{f}$. Dann folgt aus (2)

$$1 = \sum_{i=1}^{s} \varphi(a_i) f_i$$

wobei $\varphi(a_i) = \frac{\alpha_i}{f^{\rho_i}}$ mit $\alpha_i \in K[X_1, \ldots, X_n]$, $\rho_i \in \mathsf{N}$ ($i = 1, \ldots, s$). Mit $\rho := \max_{i=1, \ldots, s} \{\rho_i\}$ folgt $f^\rho \in (f_1, \ldots, f_s)$, also $f \in \operatorname{Rad} I$,                           **q.e.d.**

In den folgenden Korollaren soll $L$ immer algebraisch abgeschlossen sein.

**3.6.KOROLLAR.** a) *Für zwei $K$-Varietäten $V_1, V_2 \subset \mathbb{A}_L^n$ gilt*

$$\mathcal{J}(V_1 \cap V_2) = \mathrm{Rad}\,(\mathcal{J}(V_1) + \mathcal{J}(V_2))$$

*und*

$$\mathcal{J}(V_1 \cup V_2) = \mathrm{Rad}\,(\mathcal{J}(V_1) \cdot \mathcal{J}(V_2))$$

b) *Für zwei Ideale $I_1, I_2 \subset K[X_1, \ldots, X_n]$ gilt $\mathcal{V}(I_1) = \mathcal{V}(I_2)$ dann und nur dann, wenn $\mathrm{Rad}\, I_1 = \mathrm{Rad}\, I_2$.*

BEWEIS: a) Nach 3.4f) ist $\mathcal{J}(V_1 \cap V_2) = \mathcal{J}(\mathcal{V}(\mathcal{J}(V_1) + \mathcal{J}(V_2))) = \mathrm{Rad}\,(\mathcal{J}(V_1) + \mathcal{J}(V_2))$.
Nach 3.4e) ist $\mathcal{J}(V_1 \cup V_2) = \mathcal{J}(\mathcal{V}(\mathcal{J}(V_1) \cdot \mathcal{J}(V_2))) = \mathrm{Rad}\,(\mathcal{J}(V_1) \cdot \mathcal{J}(V_2))$.
b) ergibt sich unmittelbar aus 3.5.

**3.7.KOROLLAR.** a) *Für eine $K$-Varietät $V$ mit dem definierenden Gleichungssystem $f_i = 0$ $(i = 1, \ldots, m)$ ist*

$$\mathcal{J}(V) = \mathrm{Rad}\,(f_1, \ldots, f_m)$$

b) *Zwei algebraische Gleichungssysteme*

$$f_i = 0 \quad (i = 1, \ldots, m) \quad \text{und} \quad g_j = 0 \quad (j = 1, \ldots, \ell)$$

*besitzen genau dann die gleiche Lösungsmenge in $\mathbb{A}_L^n$, wenn für jedes $i \in \{1, \ldots, m\}$ ein $\rho_i \in \mathbb{N}$ existiert mit $f_i^{\rho_i} \in (g_1, \ldots, g_\ell)$ und für jedes $j \in \{1, \ldots, \ell\}$ ein $\sigma_j \in \mathbb{N}$ mit $g_j^{\sigma_j} \in (f_1, \ldots, f_m)$.*

BEWEIS: a) Es ist $\mathcal{J}(V) = \mathcal{J}(\mathcal{V}(f_1, \ldots, f_m)) = \mathrm{Rad}\,(f_1, \ldots, f_m)$.
b) folgt unmittelbar aus a).

**3.8.KOROLLAR.** *Für ein Ideal $I \subset K[X_1, \ldots, X_n]$ sei $V = \mathcal{V}(I)$. Ferner sei $K'$ ein Zwischenkörper von $L/K$. Dann ist $\mathrm{Rad}\,(I \cdot K'[X_1, \ldots, X_n])$ das Verschwindungsideal von $V$ in $K'[X_1, \ldots, X_n]$. Hierbei bezeichnet $I \cdot K'[X_1, \ldots, X_n]$ das "Erweiterungsideal" von $I$ in $K'[X_1, \ldots, X_n]$, d.h. das von $I$ in $K'[X_1, \ldots, X_n]$ erzeugte Ideal.*

Dies folgt unmittelbar aus 3.7a).

**3.9.KOROLLAR.** *Sind $V_1 \subset \mathbb{A}_L^{n_1}$ und $V_2 \subset \mathbb{A}_L^{n_2}$ zwei $K$-Varietäten mit den Verschwindungsidealen $\mathcal{J}(V_1) \subset K[X_1, \ldots, X_{n_1}]$ und $\mathcal{J}(V_2) \subset K[Y_1, \ldots, Y_{n_2}]$, so gehört zu ihrem Produkt $V_1 \times V_2 \subset \mathbb{A}_L^{n_1 + n_2}$ in $K[X_1, \ldots, X_{n_1}, Y_1, \ldots, Y_{n_2}]$ das Verschwindungsideal*

$$\mathcal{J}(V_1 \times V_2) = \mathrm{Rad}\,(\mathcal{J}(V_1), \mathcal{J}(V_2))$$

*das Radikal des von $\mathcal{J}(V_1) \cup \mathcal{J}(V_2)$ erzeugten Ideals.*

BEWEIS: Es ist $V_1 \times V_2 = \mathcal{V}(\mathcal{J}(V_1), \mathcal{J}(V_2))$ und somit

$$\mathcal{J}(V_1 \times V_2) = \mathcal{J}(\mathcal{V}(\mathcal{J}(V_1), \mathcal{J}(V_2))) = \mathrm{Rad}\,(\mathcal{J}(V_1), \mathcal{J}(V_2))$$

Wir kennen schon die Verschwindungsideale der Hyperflächen. Nach 3.2 sind es die Hauptideale, die von nichtkonstanten Polynomen ohne mehrfache Faktoren erzeugt werden. Die Verschwindungsideale von Punkten lassen sich ebenfalls einfach angeben: Es sind gerade die maximalen Ideale von $L[X_1, \ldots, X_n]$:

**3.10.KOROLLAR.** *Für* $(a_1, \ldots, a_n) \in \mathsf{A}_L^n$ *ist* $(X_1 - a_1, \ldots, X_n - a_n)$ *ein maximales Ideal von* $L[X_1, \ldots, X_n]$. *Die Zuordnung*

$$\mathsf{A}_L^n \to \mathrm{Max}\, L[X_1, \ldots, X_n] \qquad ((a_1, \ldots, a_n) \mapsto (X_1 - a_1, \ldots, X_n - a_n))$$

*ist bijektiv. Die Punkte einer Varietät* $V \subset \mathsf{A}_L^n$ *entsprechen eineindeutig den maximalen Idealen von* $L[X_1, \ldots, X_n]$, *die* $\mathcal{J}(V)$ *umfassen.*

BEWEIS: Das Ideal $\mathfrak{m} := (X_1 - a_1, \ldots, X_n - a_n)$ ist sicher im Kern des Einsetzungshomomorphismus $\alpha\colon L[X_1, \ldots, X_n] \to L$ $(X_i \mapsto a_i)$ enthalten. Andererseits läßt sich ein Polynom $f$ mit $f(a_1, \ldots, a_n) = 0$ als Linearkombination von $X_1 - a_1, \ldots, X_n - a_n$ schreiben (mittels Taylorentwicklung). Es folgt dann aus dem Homomorphiesatz, daß $L[X_1, \ldots, X_n]/\mathfrak{m} \cong L$, und somit ist $\mathfrak{m}$ ein maximales Ideal.

Sei umgekehrt $\mathfrak{m} \in \mathrm{Max}\, L[X_1, \ldots, X_n]$ und sei $(a_1, \ldots, a_n) \in \mathsf{A}_L^n$ eine Nullstelle dieses Ideals. Dann ist $\mathfrak{m} \subset (X_1 - a_1, \ldots, X_n - a_n)$. Da $\mathfrak{m}$ maximal ist, gilt Gleichheit.

Die Aussage über Varietäten ergibt sich unmittelbar.

Aus 3.4e) und 3.10 erhält man

**3.11.KOROLLAR.** *Ist* $V$ *eine endliche Punktmenge aus* $\mathsf{A}_L^n$, *so ist das Ideal* $\mathcal{J}(V) \subset L[X_1, \ldots, X_n]$ *der Durchschnitt der zu den Punkten aus* $V$ *gehörigen maximalen Ideale.*

In konkreten Situationen möchte man für das Verschwindungsideal ein Erzeugendensystem mit möglichst wenig Elementen finden, und man erhofft sich aus dem Studium des Ideals Informationen z.B. über die Lage der Punkte zueinander, ob sie auf einer Hyperebene oder einer Quadrik usw. liegen.

AUFGABEN:

1) Sei $K$ ein algebraisch abgeschlossener Körper. Bestimmen Sie Erzeugendensysteme für die Verschwindungsideale folgender Raumkurven

$$C := \{(t, t^2, t^3) \in \mathsf{A}_K^3 \mid t \in K\} \quad \text{und} \quad D := \{(t^3, t^4, t^5) \in \mathsf{A}_K^3 \mid t \in K\}$$

2) Sei $K$ ein Körper. Jedes maximale Ideal $\mathfrak{m}$ aus $K[X_1, \ldots, X_n]$ wird von $n$ Polynomen erzeugt. Wie viele Nullstellen besitzt $\mathfrak{m}$ in $\mathsf{A}_L^n$, wenn $L$ der algebraische Abschluß von $K$ ist?

3) a) Beschreiben Sie die Nullstellenmengen $V_k = \mathcal{V}(I_k)$ $(k = 1, 2)$ der Ideale

$$I_1 = (X_2, X_3) \;, \; I_2 = (X_1, X_2 \cdot X_3)$$

in $K[X_1, X_2, X_3]$ ($K$ ein Körper).

b) Bestimmen Sie ein kürzestes Erzeugendensystem des Verschwindungsideals von $V_1 \cup V_2$.

4) Sei $L$ ein algebraisch abgeschlossener Körper der Charakteristik $p > 0$, sei $q := p^m$ und $V = \mathbb{A}^n_{\mathbb{F}_q}$ die Menge der $\mathbb{F}_q$–rationalen Punkte von $\mathbb{A}^n_L$. Dann ist $V$ eine algebraische Varietät mit dem Verschwindungsideal

$$\mathcal{J}(V) = (\{X_i^q - X_i\}_{i=1,\ldots,n})$$

## § 4. Zerlegung einer Varietät in irreduzible Komponenten

Algebraische Varietäten besitzen eine eindeutige Darstellung als endliche Vereinigung von "irreduziblen Komponenten". Mit Hilfe dieser Zerlegung kann man manchmal Fragen über beliebige Varietäten auf solche für irreduzible zurückführen und damit vereinfachen. Wir entwickeln die entsprechende Theorie für topologische Räume. Da algebraische Varietäten die Zariski-Topologie tragen, kann sie dann insbesondere auf Varietäten angewandt werden und auf andere Räume, die in der algebraischen Geometrie eine Rolle spielen.

Wir betrachten also zunächst einen beliebigen topologischen Raum $X$. Einige topologische Grundbegriffe werden hier als bekannt vorausgesetzt.

**4.1.DEFINITION.** *$X$ heißt* **irreduzibel,** *wenn gilt: Ist $X = A_1 \cup A_2$ mit abgeschlossenen Teilmengen $A_i \subset X$ ($i = 1, 2$), dann ist $X = A_1$ oder $X = A_2$. Eine Teilmenge $X' \subset X$ heißt irreduzibel, wenn sie als topologischer Raum mit der Relativtopologie irreduzibel ist.*

Es ist klar, daß irreduzible Räume insbesondere zusammenhängend sind. Ein Hausdorffraum $X$ ist genau dann irreduzibel, wenn er nur aus einem Punkt besteht. Durch Komplementbildung erhält man aus 4.1 sofort eine Charakterisierung der Irreduzibilität mit offenen Mengen.

**4.2.LEMMA.** *Folgende Aussagen sind äquivalent:*
*a) $X$ ist irreduzibel.*
*b) Sind $U_1, U_2$ offene Teilmengen von $X$ mit $U_i \neq \emptyset$ ($i = 1, 2$), so ist $U_1 \cap U_2 \neq \emptyset$.*
*c) Jede nichtleere offene Teilmenge von $X$ ist dicht in $X$.*

**4.3.KOROLLAR.** *Für eine Teilmenge $X'$ von $X$ sind folgende Aussagen äquivalent:*
*a) $X'$ ist irreduzibel.*
*b) Sind $U_1, U_2$ offene Mengen in $X$ mit $U_i \cap X' \neq \emptyset$ ($i = 1, 2$), so ist $U_1 \cap U_2 \cap X' \neq \emptyset$.*
*c) Die abgeschlossene Hülle $\overline{X'}$ von $X'$ ist irreduzibel.*

Man beachte, daß nach Definition der abgeschlossenen Hülle eine offene Menge genau dann $X'$ trifft, wenn sie $\overline{X'}$ trifft.

**4.4.DEFINITION.** *Eine* **irreduzible Komponente** *von $X$ ist eine maximale irreduzible Teilmenge von $X$ (bzgl. Inklusion).*

Nach 4.3 sind irreduzible Komponenten abgeschlossen, im Fall von Varietäten somit Untervarietäten.

**4.5.SATZ.**

a) *Jede irreduzible Teilmenge von $X$ ist in einer irreduziblen Komponente von $X$ enthalten.*

b) *$X$ ist die Vereinigung seiner irreduziblen Komponenten.*

BEWEIS: Für jedes $P \in X$ ist $\{P\}$ eine irreduzible Menge, daher folgt b) aus a). Aussage a) ergibt sich mit dem Zornschen Lemma: Für eine irreduzible Teilmenge $X' \subset X$ sei $M$ die Menge der $X'$ umfassenden irreduziblen Teilmengen mit der Inklusion als Ordnungsrelation. Für eine vollständig geordnete Familie $\{X_\lambda\}_{\lambda \in \Lambda}$ von Elementen $X_\lambda \in M$ ist auch $Y := \bigcup_{\lambda \in \Lambda} X_\lambda$ ein Element von $M$. Sind nämlich $U_1, U_2 \subset X$ offene Mengen mit $U_i \cap Y \neq \emptyset$ $(i = 1,2)$, so existiert ein $\lambda_i \in \Lambda$ mit $U_i \cap X_{\lambda_i} \neq \emptyset$ $(i = 1,2)$. Sei $X_{\lambda_2} \subset X_{\lambda_1}$. Dann ist $U_1 \cap U_2 \cap X_{\lambda_1} \neq \emptyset$ und somit $U_1 \cap U_2 \cap Y \neq \emptyset$, womit die Irreduzibilität von $Y$ gezeigt ist (4.3). Nach dem Zornschen Lemma besitzt $M$ ein maximales Element, also eine $X'$ umfassende irreduzible Komponente.

**4.6.DEFINITION.** *Ein topologischer Raum $X$ heißt* **noethersch**, *wenn jede absteigende Kette $A_1 \supset A_2 \supset \ldots$ von abgeschlossenen Teilmengen $A_i \subset X$ stationär wird.*

Es ist klar, daß $X$ genau dann noethersch ist, wenn jede aufsteigende Kette offener Mengen stationär wird, oder wenn die Maximalbedingung für offene Mengen (die Minimalbedingung für abgeschlossene Mengen) gilt. Nach 3.4g) ist jede affine algebraische Varietät bzgl. der Zariski-Topologie noethersch.

**4.7.SATZ.** *Ein noetherscher topologischer Raum besitzt nur endlich viele irreduzible Komponenten. Keine Komponente ist in der Vereinigung der übrigen enthalten.*

BEWEIS(durch noethersche Rekursion): Sei $X$ noethersch, und sei $M$ die Menge aller abgeschlossenen Teilmengen von $X$, die sich nicht als endliche Vereinigung irreduzibler Teilmengen von $X$ schreiben lassen. Wäre $M$ nicht leer, so gäbe es nach der Minimalbedingung ein minimales Element $Y \in M$. Es kann $Y$ nicht irreduzibel sein, folglich gibt es abgeschlossene Teilmengen $Y_1, Y_2$ mit $Y = Y_1 \cup Y_2$ und $Y_i \neq Y$ $(i = 1,2)$. Wegen der Minimalität von $Y$ ist $Y_i$ endliche Vereinigung irreduzibler Teilmengen von $X$ $(i = 1,2)$, folglich gilt dies auch für $Y$, ein Widerspruch.

Es ist somit $M = \emptyset$, und $X$ ist endliche Vereinigung irreduzibler Teilmengen. Nach 4.5a) gibt es eine Darstellung

$$(1) \qquad\qquad X = X_1 \cup \cdots \cup X_m$$

mit irreduziblen Komponenten $X_i$ von $X$ $(i = 1, \ldots, m)$. Dabei kann $X_i \neq X_j$ für $i \neq j$ vorausgesetzt werden.

Ist $Y$ eine beliebige irreduzible Komponente von $X$, so folgt aus $Y = \bigcup\limits_{i=1}^{m} (Y \cap X_i)$, daß $Y = Y \cap X_i$ für ein $i \in \{1, \ldots, m\}$ und somit $Y = X_i$. Es kommen somit alle Komponenten von $X$ in (1) vor. Ihre Anzahl ist daher endlich. Auch kann nicht $X_i \subset \bigcup\limits_{j \neq i} X_j$ gelten, denn sonst würde mit dem gleichen Schluß wie für $Y$ folgen, daß $X_i = X_j$ für ein $j \neq i$. Der Satz ist damit bewiesen.

Kehren wir nun wieder zu den algebraischen Varietäten zurück. Sei $L/K$ eine Körpererweiterung. Durch Anwendung von 4.7 auf die $K$-Varietäten in $\mathsf{A}_L^n$ ergibt sich:

**4.8.KOROLLAR.** *Jede affine algebraische Varietät $V$ besitzt nur endlich viele irreduzible Komponenten $V_1, \ldots, V_m$. Es ist $V = V_1 \cup \cdots \cup V_m$, und in dieser Darstellung ist kein $V_i$ überflüssig.*

Die irreduziblen Varietäten besitzen die folgende idealtheoretische Charakterisierung:

**4.9.SATZ.**
*a) Eine $K$-Varietät $V \subset \mathsf{A}_L^n$ mit $V \neq \emptyset$ ist genau dann irreduzibel, wenn gilt*

$$\mathcal{J}(V) \in \operatorname{Spec} K[X_1, \ldots, X_n]$$

*b) Ist $L$ algebraisch abgeschlossen, so entsprechen die nichtleeren irreduziblen $K$-Varietäten in $\mathsf{A}_L^n$ unter der Zuordnung $V \mapsto \mathcal{J}(V)$ eineindeutig den Elementen von $\operatorname{Spec} K[X_1, \ldots, X_n]$.*

BEWEIS: a) Sei $V$ irreduzibel, und seien $f_1, f_2 \in K[X_1, \ldots, X_n]$ zwei Polynome, für die $f_1 \cdot f_2 \in \mathcal{J}(V)$. Mit $H_i := \mathcal{V}(f_i)$ $(i = 1, 2)$ gilt dann $V = (V \cap H_1) \cup (V \cap H_2)$ und somit $V = V \cap H_1$ oder $V = V \cap H_2$. Aus $V \subset H_1$ folgt $f_1 \in \mathcal{J}(V)$, und aus $V \subset H_2$ folgt $f_2 \in \mathcal{J}(V)$. Somit ist $\mathcal{J}(V)$ ein Primideal.

Sei umgekehrt $\mathcal{J}(V)$ ein Primideal. Angenommen, es gäbe Varietäten $V_1, V_2$ mit $V = V_1 \cup V_2$, $V \neq V_i$ $(i = 1, 2)$. Nach 3.4e) ist $\mathcal{J}(V) = \mathcal{J}(V_1) \cap \mathcal{J}(V_2)$, und ferner ist $\mathcal{J}(V) \neq \mathcal{J}(V_i)$ $(i = 1, 2)$. Es gibt Polynome $f_i \in \mathcal{J}(V_i) \setminus \mathcal{J}(V)$ $(i = 1, 2)$. Da aber $f_1 \cdot f_2 \in \mathcal{J}(V_1) \cap \mathcal{J}(V_2) = \mathcal{J}(V)$, hat sich ein Widerspruch ergeben.
b) Da jedes Primideal eines Rings mit seinem Radikal übereinstimmt, ist b) eine Folge von a) und von Theorem 3.5.

**4.10.BEISPIELE:**
a) **Lineare Untervarietäten** von $\mathsf{A}_L^n$ sind irreduzibel. In der Tat kann eine solche Varietät $V$ bei geeigneter Koordinatenwahl durch ein Gleichungssystem

$$X_i = 0 \qquad (i = 1, \ldots, r)$$

beschrieben werden. Es ist dann $\mathcal{J}(V) = (X_1, \ldots, X_r)$, und dies ist ein Primideal,
denn $K[X_1, \ldots, X_n]/(X_1, \ldots, X_r) \cong K[X_{r+1}, \ldots, X_n]$ ist ein Integritätsring.

b) Eine **Hyperfläche** $H$ mit dem Minimalpolynom $f$ ist genau dann irreduzibel,
wenn $f$ ein irreduzibles Polynom ist. Denn nach 2.1 ist $\mathcal{J}(H) = (f)$. Dieses Ideal
aus dem faktoriellen Ring $K[X_1, \ldots, X_n]$ ist genau dann ein Primideal, wenn $f$
irreduzibel ist. Hier kommen die Irreduzibilitätskriterien für Polynome in mehreren
Variablen ins Spiel. Eine Quadrik ist genau dann reduzibel, wenn sie Vereinigung
zweier Hyperebenen ist.

c) Die Lösungsmenge $V$ eines algebraischen Gleichungssystems $f_i = 0$ $(i = 1, \ldots, m)$
ist genau dann irreduzibel, wenn $V = \emptyset$ oder wenn $\mathrm{Rad}\,(f_1, \ldots, f_m)$ ein Primideal
ist.

d) Eine $K$-Varietät, die irreduzibel in der $K$-Topologie ist, braucht nicht irreduzibel für die $K'$-Topologie zu sein, wenn $K'$ ein Zwischenkörper von $L/K$ ist: Die
Nullstellenmenge des Polynoms $X^2 + 1$ in $\mathbb{A}^1_{\mathbb{C}}$ ist irreduzibel über $\mathbb{R}$, aber nicht über
$\mathbb{C}$.


**4.11.SATZ.** *Das Minimalpolynom $f$ einer Hyperfläche $H$ besitze die Faktorzerlegung*
*$f = f_1 \cdot \ldots \cdot f_m$ mit paarweise nicht zueinander assoziierten irreduziblen Polynomen*
*$f_i$ $(i = 1, \ldots, m)$. Sei $H_i := \mathcal{V}(f_i)$ $(i = 1, \ldots, m)$. Dann ist*

$$H = H_1 \cup \cdots \cup H_m$$

*die Zerlegung von $H$ in irreduzible Komponenten. Die irreduziblen Komponenten*
*von Hyperflächen sind somit selbst Hyperflächen. Sie entsprechen eineindeutig den*
*irreduziblen Faktoren des Minimalpolynoms $f$.*


**BEWEIS:** Es ist klar, daß $H = H_1 \cup \cdots \cup H_m$ gilt und daß die $H_i$ irreduzibel sind
(4.10b). Ist $Y$ eine irreduzible Komponente von $H$, so folgt aus der Gleichung
$Y = (Y \cap H_1) \cup \cdots \cup (Y \cap H_m)$, daß $Y = H_i$ für ein $i \in \{1, \ldots, m\}$. Da jedes
$H_j$ $(j = 1, \ldots, m)$ in einer irreduziblen Komponente enthalten ist und $H_i \neq H_j$ für
$i \neq j$ gilt, ist $\{H_1, \ldots, H_m\}$ die Menge aller irreduziblen Komponenten von $H$.

Wenn $L$ algebraisch abgeschlossen ist, so folgt aus 4.11, daß die irreduziblen
$K$-Hyperflächen in $\mathbb{A}^n_L$ eineindeutig den Klassen assoziierter Primpolynome aus
$K[X_1, \ldots, X_n]$ entsprechen.


**4.12.BEISPIEL:** Seien $C : f = 0$ und $D : g = 0$ zwei ebene algebraische Kurven.
Ihre irreduziblen Komponenten sind selbst Kurven, sie entsprechen eineindeutig den
irreduziblen Faktoren von $f$ bzw. $g$. Genau dann ist $C \cap D$ endlich, wenn $C$ und $D$
keine irreduzible Komponente gemeinsam haben (1.9).

**Hinweis**. In manchen Büchern wird das Wort "Varietät" für irreduzible Varietäten verwendet. Unsere Varietäten heißen dann "algebraische Mengen".

AUFGABEN:

1) Sei $K$ ein algebraisch abgeschlossener Körper. Bestimmen Sie die Verschwindungsideale der irreduziblen Komponenten der folgenden Varietäten in $\mathbb{A}_K^3$, und beschreiben Sie diese geometrisch:

   a) $U = \mathcal{V}(X_1^2 - X_2 X_3, X_1 - X_1 X_3)$

   b) $V = \mathcal{V}(X_1^2 - X_2 X_3, X_1^3 - X_2^3)$

   c) $W = \mathcal{V}(X_1^2 + X_2^2 + X_3^2, X_1^2 - X_2^2 - X_3^2 + 1)$

2) Sei $K$ ein algebraisch abgeschlossener Körper. Zeigen Sie: Sind $V \subset \mathbb{A}_K^m$ und $W \subset \mathbb{A}_K^n$ zwei irreduzible Varietäten, so ist auch ihr Produkt $V \times W \subset \mathbb{A}_K^{m+n}$ irreduzibel. (Hinweis: Für eine Zerlegung $V \times W = X_1 \cup X_2$ in Untervarietäten $X_i$ betrachte man $V_i := \{v \in V \mid \{v\} \times W \subset X_i\}$ $(i = 1, 2)$.)

## § 5. Der Koordinatenring einer affinen algebraischen Varietät

In § 3 wurde gezeigt, daß eine eineindeutige Beziehung zwischen den $K$-Varietäten in $\mathsf{A}_L^n$ und gewissen Idealen des Polynomrings $K[X_1, \ldots, X_n]$ besteht. Dieser Zusammenhang soll jetzt verallgemeinert werden: Einer $K$-Varietät $V \subset \mathsf{A}_L^n$ wird ihr "Koordinatenring" $K[V]$ zugeordnet, und es ergibt sich eine zu Theorem 3.5 analoge Beziehung zwischen den Untervarietäten von $V$ und der Idealtheorie von $K[V]$. Sei $\mathcal{J}(V) \subset K[X_1, \ldots, X_n]$ das Verschwindungsideal von $V$.

5.1. DEFINITION. *Die* $K$-*Algebra*

$$K[V] := K[X_1, \ldots, X_n]/\mathcal{J}(V)$$

*heißt der* **Koordinatenring** *oder die* **affine Algebra** *der Varietät* $V$.

Ist $L$ unendlich und $V = \mathsf{A}_L^n$, so ist $\mathcal{J}(V) = (0)$ und $K[V] = K[X_1, \ldots, X_n]$. Für $V = \emptyset$ ist $K[V]$ der Nullring. Als Restklassenring eines noetherschen Rings ist auch $K[V]$ noethersch.

Die Elemente $\varphi \in K[V]$ lassen sich als Funktionen auf $V$ auffassen. Für eine Restklasse $\varphi = f + \mathcal{J}(V)$ mit einem Repräsentanten $f \in K[X_1, \ldots, X_n]$ und $P = (a_1, \ldots, a_n) \in V$ setzt man

$$\varphi(P) := f(a_1, \ldots, a_n)$$

Das Ergebnis ist unabhängig von der Wahl des Repräsentanten $f$ der Restklasse $\varphi$, so daß sich eine wohldefinierte Funktion $\varphi \colon V \to L$ ergibt. Es ist klar, daß verschiedene Restklassen verschiedene Funktionen definieren.

BEISPIEL: Ist $x_i := X_i + \mathcal{J}(V)$ $(i \in \{1, \ldots, n\})$, so ist die entsprechende Funktion die $i$-te Koordinatenfunktion, die jedem Punkt $P = (a_1, \ldots, a_n) \in V$ seine $i$-te Koordinate $a_i$ zuordnet.

Wie früher ist für eine Teilmenge $W \subset V$ (speziell für eine Untervarietät $W$ von $V$) das **Verschwindungsideal** $\mathcal{J}_V(W) \subset K[V]$ definiert als die Menge aller Funktionen $\varphi \in K[V]$, die auf $W$ verschwinden. Offensichtlich ist

$$(1) \qquad\qquad \mathcal{J}_V(W) = \mathcal{J}(W)/\mathcal{J}(V)$$

Ist umgekehrt $I \subset K[V]$ ein beliebiges Ideal, so ist die **Nullstellenmenge** $\mathcal{V}_V(I)$ von $I$ auf $V$ die Menge aller $P \in V$ mit $\varphi(P) = 0$ für alle $\varphi \in I$. Dies ist eine

$K$-Untervarietät von $V$, denn ist $I = (\varphi_1, \ldots, \varphi_m)$, $\varphi_i = f_i + \mathcal{J}(V)$ $(i = 1, \ldots, m;$ $f_i \in K[X_1, \ldots, X_n])$, so ist

$$(2) \qquad \mathcal{V}_V(I) = \mathcal{V}(f_1, \ldots, f_m) \cap V$$

Auf Grund der bekannten engen Beziehung zwischen den Idealen eines Rings und denen eines Restklassenrings (vgl. etwa [$K_4$], § 6) übertragen sich die meisten Regeln 3.4 unmittelbar auf die Operationen $\mathcal{J}_V$ und $\mathcal{V}_V$. Dies ist sehr einfach und soll hier nicht genauer ausgeführt werden. Am wichtigsten ist die Übertragung des Theorems 3.5 und seiner Folgerungen.

**5.2.SATZ.** *Sei $L$ algebraisch abgeschlossen.*
*a) Durch $W \mapsto \mathcal{J}_V(W)$ wird eine inklusionsumkehrende Bijektion der Menge aller $K$-Untervarietäten $W \subset V$ auf die Menge aller Ideale $I \subset K[V]$ mit $\operatorname{Rad} I = I$ gegeben.*
*b) Für jedes Ideal $I \subset K[V]$ gilt*

$$\operatorname{Rad} I = \mathcal{J}_V(\mathcal{V}_V(I))$$

*c) Bei der Zuordnung $W \mapsto \mathcal{J}_V(W)$ entsprechen die nichtleeren irreduziblen Untervarietäten von $V$ eineindeutig den Elementen von $\operatorname{Spec} K[V]$.*
*d) Die irreduziblen Komponenten von $V$ entsprechen eineindeutig den minimalen Primidealen von $K[V]$. Deren Anzahl ist somit endlich.*
*e) Die Ideale $\operatorname{Rad}(\varphi)$ mit $\varphi \in K[V]$ entsprechen eineindeutig den Hyperflächenschnitten von $V$, d.h. den Untervarietäten der Form $V \cap H$, wobei $H$ eine $K$-Hyperfläche in $\mathbb{A}_L^n$ ist. Ist $K[V]$ ein faktorieller Ring, so ist $\operatorname{Rad}(\varphi)$ selbst ein Hauptideal.*

BEWEIS: Sei $I \subset K[V]$ ein Ideal und $J \subset K[X_1, \ldots, X_n]$ sein Urbild, also $I = J/\mathcal{J}(V)$. Genau dann gilt $\operatorname{Rad} I = I$, wenn $\operatorname{Rad} J = J$ ist. Mittels (1) folgen a) und b) somit unmittelbar aus 3.5. Genau dann ist $I$ ein Primideal von $K[V]$, wenn $J$ ein Primideal von $K[X_1, \ldots, X_n]$ ist. Somit ergibt sich c) aus 4.9b). Da durch $W \mapsto \mathcal{J}_V(W)$ eine inklusionsumkehrende Bijektion gegeben wird, werden die maximalen irreduziblen Teilmengen von $V$ auf die minimalen Primideale von $K[V]$ abgebildet. Dies beweist d).
e) Ist $f$ Minimalpolynom einer $K$-Hyperfläche $H \subset \mathbb{A}_L^n$ und $\varphi := f + \mathcal{J}(V)$, so gilt

$$\mathcal{J}_V(V \cap H) = \mathcal{J}(V \cap H)/\mathcal{J}(V) = \operatorname{Rad}((f) + \mathcal{J}(V))/\mathcal{J}(V) = \operatorname{Rad}(\varphi)$$

Ist umgekehrt $I = \operatorname{Rad}(\varphi)$ mit einem $\varphi \in K[V]$, und ist $f \in K[X_1, \ldots, X_n]$ ein Urbild von $\varphi$, so ergibt sich für das Urbild $J$ von $I$ in $K[X_1, \ldots, X_n]$ mittels 3.6a)

$$J = \operatorname{Rad}((f) + \mathcal{J}(V)) = \mathcal{J}(V \cap H)$$

mit $H := \mathcal{V}(f)$. Somit gilt

$$I = \mathcal{J}(V \cap H)/\mathcal{J}(V) = \mathcal{J}_V(V \cap H)$$

Wenn $K[V]$ faktoriell ist und $\varphi = c \cdot \varphi_1^{\nu_1} \cdots \varphi_s^{\nu_s}$ eine Zerlegung von $\varphi$ in irreduzible Faktoren $\varphi_i$ ($c$ eine Einheit von $K[V]$), dann ist $\mathrm{Rad}\,(\varphi) = (\varphi_1 \cdot \ldots \cdot \varphi_s)$,

**q.e.d.**

Der Satz führt die Bestimmung der irreduziblen Untervarietäten von $V$ auf die Bestimmung der Primideale von $K[V]$ zurück. Die Zahl der irreduziblen Komponenten von $V$ ist gleich der Anzahl der minimalen Primideale von $K[V]$.

Ein Ring $R$ heißt **reduziert**, wenn $0$ das einzige nilpotente Element von $R$ ist. Äquivalent damit ist, daß $\mathrm{Rad}\,(0) = (0)$ ist. Für einen beliebigen Ring $R$ heißt $R_{\mathrm{red}} := R/\mathrm{Rad}\,(0)$ der **assoziierte reduzierte Ring**. Es ist klar, daß $R_{\mathrm{red}}$ reduziert ist. Für ein Ideal $I \subset R$ hat man die Formel $(R/I)_{\mathrm{red}} = R/I/\mathrm{Rad}\,I/I \cong R/\mathrm{Rad}\,I$.

Unter den Voraussetzungen von Satz 5.2 ist der Koordinatenring

$$K[V] = K[X_1, \ldots, X_n]/\mathcal{J}(V)$$

wegen $\mathrm{Rad}\,\mathcal{J}(V) = \mathcal{J}(V)$ ein reduzierter Ring, der als $K$–Algebra von den Koordinatenfunktionen $x_i := X_i + \mathcal{J}(V)$ ($i = 1, \ldots, n$) erzeugt wird. Nach 4.9 ist $K[V]$ genau dann ein Integritätsring, wenn $V$ eine irreduzible Varietät ist.

Im folgenden sei $L$ immer als algebraisch abgeschlossen vorausgesetzt. Dann tritt jede reduzierte affine $K$–Algebra als Koordinatenring einer geeigneten $K$–Varietät auf.

**5.3.SATZ.** *Sei $A/K$ eine reduzierte affine $K$–Algebra, die von $n$ Elementen $x_1, \ldots, x_n$ erzeugt wird. Dann existiert eine $K$–Varietät $V \subset \mathsf{A}_L^n$ und ein $K$–Isomorphismus $K[V] \overset{\sim}{\to} A$, bei welchem die $i$–te Koordinatenfunktion auf $V$ mit $x_i$ identifiziert wird ($i = 1, \ldots, n$).*

BEWEIS: Sei $I$ der Kern des $K$–Homomorphismus

$$K[X_1, \ldots, X_n] \to A \qquad (X_i \mapsto x_i)$$

Dieser ist wegen $A = K[x_1, \ldots, x_n]$ surjektiv. Nach dem Homomorphiesatz wird ein $K$–Isomorphismus

$$K[X_1, \ldots, X_n]/I \overset{\sim}{\to} A \qquad (X_i + I \mapsto x_i)$$

induziert. Da $A$ reduziert ist, gilt $I = \mathrm{Rad}\,I$. Nach 3.5 gibt es eine $K$–Varietät $V \subset \mathsf{A}_L^n$ mit $\mathcal{J}(V) = I$. Es ist dann $K[V] \overset{\sim}{\to} A$, wie im Satz verlangt.

Wir wollen nun einige Formeln über Koordinatenringe herleiten.

**5.4.Satz.** *Sei $W \subset V$ eine Untervarietät mit dem Verschwindungsideal $\mathcal{J}_V(W) \subset K[V]$. Dann hat man einen kanonischen $K$-Isomorphismus*

$$\alpha\colon K[V]/\mathcal{J}_V(W) \xrightarrow{\sim} K[W]$$

*Faßt man die Elemente $\varphi \in K[V]$ als Funktionen auf $V$ auf, so wird $\alpha$ durch $\varphi \mapsto \varphi|_W$ induziert.*

**Beweis:** Es ist $K[W] = K[X_1,\ldots,X_n]/\mathcal{J}(W) \cong K[X_1,\ldots,X_n]/\mathcal{J}(V)/\mathcal{J}(W)/\mathcal{J}(V)$ $= K[V]/\mathcal{J}_V(W)$ nach dem Noetherschen Isomorphiesatz. Die Aussage über Funktionen ist klar.

**5.5.Satz.** *Sei $K'$ ein Zwischenkörper von $L/K$ und $K'[V]$ der Koordinatenring von $V$ als $K'$-Varietät. Dann hat man einen kanonischen Isomorphismus von $K'$-Algebren*

$$K'[V] \cong (K' \otimes_K K[V])_{\mathrm{red}}$$

**Beweis:** Nach 3.8 hat man
$$\begin{aligned}
K'[V] &= K'[X_1,\ldots,X_n]/\mathrm{Rad}\,(\mathcal{J}(V) \cdot K'[X_1,\ldots,X_n]) \\
&\cong (K'[X_1,\ldots,X_n]/\mathcal{J}(V) \cdot K'[X_1,\ldots,X_n])_{\mathrm{red}} \\
&\cong (K' \otimes_K K[X_1,\ldots,X_n]/K' \otimes_K \mathcal{J}(V))_{\mathrm{red}} \\
&\cong (K' \otimes_K K[X_1,\ldots,X_n]/\mathcal{J}(V))_{\mathrm{red}} = (K' \otimes_K K[V])_{\mathrm{red}}
\end{aligned}$$

**5.6.Satz.** *Seien $V_1 \subset \mathsf{A}_L^{n_1}$ und $V_2 \subset \mathsf{A}_L^{n_2}$ zwei $K$-Varietäten. Dann hat man einen kanonischen Isomorphismus von $K$-Algebren*

$$K[V_1 \times V_2] \cong (K[V_1] \otimes_K K[V_2])_{\mathrm{red}}$$

**Beweis:** Nach 3.9 ist
$$\begin{aligned}
K[V_1 \times V_2] &= K[X_1,\ldots,X_{n_1},Y_1,\ldots,Y_{n_2}]/\mathrm{Rad}\,(\mathcal{J}(V_1),\mathcal{J}(V_2)) \\
&\cong (K[X_1,\ldots,X_{n_1},Y_1,\ldots,Y_{n_2}]/(\mathcal{J}(V_1),\mathcal{J}(V_2)))_{\mathrm{red}} \\
\cong (K[X_1,\ldots,X_{n_1}] \otimes_K K[Y_1,\ldots,Y_{n_2}]&/\mathcal{J}(V_1) \otimes K[Y_1,\ldots,Y_{n_2}] + K[X_1,\ldots,X_{n_1}] \otimes \mathcal{J}(V_2))_{\mathrm{red}} \\
\cong (K[X_1,\ldots,X_{n_1}]/\mathcal{J}(V_1) \otimes_K K[Y_1,\ldots,Y_{n_2}]&/\mathcal{J}(V_2))_{\mathrm{red}} = (K[V_1] \otimes_K K[V_2])_{\mathrm{red}}
\end{aligned}$$

Speziell gilt für jede $K$-Varietät $V \subset \mathsf{A}_L^n$

$$K[V \times V] \cong (K[V] \otimes_K K[V])_{\mathrm{red}}$$

Sei $K[V] = K[x_1,\ldots,x_n]$, und sei $I := (\{\varphi \otimes 1 - 1 \otimes \varphi\}_{\varphi \in K[V]}) = (\{x_i \otimes 1 - 1 \otimes x_i\}_{i=1,\ldots,n})$ der Kern des kanonischen Epimorphismus

$$K[V] \otimes_K K[V] \to K[V] \qquad (\varphi \otimes \psi \mapsto \varphi \cdot \psi)$$

und $I'$ sein Bild in $(K[V] \otimes_K K[V])_{\mathrm{red}} = K[V \times V]$. Dann ist $\Delta_V := \mathcal{V}_{V \times V}(I')$ eine Untervarietät von $V \times V$. Sie heißt die **Diagonale** von $V \times V$.

**5.7.SATZ.** $\Delta_V = \{(P,Q) \in V \times V \mid P = Q\}$

BEWEIS: Beim kanonischen Epimorphismus

$$K[X_1,\ldots,X_n,Y_1,\ldots,Y_n] \twoheadrightarrow K[V \times V]$$

wird das Ideal $(X_1-Y_1,\ldots,X_n-Y_n)$ auf $I'$ abgebildet. Daher ist $\Delta_V = (V \times V) \cap \Delta$ mit $\Delta := \mathcal{V}(X_1 - Y_1,\ldots,X_n - Y_n)$. Die Untervarietät $\Delta$ ist aber offensichtlich die Diagonale von $\mathbb{A}_L^{2n}$, d.h. die Menge der Punkte $(a_1,\ldots,a_n,b_1,\ldots,b_n)$ mit $a_i = b_i$ $(i = 1,\ldots,n)$.

**5.8.SATZ.** *Die Punkte einer Varietät $V \subset \mathbb{A}_L^{\,n}$ entsprechen eineindeutig den maximalen Idealen des Koordinatenrings $L[V]$, die Punkte einer Untervarietät $W \subset V$ den $\mathcal{J}_V(W)$ umfassenden maximalen Idealen.*

BEWEIS: Nach 3.10 entsprechen die Punkte $(a_1,\ldots,a_n) \in V$ eineindeutig den maximalen Idealen $(X_1 - a_1,\ldots,X_n - a_n)$ von $L[X_1,\ldots,X_n]$, welche $\mathcal{J}(V)$ umfassen. Beim Übergang zum Restklassenring erhält man dann gerade die Elemente von $\mathrm{Max}\,(L[V])$.

**5.9.BEISPIEL:** Sei $C : f = 0$ eine ebene algebraische Kurve, $f \in L[X_1,X_2]$ ihr Minimalpolynom und $f = f_1 \cdot \ldots \cdot f_s$ eine Zerlegung von $f$ in irreduzible Faktoren. Dann besitzt der Koordinatenring $L[C] = L[X_1,X_2]/(f)$ die folgenden Primideale:
a) Die maximalen Ideale. Sie entsprechen eineindeutig den Punkten von $C$.
b) Die minimalen Primideale $\mathfrak{p}_i := (f_i)/(f)$ $(i = 1,\ldots,s)$. Sie entsprechen eineindeutig den irreduziblen Komponenten von $C$.

Andere Primideale kann es nicht geben, da jedes $g \in L[X_1,X_2]$, das zu $f$ teilerfremd ist, nur endlich viele Nullstellen mit $f$ gemeinsam hat (1.9).

Wir wollen uns noch mit Parameterdarstellungen algebraischer Varietäten beschäftigen. Gegeben seien $n$ Funktionen $r_i$ $(i = 1,\ldots,n)$ aus dem Körper $K(T_1,\ldots,T_m)$ der rationalen Funktionen in $m$ Variablen $T_1,\ldots,T_m$. Sei $g \in K[T_1,\ldots,T_m]$ ein Hauptnenner der $r_i$, also $r_i = \frac{f_i}{g}$ mit $f_i \in K[T_1,\ldots,T_m]$ $(i = 1,\ldots,n)$. Die $K-$Varietät $V$ sei die abgeschlossene Hülle in der $K-$Zariskitopologie der Punktmenge

$$\{(r_1(t_1,\ldots,t_m),\ldots,r_n(t_1,\ldots,t_m)) \mid (t_1,\ldots,t_m) \in \mathbb{A}_L^m \setminus \mathcal{V}(g)\} \subset \mathbb{A}_L^n$$

also des Bildes von $\mathbb{A}_L^m \setminus \mathcal{V}(g)$ in $\mathbb{A}_L^n$ bei der durch $(r_1,\ldots,r_n)$ vermittelten (rationalen) Abbildung.

**5.10.Satz.** *Der $K$-Homomorphismus*

$$\varphi : K[X_1,\ldots,X_n] \to K(T_1,\ldots,T_m) \quad \text{mit} \quad \varphi(T_i) = r_i \quad (i = 1,\ldots,n)$$

*induziert einen $K$-Isomorphismus*

$$K[V] \overset{\sim}{\to} K[r_1,\ldots,r_n]$$

*Insbesondere ist $V$ eine irreduzible $K$-Varietät.*

BEWEIS: Für $f \in K[X_1,\ldots,X_n]$ gilt $f \in \mathcal{J}(V)$ genau dann, wenn die rationale Funktion $f(r_1(T_1,\ldots,T_m),\ldots,r_n(T_1,\ldots,T_m))$ auf allen Punkten $(t_1,\ldots,t_m) \in \mathsf{A}_L^n \setminus \mathcal{V}(g)$ verschwindet. Es ist $g^\rho \cdot f(r_1(T_1,\ldots,T_m),\ldots,r_n(T_1,\ldots,T_m))$ für genügend großes $\rho \in \mathsf{N}$ ein Polynom in $T_1,\ldots,T_m$, und es gilt $f \in \mathcal{J}(V)$ genau dann, wenn dieses Polynom auf ganz $\mathsf{A}_L^n$ verschwindet, also nach 1.6a) das Nullpolynom ist. Hieraus sieht man, daß $\mathcal{J}(V)$ der Kern von $\varphi$ ist, und nach dem Homomorphiesatz ergibt sich

$$K[V] = K[X_1,\ldots,X_n]/\mathcal{J}(V) \cong K[r_1,\ldots,r_n]$$

In der Situation des Satzes sagt man, daß $V$ durch die **rationale Parameterdarstellung**

$$(3) \qquad\qquad X_i = r_i(T_1,\ldots,T_m) \qquad (i = 1,\ldots,n)$$

gegeben sei. Die Parameterdarstellung heißt **polynomial**, wenn $r_1,\ldots,r_n$ Polynome in $K[T_1,\ldots,T_m]$ sind.

Beispiele hierfür sind die **monomialen Kurven** $C \subset \mathsf{A}_L^n$, d.h. die Varietäten mit einer Parameterdarstellung $X_i = T^{\alpha_i}$ ($\alpha_i \in \mathsf{N}_+$, $i = 1,\ldots,n$). Hier ist $C$ schon das Bild von $\mathsf{A}_L^1$ bei der Abbildung $t \mapsto (t^{\alpha_1},\ldots,t^{\alpha_n})$ (Aufgabe 2). Bei einer beliebigen Parameterdarstellung muß man i.a. erst zum Abschluß des Bildes übergehen, um eine Varietät zu erhalten, d.h. die Gleichungen (3) erfassen nicht alle Punkte der darzustellenden Varietät. Dies ist schon bei polynomialen Parameterdarstellungen möglich (Aufgabe 3).

Es wäre bequem, wenn jede irreduzible Varietät $V$ eine rationale Parameterdarstellung besäße, mit deren Hilfe man ja viele Punkte der Varietät durch Einsetzen in die Gleichungen gewinnen könnte, sogar eine in $V$ dichte Menge von Punkten. Allerdings läßt sich beweisen, daß -anders als in der linearen Algebra- Parameterdarstellungen von Varietäten nur in "seltenen" Fällen existieren.

AUFGABEN:

1) Sei $V$ eine $L$-Varietät, die aus genau $r$ Punkten besteht. Dann ist $L[V]$ isomorph zum direkten Produkt von $r$ Exemplaren von $L$ (Chinesischer Restsatz).

2) Sei $K$ ein algebraisch abgeschlossener Körper und $A \neq K$ eine $K$-Unteralgebra der Polynomalgebra $K[T]$ in einer Variablen $T$. Jedes maximale Ideal $\mathfrak{m}$ von $A$ ist von der Form $\mathfrak{M} \cap A$ mit einem maximalen Ideal $\mathfrak{M}$ von $K[T]$. Folgern Sie, daß bei einer monomialen Kurve $C$ mit der Parameterdarstellung $X_i = T^{\alpha_i}$ $(i = 1, \ldots, n)$ alle Punkte von $C$ durch die Parameterdarstellung erfaßt werden. Allgemeiner gilt dies für Parameterdarstellungen $X_i = p_i(T)$ $(i = 1, \ldots, n)$ mit Polynomen in einer Variablen.

3) Durch $X_1 = T_2 T_3$, $X_2 = T_1 T_3$, $X_3 = T_1 T_2$ ist eine polynomiale Parameterdarstellung von $\mathbb{A}_K^3$ gegeben, welche nicht alle Punkte von $\mathbb{A}_K^3$ erfaßt.

# Kap.II. Projektive algebraische Varietäten

Projektive Varietäten sind definiert als die Lösungsmengen im projektiven Raum von algebraischen Gleichungssystemen mit lauter homogenen Polynomen. Da für jede nichttriviale affine Lösung $x$ eines solchen Systems auch alle Vielfachen Lösungen sind, also alle Punkte der durch $x$ bestimmten Gerade durch den Ursprung, ist es zweckmäßig, die Lösungen als Punkte des projektiven Raums zu betrachten.

Aus der Elementargeometrie ist bekannt, daß es nützlich ist, die affine Ebene durch Hinzunahme "unendlich ferner" Punkte zur projektiven Ebene zu ergänzen, in der dann zwei Geraden immer einen Schnittpunkt besitzen, wodurch lästige Fallunterscheidungen vermieden werden. Die gleiche Idee ist auch für die Untersuchung algebraischer Varietäten sehr bedeutsam: Affine Varietäten werden zu projektiven Varietäten vervollständigt. Dieses Kapitel enthält Grundlagen über projektive Varietäten und diskutiert den Übergang vom "Affinen" ins "Projektive".

## § 1. Der $n$–dimensionale projektive Raum.

Für einen Körper $L$ und einen $L$–Vektorraum $V$ ist der zu $V$ gehörige **projektive Raum** $\mathbf{P}(V)$ die Menge aller Geraden von $V$ durch den Ursprung. Ein **Punkt** von $\mathbf{P}(V)$ ist also eine Menge $\langle v \rangle := \{\lambda v | \lambda \in L\}$ mit einem $v \in V \setminus \{0\}$. Ist $W \subset V$ ein Untervektorraum, so ist $\mathbf{P}(W) \subset \mathbf{P}(V)$. Derartige Teilmengen von $\mathbf{P}(V)$ heißen **projektive Unterräume** von $\mathbf{P}(V)$.

Im Fall $V = L^{n+1}$ schreibt man $\mathbf{P}_L^n := \mathbf{P}(V)$ und nennt $\mathbf{P}_L^n$ den $n$–**dimensionalen projektiven (Standard-)Raum** über $L$. Seine **Punkte** sind die Mengen

$$x_0 : x_1 : \cdots : x_n = \langle x_0, x_1, \ldots, x_n \rangle = \{\lambda(x_0, \ldots, x_n) | \lambda \in L\}$$

mit einem $(x_0, \ldots, x_n) \in L^{n+1} \setminus \{0\}$. Ein solches $n+1$–Tupel heißt ein **System homogener Koordinaten** des Punktes. Es gilt

$$\langle x_0, x_1, \ldots, x_n \rangle = \langle y_0, y_1, \ldots, y_n \rangle$$

genau dann, wenn ein $\lambda \in L^*$ existiert mit $(y_0, \ldots, y_n) = \lambda \cdot (x_0, \ldots, x_n)$. Man beachte, daß $\langle 0, \ldots, 0 \rangle$ kein Punkt von $\mathbf{P}_L^n$ ist: Von den homogenen Koordinaten eines Punktes in $\mathbf{P}_L^n$ ist immer eine von Null verschieden.

Ist $W \subset L^{n+1}$ ein $(d+1)$–dimensionaler Untervektorraum, so heißt $\mathbf{P}(W) \subset \mathbf{P}_L^n$ ein $d$–**dimensionaler** projektiver Unterraum von $\mathbf{P}_L^n$. Die Punkte von $\mathbf{P}_L^n$ sind gerade die $0$–dimensionalen Unterräume von $\mathbf{P}_L^n$. Ein projektiver Unterraum der

Dimension 1 (der Dimension $n-1$) heißt eine **projektive Gerade** (eine **projektive Hyperebene**).

Für eine Hyperebene $\mathbf{P}(W) \subset \mathbf{P}_L^n$ kann der zugehörige Vektorraum $W \subset L^{n+1}$ durch eine homogene lineare Gleichung

$$(1) \qquad a_0 X_0 + \cdots + a_n X_n = 0 \quad (a_0, \ldots, a_n) \neq (0, \ldots, 0)$$

in $n+1$ Unbestimmten beschrieben werden. Daher ist

$$\mathbf{P}(W) = \{\langle x_0, \ldots, x_n \rangle \,|\, \sum_{i=0}^{n} a_i x_i = 0\}$$

Man nennt (1) eine **definierende Gleichung** der Hyperebene. Sie ist durch die Hyperebene bis auf einen Faktor $\lambda \in L^*$ eindeutig bestimmt. Gibt es eine Gleichung (1) mit Koeffizienten $a_i$ aus einem Teilkörper $K$ von $L$, so sagt man, die Hyperebene sei **über $K$ definiert**.

Da jeder Untervektorraum $W \subset L^{n+1}$ die Lösungsmenge eines homogenen linearen Gleichungssystems

$$(2) \qquad \sum_{k=0}^{n} a_{ik} X_k = 0 \qquad (i = 1, \ldots, m)$$

ist, kann jeder projektive Unterraum von $\mathbf{P}_L^n$ als Lösungsmenge eines solchen Systems beschrieben werden, wobei man bei einem $d$–dimensionalen Unterraum immer mit $n - d$ Gleichungen auskommen kann.

Zwei Punkte $\langle v \rangle$ und $\langle w \rangle$ aus einem projektiven Raum $\mathbf{P}(V)$ sind genau dann verschieden, wenn die zugehörigen Vektoren $v, w \in V$ linear unabhängig sind. Sie spannen dann einen 2–dimensionalen Untervektorraum $W \subset V$ auf, und $g := \mathbf{P}(W)$ ist die eindeutig bestimmte Gerade durch $\langle v \rangle$ und $\langle w \rangle$. Man schreibt

$$g = \{\langle \lambda v + \mu w \rangle | (\lambda, \mu) \neq (0, 0)\} =: \lambda \cdot \langle v \rangle + \mu \cdot \langle w \rangle$$

(Parameterdarstellung einer projektiven Gerade)

Für zwei projektive Unterräume $U_i = \mathbf{P}(V_i)$ $(i = 1, 2)$ von $\mathbf{P}_L^n$ ist der **Verbindungsraum** $U_1 + U_2$ definiert als der kleinste projektive Unterraum von $\mathbf{P}_L^n$, der $U_1$ und $U_2$ umfaßt. Es ist klar, daß $U_1 + U_2 = \mathbf{P}(V_1 + V_2)$ ist. Ferner gilt $U_1 \cap U_2 = \mathbf{P}(V_1 \cap V_2)$, der Durchschnitt zweier projektiver Unterräume ist also wieder einer. Aus der Dimensionsformel

$$\dim(V_1 \cap V_2) = \dim V_1 + \dim V_2 - \dim(V_1 + V_2)$$

der linearen Algebra ergibt sich nun

**1.1.SATZ.** *(Dimensionsformel für projektive Unterräume)*

$$\dim(U_1 \cap U_2) = \dim U_1 + \dim U_2 - \dim(U_1 + U_2)$$

*Insbesondere ist $U_1 \cap U_2 \neq \emptyset$, falls $\dim U_1 + \dim U_2 \geq n$.*

Dies verallgemeinert die Tatsache, daß sich in der projektiven Ebene zwei Geraden immer schneiden. Entsprechend schneiden sich in $\mathbf{P}_L^n$ eine Gerade und eine Hyperebene stets. Auf einer Anwendung der Dimensionsformel beruht auch die **Zentralprojektion** von einem Zentrum $Z$ aus. Ist $Z$ ein projektiver Unterraum von $\mathbf{P}_L^n$ der Dimension $d$ und $\Lambda$ einer der Dimension $n - d - 1$ mit $Z \cap \Lambda = \emptyset$, so ist die Zentralprojektion $\pi : \mathbf{P}_L^n \setminus Z \to \Lambda$ wie folgt definiert: Für $P \in \mathbf{P}_L^n \setminus Z$ ist $P + Z$ ein Unterraum der Dimension $d + 1$. Er schneidet $\Lambda$ nach der Dimensionsformel in einem projektiven Unterraum der Dimension 0, also einem eindeutig bestimmten Punkt $Q \in \Lambda$. Dieser ist definitionsgemäß der Bildpunkt von $P$ bei $\pi$:

$$Q = \pi(P)$$

Die Zentralprojektion von einem Punkt aus spielt bekanntlich in der Malerei eine wichtige Rolle. Sie ist besonders schön von Albrecht Dürer veranschaulicht worden.

Für einen $L$–Vektorraum $V$ wird durch jedes $\alpha \in \mathrm{Aut}(V)$ eine Bijektion

$$\mathsf{P}(\alpha) : \mathsf{P}(V) \to \mathsf{P}(V) \qquad \langle v \rangle \mapsto \langle \alpha(v) \rangle$$

induziert. Im Fall $V = L^{n+1}$ ist der Automorphismus $\alpha$ bzgl. der Standardbasis durch eine Matrix $(a_{ik}) \in \mathrm{Gl}(n+1, L)$ gegeben: Für $\langle x_0, \ldots, x_n \rangle \in \mathsf{P}^n_L$ gilt dann

$$\mathsf{P}(\alpha)\langle x_0, \ldots, x_n \rangle = \langle y_0, \ldots, y_n \rangle$$

mit

$$\begin{pmatrix} y_0 \\ \vdots \\ y_n \end{pmatrix} = (a_{ik}) \begin{pmatrix} x_0 \\ \vdots \\ x_n \end{pmatrix}$$

Eine derartige Abbildung heißt auch eine **projektive Koordinatentransformation**. Zwei Automorphismen von $L^{n+1}$ induzieren genau dann die gleiche Koordinatentransformation, wenn sich ihre Matrizen nur um einen Faktor $\lambda \in L^*$ unterscheiden. Die **Matrix** einer projektiven Koordinatentransformation ist daher nur bis auf einen Faktor aus $L^*$ eindeutig.

Punkte $P_0, \ldots, P_n \in \mathsf{P}^n_L$ befinden sich **in allgemeiner Lage**, wenn sie in keiner Hyperebene enthalten sind. Äquivalent dazu ist, daß die zugehörigen Vektoren in $L^{n+1}$ linear unabhängig sind. Offensichtlich sind die Punkte $E_i := \langle 0, \ldots, 1, \ldots, 0 \rangle$ $(i = 0, \ldots, n)$ in allgemeiner Lage. Sind auch $P_0, \ldots, P_n \in \mathsf{P}^n_L$ in allgemeiner Lage, so gibt es immer eine projektive Koordinatentransformation $\mathsf{P}(\alpha)$ mit $\mathsf{P}(\alpha)(E_i) = P_i$ $(i = 0, \ldots, n)$. Eindeutigkeit erreicht man, wenn man zusätzlich verlangt, daß $E := \langle 1, \ldots, 1 \rangle$ auf einen gegebenen Punkt $Q$ abgebildet werden soll, der zusammen mit je $n$ der Punkte $P_i$ in allgemeiner Lage ist.

Wir betten jetzt den $n$–dimensionalen affinen Raum $\mathsf{A}^n_L$ in $\mathsf{P}^n_L$ ein. Durch

$$i_0 \colon \mathsf{A}^n_L \to \mathsf{P}^n_L \qquad (x_1, \ldots, x_n) \mapsto \langle 1, x_1, \ldots, x_n \rangle$$

wird eine Injektion gegeben, deren Bild das Komplement der Hyperebenen mit der Gleichung $X_0 = 0$ ist. Diese heißt die **unendlich ferne Hyperebene**, ihre Punkte heißen **unendlich ferne Punkte** (für die Einbettung $i_0$). Die Punkte aus $i_0(\mathsf{A}^n_L)$ heißen **Punkte im Endlichen**. Da jede Hyperebene durch eine projektive Koordinatentransformation in jede andere übergeführt werden kann, ist jede Hyperebene für eine geeignete Einbettung von $\mathsf{A}^n_L$ in $\mathsf{P}^n_L$ die unendlich ferne Hyperebene. Insbesondere kann man $\mathsf{P}^n_L$ durch $n+1$ affine Räume $\mathsf{A}^n_L$ überdecken, nämlich die Komplemente der Hyperebenen $X_i = 0$ $(i = 0, \ldots, n)$:

$$\mathsf{P}^n_L = \bigcup_{k=0}^{n} \{ \langle x_0, \ldots, x_n \rangle \in \mathsf{P}^n_L \mid x_k \neq 0 \} = \bigcup_{k=0}^{n} \mathrm{im}\, i_k$$

wenn $i_k$ durch $(x_1, \ldots, x_n) \mapsto \langle x_1, \ldots, x_k, 1, x_{k+1}, \ldots, x_n \rangle$ gegeben wird.

Ist $U \subset \mathsf{A}_L^n$ eine lineare Varietät, die durch ein lineares Gleichungssystem

$$(3) \qquad \sum_{k=1}^n a_{ik} X_k = b_i \qquad (i = 1, \ldots, m)$$

gegeben wird, so ist $U$ die Menge der Punkte im Endlichen des projektiven Unterraums $\overline{U}$ mit dem Gleichungssystem

$$-b_i X_0 + \sum_{k=1}^n a_{ik} X_k = 0 \qquad (i = 1, \ldots, m)$$

das durch "Homogenisierung" der Gleichungen von (3) gewonnen wird. Der Unterraum $\overline{U}$ heißt die **projektive Abschließung** von $U$, die Punkte von $\overline{U} \setminus U$ heißen die unendlich fernen Punkte von $U$. Es sind dies die Punkte $\langle 0, x_1, \ldots, x_n \rangle$, wobei $(x_1, \ldots, x_n)$ eine nichttriviale Lösung des zu (3) assoziierten homogenen Gleichungssystems $\sum_{k=1}^n a_{ik} X_k = 0$ $(i = 1, \ldots, m)$ ist. Affin betrachtet ist die Lösungsmenge $W$ dieses Gleichungssystems der "Richtungsvektorraum" von $U$, d.h. es ist $U = u + W$ mit einem $u \in U$. Die Geraden $\{\lambda(x_1, \ldots, x_n) | \lambda \in L\}$ aus $W$ entsprechen eineindeutig den unendlich fernen Punkten $\langle 0, x_1, \ldots, x_n \rangle$ von $U$.

Bei einer affinen Gerade ist der Richtungsvektorraum $W$ eindimensional, sie hat daher genau einen unendlich fernen Punkt. Zwei affine Geraden sind parallel, wenn sie den gleichen Richtungsvektorraum besitzen, also den gleichen unendlich fernen Punkt. Die unendlich fernen Punkte von $\mathsf{A}_L^n$ lassen sich also identifizieren mit den Geradenrichtungen in $\mathsf{A}_L^n$, und zwei Geraden sind genau dann parallel, wenn sie sich "im Unendlichen" schneiden.

Wenn eine affine Gerade $g$ durch eine Parameterdarstellung

$$g = \{x + \lambda y \mid \lambda \in L\}$$

mit $x = (x_1, \ldots, x_n)$, $y = (y_1, \ldots, y_n) \neq (0, \ldots, 0)$ gegeben ist, so ist $W = \lambda \cdot y$ ihr Richtungsvektorraum und daher $\langle 0, y_1, \ldots, y_n \rangle$ der unendlich ferne Punkt der Gerade. Ihre projektive Abschließung $\overline{g}$ besitzt dann die Parameterdarstellung

$$(4) \qquad \overline{g} = \mu \cdot \langle 1, x_1, \ldots, x_n \rangle + \lambda \cdot \langle 0, y_1, \ldots, y_n \rangle \qquad (\mu, \lambda) \in L^2 \setminus \{(0,0)\}$$

AUFGABEN:

1) Die Geraden von $\mathsf{P}_K^n$, wobei $K$ ein beliebiger Körper ist, erfüllen für $n \geq 2$ die Axiome eines "abstrakten projektiven Raums":

a) Zwei verschiedene Punkte $P, Q \in \mathsf{P}_K^n$ liegen auf genau einer Geraden, sie werde mit $g(P, Q)$ bezeichnet.

b) Jede Gerade enthält wenigstens 3 verschiedene Punkte.

c) Es gibt 3 Punkte, die nicht auf einer Geraden liegen.

d) (Axiom von Veblen-Young). Für Punkte $A, B, C, D \in \mathbf{P}_K^n$, von denen keine drei auf einer Geraden liegen, gelte $g(A, B) \cap g(C, D) \neq \emptyset$. Dann ist auch $g(A, C) \cap g(B, D) \neq \emptyset$.

2) Eine Teilmenge $U \subset \mathbf{P}_L^n$ ist genau dann ein projektiver Unterraum, wenn für je zwei Punkte $P, Q \in U$ mit $P \neq Q$ auch die Gerade durch $P$ und $Q$ in $U$ enthalten ist.

3) (Der gewichtete projektive Raum). Sei $L$ ein algebraisch abgeschlossener Körper und $\gamma = (\gamma_0, \ldots, \gamma_n) \in \mathbf{N}_+^{n+1}$, $\mathrm{ggT}(\gamma_0, \ldots, \gamma_n) = 1$. Auf $L^{n+1} \setminus \{0\}$ wird durch

$$(x_0, \ldots, x_n) \mapsto (t^{\gamma_0} x_0, \ldots, t^{\gamma_n} x_n) \qquad (t \in L^*)$$

eine Operation der multiplikativen Gruppe $L^*$ von $L$ gegeben. Es bezeichne nun $[x_0, \ldots, x_n]$ die Bahn von $(x_0, \ldots, x_n)$ und $\mathbf{P}_L^n(\gamma)$ die Menge aller Bahnen bei dieser Operation. Der Raum $\mathbf{P}_L^n(\gamma)$ heißt der **gewichtete projektive Raum** zum Gewichtsystem $\gamma$, und $(x_0, \ldots, x_n) \in L^{n+1}$ heißt ein System homogener Koordinaten des "Punktes" $[x_0, \ldots, x_n] \in \mathbf{P}_L^n(\gamma)$.

a) Zeigen Sie: Für jedes $(x_0, \ldots, x_n) \in L^{n+1} \setminus \{0\}$ ist $[x_0, \ldots, x_n] \cup \{0\}$, aufgefaßt als Teilmenge von $\mathbf{A}_L^{n+1} = L^{n+1}$, eine affine algebraische Varietät. (Hinweis: Betrachten Sie den $L$-Homomorphismus $L[Y_0, \ldots, Y_n] \to L[T]$ mit $Y_i \mapsto x_i T^{\gamma_i}$ $(i = 0, \ldots, n)$).

b) Durch $\langle y_0, \ldots, y_n \rangle \mapsto [y_0^{\gamma_0}, \ldots, y_n^{\gamma_n}]$ ist eine wohldefinierte surjektive Abbildung $\mathbf{P}_L^n \to \mathbf{P}_L^n(\gamma)$ mit endlichen Fasern gegeben.

## § 2. Projektive algebraische Varietäten

Wie in der affinen Geometrie denken wir uns einen "Koordinatenkörper" $L$ gegeben, der meistens algebraisch abgeschlossen sein wird, und einen Teilkörper $K \subset L$, den "Definitionskörper". Der Polynomring $K[X_0, \ldots, X_n]$ sei mit der Standardgraduierung versehen (A.2a). Ein Punkt $P = \langle x_0, x_1, \ldots, x_n \rangle \in \mathsf{P}^n_L$ heißt **Nullstelle** eines Polynoms $F \in K[X_0, X_1, \ldots, X_n]$, wenn $F(\lambda x_0, \ldots, \lambda x_n) = 0$ für alle $\lambda \in L$. Ist $F$ homogen, so genügt hierfür, daß $F(x_0, \ldots, x_n) = 0$ ist (vgl. A, Formel (2)). In der projektiven Geometrie betrachtet man algebraische Gleichungssysteme, die aus lauter homogenen Gleichungen bestehen. Da mit $(x_0, \ldots, x_n) \in L^{n+1}$ auch $\lambda(x_0, \ldots, x_n)$ für jedes $\lambda \in L$ eine Lösung ist, identifiziert man diese Lösungen, d.h. man geht zu Punkten des projektiven Raums über. Im allgemeinen Fall sei $F = F_0 + F_1 + \cdots + F_d$ die Zerlegung von $F$ in homogene Polynome $F_i$ vom Grad $i$ $(i = 0, \ldots, d)$, und es sei $L$ ein unendlicher Körper. Ist $P$ Nullstelle von $F$, so folgt aus dem Verschwinden von

$$F(\lambda x_0, \ldots, \lambda x_n) = F_0(x_0, \ldots, x_n) + \lambda F_1(x_0, \ldots, x_n) + \cdots + \lambda^d F_d(x_0, \ldots, x_n)$$

für unendlich viele $\lambda$, daß $P$ Nullstelle jedes $F_i$ $(i = 0, \ldots, d)$ ist.

2.1.DEFINITION. *Eine Teilmenge $V \subset \mathsf{P}^n_L$ heißt* **projektive algebraische $K$–Varietät**, *wenn es homogene Polynome $F_1, \ldots, F_m \in K[X_0, \ldots, X_n]$ gibt, so daß $V$ die Lösungsmenge des Gleichungssystems*

$$(1) \qquad\qquad F_i = 0 \qquad (i - 1, \ldots, m)$$

*ist. Dieses heißt dann ein* **definierendes Gleichungssystem** *für $V$. Man sagt auch, $V$ sei definiert über $K$.*

Spezielle projektive $K$–Varietäten sind die über $K$ definierten projektiven Unterräume, die durch homogene lineare Gleichungssysteme mit Koeffizienten aus $K$ gegeben werden. Wir nennen sie in Zukunft **lineare projektive $K$–Varietäten**. Zu ihnen gehören die $K$–Geraden und $K$–Hyperebenen, ferner die $K$–**rationalen Punkte** von $\mathsf{P}^n_L$, das sind die Punkte $\langle x_0, x_1, \ldots, x_n \rangle$, die ein System homogener Koordinaten $(x_0, \ldots, x_n) \in K^{n+1}$ besitzen. Eine projektive $K$–**Hyperfläche** ist definitionsgemäß die Lösungsmenge einer Gleichung $F = 0$ mit einem homogenen nichtkonstanten Polynom $F \in K[X_0, \ldots, X_n]$. Gemäß (1) sind die projektiven $K$–Varietäten gerade die endlichen Durchschnitte von $K$–Hyperflächen.

Satz 1.1 hat schon gezeigt, daß man im Projektiven stärkere Schnittpunktssätze hat als im Affinen. Dies sieht man auch im folgenden Satz, einer einfachen Version späterer viel allgemeinerer Sätze (Kap.VI,§ 5).

2.2.SATZ. *Sei $L$ algebraisch abgeschlossen und $n \geq 2$.*
*a) Jede lineare projektive $K$–Varietät der Dimension $d \geq 1$ und jede projektive $K$–Hyperfläche schneiden sich.*
*b) Je zwei projektive $K$–Hyperflächen schneiden sich.*

BEWEIS: a) Es genügt, die Behauptung für $d = 1$ zu zeigen, also für projektive Geraden. Nach einer Koordinatentransformation können wir annehmen, daß es sich um die Gerade $g : X_2 = \cdots = X_n = 0$ handelt. Ferner sei $F$ ein die Hyperfläche $H$ definierendes Polynom. Die Punkte von $g \cap H$ haben die Form $\langle x_0, x_1, 0, \ldots, 0 \rangle$. Man bestimmt sie als die Nullstellen des Polynoms $F(X_0, X_1, 0, \ldots, 0) \in K[X_0, X_1]$, das wieder homogen ist. Wenn es verschwindet, gilt $g \subset H$. Tritt dagegen etwa $X_0$ im Polynom auf, so ist $F(X_0, 1, 0, \ldots, 0)$ ein nichtkonstantes Polynom in $L[X_0]$. Da $L$ algebraisch abgeschlossen ist, besitzt es eine Nullstelle $x_0 \in L$, und es ist $\langle x_0, 1, 0, \ldots, 0 \rangle \in g \cap H$.

b) Die beiden Hyperflächen seien durch Gleichungen $F = 0$ und $G = 0$ mit nichtkonstanten homogenen Polynomen $F, G \in K[X_0, \ldots, X_n]$ definiert. Da die irreduziblen Faktoren von $F$ und $G$ wieder homogen sind (A.4), genügt es, b) im Fall zu beweisen, daß $F$ und $G$ irreduzibel und nicht zueinander assoziiert sind. Es gibt nach I.1.6a) einen Punkt in $\mathbb{P}_L^n$, der nicht Nullstelle von $F \cdot G$ ist. Nach einer Koordinatentransformation können wir annehmen, daß dies der Punkt $\langle 0, \ldots, 0, 1 \rangle$ ist. Faßt man dann $F$ und $G$ als Polynome in $X_n$ mit Koeffizienten aus $K[X_0, \ldots, X_{n-1}]$ auf, so ist der Gradkoeffizient von $F$ und $G$ jeweils eine Konstante.

Die Polynome $F$ und $G$ sind nach Gauß auch in $K(X_0, \ldots, X_{n-1})[X_n]$ irreduzibel und daher teilerfremd. Man hat eine Gleichung

$$1 = R \cdot F + S \cdot G \qquad (R, S \in K(X_0, \ldots, X_{n-1})[X_n])$$

Nach Multiplikation mit dem Produkt aller Nenner der Koeffizienten von $R$ und $S$ ergibt sich eine Gleichung

$$(2) \qquad N = A \cdot F + B \cdot G \qquad (A, B \in K[X_0, \ldots, X_n], \, N \in K[X_0, \ldots, X_{n-1}])$$

Indem man $N, A$ und $B$ in homogene Komponenten zerlegt und Koeffizientenvergleich anwendet, findet man eine solche Gleichung mit homogenen Polynomen $N, A$ und $B$, wobei $N$ nicht konstant ist. Nach Division von $A$ durch $G$ mit Rest (bzgl. $X_n$) kann man auch annehmen, daß $\deg_{X_n} A < \deg_{X_n} G$ ist. Schließlich kann man noch voraussetzen, daß kein irreduzibler Faktor von $N$ eines der Polynome $A$ oder $B$ teilt. Denn wegen $F \cdot G(0, \ldots, 0, 1) \neq 0$ müßte ein solcher Faktor $A$ und $B$ teilen, und man könnte ihn kürzen.

Ist $\varphi$ ein irreduzibler Faktor von $N$, so gibt es eine Nullstelle $(x_0, \ldots, x_{n-1}) \neq (0, \ldots, 0)$ von $\varphi$ in $L^n$, die nicht zugleich Nullstelle aller Koeffizienten von $A$ ist, wenn $A$ als Polynom in $X_n$ mit Koeffizienten aus $K[X_0, \ldots, X_{n-1}]$ betrachtet wird. Andernfalls würden diese Koeffizienten zu $\mathcal{J}(\mathcal{V}(\varphi)) = (\varphi)$ gehören und würden doch alle von $\varphi$ geteilt. Aus der in $L[X_n]$ gültigen Gleichung

$$0 = A(x_0, \ldots, x_{n-1}, X_n) \cdot F(x_0, \ldots, x_{n-1}, X_n) + B(x_0, \ldots, x_{n-1}, X_n) \cdot G(x_0, \ldots, x_{n-1}, X_n)$$

folgt wegen $\deg_{X_n} A < \deg_{X_n} G = \deg G(x_0, \ldots, x_{n-1}, X_n)$, daß $F(x_0, \ldots, x_{n-1}, X_n)$ und $G(x_0, \ldots, x_{n-1}, X_n)$ einen nichttrivialen Faktor in $L[X_n]$ gemeinsam haben, also auch eine Nullstelle $x_n \in L$, **q.e.d.**

In $\mathbb{P}_L^2$ heißen Hyperflächen auch **ebene projektive algebraische Kurven**. Durch Satz 2.2b) ist insbesondere gezeigt, daß sich zwei solche Kurven stets schneiden. Mittels (2) kann man auch leicht einsehen, daß die Zahl der Schnittpunkte endlich ist, wenn die definierenden Polynome der Kurven teilerfremd sind. Für algebraische Gleichungssysteme läßt sich 2.2b) wie folgt ausdrücken:

**2.3.KOROLLAR.** *Ist $L$ algebraisch abgeschlossen und $n \geq 2$, so besitzt ein Gleichungssystem*

$$F(X_0, \ldots, X_n) = G(X_0, \ldots, X_n) = 0$$

*mit nichtkonstanten homogenen Polynomen $F$ und $G$ eine nichttriviale Lösung in $L^{n+1}$.*

Während man in der affinen Geometrie für die Anzahl von Schnittpunkten oder die Zahl der Lösungen von algebraischen Gleichungssystemen im allgemeinen nur Abschätzungen hat, erhält man hierfür in der projektiven Geometrie Gleichungen. Dies wird später (in Kap.VIII) noch näher ausgeführt und ist eine weitere Motivation dafür, ins Projektive zu gehen.

Wir wollen nun den Zusammenhang zwischen projektiven Varietäten und der Idealtheorie diskutieren. Im folgenden sei $L$ stets algebraisch abgeschlossen. Für eine $K$–Varietät $V \neq \emptyset$ in $\mathbb{P}_L^n$ ist wie im Affinen das **Verschwindungsideal** $\mathcal{J}_+(V) \subset K[X_0, \ldots, X_n]$ definiert als die Menge aller Polynome $F \in K[X_0, \ldots, X_n]$ mit $F(P) = 0$ für alle $P \in V$, d.h. $F(x_0, \ldots, x_n) = 0$, wenn $(x_0, \ldots, x_n)$ ein beliebiges System homogener Koordinaten von $P$ ist. Für $F \in \mathcal{J}_+(V)$ gehören dann, wie oben gezeigt, auch alle homogenen Komponenten von $F$ zu $\mathcal{J}_+(V)$, d.h. $\mathcal{J}_+(V)$ ist ein homogenes Ideal. Ferner gilt $\operatorname{Rad} \mathcal{J}_+(V) = \mathcal{J}_+(V)$. Anders als im Affinen setzt man $\mathcal{J}_+(\emptyset) := (X_0, \ldots, X_n)$.

Für ein homogenes Ideal $I \subset K[X_0, \ldots, X_n]$ ist die **Nullstellenmenge** $\mathcal{V}_+(I)$ in $\mathbb{P}_L^n$ die Menge der gemeinsamen Nullstellen aller Polynome aus $I$. Da $I$ von endlich vielen homogenen Polynomen erzeugt wird, ist $\mathcal{V}_+(I)$ eine projektive $K$–Varietät.

Für die Operationen $\mathcal{J}_+$ und $\mathcal{V}_+$ gelten ähnliche Regeln wie für $\mathcal{J}$ und $\mathcal{V}$ im Affinen. Die meisten kann man ebenso leicht wie dort beweisen. Man kann aber auch wie folgt vorgehen, um diese Regeln auf die früheren zurückzuführen.

2.4.DEFINITION. *Der* **affine Kegel** $\tilde{V}$ *einer* $K$–*Varietät* $V \subset \mathbf{P}_L^n$ *ist die Menge aller* $(x_0, \ldots, x_n) \in \mathbf{A}_L^{n+1}$ *mit* $\langle x_0, \ldots, x_n \rangle \in V$, *hinzugenommen noch der Koordinatenursprung* $(0, \ldots, 0) \in \mathbf{A}_L^{n+1}$.

Es ist klar, daß $\tilde{V}$ ein Kegel mit der Spitze im Ursprung im Sinne von 1.2c) ist, wobei gilt

$$(3) \qquad\qquad \mathcal{J}(\tilde{V}) = \mathcal{J}_+(V)$$

Ist umgekehrt $\tilde{V} \subset \mathbf{A}_L^{n+1}$ ein beliebiger Kegel mit Spitze in $0$, so ist $\tilde{V}$ der affine Kegel einer $K$–Varietät $V \subset \mathbf{P}_L^n$, nämlich der projektiven Varietät, deren Punkte die Geraden auf dem Kegel sind, welche durch seine Spitze gehen. Es entsprechen also die projektiven $K$–Varietäten $V \subset \mathbf{P}_L^n$ eineindeutig den Kegeln in $\mathbf{A}_L^{n+1}$ mit der Spitze in $0$. Der leeren Varietät $\emptyset \subset \mathbf{P}_L^n$ wird dabei der Punkt $0 = (0, \ldots, 0)$ zugeordnet. Schränkt man die früheren Regeln über $\mathcal{J}$ und $\mathcal{V}$ auf homogene Ideale ein, so erhält man auf Grund von (3) entsprechende Regeln für $\mathcal{J}_+$ und $\mathcal{V}_+$.

Nach dem Hilbertschen Nullstellensatz entsprechen die Kegel in $\mathbf{A}_L^{n+1}$ mit der Spitze in $0$ eineindeutig den homogenen Idealen $I \subset K[X_0, \ldots, X_n]$ mit $I \neq K[X_0, \ldots, X_n]$ und $\operatorname{Rad} I = I$. Aus (3) ergibt sich daher:

2.5.PROJEKTIVER NULLSTELLENSATZ. *Durch* $V \mapsto \mathcal{J}_+(V)$ *wird eine inklusionsumkehrende Bijektion der Menge aller projektiven* $K$–*Varietäten* $V \subset \mathbf{P}_L^n$ *auf die Menge aller homogenen Ideale* $I \subset (X_0, \ldots, X_n)$ *von* $K[X_0, \ldots, X_n]$ *mit* $\operatorname{Rad} I = I$ *gegeben. Der leeren Varietät ist dabei das maximale homogene Ideal* $(X_0, \ldots, X_n)$ *zugeordnet. Für jedes homogene Ideal* $I \subset (X_0, \ldots, X_n)$ *gilt*

$$\operatorname{Rad} I = \mathcal{J}_+(\mathcal{V}_+(I))$$

2.6.SATZ. *Endliche Vereinigungen und beliebige Durchschnitte projektiver* $K$–*Varietäten in* $\mathbf{P}_L^n$ *sind wieder solche. Die projektiven* $K$–*Varietäten in* $\mathbf{P}_L^n$ *sind die abgeschlossenen Mengen einer Topologie auf* $\mathbf{P}_L^n$ *(der* $K$–*Zariski-Topologie). Jede* $K$–*Varietät ist bzgl. der Zariski-Topologie ein noetherscher topologischer Raum.*

Nach I.4.7, 4.8 und analog zu I.4.9 ergibt sich

2.7.SATZ. *Jede projektive Varietät* $V$ *besitzt nur endlich viele irreduzible Komponenten* $V_1, \ldots, V_s$. *Es ist* $V = V_1 \cup \cdots \cup V_s$, *und in dieser Darstellung ist kein* $V_i$ *überflüssig. Genau dann ist* $V$ *irreduzibel, wenn* $\mathcal{J}_+(V)$ *ein Primideal ist.*

Für eine beliebige Varietät $V$ mit der Komponentenzerlegung $V = V_1 \cup \cdots \cup V_s$ sind die $\mathcal{J}_+(V_i)$ $(i = 1, \ldots, s)$ gerade die minimalen Primteiler von $\mathcal{J}_+(V)$. Ist

$H = \mathcal{V}_+(F)$ eine $K$–Hyperfläche, wobei $F$ ein homogenes Polynom mit den irreduziblen Faktoren $F_1, \ldots, F_s$ ist, die paarweise nicht zueinander assoziiert sein sollen, so sind die $F_i$ nach A.4b) homogen, und es ist

$$H = H_1 \cup \cdots \cup H_s$$

mit $H_i := \mathcal{V}_+(F_i)$ die Zerlegung von $H$ in irreduzible Komponenten. Die Komponenten von Hyperflächen sind also selbst Hyperflächen.

Projektive Hyperflächen $H$ besitzen wie die affinen Hyperflächen **Minimalpolynome** in $K[X_0, \ldots, X_n]$, die homogen sind. Der $K$–**Grad** von $H$ ist definiert als der Grad eines Minimalpolynoms von $H$, der Grad von $H$ ist der Grad eines Minimalpolynoms über $L$.

Die irreduziblen Komponenten eines affinen Kegels $\tilde{V}$ entsprechen eineindeutig den minimalen Primteilern von $\mathcal{J}(\tilde{V})$. Diese sind homogene Primideale nach A.13c). Daher gilt

2.8.SATZ. *Die irreduziblen Komponenten eines affinen Kegels sind selbst Kegel. Ist $\tilde{V}$ der affine Kegel einer projektiven Varietät $V$, so entsprechen sich die Komponenten von $\tilde{V}$ und $V$ eineindeutig: Ist $V = V_1 \cup \cdots \cup V_s$ die Komponentenzerlegung von $V$, so ist $\tilde{V} = \tilde{V}_1 \cup \cdots \cup \tilde{V}_s$ die von $\tilde{V}$, wenn $\tilde{V}_i$ den affinen Kegel von $V_i$ bezeichnet $(i = 1, \ldots, s)$.*

Für eine projektive $K$–Varietät $V \subset \mathbf{P}_L^{\,n}$ heißt $K[V] := K[X_0, \ldots, X_n]/\mathcal{J}_+(V)$ der **projektive Koordinatenring** von $V$. Da $\mathcal{J}_+(V)$ homogen ist und $\operatorname{Rad} \mathcal{J}_+(V) = \mathcal{J}_+(V)$ gilt, ist $K[V]$ ein graduierter, reduzierter noetherscher Ring. Offensichtlich ist $K[V] = K[\tilde{V}]$, wenn $\tilde{V}$ der affine Kegel von $V$ ist. Die $f \in K[V]$ lassen sich, anders als im affinen Fall, nicht als Funktionen auf $V$ auffassen. Jedoch sind sie Funktionen auf $\tilde{V}$ (vgl. I,§ 5).

Die durch den projektiven Nullstellensatz gegebene eineindeutige Beziehung zwischen Varietäten und homogenen Idealen des Polynomrings überträgt sich auf $K[V]$: Es entsprechen sich eineindeutig die Untervarietäten $W \subset V$ und die homogenen Ideale $I \subset K[V]$ mit $I \neq K[V]$ und $\operatorname{Rad} I = I$. Dabei entsprechen die homogenen Primideale von $K[V]$ eineindeutig den irreduziblen Untervarietäten $W \subset V$.

Wir setzen nun zur Abkürzung $R := K[V]$. Als graduierte $K$–Algebra endlichen Typs mit $R_0 = K$ besitzt $R$ eine Hilbertfunktion $\chi_R$ und eine Hilbertreihe $H_R$ (vgl. A.10). Wird $\mathcal{J}_+(V)$ von einer regulären Folge $(F_0, \ldots, F_m)$ homogener Polynome $F_i$ erzeugt $(m \leq n)$, so läßt sich $H_R$ nach A.12b) berechnen: Mit $\deg F_i =: d_i$ $(i = 0, \ldots, m)$ gilt

$$H_R(t) = \frac{\displaystyle\prod_{i=0}^{m}(1 - t^{d_i})}{(1 - t)^{n+1}} = \prod_{i=0}^{m}\left(\sum_{j=0}^{d_i-1} t^j\right) \cdot \frac{1}{(1 - t)^{n-m}}$$

also

$$H_R(t) = \prod_{i=0}^{m} \left( \sum_{j=0}^{d_i-1} t^j \right) \cdot \sum_{\nu=0}^{\infty} \binom{n-m+\nu-1}{n-m-1} \cdot t^\nu$$

Im allgemeinen Fall ist die explizite Berechnung der Hilbertreihe und Hilbertfunktion schwierig und ein Thema der Computer-Algebra.

Als eine erste Anwendung der Dimensionsformel aus A.12b) ergibt sich aber

2.9.SATZ. *Das Verschwindungsideal $\mathcal{J}_+(V)$ einer $K$–Varietät $V \subset \mathbf{P}_L^n$ enthalte homogene Polynome $F_0, \ldots, F_n$, die eine reguläre Folge bilden. Dann ist $V = \emptyset$.*

BEWEIS: Nach der Formel aus A.12b) ist $K[X_0, \ldots, X_n]/(F_0, \ldots, F_n)$ ein endlich dimensionaler $K$–Vektorraum, erst recht gilt dies dann auch für die $K$–Algebra $K[V] = K[X_0, \ldots, X_n]/\mathcal{J}_+(V)$. Bezeichnet $x_i$ die Restklasse von $X_i$ in $K[V]$, so sind die Potenzen $x_i^\nu$ für jedes $i \in \{0, \ldots, n\}$ linear abhängig über $K$. Da sie verschiedene Grade besitzen, muß $x_i^\rho = 0$ sein für ein $\rho \in \mathbf{N}_+$. Da $K[V]$ reduziert ist, folgt $x_i = 0$ $(i = 0, \ldots, n)$ und $\mathcal{J}_+(V) = (X_0, \ldots, X_n)$, also $V = \emptyset$.

2.10.KOROLLAR. *Ein algebraisches Gleichungssystem*

$$F_i(X_0, \ldots, X_n) = 0 \qquad (i = 0, \ldots, n)$$

*mit homogenen Polynomen $F_i$ vom Grad $> 0$, die eine reguläre Folge bilden, besitzt nur die triviale Lösung $(0, \ldots, 0)$ in $L^{n+1}$.*

Dies verallgemeinert den Satz aus der linearen Algebra, daß ein homogenes lineares Gleichungssystem von maximalem Rang nur die triviale Lösung besitzt.

AUFGABEN:

1) Sei $K$ ein algebraisch abgeschlossener Körper mit Char $K \neq 2$. Eine **projektive Quadrik** ist eine Hyperfläche $Q \subset \mathbf{P}_K^n$, die durch ein homogenes Polynom vom Grad 2 definiert wird.

a) In einem geeigneten projektiven Koordinatensystem wird $Q$ durch eine Gleichung $Y_0^2 + \cdots + Y_r^2 = 0$ $(r \geq 0)$ gegeben.

b) Genau dann ist $Q$ irreduzibel, wenn $r \geq 2$ ist.

2) Sei $L/K$ eine Körpererweiterung, wobei $L$ algebraisch abgeschlossen ist, und sei $\mathbf{P}_L^n(\gamma)$ der gewichtete projektive Raum zum Gewichtsystem $\gamma = (\gamma_0, \ldots, \gamma_n)$ (siehe § 1, Aufg.3).

a) Ist $F \in L[Y_0, \ldots, Y_n]$ ein quasihomogenes Polynom vom Typ $\gamma$ (vgl. A.2a) und $F(x_0, \ldots, x_n) = 0$ für ein $(x_0, \ldots, x_n) \in L^{n+1} \setminus \{0\}$, so gilt $F(y_0, \ldots, y_n) = 0$ für jedes System homogener Koordinaten $(y_0, \ldots, y_n)$ der Punkte $P := [x_0, \ldots, x_n]$. (Man schreibt dann $F(P) = 0$ und nennt $P$ eine **Nullstelle** von $F$ in $\mathbf{P}_L^n(\gamma)$).

b) Eine Teilmenge $H \subset \mathbf{P}_L^n(\gamma)$ heißt $K$-**Hyperfläche**, wenn es ein nichtkonstantes quasihomogenes Polynom $F \in K[Y_0, \ldots, Y_n]$ vom Typ $\gamma$ gibt, so daß $H$ die Menge aller Nullstellen von $F$ ist. Zeigen Sie: Ist $n \geq 2$, so schneiden sich zwei $K$-Hyperflächen in $\mathbf{P}_L^n(\gamma)$ stets. (Hinweis: Der $K$-Homomorphismus von Polynomalgebren $K[Y_0, \ldots, Y_n] \to K[T_0, \ldots, T_n]$ mit $Y_i \mapsto T_i^{\gamma_i}$ $(i = 0, \ldots, n)$ bildet quasihomogene Polynome vom Typ $\gamma$ auf homogene Polynome in der Standardgraduierung ab).

3) Eine Teilmenge $V \subset \mathbf{P}_L^n(\gamma)$ heißt **gewichtete projektive $K$-Varietät**, wenn es quasihomogene Polynome $F_1, \ldots, F_m \in K[Y_0, \ldots, Y_n]$ vom Typ $\gamma$ gibt, so daß $V$ die Menge aller gemeinsamen Nullstellen der $F_i$ in $\mathbf{P}_L^n(\gamma)$ ist. Wir schreiben hierfür $V = \mathcal{V}_\gamma(F_1, \ldots, F_m)$. Das **Verschwindungsideal** $\mathcal{J}_\gamma(V)$ von $V$ ist das von allen quasihomogenen Polynomen $F \in K[Y_0, \ldots, Y_n]$ erzeugte Ideal mit $F(P) = 0$ für alle $P \in V$. Machen Sie sich klar, daß für die Operationen $\mathcal{V}_\gamma$ und $\mathcal{J}_\gamma$ die entsprechenden Regeln gelten wie für $\mathcal{V}_+$ und $\mathcal{J}_+$ und daß der projektive Nullstellensatz auch für den gewichteten projektiven Raum gilt.

4) Für quasihomogene Polynome $F_0, \ldots, F_n \in K[Y_0, \ldots, Y_n]$ vom Typ $\gamma$ mit $\deg F_i > 0$ $(i = 0, \ldots, n)$, die eine reguläre Folge bilden, ist

$$\mathcal{V}_\gamma(F_0, \ldots, F_n) = \emptyset$$

5) Sei $K$ ein unendlicher Körper und $L$ seine algebraische Abschließung. Dann ist $\mathbf{P}_K^n$ eine dichte Teilmenge von $\mathbf{P}_L^n$.

6) Sei $L$ ein algebraisch abgeschlossener Körper der Charakteristik $p > 0$ und $V = \mathbf{P}_{\mathbf{F}_p}^n$ die Menge der $\mathbf{F}_p$-rationalen Punkte von $\mathbf{P}_L^n$. Dann ist $V$ eine projektive Untervarietät von $\mathbf{P}_L^n$ mit dem Verschwindungsideal

$$\mathcal{J}_+(V) = (\{X_0^{p-1} X_i - X_i^p\}_{i=1,\ldots,n})$$

## § 3. Projektive Abschließung affiner Varietäten

Wie in § 1 betten wir den affinen Raum $A^n_L$ in $P^n_L$ ein durch

$$i_0: A^n_L \to P^n_L \qquad (x_1, \ldots, x_n) \mapsto \langle 1, x_1, \ldots, x_n \rangle$$

und studieren den Zusammenhang zwischen den $K$–Varietäten in $A^n_L$ und denen von $P^n_L$. Als Komplement der Hyperebene $X_0 = 0$ ist $A^n_L$ eine offene Teilmenge von $P^n_L$ in der Zariski-Topologie.

3.1.DEFINITION. *Für eine $K$–Varietät $V \subset A^n_L$ heißt die Abschließung $\overline{V}$ von $V$ in der $K$–Topologie von $P^n_L$ die* **projektive Abschließung** *von $V$.*

Definitionsgemäß ist $\overline{V}$ die kleinste $V$ umfassende projektive $K$–Varietät. Wird $V$ durch ein Gleichungssystem

$$f_i = 0 \qquad (i = 1, \ldots, m; \; f_i \in K[X_1, \ldots, X_n])$$

definiert, so betrachte man die "Homogenisierungen"

$$f_i^*(Y_0, \ldots, Y_n) := Y_0^{\deg f_i} \cdot f_i\left(\frac{Y_1}{Y_0}, \ldots, \frac{Y_n}{Y_0}\right)$$

der $f_i$ im Polynomring $K[Y_0, Y_1, \ldots, Y_n]$. Ist $V^* \subset P^n_L$ die Lösungsmenge des Gleichungssystems

$$f_i^* = 0 \qquad (i = 1, \ldots, m)$$

so gilt offensichtlich $V^* \cap A^n_L = V$ und folglich auch

$$(1) \qquad\qquad\qquad \overline{V} \cap A^n_L = V$$

da $\overline{V} \subset V^*$. Somit enthält $\overline{V}$ außer $V$ nur noch Punkte auf der unendlich fernen Hyperebene $X_0 = 0$. Diese heißen die **unendlich fernen Punkte** von $V$.

Sei jetzt $V \subset P^n_L$ eine projektive $K$–Varietät, definiert durch ein System homogener Gleichungen

$$F_i = 0 \qquad (i = 1, \ldots, m; \; F_i \in K[Y_0, \ldots, Y_n])$$

und sei $V_a := V \cap A^n_L$. Dann ist $V_a$ die Lösungsmenge des Systems

$$F_i(1, X_1, \ldots, X_n) = 0 \qquad (i = 1, \ldots, m)$$

also eine affine $K$–Varietät. Insbesondere ist jetzt mit (1) gezeigt, daß die $K$–Topologie auf $A^n_L$ die Relativtopologie der $K$–Topologie auf $P^n_L$ ist. Da $A^n_L$ in $P^n_L$ offen ist, ist auch $V_a$ eine offene Teilmenge von $V$. Man nennt $F_i(1, X_1, \ldots, X_n)$ die "Dehomogenisierung" von $F_i(Y_0, \ldots, Y_n)$ bzgl. $Y_0$.

Der folgende Satz beschreibt genauer, was bei der projektiven Abschließung affiner Varietäten passiert.

3.2.SATZ. *Sei $V$ eine nichtleere affine $K$-Varietät.*
a) *Genau dann ist $V$ irreduzibel, wenn $\overline{V}$ es ist.*
b) *Ist $V = V_1 \cup \cdots \cup V_s$ die Zerlegung von $V$ in irreduzible Komponenten $V_i$, und ist $\overline{V}_i$ die projektive Abschließung von $V_i$ $(i = 1, \ldots, s)$, so gilt $\overline{V} = \overline{V}_1 \cup \cdots \cup \overline{V}_s$, und dies ist die Zerlegung von $\overline{V}$ in irreduzible Komponenten.*
c) *Durch die Abbildung $V \mapsto \overline{V}$, die jeder affinen $K$-Varietät $V \subset \mathsf{A}^n_L$ ihre projektive Abschließung $\overline{V}$ zuordnet, ist eine Bijektion der Menge der nichtleeren $K$-Varietäten in $\mathsf{A}^n_L$ auf die Menge der $K$-Varietäten in $\mathsf{P}^n_L$ definiert, von denen keine irreduzible Komponente ganz auf der unendlich fernen Hyperebene liegt.*

BEWEIS: Aussage a) folgt aus der Tatsache, daß eine Teilmenge eines topologischen Raums genau dann irreduzibel ist, wenn ihr topologischer Abschluß es ist (I.4.3).

Ist $V^*$ eine irreduzible $K$-Varietät in $\mathsf{P}^n_L$ und $V_a^* := V^* \cap \mathsf{A}^n_L \neq \emptyset$, so ist $V_a^*$ eine nichtleere offene Teilmenge von $V^*$, also ist $V_a^*$ dicht in $V^*$ (I.4.2) und damit ist auch $V_a^*$ irreduzibel. Die irreduziblen $K$-Varietäten $V \subset \mathsf{A}^n_L$, $V \neq \emptyset$ entsprechen somit eineindeutig den irreduziblen $K$-Varietäten von $\mathsf{P}^n_L$, die nicht ganz auf der unendlich fernen Hyperebene liegen.

Die restlichen Aussagen des Satzes sind jetzt klar.

Es interessiert nun auch, wie die Verschwindungsideale der affinen Varietäten mit denen ihrer projektiven Abschließungen zusammenhängen. Für ein Polynom

$$f = \sum a_{\nu_1 \ldots \nu_n} X_1^{\nu_1} \cdots X_n^{\nu_n} \in K[X_1, \ldots, X_n] \quad \text{mit } \deg f = d$$

ist die Homogenisierung $f^*$ von der Form

$$(2) \qquad f^* = \sum a_{\nu_1 \ldots \nu_n} Y_0^{d - (\nu_1 + \cdots + \nu_n)} Y_1^{\nu_1} \cdots Y_n^{\nu_n}$$

Schreibt man $f = f_0 + \cdots + f_d$ mit homogenen Polynomen $f_i$ vom Grad $i$, so kann man $f^*$ auch wie folgt darstellen

$$(2') \qquad f^* = Y_0^d f_0 + Y_0^{d-1} f_1 + \cdots + Y_0 f_{d-1} + f_d \quad (f_i = f_i(Y_1, \ldots, Y_n))$$

Aus der Definition der Homogenisierung ergibt sich direkt

$$(3) \qquad (f \cdot g)^* = f^* \cdot g^* \quad \text{für} \quad f, g \in K[X_1, \ldots, X_n]$$

Ist $I \subset K[X_1, \ldots, X_n]$ ein Ideal, so wird seine **Homogenisierung** $I^*$ als das von allen $f^*$ mit $f \in I$ in $K[Y_0, \ldots, Y_n]$ erzeugte Ideal definiert. Für Hauptideale gilt wegen (3) die Beziehung

$$(4) \qquad (f)^* = (f^*)$$

doch ist für beliebige Ideale $I = (f_1, \ldots, f_m)$ im allgemeinen $I^* \neq (f_1^*, \ldots, f_m^*)$.

**3.3.Satz.** *Sei* $V \subset \mathbb{A}_L^n$ *eine nichtleere* $K$*-Varietät und* $\overline{V}$ *ihre projektive Abschließung. Dann gilt* $\mathcal{J}_+(\overline{V}) = \mathcal{J}(V)^*$.

**Beweis:** Für $f \in \mathcal{J}(V)$ verschwindet $f^*$ auf $\overline{V}$, da $f^*$ auf $i_0(V)$ verschwindet, somit gilt $\mathcal{J}(V)^* \subset \mathcal{J}(\overline{V})$. Sei nun $G \in \mathcal{J}_+(\overline{V})$ homogen. Schreibe $G = Y_0^\alpha \cdot H$, wobei $Y_0$ kein Teiler von $H$ ist. Dann verschwindet $g := H(1, X_1, \ldots, X_n)$ auf $V$, d.h. $g \in \mathcal{J}(V)$. Wegen $H = g^*$ ergibt sich $G = Y_0^\alpha \cdot g^* \in \mathcal{J}(V)^*$ und somit $\mathcal{J}_+(\overline{V}) = \mathcal{J}(V)^*$.

**3.4.Korollar.** *Sei* $H \subset \mathbb{A}_L^n$ *eine affine Hyperfläche und* $f \in K[X_1, \ldots, X_n]$ *ein Minimalpolynom. Dann ist die projektive Abschließung* $\overline{H}$ *von* $H$ *eine projektive Hyperfläche mit dem Minimalpolynom* $f^*$. *Insbesondere ist* $\deg_K \overline{H} = \deg_K H$.

**Beweis:** Nach 3.3 und (4) ist $\mathcal{J}(H)^* = (f)^* = (f^*) = \mathcal{J}_+(\overline{H})$.

Man überlegt sich auch leicht: Für eine lineare Varietät $V \subset \mathbb{A}_L^n$ ist $\overline{V} \subset \mathbb{P}_L^n$ die lineare Varietät, die schon in § 1 als projektive Abschließung von $V$ bezeichnet wurde.

Die geometrische Charakterisierung des $L$-Grads von Hyperflächen (I.2.2) überträgt sich sofort ins Projektive: Eine projektive Gerade schneidet eine Hyperfläche $H$ vom Grad $d$ in höchstens $d$ Punkten, oder sie liegt ganz auf $H$. Es gibt auch immer eine Gerade, welche $H$ in $d$ verschiedenen Punkten schneidet. Zum Beweis wähle man die unendlich ferne Hyperebene so, daß der unendlich ferne Punkt der Geraden kein Punkt von $H$ ist. Dies ist möglich, wenn die Gerade nicht auf $H$ liegt. Dann wende man den affinen Satz auf den affinen Teil der Hyperfläche an.

Die hier benutzte Methode, das projektive Koordinatensystem so zu wählen, daß das, was gerade interessiert, "im Endlichen" stattfindet, wird noch mehrfach angewendet werden. Dies gilt vor allem für lokale Fragen.

Wie berechnet man die unendlich fernen Punkte einer affinen Varietät $V$? Sei $G\mathcal{J}(V)$ das von allen Gradformen $Gf$ (für $f \in \mathcal{J}(V)$) in $K[X_1, \ldots, X_n]$ erzeugte Ideal. Aus (2') entnimmt man die Formel

$$(5) \qquad\qquad\qquad Gf = f^*(0, X_1, \ldots, X_n)$$

**3.5.Satz.** *Die unendlich fernen Punkte von* $V$ *sind die Punkte* $\langle 0, x_1, \ldots, x_n \rangle$ *mit der Eigenschaft* $(x_1, \ldots, x_n) \in \mathcal{V}(G\mathcal{J}(V))$, $(x_1, \ldots, x_n) \neq 0$.

**Beweis:** Ist $\overline{V}$ die projektive Abschließung von $V$, so besteht $\overline{V} \backslash V$ aus den Punkten $\langle 0, x_1, \ldots, x_n \rangle \in \mathbb{P}_L^n$ mit $f^*(0, x_1, \ldots, x_n) = 0$ für alle $f \in \mathcal{J}(V)$. Aus (5) ergibt sich die Behauptung.

Die affine algebraische Varietät $\mathcal{V}(G\mathcal{J}(V))$ ist die Vereinigung aller Geraden in $\mathbb{A}_L^n$ durch 0, deren unendlich ferner Punkt auch ein unendlich ferner Punkt von $V$ ist.

### 3.6. BEISPIELE:

a) **Hyperflächen.** Sei $f$ das Minimalpolynom einer Hyperfläche $H \subset \mathbb{A}_L^n$. Aus (2')
und (4) folgt $G(f \cdot g) = Gf \cdot Gg$ $(g \in K[X_1, \ldots, X_n])$ und somit $G\mathcal{J}(H) = G(f) = (Gf)$.
Die unendlich fernen Punkte von $H$ sind folglich die Punkte $\langle 0, y_1, \ldots, y_n \rangle \in \mathbb{P}_L^n$ mit
$Gf(y_1, \ldots, y_n) = 0$, und der zugehörige Kegel $\mathcal{V}(G\mathcal{J}(H))$ ist die Hyperfläche mit
der Gleichung $Gf = 0$.

Im Fall $n = 2$ ist $H$ eine ebene algebraische Kurve. Nach A.5 zerfällt $Gf$ in
$L[X_1, X_2]$ in homogene Linearfaktoren

$$Gf = \prod_{i=1}^{d}(a_i X_2 - b_i X_1) \qquad (d := \deg f;\ a_i, b_i \in L)$$

und somit besitzt $H$ höchstens $d$ unendlich ferne Punkte $\langle 0, a_i, b_i \rangle$ $(i = 1, \ldots, d)$.
Der zugehörige Kegel ist die Vereinigung der Geraden $a_i X_2 - b_i X_1 = 0$. Tritt der
Linearfaktor $a_i X_2 - b_i X_1$ in $Gf$ $\nu_i$–fach auf, so sagt man $\langle 0, a_i, b_i \rangle$ sei ein $\nu_i$–facher
unendlich ferner Punkt von $H$.

b) **Unendlich ferne Kreispunkte.** Sei $f := (X_1 - a)^2 + (X_2 - b)^2 - r^2$ $(a, b, r \in \mathbb{C})$.
Dann ist

$$f^* = (Y_1 - aY_0)^2 + (Y_2 - bY_0)^2 - r^2 Y_0^2,\ Gf = X_1^2 + X_2^2 = (X_1 + iX_2)(X_1 - iX_2)$$

Die "Kreise" $f = 0$ haben alle die gleichen unendlich fernen Punkte $\langle 0, 1, i \rangle$ und
$\langle 0, i, 1 \rangle$.

c) **Der Graph der reellen Funktion** $Y = \frac{1}{(X-1)(X-2)}$ ist die Kurve in $\mathbb{R}^2$, die
durch $f := (X - 1)(X - 2) \cdot Y - 1$ definiert wird. Es ist $Gf = X^2 Y$, daher besitzt
die Kurve die unendlich fernen Punkte $\langle 0, 0, 1 \rangle$ (doppelt zu zählen) und $\langle 0, 1, 0 \rangle$.

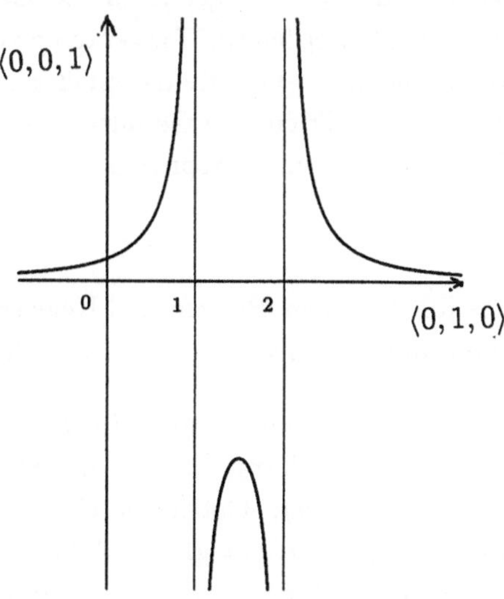

Um die Kurve im Punkt $\langle 0,0,1 \rangle$ näher zu untersuchen, wählen wir das projektive Koordinatensystem so, daß der Punkt ins Endliche zu liegen kommt. Dazu dehomogenisieren wir $f^* = (X_1 - X_0)(X_1 - 2X_0)X_2 - X_0^3$ bzgl. $X_2$. Wir erhalten $\varphi = (X_1 - X_0)(X_1 - 2X_0) - X_0^3$, wobei $\langle 0,0,1 \rangle$ in den Ursprung der $(X_0, X_1)$–Ebene übergeht.

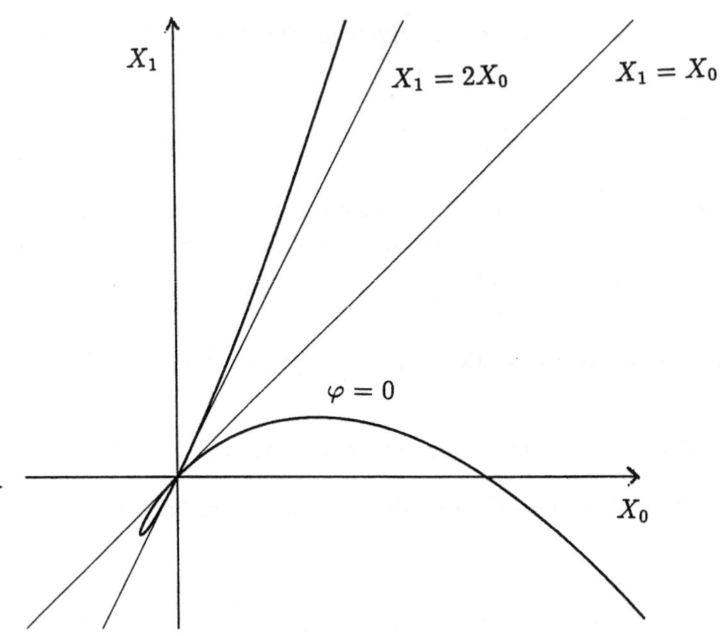


Die "Asymptoten" $X_1 = 1$ und $X_1 = 2$ gehen in die Geraden $X_1 = X_0$ und $X_1 = 2X_0$ über. Später in Kap. VII werden wir Tangenten projektiver ebener Kurven definieren. Die Asymptoten sind dann definitionsgemäß gerade die Tangenten der Kurve in ihren unendlich fernen Punkten, die Geraden aus $\mathcal{V}(Gf)$ sind die zu den Asymptoten parallelen Geraden durch den Ursprung.

AUFGABEN:

1) Bestimmen Sie die unendlich fernen Punkte der Kegelschnitte, der Flächen 2. Ordnung und der Kurven höheren Grades aus Kap.I, 1.2d).

2) Sei $I = (f_1, \ldots, f_m)$ das Verschwindungsideal in $K[X_1, \ldots, X_n]$ einer affinen $K$–Varietät $V \subset \mathbb{A}_K^n$. Sei $f_i^* \in K[Y_0, \ldots, Y_n]$ die Homogenisierung und $Gf_i$ die Gradform von $f_i$ $(i = 1, \ldots, m)$. Geben Sie ein Beispiel dafür an, daß die projektive Abschließung $\overline{V}$ von $V$ **nicht** gleich $\mathcal{V}_+(f_1^*, \ldots, f_m^*)$ und daß der zu $V$ gehörige Kegel **nicht** gleich $\mathcal{V}(Gf_1, \ldots, Gf_m)$ sein muß.

3) Wie viele gemeinsame unendlich ferne Punkte haben die beiden Kurven $C_i \subset \mathsf{A}^2_L$
($i = 1, 2$) mit den Gleichungen

$$C_1 : X_1^5 - X_1^3 X_2^2 + X_1^2 X_2^3 - 2X_1 X_2^4 - 2X_2^5 + X_1 X_2 = 0$$
$$C_2 : X_1^4 + X_1^3 X_2 - X_1^2 X_2^2 - 2X_1 X_2^3 - 2X_2^4 + \quad X_2^2 = 0$$

4) Sei $L$ die algebraische Abschließung von $\mathsf{F}_q$ und $C \subset \mathsf{P}^2_L$ eine algebraische Kurve
vom Grad $d$. Dann hat $C$ höchstens $d \cdot q + 1$ $\mathsf{F}_q$-rationale Punkte.
(Anleitung: Betrachten Sie alle über $\mathsf{F}_q$ definierten Geraden durch einen $\mathsf{F}_q$-
rationalen Punkt von $C$.)

## § 4. Der Hauptsatz der Eliminationstheorie

Dieser wichtige Satz steht in engem Zusammenhang mit dem projektiven Nullstellensatz. Er beschäftigt sich mit folgender Fragestellung. Es seien Polynome

$$(1) \qquad F_1, \ldots, F_s \in K[X_0, \ldots, X_n; Y_1, \ldots, Y_m]$$

gegeben, die in $X_0, \ldots, X_n$ homogen sind (von gewissen Graden $d_j \in \mathsf{N}$):

$$F_j = \sum_{\alpha_0 + \cdots + \alpha_n = d_j} f_{j,\alpha} X_0^{\alpha_0} \cdots X_n^{\alpha_n} \quad (f_{j,\alpha} \in K[Y_1, \ldots, Y_m])$$

**Problem:** Für welche Punkte $(y_1, \ldots, y_m) \in \mathsf{A}_L^m$ besitzt das homogene algebraische Gleichungssystem

$$(2) \qquad F_j(X_0, \ldots, X_n; y_1, \ldots, y_m) = 0 \qquad (j = 1, \ldots, s)$$

eine Lösung $\langle x_0, x_1, \ldots, x_n \rangle \in \mathsf{P}_L^n$ ?

Die Antwort lautet:

4.1. HAUPTSATZ DER ELIMINATIONSTHEORIE. *Es sei* $J := (F_1, \ldots, F_s)$ *und es sei* $\mathfrak{r}$ *die Menge aller Polynome* $f \in K[Y_1, \ldots, Y_m]$, *für die ein* $N \in \mathsf{N}$ *existiert mit* $X_i^N f \in J$ $(i = 0, \ldots, n)$. *Genau dann besitzt (2) eine Lösung, wenn* $(y_1, \ldots, y_m)$ *in der affinen* $K$*–Varietät* $W := \mathcal{V}(\mathfrak{r})$ *enthalten ist.*

Anders ausgedrückt: Ist $V \subset \mathsf{P}_L^n \times \mathsf{A}_L^m$ die Punktmenge $(\langle x_0, \ldots, x_n \rangle; (y_1, \ldots, y_m))$ mit $F_j(x_0, \ldots, x_n; y_1, \ldots, y_m) = 0$ $(j = 1, \ldots, s)$, so ist $W$ die Projektion von $V$ in $\mathsf{A}_L^m$. Die Elemente des Ideals $\mathfrak{r}$ heißen **Hurwitzsche Trägheitsformen** von $F_1, \ldots, F_s$, manchmal auch **Resultantenformen**.

BEWEIS: (nach Cartier-Tate [CT]).

Ist $\langle x_0, \ldots, x_n \rangle$ eine Lösung von (2) und etwa $x_i \neq 0$, so folgt für $f \in \mathfrak{r}$ aus $X_i^N f \in J$, daß $f(y_1, \ldots, y_m) = 0$, also $(y_1, \ldots, y_m) \in W$.

Zum Beweis der Umkehrung betrachten wir $B := K[X_0, \ldots, X_n; Y_1, \ldots, Y_m]$ als graduierte Algebra über $B_0 := K[Y_1, \ldots, Y_m]$, die Variablen $Y_i$ $(i = 1, \ldots, m)$ sollen also den Grad 0 besitzen. Dann ist $A := B/J$ eine graduierte Algebra über $A_0 := B_0/J \cap B_0$, die von den Bildern $\xi_i$ der $X_i$ in $A_1$ erzeugt wird. Als $A_0$–Modul wird $A_d$ von den endlich vielen Monomen $d$–ten Grades in $\xi_0, \ldots, \xi_n$ erzeugt.

Sei $\mathfrak{a}_d := \mathrm{Ann}_{A_0} A_d$ der Annullator des $A_0$-Moduls $A_d$. Es gilt $\mathfrak{a}_0 \subset \mathfrak{a}_1 \subset \mathfrak{a}_2 \subset \dots$ und somit ist $\mathfrak{a} := \bigcup_{d \in \mathbb{N}} \mathfrak{a}_d$ ein Ideal von $A_0$. Nach Definition von $\mathfrak{r}$ ist $\mathfrak{a}$ im Bild von $\mathfrak{r}$ bei der kanonischen Restklassenabbildung $B_0 \to A_0$ enthalten.

Für $(y_1, \dots, y_m) \in W$ induziert der Einsetzungshomomorphismus

$$\varphi \colon K[Y_1, \dots, Y_m] \to L \qquad (Y_i \mapsto y_i)$$

einen $K$-Homomorphismus $\varphi \colon A_0 \to L$ mit $\varphi(\mathfrak{a}) = 0$, und $\mathfrak{p} := \ker \varphi$ ist ein Primideal von $A_0$. Wegen $\mathfrak{a}_d \subset \mathfrak{p}$ ist $A_d \neq 0$ für alle $d \in \mathbb{N}$. Der Kern $I$ des kanonischen Homomorphismus $A \to (A_0)_{\mathfrak{p}} \otimes_{A_0} A$ ist ein homogenes Ideal von $A$:

$$I = \{ a \in A \mid \underset{s \in A_0 \setminus \mathfrak{p}}{\exists}\ sa = 0 \}$$

Für alle $d \in \mathbb{N}$ ist $I_d := I \cap A_d \neq A_d$, wieder weil $\mathfrak{a}_d \subset \mathfrak{p}$.

Setze $A' := A/I$. Dann ist $A'$ eine graduierte Algebra über $A_0' := A_0/I_0$ und $A_d' \neq \langle 0 \rangle$ für alle $d \in \mathbb{N}$. Ferner ist $I_0 = \{ a \in A_0 \mid \underset{s \in A_0 \setminus \mathfrak{p}}{\exists}\ sa = 0 \} \subset \mathfrak{p}$, und daher ist $\mathfrak{p}' := \mathfrak{p} + I/I$ ein Primideal von $A_0'$. Da die kanonische Abbildung $A' \to (A_0')_{\mathfrak{p}'} \otimes_{A_0'} A'$ nach Konstruktion injektiv ist, ist kein Element von $A_0' \setminus \mathfrak{p}'$ ein Nullteiler von $A'$. Der Ring $A'' := (A_0')_{\mathfrak{p}'} \otimes_{A_0'} A'$ ist graduiert, und $A_0'' = (A_0')_{\mathfrak{p}'}$ ist ein lokaler Ring mit dem maximalen Ideal $\mathfrak{p}'' := \mathfrak{p}' \cdot A_0''$. Sein Restklassenkörper $\kappa$ ist ein Erweiterungskörper von $K$, der $K$-isomorph zu $K(y_1, \dots, y_m) \subset L$ ist. Wir können $\kappa$ daher als Teilkörper von $L$ betrachten.

Der Ring $R := A''/\mathfrak{p}'' A''$ ist eine graduierte $\kappa$-Algebra, für die $R_d \neq \langle 0 \rangle$ ist für alle $d \in \mathbb{N}$ nach dem Lemma von Nakayama (B.10). Daher ist das Ideal $R^+ := \bigoplus_{d > 0} R_d$ nicht nilpotent. Da $R$ über $\kappa$ von seinen Elementen 1. Grades erzeugt wird, hat man einen $\kappa$-Epimorphismus $\kappa[X_0, \dots, X_n] \to R$, dessen Kern $\mathfrak{b}$ ein homogenes Ideal mit $\mathrm{Rad}\,\mathfrak{b} \neq (X_0, \dots, X_n)$ ist. Nach dem projektiven Nullstellensatz 2.5 besitzt $\mathfrak{b}$ eine Nullstelle $\langle x_0, \dots, x_n \rangle \in \mathbb{P}_L^n$. Der Einsetzungshomomorphismus $\kappa[X_0, \dots, X_n] \to L$ $(X_i \mapsto x_i)$ induziert einen $\kappa$-Homomorphismus $\psi \colon R \to L$. Bei der Zusammensetzung der kanonischen $K$-Homomorphismen

$$K[X_0, \dots, X_n; Y_1, \dots, Y_m] \twoheadrightarrow A \twoheadrightarrow A' \hookrightarrow A'' \twoheadrightarrow R \xrightarrow{\psi} L$$

wird $X_i$ auf $x_i$ und $Y_j$ auf $y_j$ abgebildet $(i = 0, \dots, n;\ j = 1, \dots, m)$. Da $J$ der Kern der ersten Abbildung in dieser Sequenz ist, ergibt sich, daß $\langle x_0, \dots, x_n \rangle$ eine Lösung von (2) ist, **q.e.d.**

AUFGABEN:

1) Die Lösungsmengen $V \subset \mathbf{P}_L^{\,n} \times \mathbf{A}_L^{\,n}$ von Gleichungssystemen

$$F_j(X_0, \ldots, X_n; Y_1, \ldots, Y_n) = 0 \qquad (j = 1, \ldots, m)$$

mit Polynomen $F_j$ wie in (1) sind die abgeschlossenen Mengen einer Topologie auf $\mathbf{P}_L^{\,n} \times \mathbf{A}_L^{\,n}$, und die Projektion $\mathbf{P}_L^{\,n} \times \mathbf{A}_L^{\,n} \to \mathbf{A}_L^{\,n}$ ist eine abgeschlossene Abbildung, d.h. bildet abgeschlossene Mengen auf abgeschlossene Mengen ab.

2) Für $m, n \in \mathbf{N}$ und $N := m \cdot n + m + n$ ist die Abbildung

$$s \colon \mathbf{P}_L^{\,m} \times \mathbf{P}_L^{\,n} \to \mathbf{P}_L^{\,N} \qquad \text{(Segre-Einbettung)}$$

mit $s(\langle x_0, \ldots, x_m \rangle, \langle y_0, \ldots, y_n \rangle) = \langle x_0 y_0, \ldots, x_i y_j, \ldots, x_m y_n \rangle$ injektiv, und $\mathrm{im}(s)$ ist eine Untervarietät von $\mathbf{P}_L^{\,N}$. Beschreiben Sie die abgeschlossenen Teilmengen der durch die Zariski-Topologie von $\mathbf{P}_L^{\,N}$ auf $\mathbf{P}_L^{\,m} \times \mathbf{P}_L^{\,n}$ induzierten Topologie.

3) Verallgemeinern Sie den Hauptsatz der Eliminationstheorie auf gewichtete projektive Räume (§ 1, Aufg.3).

# Kap.III. Das Spektrum eines Rings

In den beiden ersten Kapiteln ist eine enge Verbindung zwischen algebraischer Geometrie und Ringtheorie sichtbar geworden. Die auftretenden Ringe waren Algebren endlichen Typs über Körpern, deren Idealtheorie für das Studium der Varietäten offensichtlich von Belang ist. Es gibt aber keinen Grund, ringtheoretische Aussagen nur für affine Algebren herzuleiten. Auch für beliebige Ringe lassen sich viele Sätze in einer der algebraischen Geometrie entlehnten Sprache formulieren, wodurch eine noch engere Verschmelzung von Geometrie und Algebra bewirkt wird. Die größere Allgemeinheit ist dabei kein Selbstzweck, sie erweist sich auch für klassische Fragestellungen als natürlich und hilfreich und wurde durch die Entwicklung der algebraischen Geomtrie mehr und mehr erzwungen.

## § 1. Die Zariski-Topologie des Spektrums

Sei $R$ ein beliebiger Ring (assoziativ, kommutativ, mit Eins), Spec $R$ sein **Spektrum**, also die Menge seiner Primideale, Max $R$ sein **Maximalspektrum**, d.h. die Menge aller maximalen Ideale von $R$. Die Primideale von $R$ heißen nun auch "Punkte" des Spektrums von $R$.

1.1.DEFINITION. *Für ein Ideal $I \subset R$ heißt*

$$\mathcal{V}(I) := \{ \mathfrak{p} \in \operatorname{Spec} R \mid \mathfrak{p} \supset I \}$$

*die* **Nullstellenmenge** *von $I$ in* Spec $R$.

1.2.SATZ. *Die Mengen $\mathcal{V}(I)$, wobei $I$ alle Ideale von $R$ durchläuft, sind die abgeschlossenen Mengen einer Topologie auf* Spec $R$.

BEWEIS: Für zwei Ideale $I_k$ $(k = 1, 2)$ von $R$ gilt

$$\mathcal{V}(I_1 \cap I_2) = \mathcal{V}(I_1) \cup \mathcal{V}(I_2)$$

denn ein Primideal $\mathfrak{p}$, das $I_1 \cap I_2$ umfaßt, enthält alle Produkte $a \cdot b$ $(a \in I_1, b \in I_2)$. Ist $b \in I_2 \setminus \mathfrak{p}$, so folgt $a \in \mathfrak{p}$ für alle $a \in I_1$, d.h. $I_1 \subset \mathfrak{p}$.

Für eine beliebige Familie $\{I_\lambda\}_{\lambda \in \Lambda}$ von Idealen $I_\lambda \subset R$ gilt trivialerweise

$$\bigcap_{\lambda \in \Lambda} \mathcal{V}(I_\lambda) = \mathcal{V}(\sum_{\lambda \in \Lambda} I_\lambda)$$

Die Axiome für die abgeschlossenen Mengen einer Topologie sind somit erfüllt.

Die so definierte Topologie auf Spec $R$ heißt die **Spektraltopologie** oder **Zariski-Topologie**. Max $R$ wird mit der Relativtopologie versehen. Die folgenden beiden Sätze sind Beispiele für das Auftreten der Zariski-Topologie in der Ringtheorie (vgl. B.16 bzw. C.5): Ist $M$ ein endlich erzeugter Modul über einem Ring $R$, so ist sein Träger Supp $M = \{\mathfrak{p} \in \mathrm{Spec}\, R \mid M_{\mathfrak{p}} \neq \langle 0 \rangle\}$ abgeschlossen. Ferner ist die Funktion $\mu_{\mathfrak{p}} : \mathrm{Spec}\, R \to \mathbb{N}$, die jedem $\mathfrak{p} \in \mathrm{Spec}\, R$ die Minimalzahl $\mu_{\mathfrak{p}}(M)$ der Erzeugenden des $R_{\mathfrak{p}}$–Moduls $M_{\mathfrak{p}}$ zuordnet, halbstetig bzgl. der Zariski-Topologie.

Ist $R = L[V]$ der Koordinatenring einer affinen Varietät $V \subset \mathbb{A}^n_L$ über einem algebraisch abgeschlossenen Körper $L$, so entsprechen die Punkte von $V$ nach I.3.10 eineindeutig den Elementen von Max $R$. Die Definition der Zariski-Topologie auf $V$ und auf Max $R$ zeigt, daß $V$ sogar homöomorph zu Max $R$ ist. Die nichtleeren irreduziblen Untervarietäten von $V$ entsprechen nach I.5.2c) eineindeutig den Punkten von Spec $R$. Man sagt, Spec $R$ sei ein topologischer Raum, welcher die irreduziblen Untervarietäten von $V$ "parametrisiert".

**1.3. DEFINITION.** *Für eine Teilmenge* $A \subset \mathrm{Spec}\, R$ *heißt* $\mathcal{J}(A) := \bigcap\limits_{\mathfrak{p} \in A} \mathfrak{p}$ *das* **Verschwindungsideal** *von* $A$.

Für die Operationen $\mathcal{V}$ und $\mathcal{J}$ gelten ähnliche Beziehungen wie für die Nullstellenmengen und Verschwindungsideale, die wir früher betrachtet haben.

**1.4. REGEL:** Für jede Teilmenge $A \subset \mathrm{Spec}\, R$ ist $\mathcal{V}(\mathcal{J}(A)) = \overline{A}$ die abgeschlossene Hülle von $A$ in Spec $R$. Für $\mathfrak{p} \in \mathrm{Spec}\, R$ gilt $\overline{\{\mathfrak{p}\}} = \{\mathfrak{p}\}$ genau dann, wenn $\mathfrak{p} \in \mathrm{Max}\, R$. Die maximalen Ideale von $R$ sind also gerade die abgeschlossenen Punkte von Spec $R$.

BEWEIS: Es ist $A \subset \mathcal{V}(\mathcal{J}(A))$ nach Definition von $\mathcal{J}(A)$, somit ist $\overline{A} \subset \mathcal{V}(\mathcal{J}(A))$, da $\mathcal{V}(\mathcal{J}(A))$ abgeschlossen ist. Ist umgekehrt $\mathcal{V}(I)$ eine $A$ umfassende abgeschlossene Menge von Spec $R$, so gilt $\mathfrak{p} \supset I$ für jedes $\mathfrak{p} \in A$, folglich $I \subset \bigcap\limits_{\mathfrak{p} \in A} \mathfrak{p} = \mathcal{J}(A)$ und somit $\mathcal{V}(I) \supset \mathcal{V}(\mathcal{J}(A))$, woraus $\mathcal{V}(\mathcal{J}(A)) = \overline{A}$ folgt. Die Aussage über Punkte ergibt sich aus $\mathcal{J}(\{\mathfrak{p}\}) = \mathfrak{p}$, $\overline{\{\mathfrak{p}\}} = \mathcal{V}(\mathfrak{p})$.

**1.5. SATZ.** *Für jedes Ideal* $I \subset R$ *gilt* $\mathcal{J}(\mathcal{V}(I)) = \mathrm{Rad}\, I$. *Die abgeschlossenen Teilmengen von* Spec $R$ *entsprechen eineindeutig den Idealen von* $R$, *die mit ihrem Radikal übereinstimmen.*

BEWEIS: Es ist $\mathcal{J}(\mathcal{V}(I)) = \bigcap\limits_{\mathfrak{p} \in \mathcal{V}(I)} \mathfrak{p} = \bigcap\limits_{\mathfrak{p} \supset I} \mathfrak{p}$. Die erste Aussage des Satzes ergibt sich aus dem nachfolgenden Satz 1.6. Mit 1.4 erhält man dann eine Bijektion der Menge aller abgeschlossenen Teilmengen von Spec $R$ auf die Menge der Ideale $I \subset R$ mit $\mathrm{Rad}\, I = I$.

**1.6.Satz.** *Für jedes Ideal $I \subsetneq R$ gilt* $\operatorname{Rad} I = \bigcap\limits_{\substack{\mathfrak{p} \in \operatorname{Spec} R \\ \mathfrak{p} \supset I}} \mathfrak{p}$. *Speziell ist* $\bigcap\limits_{\mathfrak{p} \in \operatorname{Spec} R} \mathfrak{p} = \operatorname{Rad}(0)$ *die Menge aller nilpotenten Elemente von* $R$.

**Beweis:** Geht man zu $R/I$ über, so erkennt man, daß nur die zweite Aussage des Satzes zu beweisen ist. Es ist klar, daß $\bigcap\limits_{\mathfrak{p} \in \operatorname{Spec} R} \mathfrak{p}$ alle nilpotenten Elemente von $R$ enthält.

Sei nun umgekehrt $a \in \bigcap\limits_{\mathfrak{p} \in \operatorname{Spec} R} \mathfrak{p}$. Wäre $a$ nicht nilpotent, so wäre $S := \{a^n \mid n \in \mathbb{N}\}$ eine multiplikativ abgeschlossene Teilmenge von $R$ mit $S \cap (0) = \emptyset$. Nach dem nachfolgenden Lemma würde ein $\mathfrak{p} \in \operatorname{Spec} R$ existieren mit $S \cap \mathfrak{p} = \emptyset$, im Widerspruch zu Voraussetzung $a \in \mathfrak{p}$. Also ist $a$ nilpotent.

**1.7.Lemma.** *(Krull). Sei $I \subset R$ ein Ideal und $S \subset R$ eine multiplikativ abgeschlossene Teilmenge mit $S \cap I = \emptyset$. Dann existiert ein $\mathfrak{p} \in \operatorname{Spec} R$ mit $I \subset \mathfrak{p}$ und $\mathfrak{p} \cap S = \emptyset$.*

**Beweis:** Die Menge aller $I$ umfassenden Ideale $J$ von $R$ mit $J \cap S = \emptyset$ besitzt ein maximales Element $\mathfrak{p}$ nach dem Zornschen Lemma.

Angenommen, für Elemente $a_1, a_2 \in R \setminus \mathfrak{p}$ sei $a_1 \cdot a_2 \in \mathfrak{p}$. Wegen der Maximalität von $\mathfrak{p}$ gilt $(Ra_i + \mathfrak{p}) \cap S \neq \emptyset$ $(i = 1, 2)$. Es gibt daher Elemente $r_i \in R$, $p_i \in \mathfrak{p}$, so daß

$$r_i a_i + p_i \in S \qquad (i = 1, 2)$$

Dann ist aber

$$(r_1 a_1 + p_1) \cdot (r_2 a_2 + p_2) = r_1 r_2 a_1 a_2 + r_1 a_1 p_2 + r_2 a_2 p_1 + p_1 p_2 \in \mathfrak{p} \cap S$$

ein Widerspruch. Folglich ist $\mathfrak{p}$ ein Primideal.

In Analogie zu I.4.9a) gilt:

**1.8.Satz.** *Sei $A$ eine nichtleere abgeschlossene Teilmenge von $\operatorname{Spec} R$. Genau dann ist $A$ irreduzibel, wenn $\mathcal{J}(A) \in \operatorname{Spec} R$.*

**Beweis:** a) Sei $A$ irreduzibel und $f \cdot g \in \mathcal{J}(A)$ für $f, g \in R$. Für jedes $\mathfrak{p} \in A$ ist dann $f \in \mathfrak{p}$ oder $g \in \mathfrak{p}$, daher ist $A = (A \cap \mathcal{V}(f)) \cup (A \cap \mathcal{V}(g))$. Es folgt $A \subset \mathcal{V}(f)$ oder $A \subset \mathcal{V}(g)$ und somit $f \in \mathcal{J}(A)$ oder $g \in \mathcal{J}(A)$.

b) Sei $\mathcal{J}(A) \in \operatorname{Spec} R$ und $A = A_1 \cup A_2$ eine Zerlegung von $A$ in abgeschlossene Teilmengen $A_k$ $(k = 1, 2)$. Dann gilt $\mathcal{J}(A_k) \supset \mathcal{J}(A)$ $(k = 1, 2)$ und

$$\mathcal{J}(A) = \mathcal{J}(A_1 \cup A_2) = \mathcal{J}(A_1) \cap \mathcal{J}(A_2)$$

Weil $\mathcal{J}(A)$ Primideal ist, ergibt sich $\mathcal{J}(A_1) \subset \mathcal{J}(A)$ oder $\mathcal{J}(A_2) \subset \mathcal{J}(A)$, also gilt $\mathcal{J}(A) = \mathcal{J}(A_1)$ oder $\mathcal{J}(A) = \mathcal{J}(A_2)$. Mittels 1.4 folgt $A = A_1$ oder $A = A_2$, also die Irreduzibilität von $A$.

**1.9.BEISPIELE:**
a) Ist $R$ ein Integritätsring, so ist Spec $R$ irreduzibel.
b) Sei $K$ ein Körper und $K[\varepsilon] := K[X]/(X^2)$. Der Ring $K[\varepsilon]$ besitzt nur ein Primideal, nämlich das von $\varepsilon := X + (X^2)$ erzeugte Ideal. Spec $K[\varepsilon]$ ist einpunktig, daher irreduzibel, aber $K[\varepsilon]$ ist kein Integritätsring.

Wie jeder topologische Raum besitzt Spec $R$ eine Zerlegung in irreduzible Komponenten. Man kann die topologischen Aussagen aus I.§ 4 dazu verwenden, um Sätze über Primideale in kommutativen Ringen zu gewinnen. Ein **Primteiler** $\mathfrak{p}$ eines Ideals $I \subset R$ soll ein $I$ umfassendes Primideal sein.

**1.10.SATZ.** *a) Die minimalen Primteiler eines Ideals $I \subset R$ entsprechen eineindeutig den irreduziblen Komponenten von $\mathcal{V}(I)$. Insbesondere besitzt jedes Ideal $I \neq R$ minimale Primteiler und jeder Ring minimale Primideale.*
*b) Jedes $\mathfrak{p} \in$ Spec $R$ enthält ein minimales Primideal von $R$.*
*c) Ist Spec $R$ ein noetherscher topologischer Raum (z.B. $R$ ein noetherscher Ring), so besitzt $R$ nur endlich viele minimale Primideale und jedes Ideal $I \subsetneqq R$ nur endlich viele minimale Primteiler.*

BEWEIS: Nach 1.8 entsprechen die minimalen Primteiler eines Ideals $I$ eineindeutig den irreduziblen Komponenten von $\mathcal{V}(I)$. Die Behauptungen von 1.10 ergeben sich daher aus I.4.5 und I.4.7.

Besitzt ein Ring nur endlich viele minimale Primideale, so lassen sich über seine Nullteiler und nilpotenten Elemente sehr nützliche Aussagen machen.

**1.11.SATZ.** *Es sei $R \neq \{0\}$ ein Ring mit nur endlich vielen minimalen Primidealen $\mathfrak{p}_1, \ldots, \mathfrak{p}_s$.*
*a) Es ist $\mathrm{Rad}\,(0) = \bigcap\limits_{i=1}^{s} \mathfrak{p}_i$ und $\bigcup\limits_{i=1}^{s} \mathfrak{p}_i$ besteht aus lauter Nullteilern.*
*b) Ist $R$ reduziert, so ist $\bigcap\limits_{i=1}^{s} \mathfrak{p}_i = (0)$, und $\bigcup\limits_{i=1}^{s} \mathfrak{p}_i$ ist die Menge aller Nullteiler von $R$.*

BEWEIS: Die Aussage über nilpotente Elemente ist durch 1.6 und 1.10b) bewiesen. Wir zeigen die über Nullteiler.

Ist $r \in \mathfrak{p}_j$ für ein $j \in \{1, \ldots, s\}$, so wähle man ein $t \in \bigcap\limits_{i \neq j} \mathfrak{p}_i$, $t \notin \mathfrak{p}_j$. Ein solches gibt es, da $\mathfrak{p}_j \not\subset \bigcap\limits_{i \neq j} \mathfrak{p}_i$ wegen der Minimalität der betrachteten Primideale. Aus $r \cdot t \in \bigcap\limits_{i=1}^{s} \mathfrak{p}_i$ ergibt sich $(r \cdot t)^\rho = 0$ für ein $\rho \in \mathbf{N}$. Da $t \notin \mathfrak{p}_j$, ist $t^\rho \neq 0$. Es gibt somit ein $\sigma \in \mathbf{N}$ mit $r^\sigma t^\rho \neq 0$, $r^{\sigma+1} t^\rho = 0$, d.h. $r$ ist ein Nullteiler von $R$.

Ist $R$ reduziert, so ist $\bigcap\limits_{i=1}^{s} \mathfrak{p}_i = (0)$. Wenn $r \in R$ ein Nullteiler ist, so wähle man ein $t \in R \setminus \{0\}$ mit $r \cdot t = 0$. Es gibt ein $j \in \{1, \dots, s\}$ mit $t \notin \mathfrak{p}_j$. Aus $r \cdot t = 0$ folgt dann $r \in \mathfrak{p}_j$. Folglich ist $\bigcup\limits_{j=1}^{s} \mathfrak{p}_j$ die Menge aller Nullteiler von $R$.

Da die Koordinatenringe affiner algebraischer Varietäten noethersche reduzierte Ringe sind, wissen wir nun über die Nullteiler der Koordinatenringe auf Grund von 1.11b) gut Bescheid. Wir geben noch eine weitere Anwendung:

1.12.BEISPIEL: Sei $L$ ein algebraisch abgeschlossener Körper, und seien $C : f = 0$ sowie $D : g = 0$ zwei algebraische Kurven in $\mathbb{A}_L^2$ ohne gemeinsame Komponenten. Dann ist $C \cap D$ eine endliche Punktmenge. Ihre Elemente entsprechen eineindeutig den maximalen Idealen des Koordinatenrings $L[C \cap D] = (L[X_1, X_2]/(f, g))_{\text{red}}$.

Wir wollen zeigen, daß die Zahl der Schnittpunkte von $C$ und $D$ gleich der Dimension von $L[C \cap D]$ als $L$–Vektorraum ist. Da hier die Punkte auch die irreduziblen Komponenten von $C \cap D$ sind, sind die maximalen Ideale gleichzeitig minimal.

Sei $A := L[C \cap D]$ und $\text{Max}\, A = \{\mathfrak{m}_1, \dots, \mathfrak{m}_s\}$. Nach dem chinesischen Restsatz ($[K_4]$, 6.29) hat man einen Epimorphismus

$$A \twoheadrightarrow A/\mathfrak{m}_1 \times \cdots \times A/\mathfrak{m}_s \qquad (a \mapsto (a + \mathfrak{m}_1, \dots, a + \mathfrak{m}_s))$$

mit dem Kern $\bigcap\limits_{i=1}^{s} \mathfrak{m}_i$. Dieser Kern ist $(0)$, da $A$ reduziert ist. Ferner ist $A/\mathfrak{m}_i \cong L$, da $L$ algebraisch abgeschlossen ist. Wir haben gezeigt, daß

$$L[C \cap D] \cong L \times \cdots \times L \qquad (s \text{ Faktoren})$$

Insbesondere ist $\dim_L L[C \cap D]$ gleich der Zahl der Schnittpunkte von $C$ und $D$.

Im folgenden sei $X$ wieder ein beliebiger topologischer Raum, $A \subset X$ eine abgeschlossene Teilmenge.

1.13.DEFINITION. $x \in A$ heißt **generischer Punkt** von $A$, wenn $A = \overline{\{x\}}$ die abgeschlossene Hülle von $\{x\}$ ist.

Besitzt $A$ einen generischen Punkt $x$, so ist $A$ irreduzibel, denn mit $\{x\}$ ist nach I.4.3c) auch $\overline{\{x\}}$ irreduzibel. Dann ist $x$ in jeder nichtleeren offenen Teilmenge von $A$ enthalten. Generische Punkte sind vor allem deshalb wichtig, weil Eigenschaften von Spektren, die im generischen Punkt erfüllt sind, häufig in einer ganzen Umgebung des Punktes gelten, so daß sie nur für diesen nachgeprüft werden müssen. Im Unterschied zu den Varietäten sind in den Spektren generische Punkte immer verfügbar:

1.14.SATZ. *Jede nichtleere irreduzible abgeschlossene Teilmenge $A$ von Spec $R$ besitzt genau einen generischen Punkt $\mathfrak{p}$, nämlich $\mathfrak{p} = \mathcal{J}(A)$, das Verschwindungsideal von $A$.*

BEWEIS: Für einen generischen Punkt $\mathfrak{p}$ von $A$ gilt nach 1.4 die Formel $A = \overline{\{\mathfrak{p}\}} = \mathcal{V}(\mathcal{J}(\{\mathfrak{p}\})) = \mathcal{V}(\mathfrak{p})$, also nach 1.5 $\mathcal{J}(A) = \mathcal{J}(\mathcal{V}(\mathfrak{p})) = \operatorname{Rad}\mathfrak{p} = \mathfrak{p}$, womit die Eindeutigkeit des generischen Punkts gezeigt ist.

Nach 1.8 ist $\mathcal{J}(A) = \bigcap_{\mathfrak{p}\in A} \mathfrak{p}$ ein Primideal. Wendet man nun die Regel $\overline{\{x\}} = \mathcal{V}(\mathcal{J}(\{x\}))$ auf $x = \mathcal{J}(A)$ an, so erhält man $\overline{\{x\}} = \mathcal{V}(\mathcal{J}(A)) = A$, d.h. $\mathcal{J}(A)$ ist generischer Punkt von $A$.

**1.15.KOROLLAR.** *Die minimalen Primideale von $R$ sind die generischen Punkte der irreduziblen Komponenten von* Spec $R$*. Ist $R$ ein Integritätsring, so ist das Nullideal der generische Punkt von* Spec $R$*.*

Wir wollen jetzt die Spektren von Ringen $R, S$ vergleichen, welche durch einen Ringhomomorphismus $\alpha: R \to S$ miteinander verbunden sind. Für jedes $\mathfrak{p} \in$ Spec $S$ ist $\alpha^{-1}(\mathfrak{p}) \in$ Spec $R$, somit wird durch $\alpha$ eine Abbildung, der durch $\alpha$ gegebene "Morphismus",

$$\text{Spec }\alpha:\ \text{Spec } S \to \text{Spec } R \qquad (\mathfrak{p} \mapsto \alpha^{-1}(\mathfrak{p}))$$

induziert. Sind hierbei $R$ und $S$ zwei affine Algebren über einem Körper $K$, so gilt Spec $\alpha(\operatorname{Max} S) \subset \operatorname{Max} R$, denn für $\mathfrak{M} \in \operatorname{Max} S$ ist $S/\mathfrak{M}$ ein algebraischer Erweiterungskörper von $K$ nach dem Hilbertschen Nullstellensatz, dann muß auch $R/\alpha^{-1}(\mathfrak{M})$ als ein Zwischenring zwischen $K$ und $S/\mathfrak{M}$ ein Körper sein.

**1.16.BEISPIEL:** Sind $R = K[V]$ und $S = K[W]$ die Koordinatenringe zweier affiner algebraischer Varietäten $V \subset \mathbb{A}_K^n$, $W \subset \mathbb{A}_K^m$ über einem algebraisch abgeschlossenen Körper $K$, und ist $\alpha : K[V] \to K[W]$ ein $K$–Homomorphismus, so wird durch Spec $\alpha$ eine Abbildung $f$ von $W \cong \operatorname{Max} K[W]$ nach $V \cong \operatorname{Max} K[V]$ induziert. Schreibt man $K[V] = K[x_1,\ldots,x_n]$, $K[W] = K[y_1,\ldots,y_m]$ mit den jeweiligen Koordinatenfunktionen $x_i$ bzw. $y_j$, so gilt $\alpha(x_i) = \varphi_i(y_1,\ldots,y_m)$ mit Polynomen $\varphi_i \in K[Y_1,\ldots,Y_m]$ $(i = 1,\ldots,n)$. Es ist dann $f : W \to V$ die "polynomiale Abbildung" mit $f(b_1,\ldots,b_m) = (\varphi_1(b_1,\ldots,b_m),\ldots,\varphi_n(b_1,\ldots,b_m))$ für jedes $(b_1,\ldots,b_m) \in W$.

Umgekehrt induziert auch jede polynomiale Abbildung $f : W \to V$ einen $K$–Homomorphismus $K[V] \to K[W]$. Ist nämlich $f$ durch die Polynome $\varphi_1,\ldots,\varphi_m$ aus $K[Y_1,\ldots,Y_m]$ gegeben, so wird jedes $g \in \mathcal{J}(V) \subset K[X_1,\ldots,X_n]$ beim $K$–Homomorphismus $K[X_1,\ldots,X_n] \to K[Y_1,\ldots,Y_m]$ $(X_i \mapsto \varphi_i)$ in $\mathcal{J}(W)$ abgebildet, und nach dem Homomorphiesatz wird ein $K$–Homomorphismus $\alpha : K[V] \to K[W]$ induziert. Die durch Ringhomomorphismen gegebenen Abbildungen zwischen den Spektren von Ringen verallgemeinern somit die polynomialen Abbildungen zwischen affinen algebraischen Varietäten.

**1.17.Satz.** *Für jeden Ringhomomorphismus* $\alpha : R \to S$ *ist* Spec $\alpha$ *stetig.*

Beweis: Sei $A = \mathcal{V}(I)$ eine abgeschlossene Teilmenge von Spec $R$. Dann ist

$$(\text{Spec } \alpha)^{-1}(A) = \{\mathfrak{p} \in \text{Spec } S \,|\, \alpha^{-1}(\mathfrak{p}) \supset I\} = \{\mathfrak{p} \in \text{Spec } S \,|\, \mathfrak{p} \supset IS\} = \mathcal{V}(IS)$$

abgeschlossen in Spec $S$, und somit ist Spec $\alpha$ stetig.

**1.18.Satz.** *Sei* $S := R/I$ *mit einem Ideal* $I \subset R$, *und sei* $\alpha \colon R \to R/I$ *der kanonische Epimorphismus. Dann induziert* Spec $\alpha \colon$ Spec $R/I \to$ Spec $R$ *einen Homöomorphismus von* Spec $S$ *auf* $\mathcal{V}(I)$.

Beweis: Die Primideale von $R/I$ entsprechen eineindeutig den Primidealen von $R$, welche $I$ umfassen. Daher ist Spec $\alpha$ eine Bijektion von Spec $R/I$ auf $\mathcal{V}(I)$.

Ist $A = \mathcal{V}(J)$ eine abgeschlossene Teilmenge von Spec $R/I$ mit einem Ideal $J \subset R/I$, dann ist (Spec $\alpha)(A) = \mathcal{V}(\alpha^{-1}(J))$ eine abgeschlossene Teilmenge von $\mathcal{V}(I)$, d.h. Spec $\alpha$ ist eine abgeschlossene Abbildung und daher sogar ein Homöomorphismus von Spec $R/I$ auf $\mathcal{V}(I)$.

**1.19.Korollar.** *Ist* $\alpha \colon R \to R_{\text{red}}$ *der kanonische Epimorphismus, so ist* Spec $\alpha$ *ein Homöomorphismus.*

Beweis: Da alle $\mathfrak{p} \in$ Spec $R$ das Nilradikal $\text{Rad}(0) = \ker \alpha$ von $R$ umfassen, ist Spec $\alpha$ bijektiv, und die Behauptung folgt aus 1.18.

**1.20.Satz.** *Sei* $\alpha : R \to R_N$ *der kanonische Homomorphismus von* $R$ *in den Quotientenring* $R_N$ *bzgl. einer multiplikativ abgeschlossenen Teilmenge* $N \subset R$. *Dann ist* Spec $\alpha :$ Spec $R_N \to$ Spec $R$ *ein Homöomorphismus von* Spec $R_N$ *auf den Unterraum* $\Sigma$ *von* Spec $R$, *der aus allen* $\mathfrak{p} \in$ Spec $R$ *mit* $\mathfrak{p} \cap N = \emptyset$ *besteht.*

Beweis: Die von $R_N$ verschiedenen Ideale aus $R_N$ sind von der Form $I_N$, wobei $I \subset R$ ein Ideal mit $I \cap N = \emptyset$ ist, die Primideale von $R_N$ sind von der Form $\mathfrak{p}_N$ mit einem eindeutig bestimmten $\mathfrak{p} \in$ Spec $R$, für das $\mathfrak{p} \cap N = \emptyset$ ist. Insbesondere ist daher Spec $\alpha$ injektiv, und die abgeschlossenen Mengen $\mathcal{V}(I_N)$ von Spec $R_N$ entsprechen unter dieser Abbildung den Mengen $\mathcal{V}(I) \cap \Sigma$ eineindeutig.

Sei nun $\alpha : R \to S$ wieder ein beliebiger Ringhomomorphismus und $f := $ Spec $\alpha$. Für $\mathfrak{p} \in$ Spec $R$ heißt der Unterraum

$$f^{-1}(\mathfrak{p}) := \{\mathfrak{P} \in \text{Spec } S \mid \alpha^{-1}(\mathfrak{P}) = \mathfrak{p}\} \subset \text{Spec } S$$

die **Faser** von $f$ im Punkt $\mathfrak{p}$. Wir bezeichnen mit $S_{\mathfrak{p}}$ den Quotientenring von $S$ bzgl. der Nennermenge $\alpha(R \setminus \mathfrak{p})$. Nach 1.20 identifiziert sich Spec $S_{\mathfrak{p}}$ mit dem Unterraum aller $\mathfrak{P} \in$ Spec $S$ mit $\alpha^{-1}(\mathfrak{P}) \subset \mathfrak{p}$. Nach 1.18 induziert Spec $S_{\mathfrak{p}}/\mathfrak{p}S_{\mathfrak{p}} \to$ Spec $S_{\mathfrak{p}}$ einen Homöomorphismus auf $\mathcal{V}(\mathfrak{p}S_{\mathfrak{p}}) := \{\mathfrak{P}S_{\mathfrak{p}} \mid \mathfrak{P} \in$ Spec $S, \alpha^{-1}(\mathfrak{P}) = \mathfrak{p}\}$. Hieraus ergibt sich

**1.21.KOROLLAR.** *Die Zusammensetzung*

$$\operatorname{Spec} S_{\mathfrak{p}}/\mathfrak{p} S_{\mathfrak{p}} \to \operatorname{Spec} S_{\mathfrak{p}} \to \operatorname{Spec} S$$

*induziert einen Homöomorphismus von* $\operatorname{Spec} S_{\mathfrak{p}}/\mathfrak{p} S_{\mathfrak{p}}$ *auf die Faser* $f^{-1}(\mathfrak{p})$.

Die Fasern von $f : \operatorname{Spec} S \to \operatorname{Spec} R$ sind somit als topologische Räume in kanonischer Weise selbst Spektren von Ringen. Entsprechend sind die Fasern polynomialer Abbildungen zwischen $L$–Varietäten ($L$ algebraisch abgeschlossen) ebenfalls $L$-Varietäten.

**1.22.BEISPIEL:** Sei $S = R[X_1, \ldots, X_n]$ ein Polynomring über $R$. Man setzt $\mathsf{A}_R^n :=$ $\operatorname{Spec} S$ und nennt $\mathsf{A}_R^n$ den $n$–**dimensionalen affinen Raum** über $R$. Die Fasern der Abbildung $\mathsf{A}_R^n \to \operatorname{Spec} R$ identifizieren sich mit den Spektren von $S_{\mathfrak{p}}/\mathfrak{p} S_{\mathfrak{p}} \cong$ $k(\mathfrak{p})[X_1, \ldots, X_n]$ für $\mathfrak{p} \in \operatorname{Spec} R$, $k(\mathfrak{p}) := R_{\mathfrak{p}}/\mathfrak{p} R_{\mathfrak{p}}$, also mit den affinen Räumen $\mathsf{A}_{k(\mathfrak{p})}^n$ über den Restklassenkörpern $k(\mathfrak{p})$ der Punkte $\mathfrak{p} \in \operatorname{Spec} R$.

AUFGABEN:

1) Geben Sie einen Ring mit unendlich vielen minimalen Primidealen an.

2) Sei $R$ ein beliebiger Ring und $\mathfrak{p} \in \operatorname{Min} R$. Dann besteht $\mathfrak{p}$ aus lauter Nullteilern. (Hinweis: Betrachten Sie die Menge $S$ aller Elemente $ab$ mit $a \notin \mathfrak{p}$, wobei $b$ kein Nullteiler von $R$ ist).

3) a) Für einen Ringhomomorphismus $\alpha : R \to S$ sei $f := \operatorname{Spec} \alpha$. Genau dann ist im $f$ dicht in $\operatorname{Spec} R$, wenn ker $\alpha$ nilpotent ist.
   b) Sei $V$ eine affine Varietät über einem Körper $K$. Die polynomialen Parameterdarstellungen von $V$ (I. § 5(3)) entsprechen den injektiven $K$–Homomorphismen von $K[V]$ in einen Polynomring über $K$.

## § 2. Das homogene Spektrum eines graduierten Rings

Ähnlich wie die Spektren von Ringen die affinen algebraischen Varietäten verallgemeinern, werden die projektiven Varietäten durch die homogenen Spektren graduierter Ringe verallgemeinert.

Sei $R = \bigoplus_{n \in \mathbf{N}} R_n$ ein positiv $\mathbf{Z}$–graduierter Ring. Dann ist $R_+ := \bigoplus_{n > 0} R_n$ ein homogenes Ideal von $R$ mit $R/R_+ \cong R_0$. Es bezeichne $R^h$ die Menge aller homogenen Elemente von $R$, also $R^h = \bigcup_{n \in \mathbf{N}} R_n$.

**2.1.DEFINITION.** *Das* **homogene** *(oder* **projektive***)* **Spektrum** *von $R$ ist die Menge*

$$\operatorname{Proj} R := \{\mathfrak{p} \in \operatorname{Spec} R \mid \mathfrak{p} \text{ ist homogen }, R_+ \not\subset \mathfrak{p}\}$$

*versehen mit der Relativtopologie der Zariskitopologie von* $\operatorname{Spec} R$. *Die Punkte von* $\operatorname{Proj} R$ *heißen auch die* **relevanten Primideale** *von $R$.*

Nach dem projektiven Nullstellensatz (II. 2.5) entsprechen die relevanten Primideale des projektiven Koordinatenrings $K[V]$ einer $K$–Varietät $V \subset \mathbf{P}^n_L$ ($L$ algebraisch abgeschlossen) eineindeutig den nichtleeren irreduziblen $K-$ Untervarietäten von $V$, diese werden also durch den topologischen Raum $\operatorname{Proj} K[V]$ parametrisiert.

**2.2.BEISPIEL:** Sei $R_0$ ein beliebiger Ring und $R = R_0[X_0, \ldots, X_n]$ der Polynomring in $n + 1$ Unbestimmten $X_0, \ldots, X_n$ über $R_0$, der mit der Standardgraduierung versehen wird. Dann nennt man $\mathbf{P}^n_{R_0} := \operatorname{Proj} R$ den $n$–**dimensionalen projektiven Raum** über $R_0$. Ist $R_0 = K$ ein algebraisch abgeschlossener Körper, so enthält $\operatorname{Proj} R$ den üblichen projektiven Raum über $K$ als Unterraum. Dessen Punkte $\langle a_0, \ldots, a_n \rangle$ werden mit ihren Verschwindungsidealen

$$\mathcal{J}_+(\langle a_0, \ldots, a_n \rangle) = (\{a_i X_j - a_j X_i\}_{i,j=0,\ldots,n})$$

identifiziert. Dies sind Primideale, die jedoch nicht maximal sind, denn $R_+$ ist das einzige homogene maximale Ideal von $R$.

**2.3.LEMMA.** *In der Situation von Definition 2.1 sind die abgeschlossenen Teilmengen von* $\operatorname{Proj} R$ *die Mengen*

$$\mathcal{V}_+(I) := \{\mathfrak{p} \in \operatorname{Proj} R \mid \mathfrak{p} \supset I\}$$

*wobei $I$ die homogenen Ideale von $R$ durchläuft. Hierbei ist $\mathcal{V}_+(I) = \mathcal{V}_+(I_+)$, wenn* $I_+ := I \cap R_+$.

BEWEIS: Für jedes homogene Ideal $I \subset R_+$ ist $\mathcal{V}_+(I) = \mathcal{V}(I) \cap \operatorname{Proj} R$ abgeschlossen in $\operatorname{Proj} R$. Ist umgekehrt $I \subset R$ ein beliebiges Ideal, so sei $I^*$ das von allen homogenen Komponenten positiven Grades der Elemente von $I$ erzeugte Ideal. Die Aussagen des Lemmas folgen, wenn wir $\mathcal{V}(I) \cap \operatorname{Proj} R = \mathcal{V}_+(I^*)$ zeigen.

Jedes $\mathfrak{p} \in \mathcal{V}_+(I^*)$ enthält die homogenen Komponenten positiven Grades der Elemente von $I$. Sei $r_0$ die homogene Komponente $0$–ten Grades eines solchen Elements, und sei $s \in R_+$ ein homogenes Element mit $s \notin \mathfrak{p}$. Dann ist $r_0 s \in I^* \subset \mathfrak{p}$ und somit $r_0 \in \mathfrak{p}$. Es folgt $I \subset \mathfrak{p}$, **q.e.d.**

Man nennt $\mathcal{V}_+(I)$ die **Nullstellenmenge** des homogenen Ideals $I$ aus $R$. Sei $\operatorname{Rad}_+ I := \operatorname{Rad} I \cap R_+$. Dann gilt offensichtlich

$$\mathcal{V}_+(I) = \mathcal{V}_+(\operatorname{Rad}_+ I)$$

Für eine beliebige Teilmenge $A \subset \operatorname{Proj} R$ definiert man ihr **Verschwindungsideal** als das homogene Ideal

$$\mathcal{J}_+(A) := \bigcap_{\mathfrak{p} \in A} \mathfrak{p} \cap R_+$$

aus $R_+$. Für die Operationen $\mathcal{V}_+$ und $\mathcal{J}_+$ hat man im homogenen Spektrum ähnliche Beziehungen wie für die entsprechenden Operationen im Spektrum, die sich ebenso einfach wie dort beweisen lassen:

a) Für $A \subset \operatorname{Proj} R$ ist $\mathcal{V}_+(\mathcal{J}_+(A)) = \overline{A}$ die abgeschlossene Hülle von $A$ in $\operatorname{Proj} R$.

b) Die abgeschlossenen Teilmengen des projektiven Spektrums $\operatorname{Proj} R$ entsprechen bei der Zuordnung $A \mapsto \mathcal{J}_+(A)$ eineindeutig den homogenen Idealen $I \subset R_+$ mit $\operatorname{Rad}_+ I = I$. Durch den kanonischen Epimorphismus $R \to R/I$ wird ein Homöomorphismus $\operatorname{Proj} R/I \cong \mathcal{V}_+(I)$ induziert.

c) Die irreduziblen abgeschlossenen Teilmengen $A \neq \emptyset$ von $\operatorname{Proj} R$ besitzen einen eindeutigen generischen Punkt $\mathfrak{p}$. Hierbei ist $A = \mathcal{V}_+(\mathfrak{p})$.

Ferner gilt $\mathcal{V}_+(I) = \emptyset$ für ein homogenes Ideal $I \subset R_+$ genau dann, wenn $R_+ = \operatorname{Rad}_+(I)$. Es ist $\operatorname{Proj} R = \phi$ genau dann, wenn $R_+$ aus nilpotenten Elementen besteht. Ist $R$ ein noetherscher Ring, so ist $\operatorname{Proj} R$ ein noetherscher topologischer Raum.

Die Abbildung

$$\pi : \operatorname{Proj} R \to \operatorname{Spec} R_0 \qquad (\mathfrak{p} \mapsto \mathfrak{p} \cap R_0)$$

ist die Einschränkung der entsprechenden Abbildung $\operatorname{Spec} R \to \operatorname{Spec} R_0$ und daher stetig.

Die Faser $\pi^{-1}(\mathfrak{p}_0)$ eines Punktes $\mathfrak{p}_0 \in \operatorname{Spec} R_0$ identifiziert sich als topologischer Raum mit $\operatorname{Proj}(R_{\mathfrak{p}_0}/\mathfrak{p}_0 R_{\mathfrak{p}_0})$, also dem homogenen Spektrum einer graduierten Algebra über dem Körper $(R_0)_{\mathfrak{p}_0}/\mathfrak{p}_0(R_0)_{\mathfrak{p}_0}$.

Sind $R$ und $S$ zwei positiv graduierte Ringe, so heißt ein Ringhomomorphismus $\alpha : R \to S$ **homogen**, wenn er homogene Elemente aus $R$ auf homogene Elemente gleichen Grades von $S$ abbildet. Für jedes $\mathfrak{p} \in \operatorname{Proj} S$ ist dann $\alpha^{-1}(\mathfrak{p})$ jedenfalls ein homogenes Primideal in $R$. Etwas Vorsicht ist hier angezeigt, weil $R_+ \subset \alpha^{-1}(\mathfrak{p})$ sein kann. Daher wird durch $\operatorname{Spec} \alpha : \operatorname{Spec} S \to \operatorname{Spec} R$ nur eine stetige Abbildung

$$\operatorname{Proj} S \setminus \mathcal{V}_+(\alpha(R_+) \cdot S_+) \to \operatorname{Proj} R$$

induziert. Dieses Phänomen tritt entsprechend auch schon bei projektiven Varietäten auf (vgl. Aufgabe 2). Im Projektiven ist der Begriff des Morphismus etwas subtiler als im Affinen. In Kap. IV, Übungen zu § 1, werden wir hierauf zurückkommen.

Für $d \in \mathbf{N}_+$ sei $R^{(d)} := \bigoplus_{d|n} R_n$. Dies ist ein positiv graduierter Ring mit $R^{(d)} \subset R$. Hier gilt $\mathfrak{p} \cap R^{(d)} \in \operatorname{Proj} R^{(d)}$ für jedes $\mathfrak{p} \in \operatorname{Proj} R$, denn für ein homogenes $s \in R_+ \setminus \mathfrak{p}$ ist $s^d \in R^{(d)}$ und folglich $R_+^{(d)} \not\subset \mathfrak{p} \cap R^{(d)}$. Somit erhält man eine stetige Abbildung

$$v^{(d)} : \operatorname{Proj} R \to \operatorname{Proj} R^{(d)} \qquad (\mathfrak{p} \mapsto \mathfrak{p} \cap R^{(d)})$$

Sie heißt **Veronese-Abbildung**. Wir zeigen

2.4.SATZ. $v^{(d)}$ *ist ein Homöomorphismus.*

BEWEIS: Für $\mathfrak{q} \in \operatorname{Proj} R^{(d)}$ sei $\mathfrak{p} := \operatorname{Rad}(\mathfrak{q} R)$. Dies ist ein homogenes Ideal mit $\mathfrak{p} \cap R^{(d)} = \mathfrak{q}$. Für $a, b \in R^{(h)} \setminus \mathfrak{p}$ ist $a^d, b^d \in R^{(d)} \setminus \mathfrak{q}$, also $(ab)^d \not\in \mathfrak{q}$ und somit $ab \not\in \mathfrak{p}$. Daher ist $\mathfrak{p} \in \operatorname{Proj} R$ (A.13a), und es ist gezeigt, daß $v^{(d)}$ bijektiv ist.

Für ein homogenes Ideal $I \subset R_+$ ist $I \cap R^{(d)}$ ein homogenes Ideal von $R_+^{(d)}$, und für $\mathfrak{p} \in \mathcal{V}_+(I)$ ist $\mathfrak{p} \cap R^{(d)} \in \mathcal{V}_+(I \cap R^{(d)})$. Ist umgekehrt $\mathfrak{q} \in \mathcal{V}_+(I \cap R^{(d)})$ und $\mathfrak{p} = \operatorname{Rad}(\mathfrak{q} R)$, so ist $\mathfrak{p} \in \mathcal{V}_+(I)$, da für jedes homogene $s \in I$ eine Potenz in $I \cap R^{(d)}$ liegt.

AUFGABEN:

1) Für einen positiv $\mathbf{Z}$–graduierten Ring $R = \bigoplus_{n \in \mathbf{N}} R_n$ sind folgende Aussagen äquivalent:

   a) $R$ ist ein noetherscher Ring.

   b) $R_0$ ist noethersch und $R_+$ ein endlich erzeugtes $R$–Ideal.

   c) $R_0$ ist noethersch, und $R$ ist als $R_0$–Algebra endlich erzeugt.

2) Sei $L/K$ eine Körpererweiterung, und seien $V \subset \mathbf{P}_L^n$, $W \subset \mathbf{P}_L^n$ zwei $K$–Varietäten mit den projektiven Koordinatenringen $R := K[V] = K[X_0, \ldots, X_n]/\mathcal{J}_+(V)$ und $S := K[W] = K[Y_0, \ldots, Y_m]/\mathcal{J}_+(W)$. Es bezeichne $x_i \in R$ die Restklasse

von $X_i$ bzw. $y_j \in S$ die Restklasse von $Y_j$ $(i = 0, \ldots, n, j = 0, \ldots, m)$. Sei $\alpha : R \to S$ ein $K$-Homomorphismus mit $\alpha(R_1) \subset S_d$ für ein $d \in \mathbb{N}$. Es ist dann $\alpha(x_i) = \varphi_i(y_0, \ldots, y_m)$ mit homogenen Polynomen $\varphi_i \in K[Y_0, \ldots, Y_m]$ vom Grad $d$. Durch $\alpha$ wird eine Abbildung

$$W \setminus \mathcal{V}_+(\alpha(x_0), \ldots, \alpha(x_n)) \to V \quad (P \mapsto \langle \varphi_0(P), \ldots, \varphi_n(P) \rangle)$$

gegeben. Sie ist genau dann auf ganz $W$ definiert, wenn $\varphi_0, \ldots, \varphi_n$ keine gemeinsame Nullstelle in $W$ besitzen.

3) Sei $R$ ein positiv graduierter Ring, der als $R_0$-Algebra endlich erzeugt ist. Für genügend großes $d \in \mathbb{N}$ wird dann $R^{(d)}$ als $R_0$-Algebra von $R_d$ erzeugt. Ändert man die Graduierung von $R^{(d)}$, indem man alle Grade durch $d$ teilt, so wird $R^{(d)}$ über $R_0$ von seinen Elementen 1. Grades erzeugt. (Diese Situation herbeizuführen ist meist der Zweck, wenn man die Veronese-Abbildung anwendet.)

4) Sei $R = \bigoplus_{n \in \mathbb{N}} R_n$ ein positiv graduierter Ring. Für $\mathfrak{p}, \mathfrak{q} \in \operatorname{Proj} R$ gilt $\mathfrak{p} = \mathfrak{q}$ genau dann, wenn $\mathfrak{p}_+ = \mathfrak{q}_+$.

## § 3. Weitere Eigenschaften der Zariski-Topologie

Im folgenden ist $X$ entweder eine affine oder projektive Varietät oder das Spektrum eines Rings oder das homogene Spektrum eines positiv graduierten Rings. Hierbei soll $X$ mit der jeweiligen Zariski-Topologie versehen sein. Im Fall von Varietäten bezeichnen wir für ein (homogenes) $f \in K[X]$ mit $D(f)$ die Menge der Punkte $P \in X$ mit $f(P) \neq 0$. Im Fall der Spektren ist für ein (homogenes Element) $f \in R$ die Menge $D(f)$ definiert durch

$$D(f) := \{\mathfrak{p} \in X \mid f \notin \mathfrak{p}\}$$

Die Voraussetzungen in Klammern beziehen sich hier und auch später auf den projektiven Fall, d.h. auf projektive Varietäten oder Spektren. In diesem Fall ist auch die Notation $D_+(f)$ statt $D(f)$ gebräuchlich. Der Einheitlichkeit halber wollen wir hier auch im projektiven Fall $\mathcal{V}$ statt $\mathcal{V}_+$ schreiben. Wenn wir die Notation $D(f)$ benutzen, soll $f$ immer wie oben beschaffen sein.

Die folgenden Regeln sind leicht einzusehen:

3.1.REGELN:
a) $D(f) = X \setminus \mathcal{V}(f)$ ist offen in $X$.
b) $D(f \cdot g) = D(f) \cap D(g)$.
c) $D(f^n) = D(f)$ für alle $n \in \mathbf{N}_+$.
d) Im projektiven Fall sei $\deg f > 0$. Genau dann ist $D(f) = \emptyset$, wenn $f$ nilpotent ist.

3.2.SATZ. *Die Mengen der Form $D(f)$ bilden eine Basis der Zariski-Topologie auf $X$. Im Fall der Varietäten oder für $X = \mathrm{Spec}\, R$ bzw. $X = \mathrm{Proj}\, R$ mit einem noetherschen (positiv graduierten) Ring $R$ ist jede offene Menge von $X$ sogar endliche Vereinigung von Mengen $D(f)$ (mit homogenen $f$ von positivem Grad).*

BEWEIS: Für jede offene Menge $U \subset X$ ist die abgeschlossene Menge $A := X \setminus U$ von der Form $A = \mathcal{V}(\{f_\lambda\}_{\lambda \in \Lambda})$ mit (im projektiven Fall homogenen Elementen positiven Grades) $f_\lambda$. Es ergibt sich $U = X \setminus \bigcap_{\lambda \in \Lambda} \mathcal{V}(f_\lambda) = \bigcup_{\lambda \in \Lambda} X \setminus \mathcal{V}(f_\lambda) = \bigcup_{\lambda \in \Lambda} D(f_\lambda)$.

Im Fall von Varietäten oder für noethersche $R$ ist $A = \mathcal{V}(I)$ mit einem endlich erzeugten Ideal $I$, und $\Lambda$ kann als endliche Menge gewählt werden.

3.3.SATZ. *Die offenen Mengen der Form $D(g)$ (wobei im Fall $X = \mathrm{Proj}\, R$ das Element $g$ homogen von positivem Grad ist) sind quasikompakt, d.h. jede offene Überdeckung von $D(g)$ enthält eine endliche Überdeckung. Speziell sind algebraische Varieäten und die Spektren von Ringen quasikompakt.*

BEWEIS: Nach 3.2 genügt es, Überdeckungen der Form $D(g) \subset \bigcup_{\lambda \in \Lambda} D(g_\lambda)$ zu betrachten. Es ist dann sogar $D(g) = \bigcup_{\lambda \in \Lambda} D(gg_\lambda)$ und daher kann im Fall $X = \mathrm{Proj}\, R$ angenommen werden, daß alle $g_\lambda$ homogen von positivem Grad sind. Setze man $I := (\{g_\lambda\}_{\lambda \in \Lambda})$. Dann ist

$$\mathcal{V}(g) = X \setminus D(g) \supset X \setminus \bigcup_{\lambda \in \Lambda} D(g_\lambda) = \bigcap_{\lambda \in \Lambda} X \setminus D(g_\lambda) = \bigcap_{\lambda \in \Lambda} \mathcal{V}(g_\lambda) = \mathcal{V}(I)$$

und somit $g \in \mathcal{J}(\mathcal{V}(I)) = \mathrm{Rad}\, I$. Es gibt also ein $\rho \in \mathsf{N}_+$ mit $g^\rho \in I$, und folglich ist $g^\rho \in (g_{\lambda_1}, \ldots, g_{\lambda_n})$ für geeignete $\lambda_1, \ldots, \lambda_n \in \Lambda$. Dann ist aber $D(g) = D(g^\rho) \subset \bigcup_{i=1}^{n} D(g_{\lambda_i})$. Mit $g = 1$ ergibt sich die letzte Aussage des Satzes.

Es interessieren nun vor allem die dichten offenen Mengen von $X$.

**3.4.LEMMA.** *Eine offene Menge $U$ eines noetherschen topologischen Raumes $X$ ist genau dann dicht in $X$, wenn $U$ jede irreduzible Komponente von $X$ trifft.*

BEWEIS: Ist $X = \bigcup_{i=1}^{n} X_i$ die Zerlegung von $X$ in irreduzible Komponenten, so ist $X_i \not\subset \bigcup_{j \neq i} X_j$, und folglich ist $U_i := X_i \setminus \bigcup_{j \neq i} X_j \neq \emptyset$ $(i = 1, \ldots, n)$. Es gilt $U_i \subset X_i$, und es ist $U_i$ offen in $X$. Jede dichte offene Menge von $X$ trifft $U_i$ und damit $X_i$.

Trifft umgekehrt $U$ jedes $X_i$ $(i = 1, \ldots, n)$, und ist $U' \neq \emptyset$ eine beliebige offene Menge von $X$, so gibt es ein $i \in \{1, \ldots, n\}$ mit $U' \cap X_i \neq \emptyset$. Da $X_i$ irreduzibel ist, folgt $(U' \cap X_i) \cap (U \cap X_i) \neq \emptyset$ und somit $U \cap U' \neq \emptyset$, also ist $U$ dicht in $X$.

**3.5.SATZ.** *Im Fall der Spektren sei $R$ noethersch. Jede dichte offene Menge $U$ von $X$ enthält eine dichte Menge der Form $D(f)$ (wobei im projektiven Fall $f$ homogen von positivem Grad ist).*

Im Beweis benutzen wir das folgende häufig nützliche Lemma.

**3.6.LEMMA ÜBER DAS VERMEIDEN VON PRIMIDEALEN.**
*Sei $I$ ein Ideal eines Rings $R$. Für $\mathfrak{p}_i \in \mathrm{Spec}\, R$ gelte $I \not\subset \mathfrak{p}_i$ $(i = 1, \ldots . n)$. Dann gibt es ein $f \in I$ mit $f \notin \mathfrak{p}_i$ $(i = 1, \ldots, n)$. Ist $R = \bigoplus_{k \in \mathsf{N}} R_k$ ein positiv graduierter Ring, $I$ ein homogenes Ideal und $\mathfrak{p}_i \in \mathrm{Proj}\, R$ $(i = 1, \ldots, n)$, so gibt es ein homogenes Element $f$ positiven Grades mit $f \in I \setminus \mathfrak{p}_i$ $(i = 1, \ldots, n)$.*

BEWEIS: (Induktion nach $n$). Für $n = 1$ hat man nur zu beachten, daß man im graduierten Fall ein homogenes Element $f$ positiven Grades mit $f \in I \setminus \mathfrak{p}_1$ finden kann. Da $I$ homogen ist, gibt es ein homogenes $a \in I \setminus \mathfrak{p}_1$. Wähle ein homogenes Element $b$ positiven Grades mit $b \notin \mathfrak{p}_1$ und setze $f := ab$.

Es sei jetzt $n > 1$, und das Lemma sei für $n - 1$ Primideale schon bewiesen. Wir dürfen annehmen, daß kein $\mathfrak{p}_i$ in einem $\mathfrak{p}_j$ mit $j \neq i$ enthalten ist. Es ist dann $I \cap \mathfrak{p}_j \not\subset \mathfrak{p}_i$ für $j \neq i$, und nach Induktionsvoraussetzung existiert ein $P_j \in I \cap \mathfrak{p}_j$ mit $P_j \notin \bigcup_{i \neq j} \mathfrak{p}_i$, wobei $P_j$ im graduierten Fall homogen von positivem Grad ist. Indem man die $P_j$ notfalls in geeignete Potenzen erhebt, kann man annehmen, daß sie im graduierten Fall alle vom gleichen Grad sind.

Wir setzen $Q_i := \prod_{j \neq i} P_j$ und $f := \sum_{i=1}^{n} Q_i$. Es ist dann $Q_i \in \mathfrak{p}_j \cap I$ für alle $j \neq i$, aber $Q_i \notin \mathfrak{p}_i$ $(i = 1, \ldots, n)$, ferner sind die $Q_i$ im graduierten Fall vom gleichen Grad. Daher ist $f$ im graduierten Fall homogen von positivem Grad. Gemäß der Konstruktion ist $f \in I$, aber $f \notin \mathfrak{p}_j$ $(j = 1, \ldots, n)$.

BEWEIS VON 3.5: Sei $X = \bigcup_{i=1}^{n} X_i$ die Zerlegung von $X$ in irreduzible Komponenten und $A := X \setminus U$. Nach 3.4 ist kein $X_i$ ganz in $A$ enthalten, also $\mathcal{J}(A) \not\subset \mathcal{J}(X_i)$ bzw. $\mathcal{J}_+(A) \not\subset \mathcal{J}_+(X_i)$ im projektiven Fall. Wähle $f \in \mathcal{J}(A) \setminus \mathcal{J}(X_i)$ bzw. $f \in \mathcal{J}_+(A) \setminus \mathcal{J}_+(X_i)$ $(i = 1, \ldots, n)$ gemäß 3.6. Dann ist $D(f) \subset U$ und $D(f) \cap X_i \neq \emptyset$ $(i = 1, \ldots, n)$, d.h. $D(f)$ ist dicht in $X$ nach 3.4.

Im Fall $X = \operatorname{Proj} R$ heißt ein homogenes $f \in R$ Nichtnullteiler von $R_+$, wenn $f \cdot g \neq 0$ für jedes homogene $g \in R_+ \setminus \{0\}$.

**3.7.SATZ.** *Im Fall der Spektren sei $R$ noethersch und reduziert. Genau dann ist $D(f)$ dicht in $X$, wenn $f$ kein Nullteiler (von $R_+$) ist.*

BEWEIS: Sei $D(f)$ dicht in $X$ und $g \neq 0$ $(g \in R_+$ homogen), also $D(g) \neq \emptyset$. Dann gilt $D(f \cdot g) = D(f) \cap D(g) \neq \emptyset$ und somit $f \cdot g \neq 0$, d.h. $f$ ist kein Nullteiler (von $R_+$). Ist umgekehrt $f$ kein Nullteiler und $U \neq \emptyset$ offen in $X$, so enthält $U$ eine nichtleere offene Menge der Form $D(g)$ (mit einem homogenen $g \in R_+$). Es ist dann $D(f) \cap D(g) = D(f \cdot g) \neq \emptyset$, da $f \cdot g \neq 0$ ist, also ist $D(f) \cap U \neq \emptyset$, und $D(f)$ ist dicht in $X$.

AUFGABEN:

1) Für eine gewichtete projektive Varietät $V \subset \mathbb{P}_L^{\,n}(\gamma)$ wie in II,§ 2, Aufgabe 3) heißt $K[V] := K[Y_0, \ldots, Y_n]/\mathcal{J}_\gamma(V)$ der **Koordinatenring** von $V$. Für ein (quasi-) homogenes Element $f \in K[V]$ sind Nullstellen in $V$ analog wie im gewöhnlichen projektiven Raum definiert. Sei $D_\gamma(f)$ die Menge aller $P \in V$, die nicht Nullstellen von $f$ sind. Man mache sich klar, daß die oben für $D(f)$ hergeleiteten Aussagen analog auch für die Mengen $D_\gamma(f)$ gelten.

2) Ein topologischer Raum heißt **Zariski-Raum**, wenn er noethersch ist und jede nichtleere irreduzible abgeschlossene Teilmenge genau einen generischen Punkt besitzt.

a) Das Spektrum eines noetherschen Rings ist ein Zariski-Raum.

b) Für einen Zariski-Raum $X$ gelten folgende Aussagen:

$\alpha$) Jeder abgeschlossene Unterraum von $X$ ist ein Zariski-Raum.

$\beta$) Die nichtleeren minimalen abgeschlossenen Teilmengen von $X$ bestehen aus einem Punkt.

$\gamma$) Zu je zwei Punkten von $X$ existiert eine offene Menge von $X$, die nur einen der Punkte enthält.

$\delta$) Ist $X$ irreduzibel, so ist der generische Punkt von $X$ in jeder nichtleeren offenen Teilmenge von $X$ enthalten, und jede nichtleere offene Teilmenge von $X$ ist dicht in $X$.

3) Eine Teilmenge eines topologischen Raums $X$ heißt **lokal abgeschlossen**, wenn sie Durchschnitt einer offenen und einer abgeschlossenen Teilmenge von $X$ ist. Sie heißt **konstruierbar**, wenn sie endliche Vereinigung lokal abgeschlossener Teilmengen ist. Die konstruierbaren Teilmengen von $X$ bilden eine **Boolesche Algebra** $C$, d.h. sind $Z_1, Z_2 \subset X$ konstruierbar, so sind es auch $Z_1 \cap Z_2$, $Z_1 \cup Z_2$ und $Z_1 \setminus Z_2$. Ferner ist $C$ die kleinste Boolesche Algebra, welche die offenen Mengen von $X$ enthält. Urbilder konstruierbarer Mengen bei stetigen Abbildungen sind konstruierbar.

4) Eine konstruierbare Teilmenge $M$ eines Zariski-Raums $X$ enthält genau dann eine dichte offene Teilmenge von $X$, wenn $M$ alle generischen Punkte der irreduziblen Komponenten von $X$ enthält.

# Kap. IV. Reguläre und rationale Funktionen auf algebraischen Varietäten

Ähnlich wie in anderen Gebieten der Mathematik untersucht man die Räume der algebraischen Geometrie, also die algebraischen Varietäten, indem man Funktionen studiert, für die die Räume der geeignete Nährboden sind. Es handelt sich hier um die regulären und rationalen Funktionen, die lokal durch Quotienten von Polynomfunktionen definiert werden. Das Problem, algebraische Varietäten zu klassifizieren, führt zu der Frage, wann zwei Varietäten als "isomorph" angesehen werden sollen. Für affine Varietäten ist dies sicher der Fall, wenn sie sich durch polynomiale Abbildungen bijektiv aufeinander abbilden lassen. Es kommen aber auch schwächere Bedingungen in Betracht (birationale Äquivalenz), die zu einer gröberen Klasseneinteilung der Varietäten führen.

## § 1. Reguläre Funktionen

Bei den folgenden Betrachtungen beachte man die Parallelität zu Aussagen der komplexen Funktionentheorie.

Sei $V$ eine nichtleere affine oder projektive Varietät. Die $f \in K[V]$ sind im affinen Fall Funktionen auf $V$, im projektiven Fall auf dem affinen Kegel $\tilde{V}$ von $V$ (vgl. II,§ 2). Für eine offene Menge $U \subset V$, $U \neq \emptyset$ sei jetzt $r: U \to L$ eine beliebige Abbildung.

**1.1. DEFINITION.** *Die Funktion $r$ heißt* **regulär** *in $P \in U$, wenn es Elemente $f, g$ in $K[V]$ gibt, die im projektiven Fall homogen von gleichem Grad sind, so daß gilt:*
*a) $P \in D(g) \subset U$.*
*b) $r(Q) = \frac{f(Q)}{g(Q)}$ für alle $Q \in D(g)$. (Im projektiven Fall soll dies bedeuten, daß man $f(Q)$ und $g(Q)$ für* **ein** *System homogener Koordinaten von $Q$ bildet.)*
*Für b) sagen wir, daß $r = \frac{f}{g}$ auf $D(g)$ gilt. Die Funktion $r$ heißt* **regulär auf $U$**, *wenn $r$ in jedem $P \in U$ regulär ist. Die Menge der auf $U$ regulären Funktionen wird mit $\mathcal{O}(U)$ bezeichnet. Ferner wird $\mathcal{O}(\emptyset) = \{0\}$ gesetzt (Nullring).*

Im projektiven Fall ist $\frac{f(Q)}{g(Q)}$ wohldefiniert, da $f$ und $g$ homogen vom gleichen Grad sind. Für jedes $r \in \mathcal{O}(U)$, $U \neq \emptyset$ kann man nach III.3.2 und 3.3 Elemente $f_1, \ldots, f_n, g_1, \ldots, g_n \in K[V]$ finden, wobei im projektiven Fall $f_i$ und $g_i$ jeweils homogen von gleichem Grad sind ($i = 1, \ldots, n$), so daß $U = \bigcup_{i=1}^{n} D(g_i)$ und $r = \frac{f_i}{g_i}$ auf $D(g_i)$ ($i = 1, \ldots, n$) gilt. Es ist klar, daß die konstanten Funktionen $r: U \to L$ mit $r(P) = a \in K$ für alle $P \in U$ regulär sind. Daher ist $K \subset \mathcal{O}(U)$.

Beim Vergleich mit der Funktionentheorie sollte man die Darstellungen $r = \frac{f}{g}$ als Analoga der Potenzreihenentwicklungen holomorpher Funktionen betrachten.

**1.2.SATZ.** *Summe und Produkt regulärer Funktionen auf $U$ sind regulär. $\mathcal{O}(U)$ ist für jede offene Menge $U \subset V$ eine $K$–Algebra. Die Einheiten von $\mathcal{O}(U)$ sind die regulären Funktionen ohne Nullstellen.*

BEWEIS: Sind $r_1, r_2$ in $P \in U$ regulär und gilt $r_i = \frac{f_i}{g_i}$ $(i = 1,2)$ in der Umgebung $D(g_i)$ von $P$, so ist

$$r_1 = \frac{f_1 g_2}{g_1 g_2} \quad \text{und} \quad r_2 = \frac{f_2 g_1}{g_1 g_2} \quad \text{auf} \quad D(g_1 g_2)$$

und somit sind $r_1 + r_2 = \frac{f_1 g_2 + f_2 g_1}{g_1 g_2}$ und $r_1 r_2 = \frac{f_1 f_2}{g_1 g_2}$ regulär in $P$.

Ist $r \in \mathcal{O}(U)$ eine Funktion ohne Nullstelle, so ist auch $\frac{1}{r} \in \mathcal{O}(U)$, denn gilt $r = \frac{f}{g}$ in der Umgebung $D(g)$ von $P$, so ist $f(P) \neq 0$ und $\frac{1}{r} = \frac{g}{f}$ auf $D(f)$.

**1.3.BEMERKUNG:** Ist $U' \subset U$ eine weitere offene Menge von $V$ und ist $r \in \mathcal{O}(U)$, so ist $r \mid_{U'} \in \mathcal{O}(U')$. Die Abbildung $\mathcal{O}(U) \to \mathcal{O}(U')$ $(r \mapsto r \mid_{U'})$ ist ein $K$–Homomorphismus.

Denn ist $P \in U'$ und $r = \frac{f}{g}$ in der Umgebung $D(g)$ von $P$, so wähle $D(g') \subset U'$ mit $P \in D(g')$ nach III.3.2 und schreibe $r = \frac{fg'}{gg'}$ auf $D(gg') = D(g) \cap D(g') \subset U'$.

Aus 1.2 und 1.3 ergibt sich, daß die regulären Funktionen eine Garbe auf $V$ im Sinne der folgenden Definition bilden.

**1.4.DEFINITION.** *Sei $X$ ein topologischer Raum. Ein System $\{\mathcal{O}(U), \rho_{U'}^{U}\}_{U' \subset U \text{ offen}}$ heißt eine* **Garbe von $K$–Algebren** *auf $X$, wenn für jede offene Menge $U \subset X$ eine $K$–Algebra $\mathcal{O}(U)$ gegeben ist und für jedes Paar $U' \subset U$ offener Mengen von $X$ ein $K$–Homomorphismus $\rho_{U'}^{U} : \mathcal{O}(U) \to \mathcal{O}(U')$, so daß die folgenden Axiome erfüllt sind* (**Garbenaxiome***):*
*G1) Sind $U'' \subset U' \subset U$ offen in $X$, so ist*

$$\rho_{U''}^{U} = \rho_{U''}^{U'} \circ \rho_{U'}^{U} \quad \text{und} \quad \rho_{U}^{U} = \mathrm{id}_{\mathcal{O}(U)}$$

*G2) Gilt $U = \bigcup_{\lambda \in \Lambda} U_\lambda$ mit offenen Mengen $U_\lambda$ $(\lambda \in \Lambda)$, und ist für jedes $\lambda \in \Lambda$ ein $r_\lambda \in \mathcal{O}(U_\lambda)$ gegeben, so daß $\rho_{U_\lambda \cap U_{\lambda'}}^{U_\lambda}(r_\lambda) = \rho_{U_\lambda \cap U_{\lambda'}}^{U_{\lambda'}}(r_{\lambda'})$ für alle $\lambda, \lambda' \in \Lambda$, so gibt es genau ein $r \in \mathcal{O}(U)$ mit $\rho_{U_\lambda}^{U}(r) = r_\lambda$ für alle $\lambda \in \Lambda$.*

Die Homomorphismen $\rho_{U'}^{U}$ heißen **Restriktionsmorphismen**, und man schreibt auch $\rho_{U'}^{U}(r) = r \mid_{U'}$ für $r \in \mathcal{O}(U)$.

Entsprechend sind Garben von Mengen, Gruppen, Ringen, Vektorräumen etc. definiert. Die $\rho_{U'}^{U}$ müssen dabei immer Morphismen der jeweiligen Kategorie sein, also

Abbildungen bzw. Gruppen- oder Ringhomomorphismen, oder lineare Abbildungen etc. Verzichtet man in 1.4 auf die Bedingung G2), so spricht man von einer **Prägarbe** von $K$-Algebren.

Im Fall der regulären Funktionen auf algebraischen Varietäten sind die Garbenaxiome offensichtlich erfüllt, weil die Regularität von Funktionen eine lokale Eigenschaft ist.

1.5.DEFINITION. *Ein Paar* $(X, \mathcal{O}_X)$, *wobei* $X$ *ein topologischer Raum und* $\mathcal{O}_X$ *eine Garbe von Ringen auf* $X$ *ist, heißt ein* **geringter Raum**. $\mathcal{O}_X$ *heißt die* **Strukturgarbe** *des geringten Raums.*

**Beispiele** solcher Räume sind neben den algebraischen Varietäten die topologischen Räume mit der Garbe der stetigen (etwa reellwertigen) Funktionen, die differenzierbaren Mannigfaltigkeiten mit den Garben der $C^k$-Funktionen, die Riemannschen Flächen mit der Garbe der holomorphen Funktionen etc.

Ist $(X, \mathcal{O}_X)$ ein geringter Raum und $U \subset X$ offen, so ist auch $(U, \mathcal{O}_X|_U)$ ein geringter Raum, die **Beschränkung** auf $U$. Dabei ist für jede offene Menge $U' \subset U$ definitionsgemäß $\mathcal{O}_X|_U(U') = \mathcal{O}_X(U')$. Man nennt $\mathcal{O}_X|_U$ die **Beschränkung** der Strukturgarbe $\mathcal{O}_X$ auf $U$.

Im folgenden werde die Garbe der regulären Funktionen auf $V$ mit $\mathcal{O}$ bezeichnet. Für offene Mengen der Form $D(g)$ läßt sich der Ring $\mathcal{O}(D(g))$ wie folgt beschreiben.

1.6.SATZ. *Sei* $g \in K[V] \setminus \{0\}$ *(im projektiven Fall homogen von positivem Grad). Jedes* $r \in \mathcal{O}(D(g))$ *besitzt dann eine auf ganz* $D(g)$ *gültige Darstellung* $r = \frac{f}{g^\nu}$ *mit* $f \in K[V]$, $\nu \in \mathbf{N}$, *wobei im projektiven Fall* $f$ *homogen mit* $\deg f = \nu \cdot \deg g$ *ist. Im affinen Fall ist*

$$\mathcal{O}(D(g)) \cong K[V]_g$$

*die Lokalisation von* $K[V]$ *zur Nennermenge* $\{1, g, g^2, \dots\}$, *im projektiven Fall ist*

$$\mathcal{O}(D(g)) \cong K[V]_{(g)}$$

*die homogene Lokalisation von* $K[V]$ *zu* $\{1, g, g^2, \dots\}$ *(B.3b). In jedem Fall ist* $\mathcal{O}(D(g))$ *ein noetherscher Ring (B.6).*

BEWEIS: Für $r \in \mathcal{O}(D(g))$ gibt es nach III.3.2 Darstellungen $r = \frac{f_i}{g_i}$ auf Mengen $D(g_i)$ $(i = 1, \dots, n)$, wobei $D(g) = \bigcup_{i=1}^{n} D(g_i)$. Auf $D(g_i) \cap D(g_j)$ gilt $f_i g_j - f_j g_i = 0$, folglich ist $g_i g_j(f_i g_j - f_j g_i) = 0$ auf ganz $V$ $(i, j = 1, \dots, n)$. Schreibt man $r = \frac{f_i g_i}{g_i^2}$

auf $D(g_i)$, so kann man gleich annehmen, daß von Anfang an $f_i g_j - f_j g_i = 0$ auf ganz $V$ gilt, d.h. $f_i g_j = f_j g_i$ in $K[V]$.

Aus $D(g) = \bigcup_{i=1}^{n} D(g_i)$ folgt $g \in \mathrm{Rad}(g_1, \ldots, g_n)$ (im projektiven Fall gilt dies, weil $\deg g > 0$ vorausgesetzt ist). Man hat daher eine Gleichung

$$g^\nu = \sum_{i=1}^{n} h_i g_i$$

mit (im projektiven Fall homogenen) Elementen $h_i \in K[V]$ ($\deg h_i + \deg g_i = \nu \cdot \deg g$). Setzt man nun $f := \sum_{i=1}^{n} h_i f_i$, so ergibt sich

$$g^\nu f_j = \sum_{i=1}^{n} (h_i g_i) f_j = \sum_{i=1}^{n} (h_i f_i) g_j = f g_j$$

und somit $r = \frac{f_j}{g_j} = \frac{f}{g^\nu}$ auf $D(g_j)$ für $j = 1, \ldots, n$, also $r = \frac{f}{g^\nu}$ auf ganz $D(g)$.

Wir erhalten jetzt einen surjektiven Ringhomomorphismus $K[V]_g \to \mathcal{O}(D(g))$ bzw. $K[V]_{(g)} \to \mathcal{O}(D(g))$, der jedem Quotienten $\frac{f}{g^\nu}$ die ihm entsprechende Funktion zuordnet. Ist das Bild von $\frac{f}{g^\nu}$ die Nullfunktion, so ist $g \cdot f = 0$ in $K[V]$ und $\frac{f}{g^\nu} = 0$ in $K[V]_g$ bzw. $K[V]_{(g)}$, d.h. der Homomorphismus ist sogar bijektiv.

**1.7.Korollar.** *Für eine affine $K$-Varietät $V$ ist $\mathcal{O}(V) \cong K[V]$.*

**Beweis:** Da $V = D(1)$ ist, ergibt sich dies aus 1.6.

Im projektiven Fall kann man nicht so argumentieren, da 1.6 nur mit $\deg g > 0$ anwendbar ist. Den projektiven Fall werden wir in 2.6 betrachten.

In der Funktionentheorie auf $\mathbb{C}$ lautet die zu 1.6 analoge Aussage: Eine auf einer Kreisscheibe holomorphe Funktion besitzt eine in der ganzen Kreisscheibe gültige Potenzreihendarstellung. Der Ring der ganzen (holomorphen) Funktionen auf $\mathbb{C}$ ist allerdings **nicht** noethersch ([K$_4$], § 4, Aufg.9).

**1.8.Lemma.** *Sei $U \subset V$ und $r \in \mathcal{O}(U)$. Die Nullstellenmenge $A := \{P \in U \mid r(P) = 0\}$ von $r$ ist abgeschlossen in $U$.*

**Beweis:** Für $Q \in U \setminus A$ sei $r = \frac{f}{g}$ auf $D(g)$ mit $Q \in D(g) \subset U$. Dann ist $f(Q) \neq 0$, und $D(f) \cap D(g)$ ist eine offene Umgebung von $Q$, in der $r$ nicht verschwindet.

**1.9.Identitätssatz.** *Seien $U_i \subset V$ offene Mengen und $r_i \in \mathcal{O}(U_i)$ ($i = 1, 2$). Es existiere eine in $V$ dichte offene Menge $U$ mit $U \subset U_1 \cap U_2$, so daß $r_1 \mid_U = r_2 \mid_U$. Dann gilt*

$$r_1 \mid_{U_1 \cap U_2} = r_2 \mid_{U_1 \cap U_2}$$

BEWEIS: Setze $U' := U_1 \cap U_2$ und $r := r_1 \, |_{U'} - r_2 \, |_{U'}$. Die Nullstellenmenge $A$ von $r$ umfaßt die dichte offene Menge $U$ von $V$. Da $A$ nach 1.8 in $U'$ abgeschlossen ist, muß $A = U'$ und $r_1 \, |_{U'} = r_2 \, |_{U'}$ gelten.

AUFGABEN:

Seien $V$ und $W$ zwei nichtleere affine oder projektive $K$–Varietäten. Eine Abbildung $\varphi \colon V \to W$ heißt $K$–**regulär** (oder ein $K$–**Morphismus**), wenn sie stetig ist (für die Zariski-Topologien) und wenn für jede offene Menge $U \subset W$ mit $\varphi^{-1}(U) \neq \emptyset$ gilt: Ist $f \in \mathcal{O}_W(U)$, so ist $f \circ \varphi \in \mathcal{O}_V(\varphi^{-1}(U))$. Hierbei bezeichnen $\mathcal{O}_V$ bzw. $\mathcal{O}_W$ die Garben der regulären Funktionen auf $V$ bzw. $W$. Eine $K$–reguläre Abbildung $\varphi$ heißt $K$–**Isomorphismus**, wenn eine reguläre Abbildung $\psi \colon W \to V$ existiert mit $\psi \circ \varphi = \mathrm{id}_V$, $\varphi \circ \psi = \mathrm{id}_W$.

1) Ist $\varphi \colon V \to W$ eine $K$–reguläre Abbildung (ein $K$–Isomorphismus), so ist für jede offene Menge $U \subset W$ mit $\varphi^{-1}(U) \neq \emptyset$ die Abbildung

$$\mathcal{O}_W(U) \to \mathcal{O}_V(\varphi^{-1}(U)) \qquad (f \mapsto f \circ \varphi)$$

ein Homomorphismus (bzw. Isomorphismus) von $K$–Algebren.

2) Die Zusammensetzung zweier $K$–regulären Abbildungen ist wieder $K$–regulär.

3) Sei $\varphi \colon V \to W$ $K$–regulär, $Z \subset V$ eine irreduzible Untervarietät und $\overline{\varphi(Z)}$ die Abschließung ihres Bildes in $W$. Dann ist $\overline{\varphi(Z)}$ eine irreduzible Untervarietät von $W$.

4) Sei $\varphi \colon V \to W$ eine Abbildung zwischen zwei affinen $K$–Varietäten $V \subset \mathsf{A}_L^m$ und $W \subset \mathsf{A}_L^n$. Genau dann ist $\varphi$ ein $K$–Morphismus, wenn Polynome $F_1, \ldots, F_n \in K[X_1, \ldots, X_m]$ existieren, so daß $\varphi(P) = (F_1(P), \ldots, F_n(P))$ für alle $P \in V$, wenn also $\varphi$ eine polynomiale Abbildung ist. Jede $K$–reguläre Abbildung $\varphi \colon V \to W$ ist Einschränkung einer $K$–regulären Abbildung $\mathsf{A}_L^m \to \mathsf{A}_L^n$.

5) Unter den Voraussetzungen von Aufgabe 4) sei $\varphi$ eine $K$–reguläre Abbildung und $K[\varphi] \colon K[W] \to K[V]$ der $K$–Homomorphismus $f \mapsto f \circ \varphi$. Durch $\varphi \mapsto K[\varphi]$ wird eine Bijektion der Menge aller $K$–regulären Abbildungen $\varphi \colon V \to W$ auf die Menge der $K$–Homomorphismen $K[W] \to K[V]$ gegeben. Dabei entsprechen die $K$–Isomorphismen $V \to W$ eineindeutig den Isomorphismen $K[W] \to K[V]$ von $K$–Algebren. Folgende Aussagen sind äquivalent:

a) $K[\varphi]$ ist surjektiv.

b) $\varphi(V)$ ist eine Untervarietät von $W$ und $\varphi \colon V \to \varphi(V)$ ein $K$–Isomorphismus (In diesem Fall nennt man $\varphi$ eine **abgeschlossene Immersion** von $V$ in $W$).

## § 2. Rationale Funktionen auf algebraischen Varietäten

Sei $U$ eine dichte offene Menge einer affinen oder projektiven Varietät $V$ und $r \in \mathcal{O}(U)$. Eine **Fortsetzung** von $r$ ist eine Funktion $r' \in \mathcal{O}(U')$, wobei $U'$ eine $U$ umfassende offene Menge ist und $r'|_U = r$. Nach der Maximalbedingung für offene Mengen besitzt $r$ immer eine **maximale Fortsetzung**, und diese ist nach dem Identitätssatz 1.9 eindeutig. Dies führt zu folgendem Begriff:

2.1.DEFINITION. *Eine auf einer dichten offenen Menge $U$ von $V$ reguläre Funktion, die sich nicht fortsetzen läßt zu einer regulären Funktion auf einer $U$ echt umfassenden offenen Menge von $V$, heißt eine **rationale Funktion auf** $V$. Die Menge* $\mathrm{Def}(r) := U$ *heißt* **Definitionsbereich** *und* $V \setminus U$ **Polmenge** *(oder* **Polvarietät***) von $r$. Die Menge der auf $V$ rationalen Funktionen wird mit $\mathcal{R}(V)$ bezeichnet.*

Es ist $K \subset \mathcal{R}(V)$, da die konstanten Funktionen auf $V$ sicher rational sind. Man addiert und multipliziert rationale Funktionen, indem man dies zunächst auf dem Durchschnitt ihrer Definitionsbereiche tut, einer dichten offenen Menge, und dann das Ergebnis zu einer rationalen Funktion auf $V$ fortsetzt. Es ist klar, daß $\mathcal{R}(V)$ mit diesen Operationen zu einer kommutativen $K$–Algebra wird. Wie sie mit dem Koordinatenring $K[V]$ zusammenhängt, ist jetzt leicht festzustellen. Zunächst beobachten wir:

2.2.LEMMA. *Die rationale Funktion $r \in \mathcal{R}(V)$ besitze den Definitionsbereich $U$. Dann gibt es einen (homogenen) Nichtnullteiler $g \in K[V]$ mit $D(g) \subset U$, so daß $r = \frac{f}{g^\nu}$ auf $D(g)$ mit $f \in K[V]$, $\nu \in \mathbf{N}$ (wobei im projektiven Fall $f$ homogen mit $\deg f = \nu \cdot \deg g$ ist).*

BEWEIS: Nach III.3.5 enthält $U$ eine in $V$ dichte offene Menge der Form $D(g)$ (wobei im projektiven Fall $g$ homogen mit $\deg g > 0$ ist). Nach III.3.7 ist $g$ kein Nullteiler in $K[V]$, und nach 1.6 besitzt $r|_{D(g)}$ die angegebene Gestalt.

Es bezeichne $Q(K[V])$ (bzw. $Q^h(K[V])$) den (homogenen) vollen Quotientenring von $K[V]$ (vgl. B.3a). Durch jeden Bruch $\frac{f}{g} \in Q(K[V])$ (bzw. $\frac{f}{g} \in Q^h(K[V])$) ist dann eine reguläre Funktion auf der dichten offenen Menge $D(g) \subset V$ gegeben und folglich eine eindeutige rationale Funktion auf $V$ definiert, ihre maximale Fortsetzung.

**2.3.SATZ.** *Im affinen Fall sei*

$$\alpha \colon Q(K[V]) \to \mathcal{R}(V)$$

*die Abbildung, die jedem Bruch $\frac{f}{g} \in Q(K[V])$ die ihm entsprechende rationale Funktion zuordnet. Analog sei im projektiven Fall*

$$\beta \colon Q^h(K[V]) \to \mathcal{R}(V)$$

*definiert. Dann sind $\alpha$ und $\beta$ Isomorphismen von $K$-Algebren:*

$$\mathcal{R}(V) \cong Q(K[V]) \quad \text{bzw.} \quad \mathcal{R}(V) \cong Q^h(K[V])$$

BEWEIS: Es ist klar, daß $\alpha$ und $\beta$ $K$-Homomorphismen sind. Nach 2.2 sind $\alpha$ und $\beta$ surjektiv. Ist einem Quotienten $\frac{f}{g}$ die Nullfunktion zugeordnet, so ist $f \cdot g = 0$ auf ganz $V$, d.h. $f \cdot g = 0$ in $K[V]$. Da $g$ ein Nichtnullteiler ist, folgt $f = 0$. Somit sind $\alpha$ und $\beta$ auch injektiv.

**2.4.BEISPIELE:**

a) Ist $V \subset \mathbb{A}_L^n$ eine irreduzible affine Varietät, so ist $K[V]$ ein Integritätsring. Schreibe $K[V] = K[x_1, \ldots, x_n]$ mit den Koordinatenfunktionen $x_1, \ldots, x_n$. Es ist dann

$$\mathcal{R}(V) = Q(K[V]) = K(x_1, \ldots, x_n)$$

ein **algebraischer Funktionenkörper**. Speziell gilt

$$\mathcal{R}(\mathbb{A}_L^n) = K(X_1, \ldots, X_n)$$

In diesem Fall läßt sich jedes $r \in \mathcal{R}(\mathbb{A}_L^n)$ in der Form

$$r = \frac{f}{g} \quad \text{mit} \quad f, g \in K[X_1, \ldots, X_n],\ g \neq 0,\ \mathrm{ggT}(f,g) = 1$$

schreiben, wobei $f$ und $g$ bis auf einen gemeinsamen Faktor aus $K^*$ eindeutig sind. Es ist dann $\mathrm{Def}(r) = D(g)$, und $\mathcal{V}(g) = \mathbb{A}_L^n \setminus D(g)$ ist die Polmenge von $r$. Entsprechende Verhältnisse liegen vor, wenn $V$ eine **faktorielle Varietät** ist, d.h. wenn $K[V]$ ein faktorieller Ring ist.

b) Ist $V$ eine irreduzible projektive Varietät, so ist $K[V]$ ebenfalls ein Integritätsring und $\mathcal{R}(V) = Q^h(K[V])$ der graduierte Quotientenkörper von $K[V]$, also die Menge aller Brüche $\frac{f}{g} \in Q(K[V])$ mit $g \neq 0$, wobei $f$ und $g$ homogen vom gleichen Grad sind. Speziell gilt

$$\mathcal{R}(\mathbb{P}_L^n) = \{ \frac{f}{g} \in K(Y_0, \ldots, Y_n) \mid f, g \in K[Y_0, \ldots, Y_n] \text{ homogen vom gleichen Grad} \}$$

und man hat analoge Aussagen wie in a) über Definitionsbereich und Polmenge einer Funktion $r \in \mathcal{R}(\mathbf{P}_L^n)$. Ist die Polmenge nicht leer, so ist sie eine Hyperfläche.

Wir denken uns jetzt $\mathbf{A}_L^n$ wie in II,§ 1 in $\mathbf{P}_L^n$ eingebettet. Für eine $K$–Varietät $V \neq \emptyset$ in $\mathbf{A}_L^n$ bezeichne $\overline{V}$ ihre projektive Abschließung in $\mathbf{P}_L^n$. Jede in $V$ dichte offene Menge $U$ ist dann auch offen und dicht in $\overline{V}$. Es bezeichne $\mathcal{O}_V$ bzw. $\mathcal{O}_{\overline{V}}$ die Garbe der regulären Funktionen auf $V$ bzw. $\overline{V}$. Jedes $r \in \mathcal{O}_V(U)$ ist dann auch eine Funktion aus $\mathcal{O}_{\overline{V}}(U)$: Ist nämlich $r = \frac{f}{g}$ auf $D(g) \subset U$ mit $f, g \in K[V]$, $g \neq 0$, so wähle man Repräsentanten $F, G \in K[X_1, \ldots, X_n]$ von $f$ und $g$ und setze

$$F^* := Y_0^{d+1} \cdot F\left(\frac{Y_1}{Y_0}, \ldots, \frac{Y_n}{Y_0}\right), \; G^* := Y_0^{d+1} \cdot G\left(\frac{Y_1}{Y_0}, \ldots, \frac{Y_n}{Y_0}\right)$$

mit $d := \operatorname{Max}\{\deg F, \deg G\}$. Sind $f^*$ und $g^*$ die Bilder von $F^*$ und $G^*$ in $K[\overline{V}]$, so gilt $r = \frac{f^*}{g^*}$ auf $D(g^*) = D(g)$.

Durch Dehomogenisierung sieht man auch unmittelbar, daß jedes $r \in \mathcal{O}_{\overline{V}}(U)$ zu $\mathcal{O}_V(U)$ gehört. Es ist also gezeigt

**2.5.Satz.** *Für jede offene Menge $U \subset V$ gilt $\mathcal{O}_V(U) = \mathcal{O}_{\overline{V}}(U)$. Mit andern Worten:* $\mathcal{O}_V = \mathcal{O}_{\overline{V}}|_V$.

Natürlich besitzt jede rationale Funktion auf $V$ eine eindeutige Fortsetzung zu einer rationalen Funktion auf $\overline{V}$. Umgekehrt ist die Einschränkung eines $r \in \mathcal{R}(\overline{V})$ auf $\operatorname{Def}(r) \cap V$ eine rationale Funktion auf $V$.

**2.6.Satz.** *Man hat einen kanonischen $K$–Isomorphismus*

$$\mathcal{R}(V) \xrightarrow{\sim} \mathcal{R}(\overline{V})$$

Insbesondere ergibt sich, daß auch für irreduzible projektive Varietäten $V$ der Körper $\mathcal{R}(V)$ ein algebraischer Funktionenkörper über $K$ ist.

Jeder algebraische Funktionenkörper $F/K$ tritt als Körper der rationalen Funktionen einer geeigneten irreduziblen projektiven $K$–Varietät auf. Schreibt man nämlich $F = K(x_1, \ldots, x_n)$, so ist zunächst $K[x_1, \ldots, x_n]$ der Koordinatenring einer irreduziblen $K$–Varietät $V \subset \mathbf{A}_L^n$ (I.5.3), und es ist dann nach 2.3

$$F = Q(K[x_1, \ldots, x_n]) \cong \mathcal{R}(V)$$

Ist $\overline{V}$ die projektive Abschließung von $V$ in $\mathbf{P}_L^n$, so ist nach 2.6 auch

$$F \cong \mathcal{R}(\overline{V})$$

Man nennt in diesem Fall $\overline{V}$ ein **projektives Modell** des Funktionenkörpers $F/K$. Vom Standpunkt des Algebraikers sind solche Modelle Hilfsmittel für das Studium algebraischer Funktionenkörper.

2.7.BEISPIEL: Sei $F/K$ ein algebraischer Funktionenkörper vom Transzendenzgrad 1. Man nennt $F/K$ **separabel**, wenn es ein über $K$ transzendentes Element $t \in F$ gibt, so daß $F/K(t)$ separabel algebraisch ist. Nach dem Satz vom primitiven Element ([$K_4$], 12.5) gibt es dann ein $u \in F$ mit $F = K(t,u) = Q(K[t,u])$. Hierbei gilt

$$K[t,u] = K[X,Y]/(f)$$

mit einem irreduziblen Polynom $f \in K[X,Y]$, und somit ist $F$ $K$–isomorph zum Körper $\mathcal{R}(C)$ der rationalen Funktionen der Kurve $C : f(X,Y) = 0$. Ist $\overline{C} : f^* = 0$ die projektive Abschließung von $C$, so ist

$$F \cong \mathcal{R}(\overline{C})$$

Jeder separable algebraische Funktionenkörper vom Transzendenzgrad 1 besitzt somit eine irreduzible projektive ebene algebraische Kurve als Modell.

Vom Standpunkt des Geometers sind die algebraischen Funktionenkörper Hilfsmittel zum Studium der Varietäten, z.B. zu deren Klassifikation.

2.8.DEFINITION. *a) Zwei irreduzible (affine oder projektive) $K$–Varietäten $V_1, V_2$ heißen* **birational äquivalent**, *wenn ein $K$–Isomorphismus $\mathcal{R}(V_1) \cong \mathcal{R}(V_2)$ existiert.*
*b) Eine irreduzible $K$–Varietät $V$ heißt* **rational (pseudorational)**, *wenn $\mathcal{R}(V)$ rein transzendent über $K$ ist (Teilkörper eines rein transzendenten Erweiterungskörpers von $K$ ist).*

2.9.BEISPIEL: (Rationalität der irreduziblen Kegelschnitte)
Sci $K = L$ algebraisch abgeschlossen, Char $K \neq 2$. Jede irreduzible Kurve $C \subset \mathbf{P}_L^2$ vom Grad 2 (projektive Quadrik) besitzt in einem geeigneten Koordinatensystem die Gleichung $X_1^2 + X_2^2 - X_0^2 = 0$. Affin wird sie daher durch $q := X^2 + Y^2 - 1$ definiert. Die Lösungen der Gleichung $q = 0$ sind $(0,1)$ und die Punkte

$$\left( \frac{2t}{t^2 + 1}, \frac{t^2 - 1}{t^2 + 1} \right) \qquad (t \in K, t^2 + 1 \neq 0)$$

(vgl. [$K_4$],§ 2, Aufg.9). Im Kern des $K$–Homomorphismus (mit einer Unbestimmten $T$)

$$\alpha \colon K[X,Y] \to K(T) \qquad \left( X \mapsto \frac{2T}{T^2 + 1}, Y \mapsto \frac{T^2 - 1}{T^2 + 1} \right)$$

ist $q$ enthalten, wie man durch Einsetzen leicht sieht. Es muß daher sogar ker $\alpha = (q)$ sein, weil $q$ irreduzibel ist. Man erhält daher einen injektiven $K$–Homomorphismus $K[X,Y]/(q) \to K(T)$ und somit einen $K$–Homomorphismus $\mathcal{R}(C) \hookrightarrow K(T)$. Wegen

$$\frac{\alpha(Y) + 1}{\alpha(X)} = \left( \frac{T^2 - 1}{T^2 + 1} + 1 \right) \frac{T^2 + 1}{2T} = T$$

ist er surjektiv und damit

$$\mathcal{R}(C) \cong K(T)$$

**2.10.DEFINITION.** *Eine affine $K$–Varietät $V \subset \mathbb{A}_L^n$ besitzt eine (rationale)* **Parameterdarstellung***, wenn es in einem Polynomring $K[T_1,\dots,T_d]$ Elemente $\varphi,\varphi_1,\dots,\varphi_n$ gibt, so daß*

$$Z := \left\{ \left( \frac{\varphi_1(\tau)}{\varphi(\tau)},\dots,\frac{\varphi_n(\tau)}{\varphi(\tau)} \right) \middle| \tau \in L^d, \varphi(\tau) \neq 0 \right\}$$

*eine dichte Teilmenge von $V$ ist. Man sagt dann auch, daß $V$ durch die Parameterdarstellung*

$$X_i = \frac{\varphi_i(T_1,\dots,T_d)}{\varphi(T_1,\dots,T_d)} \qquad (i = 1,\dots,n)$$

*gegeben sei.*

Satz 5.10 aus Kap.I läßt sich wie folgt ergänzen:

**2.11.SATZ.** *Für eine nichtleere affine $K$–Varietät $V$ sind folgende Aussagen äquivalent:*

*a) $V$ besitzt eine Parameterdarstellung.*

*b) $V$ ist eine irreduzible pseudorationale Varietät.*

BEWEIS: a)$\to$b) Sei eine Parameterdarstellung wie in 2.10 gegeben. Es ist dann $\varphi \neq 0$, da $V \neq \emptyset$. Der Kern des $K$–Homomorphismus

$$\alpha\colon K[X_1,\dots,X_n] \to K(T_1,\dots,T_d) \quad \text{mit} \quad \alpha(X_i) = \frac{\varphi_i}{\varphi} \quad (i = 1,\dots,n)$$

ist nach I.5.10 das Verschwindungsideal $\mathcal{J}(V)$. Die Varietät $V$ ist somit irreduzibel, und $\alpha$ induziert einen injektiven $K$–Homomorphismus $K[V] \hookrightarrow K(T_1,\dots,T_d)$, also auch eine Injektion $\mathcal{R}(V) \hookrightarrow K(T_1,\dots,T_d)$. Somit ist $V$ pseudorational.

b)$\to$a) Für $V \subset \mathbb{A}_L^n$ sei $\mathcal{R}(V) \subset K(T_1,\dots,T_d)$. Sei $K[V] = K[x_1,\dots,x_n]$ mit den Koordinatenfunktionen $x_i$. Schreibe $x_i = \frac{\varphi_i}{\varphi}$ $(i = 1,\dots,n)$ mit teilerfremden Polynomen $\varphi,\varphi_1,\dots,\varphi_n \in K[T_1,\dots,T_d]$, $\varphi \neq 0$, und betrachte wie oben den $K$–Homomorphismus

$$\alpha\colon K[X_1,\dots,X_n] \to K(T_1,\dots,T_d)$$

Es ist ker $\alpha = \mathcal{J}(V)$. Für $Z$ wie in 2.10 ist $Z \subset V$, und die abgeschlossene Hülle $\overline{Z}$ von $Z$ besitzt die Parameterdarstellung $X_i = \frac{\varphi_i}{\varphi}$ $(i = 1,\dots,n)$. Es folgt $\mathcal{J}(Z) = \mathcal{J}(\overline{Z}) = $ ker $\alpha = \mathcal{J}(V)$, also $\overline{Z} = V$, $\qquad\qquad$ **q.e.d.**

Es gibt Varietäten, die nicht pseudorational, und pseudorationale, die nicht rational sind. Ist $L = K(X)$ ein rationaler Funktionenkörper in einer Variablen $X$ über $K$, so ist auch jeder Zwischenkörper $Z$ von $L/K$ rational (Satz von Lüroth). In diesem Fall, also für algebraische Kurven (s. VI.3.6 und 4.8), fallen die Begriffe "pseudorational" und "rational" zusammen.

Im folgenden Satz interessieren wir uns für die global regulären Funktionen auf irreduziblen projektiven Varietäten. Als Hilfsmittel werden wir den **Hilbertschen Basissatz für Moduln** verwenden, welcher besagt, daß für einen endlich erzeugten Modul $M$ über einem noetherschen Ring $R$ jeder Untermodul von $M$ endlich erzeugt ist.

**2.12.THEOREM.** *Sei $V$ eine irreduzible projektive $K$–Varietät und $\mathcal{O}(V) \subset \mathcal{R}(V)$ die $K$–Algebra der auf ganz $V$ regulären Funktionen. Sei $\overline{K}$ die algebraische Abschließung von $K$ in $\mathcal{R}(V)$. Dann ist $\mathcal{O}(V) \subset \overline{K}$. Insbesondere ist $\mathcal{O}(V)$ ein endlicher Erweiterungskörper von $K$, und es gilt $\mathcal{O}(V) = K$, wenn $K$ algebraisch abgeschlossen ist.*

BEWEIS: Sei $K[V] = K[Y_0,\ldots,Y_n]/\mathcal{J}_+(V) = K[y_0,\ldots,y_n]$, wobei $y_i$ das Bild von $Y_i$ in $K[V]$ ist. Bei geeigneter Numerierung kann man annehmen, daß $y_i \neq 0$ für $i = 0,\ldots,m$ und $y_i = 0$ für $i = m+1,\ldots,n$. Es ist dann $V = \bigcup_{i=0}^{m} D(y_i)$, und die $D(y_i)$ sind dicht in $V$.

Im folgenden bezeichne $K[V]_\nu$ den homogenen Bestandteil $\nu$–ten Grades von $K[V]$. Jedes $r \in \mathcal{O}(V)$ läßt sich nach 1.6 für $i = 0,\ldots,m$ in der Form

$$r = \frac{f_i}{y_i^{\nu_i}} \qquad (\nu_i \in \mathbb{N}, f_i \in K[V]_{\nu_i})$$

schreiben. Sei $\nu := \sum_{i=0}^{m} \nu_i$. Dann gilt

$$y_0^{\alpha_0} \cdots y_m^{\alpha_m} r \in K[V]_\nu \quad \text{sobald} \quad \sum_{i=0}^{m} \alpha_i = \nu$$

denn es ist dann $\alpha_i \geq \nu_i$ für mindestens ein $i \in \{0,\ldots,m\}$. Es folgt $K[V]_\nu \cdot r^t \subset K[V]_\nu$ für alle $t \in \mathbb{N}$ und speziell

$$r^t \in \frac{1}{y_0^\nu} K[V]_\nu$$

Als Untermodul des endlich erzeugten $K[V]$–Moduls $K[V] + \frac{1}{y_0^\nu} \cdot K[V]$ ist $K[V][r]$ selbst endlich erzeugt. Daher ist $r$ ganz über $K[V]$, d.h. es gibt eine Gleichung

$$r^\rho + a_1 r^{\rho-1} + \cdots + a_\rho = 0 \qquad (a_i \in K[V], \rho > 0)$$

Dann hat man auch eine Gleichung

$$f_0^\rho + a_1 y_0^{\nu_0} f_0^{\rho-1} + \cdots + a_\rho y_0^{\nu_0 \rho} = 0$$

und man sieht, daß man die $a_i$ als homogene Elemente 0–ten Grades von $K[V]$ wählen kann. Daher genügt $r$ einer algebraischen Gleichung mit Koeffizienten aus $K$, d.h. $r \in \overline{K}$.

Da $\mathcal{R}(V)/K$ ein algebraischer Funktionenkörper ist, ist $\overline{K}/K$ endlich erzeugt, also $[\overline{K} : K] < \infty$ (s. Aufg.4). Als Zwischenring von $\overline{K}/K$ ist dann auch $\mathcal{O}(V)$ ein endlicher Erweiterungskörper von $K$,                                        **q.e.d.**

Theorem 2.12 ist ein Analogon zum Satz von Liouville aus der Funktionentheorie.

Für eine Varietät $V$ mit der Komponentenzerlegung $V = V_1 \cup \cdots \cup V_t$ soll jetzt der Zusammenhang zwischen $\mathcal{R}(V)$ und den Körpern $\mathcal{R}(V_i)$ $(i = 1, \ldots, t)$ hergestellt werden. Nach 2.6 kann man sich auf den Fall beschränken, daß $V$ eine affine Varietät ist. Für $r \in \mathcal{R}(V)$ ist $\mathrm{Def}(r) \cap V_i$ eine nichtleere offene Menge in $V_i$, folglich dicht in $V_i$. Daher definiert $r|_{V_i}$ eine rationale Funktion auf $V_i$, die wir ebenfalls mit $r|_{V_i}$ bezeichnen wollen.

**2.13.Satz.** *Die Abbildung*

$$\mathcal{R}(V) \to \mathcal{R}(V_1) \times \cdots \times \mathcal{R}(V_t) \qquad (r \mapsto (r|_{V_1}, \ldots, r|_{V_t}))$$

*ist eine Isomorphismus von $K$–Algebren.*

**Beweis:** Es ist $\mathcal{R}(V) = Q(K[V]) = K[V]_S$, wenn $S$ die Menge der Nichtnullteiler von $K[V]$ ist. Als reduzierter noetherscher Ring besitzt $K[V]$ nur endlich viele minimale Primideale $\mathfrak{p}_1, \ldots, \mathfrak{p}_t$, und es ist $S = K[V] \setminus \bigcup_{i=1}^{t} \mathfrak{p}_i$ (III.1.11b). Ferner ist $K[V_i] \cong K[V]/\mathfrak{p}_i$ $(i = 1, \ldots, t)$, wobei sich der kanonische Epimorphismus $K[V] \to K[V_i]$ mit der Beschränkungsabbildung $r \mapsto r|_{V_i}$ für $r \in K[V]$ identifiziert.

Nach B.8a) ist $\mathrm{Spec}\, K[V]_S = \{(\mathfrak{p}_1)_S, \ldots, (\mathfrak{p}_t)_S\}$, denn für jedes nicht minimale Primideal $\mathfrak{p}$ von $K[V]$ ist $\mathfrak{p} \cap S \neq \emptyset$. Die Primideale $(\mathfrak{p}_i)_S$ sind zugleich minimal und maximal $(i = 1, \ldots, t)$, und es ist $\bigcap_{i=1}^{t} (\mathfrak{p}_i)_S = (0)$, da auch $K[V]_S$ reduziert ist. Nach dem chinesischen Restsatz hat man einen Isomorphismus

$$\mathcal{R}(V) = K[V]_S \xrightarrow{\sim} \prod_{i=1}^{t} K[V]_S/(\mathfrak{p}_i)_S$$

und wegen der Vertauschbarkeit der Quotienten- mit der Restklassenbildung (B.7) ist $K[V]_S/(\mathfrak{p}_i)_S \cong (K[V]/\mathfrak{p}_i)_{\overline{S_i}}$ mit dem Bild $\overline{S_i}$ von $S$ in $K[V]/\mathfrak{p}_i = K[V_i]$. Da $(\mathfrak{p}_i)_S$ ein maximales Ideal ist, ist $(K[V]/\mathfrak{p}_i)_{\overline{S_i}}$ ein Körper, notwendigerweise der Quotientenkörper $Q(K[V_i]) = \mathcal{R}(V_i)$ von $K[V_i]$, und man hat somit einen $K$–Isomorphismus

$$\mathcal{R}(V) \cong \mathcal{R}(V_1) \times \cdots \times \mathcal{R}(V_t)$$

Daß er durch $r \mapsto (r|_{V_1}, \ldots, r|_{V_t})$ gegeben ist, läßt sich leicht nachprüfen, da die Projektion $\mathcal{R}(V) \to \mathcal{R}(V_i)$ von der Abbildung $K[V] \to K[V_i]$ mit $r \mapsto r|_{V_i}$ herkommt.

AUFGABEN:

1) Eine Hyperfläche $H \subset \mathbb{A}^n_L$ sei die Nullstellenmenge eines irreduziblen Polynoms der Form $f_{m+1} + f_m \in K[X_1, \ldots, X_n]$, wobei $f_{m+1}$ und $f_m$ homogen vom Grad $m+1$ bzw. $m$ ist. Dann ist $H$ eine rationale $K$-Varietät. Viele der in Kap. I, § 1 angegebenen Kurven und Flächen sind rational.

2) Die Kurve $C \subset \mathbb{A}^2_L$ mit der Gleichung

$$(X_1^2 + X_2^2)^2 = a(X_1^2 - X_2^2) \qquad (a \in K^*)$$

(Lemniskate) ist rational: Es ist $\mathcal{R}(C) = K(t)$ mit $t := \frac{x_1^2 + x_2^2}{x_1 - x_2}$, wenn $x_1, x_2 \in K[C]$ die Koordinatenfunktionen sind.

3) Seien $V$ und $W$ zwei $K$-Varietäten und $\varphi : V \to W$ eine $K$-reguläre Abbildung. $\varphi$ heißt **dominant**, wenn $\overline{\varphi(V)} = W$ ist. In diesem Fall hat man einen injektiven $K$-Homomorphismus $\mathcal{R}(W) \to \mathcal{R}(V)$ $(r \mapsto r \circ \varphi)$. Im Affinen ist $\varphi$ genau dann dominant, wenn $K[\varphi] : K[W] \to K[V]$ (vgl. § 1, Aufgabe 5) injektiv ist.

4) Ist $L/K$ ein algebraischer Funktionenkörper und $\overline{K}$ die algebraische Abschließung von $K$ in $L$, so ist $[\overline{K} : K] < \infty$.
(Anleitung: Ist $(x_1, \ldots, x_t)$ eine Transzendenzbasis von $L/K$, so ist $L$ endlich über $K(x_1, \ldots, x_t)$, und daher besitzt $\overline{K}(x_1, \ldots, x_t)$ eine Basis $(a_1, \ldots, a_m)$ als $K(x_1, \ldots, x_t)$-Vektorraum mit $a_i \in \overline{K}$ $(i = 1, \ldots, m)$. Man folgert, daß $\overline{K} = K[a_1, \ldots, a_m]$.)

5) Ist $L/K$ ein algebraischer Funktionenkörper und $Z$ ein Zwischenkörper von $L/K$, so ist auch $Z/K$ ein algebraischer Funktionenkörper.
(Anleitung: Wähle eine Transzendenzbasis $(z_1, \ldots, z_r)$ von $Z/K$, ersetze $K$ durch $K(z_1, \ldots, z_r)$ und wende Aufgabe 4) an).

## § 3. Die lokalen Ringe in den Punkten algebraischer Varietäten

Sei $(X, \mathcal{O})$ ein geringter Raum, wobei $\mathcal{O}$ eine Garbe von Funktionenringen auf $X$ mit Werten in einem Körper $L$ ist, d.h. für jede offene Menge $U \subset X$ ist $\mathcal{O}(U)$ ein Ring von Funktionen $r \colon U \to L$, und die Restriktionsmorphismen werden durch die Einschränkung von Funktionen gegeben.

Sei $P \in X$. Zwei Funktionen $r_i \colon U_i \to L$ mit $P \in U_1 \cap U_2$ ($U_i \subset X$ offen) heißen **äquivalent bzgl.** $P$, wenn es eine offene Menge $U$ mit $P \in U \subset U_1 \cap U_2$ gibt, so daß $r_1|_U = r_2|_U$ ist. Die Äquivalenzklasse einer Funktion $r \in \mathcal{O}(U)$ mit $P \in U$ wird mit $[r]$ bezeichnet und der **Funktionskeim** von $r$ in $P$ genannt. $\mathcal{O}_P$ bezeichne die Menge aller Keime von Funktionen aus $\mathcal{O}$ in $P$.

Man addiert und multipliziert Keime, indem man diese Operationen mit Repräsentanten der Keime ausführt und dann vom Ergebnis den Keim bildet. Dieser ist unabhängig von der Wahl der Repräsentanten. Mit der so definierten Addition und Multiplikation wird $\mathcal{O}_P$ zu einem Ring, er heißt der **Halm** der Garbe $\mathcal{O}$ in $P$.

Ist $r(P) = 0$, so verschwinden alle Funktionen aus $[r]$ in $P$, man sagt dann, $P$ sei eine **Nullstelle des Keims**. Mit $\mathfrak{m}_P$ werde die Menge aller Keime $[r] \in \mathcal{O}_P$ bezeichnet, die in $P$ verschwinden. Es ist $\mathfrak{m}_P$ der Kern des Ringhomomorphismus $\mathcal{O}_P \to L$ mit $[r] \mapsto r(P)$, also sicher ein Primideal. Hat die Garbe $\mathcal{O}$ die Eigenschaft, daß für eine Funktion $r$ mit $r(P) \neq 0$ auch $\frac{1}{r}$ in einer Umgebung von $P$ zu $\mathcal{O}$ gehört, dann besteht $\mathcal{O}_P \setminus \mathfrak{m}_P$ aus lauter Einheiten, denn $[r] \cdot [\frac{1}{r}] = [1] = 1$. Es ist dann $\mathcal{O}_P$ ein lokaler Ring mit dem maximalen Ideal $\mathfrak{m}_P$. Die Bedingung ist sicher für stetige, differenzierbare und holomorphe Funktionen erfüllt, wenn $X$ einer der entsprechenden Räume aus § 1 ist.

Wir betrachten jetzt eine affine oder projektive Varietät $X = V$ und die Garbe $\mathcal{O}$ der regulären Funktionen auf $V$. Für $[r] \in \mathcal{O}_P \setminus \mathfrak{m}_P$ schreibt sich $r$ in der Form $r = \frac{f}{g}$ mit $f, g \in K[V]$ (homogen vom gleichen Grad im projektiven Fall) und $f(P) \neq 0$, $g(P) \neq 0$. Dann ist auch $\frac{g}{f}$ eine reguläre Funktion in der Umgebung von $P$ und folglich $\mathcal{O}_P$ ein lokaler Ring.

3.1.DEFINITION. $\mathcal{O}_P$ *heißt der* **lokale Ring der Varietät** $V$ *in* $P$.

Es ist klar, daß $\mathcal{O}_P$ eine $K$–Algebra ist. Das Bild der Auswertungsabbildung $\mathcal{O}_P \to L$ $([r] \mapsto r(P))$ identifiziert sich mit dem Restklassenkörper $k(P) := \mathcal{O}_P/\mathfrak{m}_P$ von $\mathcal{O}_P$. Bis auf kanonische Isomorphie ist also $K \subset k(P) \subset L$.

Im folgenden geht es um die algebraische Beschreibung der Ringe $\mathcal{O}_P$. Ferner soll studiert werden, welche Informationen über $V$ in den $\mathcal{O}_P$ gespeichert sind.

Es ist $\mathfrak{p}_P := \{f \in K[V] \mid f(P) = 0\}$ ein (im projektiven Fall homogenes) Primideal von $K[V]$. Jedem $\frac{f}{g} \in K[V]_{\mathfrak{p}_P}$ (bzw. $\frac{f}{g} \in K[V]_{(\mathfrak{p}_P)}$) ist ein Funktionskeim $[\frac{f}{g}] \in \mathcal{O}_P$ zugeordnet, d.h. man hat kanonische $K$-Homomorphismen

$$\alpha\colon K[V]_{\mathfrak{p}_P} \to \mathcal{O}_P \quad \text{bzw.} \quad \beta\colon K[V]_{(\mathfrak{p}_P)} \to \mathcal{O}_P$$

**3.2.SATZ.** *Die Abbildungen $\alpha$ und $\beta$ sind Isomorphismen. Insbesondere ist $\mathcal{O}_P$ stets ein noetherscher lokaler Ring.*

BEWEIS: Da jeder Funktionskeim in $P$ durch einen Bruch $\frac{f}{g}$ mit $g(P) \neq 0$ repräsentiert werden kann, sind $\alpha$ und $\beta$ sicher surjektiv. Gehört umgekehrt zu $\frac{f}{g}$ der Nullkeim, so ist $f = 0$ in einer offenen Umgebung $U$ von $P$, also $f = 0$ auf allen irreduziblen Komponenten von $V$, die von $U$ getroffen werden, denn die Nullstellenmenge einer Funktion ist abgeschlossen (1.8). Sind $V_1, \ldots, V_s$ die irreduziblen Komponenten von $V$ mit $U \cap V_i = \emptyset$, so ist $\mathcal{J}_V(V_i) \not\subset \mathfrak{p}_P$ $(i = 1, \ldots, s)$. Wählt man (homogene) $g_i \in \mathcal{J}_V(V_i) \setminus \mathfrak{p}_P$, so ist $\tilde{g} := \prod_{i=1}^{s} g_i \in \bigcap_{i=1}^{s} \mathcal{J}_V(V_i) \setminus \mathfrak{p}_P$. Dann ist $\tilde{g} \cdot f = 0$ in $K[V]$ und $\frac{f}{g} = 0$ in $K[V]_{\mathfrak{p}_P}$ bzw. $K[V]_{(\mathfrak{p}_P)}$. Somit sind $\alpha$ und $\beta$ auch injektiv. Als (homogene) Lokalisation des noetherschen Rings $K[V]$ ist auch $\mathcal{O}_P$ noethersch.

**3.3.BEISPIEL:** Für $V = \mathbf{P}_L^n$ sei $\mathfrak{P}_P := \{H \in K[Y_0, \ldots, Y_n] \mid H(P) = 0\}$. Dann gilt

$$\mathcal{O}_P = K[Y_0, \ldots, Y_n]_{(\mathfrak{P}_P)}$$
$$= \{\frac{F}{G} \mid F, G \in K[Y_0, \ldots, Y_n] \text{ homogen vom gleichen Grad}, G(P) \neq 0\}$$

ferner ist

$$\mathfrak{m}_P = \{\frac{F}{G} \in \mathcal{O}_P \mid F(P) = 0\}$$

Bettet man $\mathbf{A}_L^n$ in $\mathbf{P}_L^n$ ein (bzgl. $Y_0$) und ist für $P \in \mathbf{A}_L^n$

$$\mathfrak{p}_P := \{h \in K[X_1, \ldots, X_n] \mid h(P) \neq 0\}$$

so läßt sich $\mathcal{O}_P$ auch beschreiben als

$$\mathcal{O}_P = K[X_1, \ldots, X_n]_{\mathfrak{p}_P} = \{\frac{f}{g} \mid f, g \in K[X_1, \ldots, X_n], g(P) \neq 0\}$$

und $\mathfrak{m}_P = \{\frac{f}{g} \in \mathcal{O}_P \mid f(P) = 0\}$. Ein $K$-Isomorphismus (der mit $\alpha$ und $\beta$ verträglich ist)

$$K[X_1, \ldots, X_n]_{\mathfrak{p}_P} \overset{\sim}{\to} K[Y_0, \ldots, Y_n]_{(\mathfrak{P}_P)}$$

wird wie folgt gegeben: Für $\frac{f}{g} \in K[X_1, \ldots, X_n]_{\mathfrak{p}_P} \setminus \{0\}$ sei $d := \mathrm{Max}\,\{\deg f, \deg g\}$, $F := Y_0^d \cdot f(\frac{Y_1}{Y_0}, \ldots, \frac{Y_n}{Y_0})$, $G := Y_0^d \cdot g(\frac{Y_1}{Y_0}, \ldots, \frac{Y_n}{Y_0})$. Dann ist $\frac{F}{G}$ das Bild des Quotienten $\frac{f}{g}$ in $K[Y_0, \ldots, Y_n]_{(\mathfrak{P}_P)}$.

Auf Grund der Vertauschbarkeit von Quotienten- und Restklassenbildung (B.7) erhält man nun die folgende affine bzw. projektive Beschreibung des lokalen Rings eines Punktes auf einer algebraischen Varietät:

**3.4. KOROLLAR.** *a) Sei $\mathcal{J}(V) \subset K[X_1, \ldots, X_n]$ das Verschwindungsideal einer Varietät $V \subset \mathbb{A}_L^n$, und seien $\mathfrak{P}_P \subset K[X_1, \ldots, X_n]$ bzw. $\mathfrak{p}_P \subset K[V]$ die Verschwindungsideale von $P \in V$. Dann ist*

$$\mathcal{O}_P \cong K[V]_{\mathfrak{p}_P} \cong K[X_1, \ldots, X_n]_{\mathfrak{P}_P} / \mathcal{J}(V)_{\mathfrak{P}_P}$$

*b) Für $V \subset \mathbb{P}_L^n$ gilt mit analogen Bezeichnungen*

$$\mathcal{O}_P \cong K[V]_{(\mathfrak{p}_P)} \cong K[Y_0, \ldots, Y_n]_{(\mathfrak{P}_P)} / \mathcal{J}_+(V)_{(\mathfrak{P}_P)}$$

*wobei $\mathcal{J}_+(V)_{(\mathfrak{P}_P)} :=$*
$$\{\tfrac{F}{G} \in K[Y_0, \ldots, Y_n]_{(\mathfrak{P}_P)} \mid F \in \mathcal{J}_+(V),\ G \notin \mathfrak{P}_P \text{ homogen vom gleichen Grad}\}.$$

Nach B.8a) entsprechen die Primideale von $K[V]_{\mathfrak{p}_P}$ eineindeutig den in $\mathfrak{p}_P$ enthaltenen Primidealen von $K[V]$, also den irreduziblen Untervarietäten $W$ von $V$ mit $P \in W$ (I.5.2c). Im projektiven Fall ist die Situation für $K[V]_{(\mathfrak{p}_P)}$ analog (II.2.7). Somit ergibt sich

**3.5. KOROLLAR.** *Die Primideale des lokalen Rings $\mathcal{O}_P$ eines Punktes $P$ auf einer affinen oder projektiven Varietät $V$ entsprechen eineindeutig den irreduziblen Untervarietäten $W$ von $V$ mit $P \in W$. Insbesondere entsprechen die minimalen Primideale von $\mathcal{O}_P$ eineindeutig den $P$ enthaltenden irreduziblen Komponenten von $V$.*

Aus 3.5 folgt speziell, daß $\mathcal{O}_P$ genau dann ein Integritätsring ist, wenn $P$ auf genau einer Komponente von $V$ liegt, denn ein reduzierter Ring mit genau einem minimalen Primideal ist ein Integritätsring.

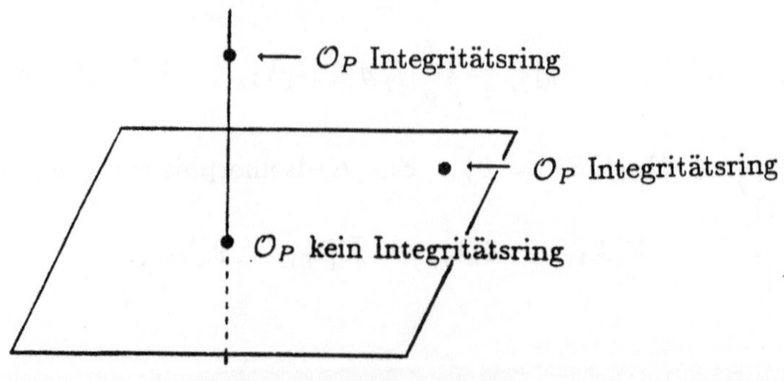

In den lokalen Ringen der Punkte algebraischer Varietäten spiegeln sich noch weitere Eigenschaften wieder, welche die Varietät in der Nähe des Punktes besitzt, z.B. ob sie dort "glatt" ist oder eine "Singularität" besitzt. Hierauf wird in Kap.VII näher eingegangen werden.

AUFGABEN:

1) Ist $V$ eine irreduzible affine oder projektive Varietät, so ist $\mathcal{O}_P \subset \mathcal{R}(V)$ für alle $P \in V$ und $\mathcal{O}(U) = \bigcap_{P \in U} \mathcal{O}_P$ für jede offene Menge $U \subset V$.

2) (Der lokale Ring einer irreduziblen Untervarietät). Sei $V$ eine affine oder projektive Varietät, $W \subset V$ eine irreduzible Untervarietät. Zwei reguläre Funktionen $r_1 \in \mathcal{O}(U_1)$, $r_2 \in \mathcal{O}(U_2)$ mit $U_i \cap W \neq \emptyset$ $(i = 1, 2)$ heißen äquivalent bzgl. $W$, wenn eine offene Menge $U \subset U_1 \cap U_2$ existiert mit $U \cap W \neq \emptyset$ und $r_1 \,|_U = r_2 \,|_U$. Es bezeichne $\mathcal{O}_{V,W}$ die Menge der Äquivalenzklassen dieser Äquivalenzrelation.

a) $\mathcal{O}_{V,W}$ ist in naheliegender Weise eine $K$-Algebra.

b) Ist $\mathfrak{p}_W \in \operatorname{Spec} K[V]$ das $W$ entsprechende Primideal, so hat man einen $K$-Isomorphismus $K[V]_{\mathfrak{p}_W} \xrightarrow{\sim} \mathcal{O}_{V,W}$ (bzw. $K[V]_{(\mathfrak{p}_W)} \xrightarrow{\sim} \mathcal{O}_{V,W}$ im projektiven Fall). Insbesondere ist $\mathcal{O}_{V,W}$ ein noetherscher lokaler Ring.

3) Unter den Voraussetzungen von Aufg.2) sei $\mathfrak{m}_{V,W}$ das maximale Ideal von $\mathcal{O}_{V,W}$.

a) Man hat einen $K$-Isomorphismus $\mathcal{O}_{V,W}/\mathfrak{m}_{V,W} \xrightarrow{\sim} \mathcal{R}(W)$.

b) Es gibt eine kanonische inklusionsumkehrende Bijektion von $\operatorname{Spec} \mathcal{O}_{V,W}$ auf die Menge der Untervarietäten $W'$ von $V$ mit $W \subset W'$.

c) Die Menge $\operatorname{Min} \mathcal{O}_{V,W}$ entspricht hierbei den irreduziblen Komponenten von $V$, welche $W$ umfassen.

4) Seien $V$ und $W$ zwei $K$-Varietäten und $\varphi : V \to W$ eine $K$-reguläre Abbildung. Für $P \in V$ und $Q := \varphi(P)$ bezeichne $\mathcal{O}_{V,P}$ und $\mathcal{O}_{W,Q}$ die lokalen Ringe von $V$ in $P$ bzw. von $W$ in $Q$. Für jeden regulären Funktionskeim $[r] \in \mathcal{O}_{W,Q}$ ergibt sich durch Zusammensetzung mit $\varphi$ ein regulärer Funktionskeim $[r \circ \varphi] \in \mathcal{O}_{V,P}$. Die Abbildung $\varphi_P : \mathcal{O}_{W,Q} \to \mathcal{O}_{V,P}$ $([r] \mapsto [r \circ \varphi])$ ist ein Homomorphismus von $K$-Algebren, bei dem das maximale Ideal von $\mathcal{O}_{W,Q}$ in das maximale Ideal von $\mathcal{O}_{V,P}$ abgebildet wird. (Er heißt der durch $\varphi$ induzierte **lokale Homomorphismus** an der Stelle $P$). Im Affinen identifiziert sich $\varphi_P$ mit dem durch $K[\varphi]$ induzierten Homomorphismus $K[W]_{\mathfrak{p}_Q} \to K[V]_{\mathfrak{p}_P}$.

# Kap. V. Schemata

Bei algebraischen Gleichungen $f(X) = 0$ in einer Variablen ist es bekanntlich oft wichtig, die Lösungen mit ihren Vielfachheiten zu zählen. Die Theorie der algebraischen Varietäten in der bisherigen Form gibt uns noch nicht die Möglichkeit, bei algebraischen Gleichungssystemen in mehreren Variablen die Lösungen mit Vielfachheiten zu gewichten, um z.B. zu einheitlichen Anzahlaussagen zu gelangen; sie betrachtet nur die reinen Lösungsmengen. Schon bei der Klassifikation der Kegelschnitte lernt man aber auch, daß es zweckmäßig ist, von doppelt zu zählenden Geraden zu sprechen, und in Kap.I,§ 2 haben wir beim Schnitt von Hyperflächen mit Geraden gesehen, daß die Schnittpunkte eine natürliche Multiplizität besitzen. Die Theorie der Schemata, welche die der Varietäten verallgemeinert, erlaubt neben vielem anderen auch die Lösung der Probleme, die mit dem Vielfachheitsbegriff bei Varietäten auftreten. Insbesondere ist es nötig, Garben von Ringen mit nilpotenten Elementen zuzulassen, also die Beschränkung auf Funktionengarben aufzugeben.

## § 1. Geringte Räume

Wir haben schon in Kap.IV den Begriff des geringten Raums eingeführt. Es sollen hier zunächst einige Grundbegriffe im Zusammenhang mit diesen Räumen besprochen werden. Als erstes wollen wir Funktionskeime und die Halme von Funktionengarben verallgemeinern. Die Verallgemeinerung stützt sich auf den Begriff des direkten Limes in der Kategorie der Ringe.

Sei $(\Lambda, \geq)$ eine partiell geordnete Menge mit der Eigenschaft: Für $\lambda, \lambda' \in \Lambda$ existiert stets ein $\lambda'' \in \Lambda$ mit $\lambda'' \geq \lambda$, $\lambda'' \geq \lambda'$. Ein **direktes System von Ringen** über $(\Lambda, \geq)$ ist eine Familie $\{R_\lambda\}_{\lambda \in \Lambda}$ von Ringen $R_\lambda$, so daß für alle $\lambda, \lambda' \in \Lambda$ mit $\lambda' \geq \lambda$ Ringhomomorphismen $\rho_{\lambda'}^\lambda : R_\lambda \to R_{\lambda'}$ existieren, für die folgende Axiome erfüllt sind:

a) Für alle $\lambda \in \Lambda$ gilt $\rho_\lambda^\lambda = \mathrm{id}_{R_\lambda}$.

b) Ist $\lambda'' \geq \lambda' \geq \lambda$, so gilt $\rho_{\lambda''}^{\lambda'} \circ \rho_{\lambda'}^\lambda = \rho_{\lambda''}^\lambda$.

Wenn $(X, \mathcal{O}_X)$ ein geringter Raum ist und $P \in X$, so bilden die Ringe $\mathcal{O}_X(U)$, falls $U$ die offenen Umgebungen von $P$ durchläuft, zusammen mit den Restriktionshomomorphismen $\rho_{U'}^U$ ($U' \subset U$ offen) ein direktes System von Ringen.

1.1.DEFINITION. *Ein* **direkter Limes** *eines direkten Systems* $\{R_\lambda, \rho_{\lambda'}^\lambda\}$ *von Ringen ist ein System* $\{R, \rho^\lambda\}$, *wobei* $R$ *ein Ring ist,* $\rho^\lambda\colon R_\lambda \to R$ *für* $\lambda \in \Lambda$ *ein Ringhomomorphismus mit* $\rho^\lambda = \rho^{\lambda'} \circ \rho_{\lambda'}^\lambda$, *wenn* $\lambda' \geq \lambda$, *und wobei die folgende universelle Eigenschaft erfüllt ist: Ist* $\{S, \sigma^\lambda\}$ *ein weiteres solches System, so gibt es genau einen Ringhomomorphismus* $h\colon R \to S$ *mit* $\sigma^\lambda = h \circ \rho^\lambda$ *für alle* $\lambda \in \Lambda$.

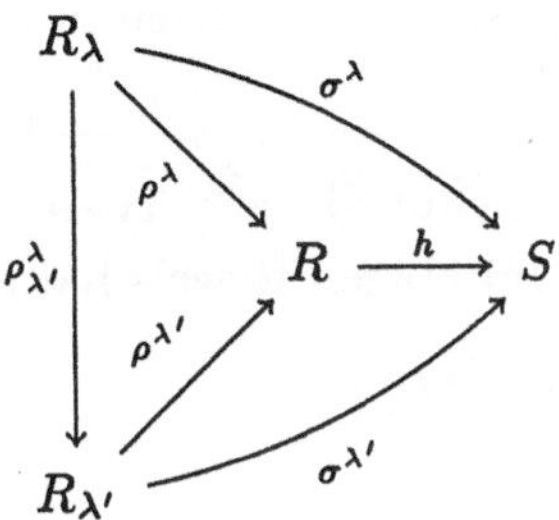

1.2.SATZ. *Jedes direkte System von Ringen besitzt einen (bis auf kanonische Isomorphie eindeutigen) direkten Limes.*

BEWEIS: Die Eindeutigkeit ergibt sich mit dem üblichen Schluß. Zum Existenzbeweis sei ein direktes System $\{R_\lambda, \rho_{\lambda'}^\lambda\}$ gegeben. Wir bilden die direkte Summe $\bigoplus\limits_{\lambda \in \Lambda} R_\lambda$ der abelschen Gruppen $(R_\lambda, +)$ und identifizieren $R_\lambda$ mit seinem kanonischen Bild in $\bigoplus\limits_{\lambda \in \Lambda} R_\lambda$. Sei $H \subset \bigoplus\limits_{\lambda \in \Lambda} R_\lambda$ die Untergruppe, die von allen Elementen

$$r_\lambda - \rho_{\lambda'}^\lambda(r_\lambda) \quad \text{mit} \quad r_\lambda \in R_\lambda \quad \text{und} \quad \lambda' \geq \lambda$$

erzeugt wird. Setze $R := \bigoplus\limits_{\lambda \in \Lambda} R_\lambda / H$, und bezeichne mit $\rho^\lambda$ die Zusammensetzung der Injektion $R_\lambda \to \bigoplus R_\lambda$ mit dem kanonischen Epimorphismus auf $R$. Nach Konstruktion gilt dann $\rho^\lambda = \rho^{\lambda'} \circ \rho_{\lambda'}^\lambda$ für $\lambda' \geq \lambda$.

Wir zeigen $R = \bigcup\limits_{\lambda \in \Lambda} \rho^\lambda(R_\lambda)$. Für $a \in R$ sei $\sum\limits_{i=1}^n a_{\lambda_i}$ ein Repräsentant in $\bigoplus R_\lambda$ $(a_{\lambda_i} \in R_{\lambda_i})$. Dann existiert ein $\lambda' \in \Lambda$ mit $\lambda' \geq \lambda_i$ für $i = 1, \ldots, n$, und es ist $a_{\lambda'} := \sum\limits_{i=1}^n \rho_{\lambda'}^{\lambda_i}(a_{\lambda_i})$ ebenfalls ein Repräsentant von $a$, also $a = \rho^{\lambda'}(a_{\lambda'})$.

Die abelsche Gruppe $(R, +)$ wird auf folgende Weise mit einer Ringstruktur versehen: Für $a, b \in R$ kann man ein $\lambda \in \Lambda$ finden und $a_\lambda, b_\lambda \in R_\lambda$, so daß $a = \rho^\lambda(a_\lambda)$, $b = \rho^\lambda(b_\lambda)$. Setze dann $a \cdot b := \rho^\lambda(a_\lambda \cdot b_\lambda)$. Es ist leicht zu sehen, daß dieses Produkt unabhängig von der speziellen Wahl von $\lambda$ und $a_\lambda$ bzw. $b_\lambda$ ist. Ferner ergibt sich sofort, daß $R$ zu einem kommutativen Ring mit Eins wird und daß alle $\rho^\lambda\colon R_\lambda \to R$ Ringhomomorphismen sind.

Ist eine Familie von Ringhomomorphismen $\sigma^\lambda \colon R_\lambda \to S$ wie in der Definition 1.1 gegeben, so bildet der Gruppenhomomorphismus

$$\bigoplus_{\lambda \in \Lambda} R_\lambda \to S \qquad \left( \textstyle\sum a_\lambda \mapsto \sum \sigma^\lambda(a_\lambda) \right)$$

die Untergruppe $H$ auf Null ab, und es wird ein Gruppenhomomorphismus $h \colon R \to S$ mit $\sigma^\lambda = h \circ \rho^\lambda$ $(\lambda \in \Lambda)$ induziert. Man prüft sofort nach, daß $h(a \cdot b) = h(a) \cdot h(b)$ für $a, b \in R$. Da $R = \bigcup \rho^\lambda(R_\lambda)$ ist, kann es auch nur einen Ringhomomorphismus mit dieser Eigenschaft geben,                                          **q.e.d.**

Man schreibt $R = \varinjlim R_\lambda$ und nennt die $\rho^\lambda \colon R_\lambda \to R$ die kanonischen Homomorphismen in den direkten Limes. Im obigen Beweis hat sich ergeben:

1.3.BEMERKUNG.  $\varinjlim R_\lambda = \bigcup\limits_{\lambda \in \Lambda} \rho^\lambda(R_\lambda)$.

1.4.DEFINITION. *Ist* $(X, \mathcal{O}_X)$ *ein geringter Raum, so heißt für jedes* $P \in X$ *der Ring* $\mathcal{O}_{X,P} := \varinjlim_{P \in U} \mathcal{O}_X(U)$ *der* **Halm** *der Strukturgarbe* $\mathcal{O}_X$ *im Punkt* $P$.

Man nennt die Elemente $s \in \mathcal{O}_X(U)$ **Schnitte** der Garbe $\mathcal{O}_X$ über $U$, speziell die Elemente von $\mathcal{O}_X(X)$ **globale Schnitte**. Sind $U$ und $V$ offene Umgebungen eines Punktes $P \in X$, so heißen zwei Schnitte $s \in \mathcal{O}_X(U)$ und $t \in \mathcal{O}_X(V)$ **äquivalent** bzgl. $P$, wenn eine offene Umgebung $W \subset U \cap V$ von $P$ existiert, so daß $s|_W = t|_W$ gilt. Die Äquivalenzklassen von Schnitten heißen **Keime** in $P$. Man überlegt leicht, daß sich die Keime in $P$ mit den Elementen aus $\mathcal{O}_{X,P}$ identifizieren lassen. Genauer ist der Keim von $s \in \mathcal{O}_X(U)$, also die Äquivalenzklasse, der $s$ angehört, gerade das Bild von $s$ beim kanonischen Homomorphismus $\mathcal{O}_X(U) \to \mathcal{O}_{X,P}$. Es ist jetzt auch die Verbindung zu den Funktionskeimen hergestellt.

Ohne Zusatzvoraussetzungen brauchen bei einem geringten Raum $(X, \mathcal{O}_X)$ die Halme $\mathcal{O}_{X,P}$ keine lokalen Ringe zu sein. Wenn sie es doch für alle $P \in X$ sind, so spricht man von **lokal geringten Räumen**.

In den Aufgaben zu Kap.IV,§ 1 haben wir gesehen, wie reguläre Abbildungen zwischen affinen Varietäten auf die Garbe der regulären Funktionen wirken. Dieses Verhalten dient zur Motivation für die Einführung der folgenden Begriffe.

Sei $X$ ein topologischer Raum, und seien $\mathcal{F}$ und $\mathcal{G}$ zwei Garben (von Ringen) auf $X$. Ein **Garbenhomomorphismus** $\alpha \colon \mathcal{F} \to \mathcal{G}$ ist eine Familie $\{\alpha_U\}_{U \subset X \,\mathrm{offen}}$ von Ringhomomorphismen $\alpha_U \colon \mathcal{F}(U) \to \mathcal{G}(U)$, so daß für je zwei offene Mengen $V \subset U$ das Diagramm

$$
\begin{array}{ccc}
\mathcal{F}(U) & \xrightarrow{\ \alpha_U\ } & \mathcal{G}(U) \\[4pt]
\Big\downarrow{\scriptstyle \rho^U_V} & & \Big\downarrow{\scriptstyle \rho^U_V} \\[4pt]
\mathcal{F}(V) & \xrightarrow{\ \alpha_V\ } & \mathcal{G}(V)
\end{array}
$$

kommutativ ist. Sind alle $\alpha_U$ für die offenen Mengen $U \subset X$ bijektiv, so heißt $\alpha$ ein **Garbenisomorphismus**.

Sei nun $(X, \mathcal{O}_X)$ ein geringter Raum und $f : X \to Y$ eine stetige Abbildung in einen topologischen Raum $Y$. Für die offene Menge $V \subset Y$ setzt man

$$(f_* \mathcal{O}_X)(V) := \mathcal{O}_X(f^{-1}(V))$$

und für ein Paar $V' \subset V$ von offenen Mengen in $Y$ definiert man $\rho^V_{V'} : (f_* \mathcal{O}_X)(V) \to (f_* \mathcal{O}_X)(V')$ als die Restriktionsabbildung $\rho^{f^{-1}(V)}_{f^{-1}(V')}$ in der Garbe $\mathcal{O}_X$. Man stellt leicht fest, daß das System $\{f_* \mathcal{O}_X(V), \rho^V_{V'}\}$ eine Garbe von Ringen auf $Y$ ist. Sie heißt das **direkte Bild** von $\mathcal{O}_X$ bei $f$.

**1.5.DEFINITION.** *Seien $(X, \mathcal{O}_X)$ und $(Y, \mathcal{O}_Y)$ zwei geringte Räume. Ein* **Morphismus** $(X, \mathcal{O}_X) \to (Y, \mathcal{O}_Y)$ *ist ein Paar $(f, f^\#)$, wobei $f : X \to Y$ eine stetige Abbildung ist und $f^\# : \mathcal{O}_Y \to f_* \mathcal{O}_X$ ein Garbenhomomorphismus. $(f, f^\#)$ heißt ein* **Isomorphismus von geringten Räumen**, *wenn $f$ ein Homöomorphismus ist und $f^\#$ ein Garbenisomorphismus.*

**1.6.BEISPIELE:**

a) Ist $U \subset X$ offen, so ist die Beschränkung $(U, \mathcal{O}_X|_U)$ von $(X, \mathcal{O}_X)$ auf $U$ ein geringter Raum und die Injektion $f : U \to X$ natürlich stetig. Für jede offene Menge $V \subset X$ ist $(f_* \mathcal{O}_X|_U)(V) = \mathcal{O}_X(U \cap V)$. Definiert man $f^\#_V : \mathcal{O}_X(V) \to \mathcal{O}_X(U \cap V)$ als die Restriktion, $\rho^V_{U \cap V}$, so wird ein Garbenhomomorphismus $f^\# : \mathcal{O}_X \to f_*(\mathcal{O}_X|_U)$ gegeben und somit ein Morphismus $(f, f^\#) : (U, \mathcal{O}_X|_U) \to (X, \mathcal{O}_X)$.

b) Sind $V$ und $W$ zwei affine oder projektive Varietäten, so sind sie genau dann isomorph i.S. der Übungsaufgaben von IV,§ 1, wenn $(V, \mathcal{O}_V)$ und $(W, \mathcal{O}_W)$ als geringte Räume isomorph sind.

Aufgaben:

1) Geben Sie ein Beispiel eines geringten Raumes an, der nicht lokal geringt ist (ganz einfach!).

2) Wie wird man die Zusammensetzung von Morphismen geringter Räume definieren?

3) Sei $(f, f^\#) : (X, \mathcal{O}_X) \to (Y, \mathcal{O}_Y)$ ein Morphismus geringter Räume. Welche natürliche Beziehung besteht zwischen den Halmen $\mathcal{O}_{X,P}$ und $\mathcal{O}_{Y,f(P)}$ für $P \in X$?

## § 2. Affine Schemata

Für einen Ring $R$ haben wir $X := \operatorname{Spec} R$ bereits zu einem topologischen Raum mit der Zariski-Topologie gemacht (III,§ 1). Wir versehen diesen jetzt auch noch mit einer Garbe von Ringen: Für jede offene Menge $U \subset X$ sei $\tilde{R}(U)$ die Menge aller Familien $\{r_{\mathfrak{p}}\}_{\mathfrak{p} \in U} \in \prod_{\mathfrak{p} \in U} R_{\mathfrak{p}}$ $(r_{\mathfrak{p}} \in R_{\mathfrak{p}})$ mit der Eigenschaft:

$(*)$ Für jedes $\mathfrak{p} \in U$ gibt es ein $g \in R \setminus \mathfrak{p}$ mit $D(g) \subset U$ und ein $f \in R$, so daß $r_{\mathfrak{q}} = \frac{f}{g}$ in $R_{\mathfrak{q}}$ für alle $\mathfrak{q} \in D(g)$.

Es ist klar, daß $\tilde{R}(U)$ ein Unterring von $\prod_{\mathfrak{p} \in U} R_{\mathfrak{p}}$ ist. Ist $U' \subset U$ eine weitere offene Menge von $X$, so induziert die Projektionsabbildung $\prod_{\mathfrak{p} \in U} R_{\mathfrak{p}} \to \prod_{\mathfrak{p} \in U'} R_{\mathfrak{p}}$ (Weglassen aller Komponenten aus $U \setminus U'$) einen Ringhomomorphismus

$$\rho_{U'}^{U} \colon \tilde{R}(U) \to \tilde{R}(U')$$

Ist nämlich $r_{\mathfrak{q}} = \frac{f}{g}$ in der Umgebung $D(g)$ von $\mathfrak{p} \in U$, so gibt es ein $g' \in R$ mit $\mathfrak{p} \in D(gg') \subset U'$ (III.3.2), und es ist $r_{\mathfrak{q}} = \frac{fg'}{gg'}$ für alle $\mathfrak{q} \in D(gg')$.

Auf Grund der lokalen Definition der Ringe $\tilde{R}(U)$ ist evident, daß das so konstruierte System $\{\tilde{R}(U), \rho_{U'}^{U}\}$ eine Garbe von Ringen auf $X$ ist. Sie wird mit $\tilde{R}$ bezeichnet. Man beachte die völlige Analogie zur Definition der Garbe der regulären Funktionen auf einer affinen algebraischen Varietät.

**2.1. DEFINITION.** *Der geringte Raum* $(\operatorname{Spec} R, \tilde{R})$ *heißt das* **zu $R$ gehörige affine Schema.** *$\tilde{R}$ heißt die* **Strukturgarbe** *und* $\operatorname{Spec} R$ *der* **unterliegende topologische Raum** *des affinen Schemas. Es wird häufig auch einfach mit $\operatorname{Spec} R$ bezeichnet. Ein geringter Raum* $(X, \mathcal{O}_X)$ *heißt ein* **affines Schema**, *wenn er zum affinen Schema eines Rings $R$ isomorph ist.*

**2.2. BEISPIEL:** Ist $S = R[X_1, \ldots, X_n]$ ein Polynomring über einem Ring $R$, so heißt $(\operatorname{Spec} S, \tilde{S})$ der schematheoretische $n$–**dimensionale affine Raum** über $R$. Dieses affine Schema wird mit $\mathsf{A}_R^{\,n}$ bezeichnet.

Im folgenden sei $(\operatorname{Spec} R, \tilde{R})$ das affine Schema eines Rings $R$. Wir wollen einige Tatsachen aus Kap. IV verallgemeinern.

**2.3. SATZ.** *Für jedes $g \in R$ hat man einen Isomorphismus geringter Räume*

$$(D(g), \tilde{R}|_{D(g)}) \cong (\operatorname{Spec} R_g, \widetilde{R_g})$$

*Insbesondere ist* $(D(g), \tilde{R}|_{D(g)})$ *ein affines Schema.*

BEWEIS: Für $\mathfrak{p} \in D(g)$ sei $\mathfrak{p}_g := \mathfrak{p}R_g$ das entsprechende Primideal von $R_g$. Dann wird durch $D(g) \to \operatorname{Spec} R_g$ $(\mathfrak{p} \mapsto \mathfrak{p}_g)$ nach B.8a) eine Bijektion und -wie man mittels B.5 sofort sieht- sogar ein Homöomorphismus gegeben. Ferner hat man einen kanonischen Isomorphismus von Ringen

$$(R_g)_{\mathfrak{p}_g} \xrightarrow{\sim} R_{\mathfrak{p}} \qquad \left( \frac{\frac{a}{g^\nu}}{\frac{b}{g^\mu}} \mapsto \frac{a}{g^{\nu-\mu}b} \right)$$

Für eine offene Menge $U \subset D(g)$ entnimmt man nun der Definition der Garbe $\tilde{R}$, daß $\tilde{R}(U) \cong \widetilde{R_g}(U)$ ist und $\tilde{R}|_{D(g)} \cong \widetilde{R_g}$.

Völlig analog zu IV.1.6 ergibt sich für den Schnittring über $D(g)$:

2.4.SATZ. *Für jedes $g \in R$ wird durch den kanonischen Homomorphismus*

$$R_g \to \prod_{\mathfrak{p} \in D(g)} R_{\mathfrak{p}} \qquad \left( \frac{f}{g^\nu} \mapsto \left\{ \frac{f}{g^\nu} \right\}_{\mathfrak{p} \in D(g)} \right)$$

*ein Isomorphismus $R_g \xrightarrow{\sim} \tilde{R}(D(g))$ induziert. Insbesondere gilt für den Ring der globalen Schnitte in $\tilde{R}$*

$$\tilde{R}(\operatorname{Spec} R) \cong R$$

*Für $g, g' \in R$ identifiziert sich der Restriktionshomomorphismus $\rho_{D(gg')}^{D(g)}$ mit dem kanonischen Homomorphismus*

$$R_g \to R_{gg'} \qquad \left( \frac{f}{g^\nu} \mapsto \frac{f(g')^\nu}{(gg')^\nu} \right)$$

BEWEIS: Da $D(g)$ quasikompakt ist (III.3.3), wird jedes Element aus $\tilde{R}(D(g))$ schon durch endlich viele Brüche $\frac{f_i}{g_i}$ $(i = 1, \ldots, n)$ mit $D(g) = \bigcup_{i=1}^{n} D(g_i)$ gegeben. Man kann hierbei annehmen, daß $f_i g_j = f_j g_i$ in $R$ gilt für $i, j = 1, \ldots, n$. Ferner existieren ein $\nu \in \mathsf{N}$ und $h_1, \ldots, h_n \in R$ mit

$$g^\nu = \sum_{i=1}^{n} h_i g_i$$

Setzt man $f := \sum_{i=1}^{n} h_i f_i$, so ergibt sich $\frac{f_j}{g_j} = \frac{f}{g^\nu}$ $(j = 1, \ldots, n)$.

Wir wollen nun die Halme der Garbe $\tilde{R}$ genauer beschreiben. Dazu zeigen wir zunächst, daß die Lokalisation eines Rings $R$ nach einem Primideal $\mathfrak{p}$ ein direkter Limes ist. Die Nennermenge $\Lambda := R \setminus \mathfrak{p}$ ist durch die Teilbarkeit partiell geordnet, d.h. für $g, g' \in R \setminus \mathfrak{p}$ gilt $g' \geq g$ genau dann, wenn $g|g'$. Schreibt man $g' = g \cdot h$ mit $h \in R$, so ist auch $h \in \Lambda$ und $D(g') \subset D(g)$.

Betrachte für $g, g' \in \Lambda$ mit $g' = g \cdot h$ $(h \in R)$ den kanonischen Homomorphismus

$$\rho_{g'}^{g} : R_g \to R_{g'} \qquad \left( \frac{r}{g^\nu} \mapsto \frac{rh^\nu}{g^\nu h^\nu} = \frac{rh^\nu}{g'^\nu} \right)$$

Dann ist $\{R_g, \{\rho_{g'}^{g}\}_{g|g'}\}$ ein direktes System von Ringen. Sei für $g \in \Lambda$

$$\rho_g : R_g \to R_{\mathfrak{p}} \qquad \left( \frac{r}{g^\nu} \mapsto \frac{r}{g^\nu} \right)$$

der kanonische Homomorphismus.

**2.5. SATZ.** *Man hat einen kanonischen Ringisomorphismus* $R_{\mathfrak{p}} \cong \varinjlim_{g \notin \mathfrak{p}} R_g$

BEWEIS: Für $g|g'$ gilt offensichtlich $\rho^g = \rho^{g'} \circ \rho_{g'}^{g}$. Ist $\sigma^g : R_g \to S$ eine Familie von Ringhomomorphismen $(g \in \Lambda)$ mit $\sigma^g = \sigma^{g'} \circ \rho_{g'}^{g}$ für $g|g'$, so ist $R \to R_g \xrightarrow{\sigma^g} S$ unabhängig von $g$, denn für beliebige $g_1, g_2 \in R \setminus \mathfrak{p}$ ist das Diagramm

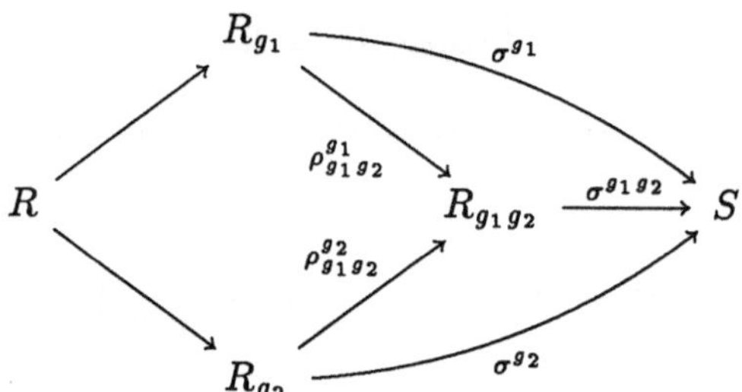

kommutativ. Wir bezeichnen den Homomorphismus $R \to R_g \xrightarrow{\sigma^g} S$ mit $\alpha$. Für jedes $g \in \Lambda$ ist $\alpha(g)$ eine Einheit in $S$, da $g$ schon in $R_g$ zur Einheit wird. Daher induziert $\alpha$ einen Ringhomomorphismus $h : R_{\mathfrak{p}} \to S$ mit $h(\frac{r}{g^\nu}) = \alpha(r) \cdot \alpha(g)^{-\nu} = \sigma^g(\frac{r}{g^\nu})$ für $\frac{r}{g^\nu} \in R_{\mathfrak{p}}$. Es ergibt sich $h \circ \rho^g = \sigma^g$ für $g \in R \setminus \mathfrak{p}$, und man sieht sofort, daß $h$ durch diese Bedingung eindeutig festgelegt ist. Mithin besitzt $R_{\mathfrak{p}}$ die universelle Eigenschaft von $\varinjlim_{g \notin \mathfrak{p}} R_g$ und identifiziert sich mit diesem Ring.

**2.6. SATZ.** *Sei* $(X, \mathcal{O}_X)$ *ein affines Schema:* $X = \operatorname{Spec} R$ *mit einem Ring* $R$. *Dann gilt für* $P = \mathfrak{p} \in X$

$$\mathcal{O}_{X,P} \cong R_{\mathfrak{p}}$$

*Affine Schemata sind somit lokal geringte Räume.*

BEWEIS: Sei $U$ eine offene Umgebung von $P$. Durch die Projektion $\prod_{q \in U} R_q \to R_{\mathfrak{p}}$ auf den Faktor $R_{\mathfrak{p}}$ wird ein kanonischer Ringhomomorphismus

$$\rho_P^U \colon \mathcal{O}_X(U) \to R_{\mathfrak{p}}$$

induziert, wobei für offene Umgebungen $U' \subset U$ von $P$ die Formel $\rho_P^U = \rho_P^{U'} \circ \rho_{U'}^U$ gilt. Ist $U = D(g)$ mit $g \in R \setminus \mathfrak{p}$, so identifiziert sich $\mathcal{O}_X(U)$ gemäß 2.4 mit $R_g$, und $\rho_P^U \colon R_g \to R_{\mathfrak{p}}$ ist die kanonische Abbildung $\rho^g$ aus dem Beweis von 2.5.

Sei nun $\sigma^U \colon \mathcal{O}_X(U) \to S$ eine Familie von Ringhomomorphismen mit $\sigma^U = \sigma^{U'} \circ \rho_{U'}^U$ für offene Umgebungen $U' \subset U$ von $P$. Setze $\sigma^g := \sigma^{D(g)}$ für $g \in R \setminus \mathfrak{p}$. Gemäß 2.5 existiert ein eindeutiger Ringhomomorphismus $h \colon R_{\mathfrak{p}} \to S$ mit $\sigma^g = h \circ \rho_P^{D(g)}$ für alle $g \in R \setminus \mathfrak{p}$. Da jede offene Umgebung $U$ von $P$ auch eine Umgebung der Form $D(g)$ enthält, ergibt sich $\sigma^U = \sigma^g \circ \rho_{D(g)}^U = h \circ \rho_P^{D(g)} \circ \rho_{D(g)}^U = h \circ \rho_P^U$ für alle $U$, d.h. $\mathcal{O}_{X,P} \cong R_{\mathfrak{p}}$.

Für ein Ideal $I \subset R$ sei $\varepsilon : R \to R/I$ der kanonische Epimorphismus. Der unterliegende topologische Raum des affinen Schemas $(\operatorname{Spec} R/I, \widetilde{R/I})$ identifiziert sich vermöge $f := \operatorname{Spec} \varepsilon$ nach III.1.18 mit der abgeschlossenen Menge $\mathcal{V}(I) \subset \operatorname{Spec} R$. Man nennt $(\operatorname{Spec} R/I, \widetilde{R/I})$ das **zu $I$ gehörige abgeschlossene Unterschema** von $(\operatorname{Spec} R, \tilde{R})$.

Da eine abgeschlossene Teilmenge $A \subset \operatorname{Spec} R$ für viele Ideale $I \subset R$ von der Form $A = \mathcal{V}(I)$ sein kann, z.B. ist $\mathcal{V}(I) = \mathcal{V}(I^2)$, kann $A$ viele Strukturen als ein abgeschlossenes Unterschema von $\operatorname{Spec} R$ tragen, jedoch haben die entsprechenden Ideale alle das gleiche Radikal (III.1.5).

Die Garben $\tilde{R}$ und $\widetilde{R/I}$ hängen wie folgt zusammen. Wir beschreiben zunächst das direkte Bild $f_*(\widetilde{R/I})$. Sei $X := \operatorname{Spec} R/I$, $Y := \operatorname{Spec} R$ und $U = Y \setminus \mathcal{V}(J)$ eine offene Menge von $Y$, wobei $J \subset R$ ein Ideal ist. Setze $\overline{R} := R/I$. Dann ist

$$f^{-1}(U) = U \cap X = X \setminus \mathcal{V}(J + I/I)$$

die Menge der Primideale $\overline{\mathfrak{p}} := \mathfrak{p}/I$ mit $\mathfrak{p} \in \mathcal{V}(I)$, $\mathfrak{p} \not\supset J$. Ferner ist $f_*(\widetilde{R/I})(U) = \widetilde{R/I}(U \cap X) \subset \prod_{\substack{\mathfrak{p} \supset I \\ \mathfrak{p} \not\supset J}} \overline{R_{\overline{\mathfrak{p}}}}$ der Unterring, dessen Elemente die eingangs gegebene Bedingung $(*)$ erfüllen.

Wie man leicht sieht, wird beim kanonischen Homomorphismus $\prod_{\substack{\mathfrak{p} \\ \mathfrak{p} \not\supset J}} R_{\mathfrak{p}} \to \prod_{\substack{\mathfrak{p} \supset I \\ \mathfrak{p} \not\supset J}} \overline{R_{\overline{\mathfrak{p}}}}$ der Unterring $\tilde{R}(U)$ in $(\widetilde{R/I})(U \cap X)$ abgebildet und ein Garbenhomomorphismus $f^\# : \tilde{R} \to f_*(\widetilde{R/I})$ induziert. Insgesamt erhält man somit einen Morphismus

$$(f, f^\#) : (\operatorname{Spec} R/I, \widetilde{R/I}) \to (\operatorname{Spec} R, \tilde{R})$$

Er heißt die **zu $I$ gehörige abgeschlossene Immersion.**

Für die Halme der Garbe $\widetilde{R/I}$ gilt nach 2.6 und B.7

$$(\widetilde{R/I})_{\overline{\mathfrak{p}}} \cong (R/I)_{\overline{\mathfrak{p}}} \cong R_{\mathfrak{p}}/I_{\mathfrak{p}} \qquad (\mathfrak{p} \in \mathcal{V}(I))$$

und für $f \in R \setminus I$ mit dem Bild $\overline{f}$ in $R/I$ hat man nach 2.4 und B.7

$$\widetilde{R/I}(D(\overline{f})) \cong (R/I)_{\overline{f}} = R_f/I_f$$

Man gewinnt also die wichtigsten Daten der Strukturgarbe $\widetilde{R/I}$ aus denen von $\tilde{R}$ durch Restklassenbildung, und man sieht auch, daß die abgeschlossenen Unterschemata von $(\operatorname{Spec} R, \tilde{R})$ eineindeutig den Idealen von $R$ entsprechen.

2.7.BEISPIEL: Sei $K$ ein algebraisch abgeschlossener Körper und

$$f_i(X_1, \ldots, X_n) = 0 \qquad (i = 1, \ldots, m)$$

ein algebraisches Gleichungssystem über $K$. Dann heißt das abgeschlossene Unterschema $\operatorname{Spec} K[X_1, \ldots, X_n]/(f_1, \ldots, f_m)$ des schematheoretischen affinen Raums $\mathbb{A}^n_K$ das **Lösungsschema** des Gleichungssystems. Die Lösungs-$n$-tupel identifizieren sich dabei mit den abgeschlossenen Punkten des Lösungsschemas, also den maximalen Idealen von $K[X_1, \ldots, X_n]/(f_1, \ldots, f_m)$ (vgl. III.1.4). Das Lösungsschema enthält aber mehr Information als die Lösungsvarietät allein, z.B. gibt es, wie wir noch sehen werden, die Auskunft, mit welcher Vielfachheit die irreduziblen Komponenten der Lösungsvarietät gezählt werden sollen.

Sind $I_1 \subset I_2$ zwei Ideale von $R$, so kann $(\operatorname{Spec} R/I_2, \widetilde{R/I_2})$ als abgeschlossenes Unterschema von $(\operatorname{Spec} R/I_1, \widetilde{R/I_1})$ betrachtet werden, das zum Ideal $I_2/I_1$ gehört. Man schreibt dann

$$(\operatorname{Spec} R/I_2, \widetilde{R/I_2}) \subset (\operatorname{Spec} R/I_1, \widetilde{R/I_1})$$

Speziell ist für jedes Ideal $I \subset R$

$$(\operatorname{Spec}(R/\operatorname{Rad}I), (R/\operatorname{Rad}I)^{\sim}) \subset (\operatorname{Spec} R/I, \widetilde{R/I})$$

wobei beide Schemata den gleichen unterliegenden topologischen Raum besitzen.

2.8.DEFINITION. *Sind $I_1, I_2$ zwei Ideale von $R$, so heißt*

$$\operatorname{Spec} R/I_1 \cap \operatorname{Spec} R/I_2 := \operatorname{Spec} R/I_1 + I_2$$

*der* **(schematheoretische) Durchschnitt** *und*

$$\operatorname{Spec} R/I_1 \cup \operatorname{Spec} R/I_2 := \operatorname{Spec} R/I_1 \cap I_2$$

*die* **(schematheoretische) Vereinigung** *von $\operatorname{Spec} R/I_1$ und $\operatorname{Spec} R/I_2$.*

Die unterliegenden topologischen Räume sind in der Tat der Durchschnitt bzw. die Vereinigung der zu den $\operatorname{Spec} R/I_k$ $(k = 1, 2)$ gehörigen Räume. Es sind aber auch noch Garben mitgegeben, und diese geben ein genaueres Bild des Durchschnitts und der Vereinigung.

Aufgaben:

1) Seien $R$ und $S$ zwei Ringe, $\alpha : R \to S$ ein Ringhomomorphismus und $f := \operatorname{Spec} \alpha$.

   a) Geben Sie eine Beschreibung der Garbe $f_*(\tilde{S})$.

   b) Zeigen Sie, daß durch den Homomorphismus $\alpha$ in natürlicher Weise ein Garbenhomomorphismus $f^\# : \tilde{R} \to f_*(\tilde{S})$ gegeben wird, so daß also $\alpha$ einen Morphismus $(f, f^\#) : (\operatorname{Spec} S, \tilde{S}) \to (\operatorname{Spec} R, \tilde{R})$ liefert.

   c) Die Morphismen $(\operatorname{Spec} S, \tilde{S}) \to (\operatorname{Spec} R, \tilde{R})$ und die Ringhomomorphismen $R \to S$ entsprechen sich eineindeutig.

2) Sei $M$ ein Modul über einem Ring $R$ und $\mathbf{S}(M)$ die symmetrische Algebra von $M$. Das affine Schema $V_X(M) := \operatorname{Spec} \mathbf{S}(M)$ heißt das durch $M$ gegebene **Bündel** über der Basis $X := \operatorname{Spec} R$. Die durch die kanonische Abbildung $R \to \mathbf{S}(M)$ induzierte Abbildung $\pi : V_X(M) \to X$ heißt die Projektion auf die Basis, und ein Morphismus $s : X \to V_X(M)$ mit $\pi \circ s = \operatorname{id}_X$ heißt ein **Schnitt** im Bündel $V_X(M)$. Zeigen Sie:

   a) Ist $M$ endlich erzeugt, so ist die Faser von $\pi$ in $\mathfrak{p} \in X$ ein $n$–dimensionaler affiner Raum über $k(\mathfrak{p}) := R_\mathfrak{p}/\mathfrak{p}R_\mathfrak{p}$ mit $n = \mu_\mathfrak{p}(M)$.

   b) Die Schnitte in $V_X(M)$ entsprechen eineindeutig den Elementen des Dualmoduls $\operatorname{Hom}_R(M, R)$ von $M$.

   c) Ist $M$ endlich erzeugt, so definiert jeder Schnitt $s : X \to V_X(M)$ auf natürliche Weise eine Abbildung

   $$s : X \to \prod_{\mathfrak{p} \in X} M(\mathfrak{p})^*$$

   mit $s(\mathfrak{p}) \in M(\mathfrak{p})^* = \operatorname{Hom}_{k(\mathfrak{p})}(M_\mathfrak{p}/\mathfrak{p}M_\mathfrak{p}, k(\mathfrak{p}))$ für alle $\mathfrak{p} \in X$.

3) Unter den Annahmen von Beispiel 2.7 sei $m = n$, und $\{f_1, \ldots, f_n\}$ sei eine reguläre Folge mit homogenen Polynomen $f_i$ vom Grad $d_i$. Dann besteht das Lösungsschema $X$ aus dem Ursprung $O$ des $\mathbb{A}_K^n$, und der lokale Ring von $O$ auf $X$ ist eine $K$–Algebra der Dimension $\prod_{i=1}^{n} d_i$.

4) Seien $A$ und $B$ affine Algebren über einem algebraisch abgeschlossenen Körper $K$ und $\alpha : A \to A \otimes_K B$, $\beta : B \to A \otimes_K B$ die kanonischen Abbildungen in das Tensorprodukt.

   a) Die Abbildung $\operatorname{Spec} A \otimes_K B \to \operatorname{Spec} A \times \operatorname{Spec} B$ $(\mathfrak{p} \mapsto (\alpha^{-1}(\mathfrak{p}), \beta^{-1}(\mathfrak{p})))$ ist surjektiv, aber i.a. nicht bijektiv.

   b) Die induzierte Abbildung $\operatorname{Max} A \otimes_K B \to \operatorname{Max} A \times \operatorname{Max} B$ ist bijektiv, jedoch ist die Zariski-Topologie von $\operatorname{Max} A \otimes_K B$ i.a. nicht die Produkttopologie der Zariski-Topologien von $\operatorname{Max} A$ und $\operatorname{Max} B$.

## § 3. Der Begriff des Schemas

**3.1.DEFINITION.** *a) Ein geringter Raum $(X, \mathcal{O}_X)$ heißt ein* **Schema**, *wenn es für jedes $P \in X$ eine offene Umgebung $U$ von $P$ in $X$ gibt, so daß $(U, \mathcal{O}_X|_U)$ ein affines Schema ist. Ein solches $U$ heißt eine* **offene affine Umgebung** *von $P$.*

*b) Die Menge der abgeschlossenen Punkte eines Schemas $(X, \mathcal{O}_X)$ wird mit $|X|$ bezeichnet. Sie heißt der* **Träger** *von $(X, \mathcal{O}_X)$.*

*c) Zwei Schemata sind* **isomorph**, *wenn sie als geringte Räume isomorph sind.*

Der Begriff des Schemas ist offensichtlich unabhängig von einer Einbettung in einen affinen und projektiven Raum, wie man das ja auch vom Mannigfaltigkeitsbegriff kennt. Es wird nur verlangt, daß Schemata lokal "so aussehen" wie affine Schemata. Insbesondere sind Schemata lokal geringte Räume. Für ein affines Schema $X = \operatorname{Spec} R$ sind nach III.1.4 genau die maximalen Ideale die abgeschlossenen Punkte von $X$, denn für ein nicht maximales Primideal $\mathfrak{p}$ enthält $\overline{\{\mathfrak{p}\}} = \mathcal{V}(\mathfrak{p})$ ja noch weitere Primideale. Es ist also $|X| = \operatorname{Max} R$ in diesem Fall, und da ein beliebiges Schema eine offene Überdeckung durch affine Schemata besitzt, kennt man auch dessen Träger.

**3.2.SATZ.** *Ist $(X, \mathcal{O}_X)$ ein Schema und $U \subset X$ offen, so ist auch $(U, \mathcal{O}_X|_U)$ ein Schema.*

BEWEIS: Jedes $P \in U$ besitzt eine offene affine Umgebung der Form $\operatorname{Spec} R$ in $X$. Da $U \cap \operatorname{Spec} R$ offen ist, gibt es eine Umgebung von $P$ der Form $D(g)$ in $U \cap \operatorname{Spec} R$. Nach 2.3 ist $(D(g), \tilde{R}|_{D(g)}) = (D(g), \mathcal{O}_X|_{D(g)})$ ein affines Schema und somit $(U, \mathcal{O}_X|_U)$ ein Schema.

Ist $(X, \mathcal{O}_X)$ ein affines Schema, so braucht $(U, \mathcal{O}_X|_U)$ jedoch nicht affin zu sein, siehe Aufgabe 1).

Wie jeder topologische Raum besitzen auch die Schemata $(X, \mathcal{O}_X)$ eine Zerlegung in irreduzible Komponenten. Ist $X = \bigcup_{\lambda \in \Lambda} X_\lambda$ diese Zerlegung und $U \subset X$ eine nichtleere offene Teilmenge von $X$, so sei $\Lambda'$ die Menge aller $\lambda \in \Lambda$ mit $U \cap X_\lambda \neq \emptyset$. Dann folgt aus $U \cap X_{\lambda_1} = U \cap X_{\lambda_2}$ für $\lambda_1, \lambda_2 \in \Lambda'$, daß $\lambda_1 = \lambda_2$ ist, denn $U \cap X_{\lambda_1}$ ist dicht in $X_{\lambda_1}$ und $X_{\lambda_2}$. Es ergibt sich, daß $U = \bigcup_{\lambda \in \Lambda'} U \cap X_\lambda$ die Zerlegung von $U$ in irreduzible Komponenten ist.

**3.3.SATZ.** *Sei $(X, \mathcal{O}_X)$ ein Schema. Für $P \in X$ entsprechen die minimalen Primideale von $\mathcal{O}_{X,P}$ eineindeutig den $P$ enthaltenden irreduziblen Komponenten von $X$.*

BEWEIS: Sei $U = \operatorname{Spec} R$ eine offene affine Umgebung von $P$. Die irreduziblen Komponenten von $U$ sind die $U$ treffenden Komponenten von $X$. Sie entsprechen eineindeutig den Elementen von Min $R$ (III.1.10a). Da $\mathcal{O}_{X,P}$ eine Lokalisation von $R$ nach dem $P$ entsprechenden Primideal von $R$ ist (2.6), entsprechen die $P$ enthaltenden Komponenten eineindeutig den minimalen Primidealen von $\mathcal{O}_{X,P}$.

Man sagt, daß ein Schema $(X, \mathcal{O}_X)$ **lokal** in $P \in X$ **noethersch** ist, wenn es eine offene affine Umgebung $U = \operatorname{Spec} R$ von $P$ gibt, wobei $R$ ein noetherscher Ring ist. In diesem Fall ist auch $\mathcal{O}_{X,P}$ noethersch, und Min $\mathcal{O}_{X,P}$ ist endlich. Sei $X_\lambda$ eine irreduzible Komponente von $X$, welche $P$ enthält, und sei $\mathfrak{q}_\lambda$ das ihr entsprechende Element aus Min $\mathcal{O}_{X,P}$. Dann ist $(\mathcal{O}_{X,P})_{\mathfrak{q}_\lambda}$ ein Ring endlicher Länge $n_\lambda$, denn er ist noethersch und besitzt genau ein Primideal (C.11). Man sagt, daß $X_\lambda$ "$n_\lambda$–fach durch $P$ hindurchgeht". $(X, \mathcal{O}_X)$ heißt **lokal noethersch**, wenn es lokal in jedem $P \in X$ noethersch ist.

Ein Schema $(X, \mathcal{O}_X)$ heißt **reduziert**, wenn alle seine lokalen Ringe reduziert sind. In diesem Fall, der dem der algebraischen Varietäten entspricht, gehen alle irreduziblen Komponenten einfach durch ihre Punkte hindurch, da ja die Lokalisationen der Ringe $\mathcal{O}_{X,P}$ nach ihren minimalen Primidealen Körper sind, also die Länge 1 besitzen.

**3.4.SATZ.** *Sei $(X, \mathcal{O}_X)$ ein Schema und $A \subset X$ eine nichtleere irreduzible abgeschlossene Teilmenge. Dann besitzt $A$ genau einen generischen Punkt.*

BEWEIS: Für $P \in A$ sei $U$ eine offene affine Umgebung von $P$ in $X$. Dann ist $A \cap U$ eine nichtleere irreduzible abgeschlossene Teilmenge von $U$, die bzgl. $U$ einen generischen Punkt $Q$ besitzt: $A \cap U = \overline{\{Q\}}$. Da $A \cap U$ dicht in $A$ ist, ist $Q$ auch ein generischer Punkt von $A$.

Sei $Q'$ ein weiterer generischer Punkt von $A$. Dann ist $Q'$ insbesondere in $U \cap A$ enthalten und somit $U \cap A = \overline{\{Q'\}}$ der Abschluß von $Q'$ in $U$. Wegen der Eindeutigkeit der generischen Punkte in den Spektren von Ringen ergibt sich $Q' = Q$.

Insbesondere besitzt jede irreduzible Komponente von $X$ einen eindeutigen generischen Punkt. Wird durch die affinen Schemata $(\operatorname{Spec} R_\lambda, \tilde{R}_\lambda)$ eine offene Überdeckung von $X$ gegeben, so entsprechen die generischen Punkte der irreduziblen Komponenten von $X$ gerade den minimalen Primidealen der Ringe $R_\lambda$.

Ein Schema $(X, \mathcal{O}_X)$ heißt **noethersch**, wenn es eine **endliche** offene Überdeckung durch affine Schemata von noetherschen Ringen besitzt. Es besitzt dann eine endliche Zerlegung

$$X = X_1 \cup \cdots \cup X_m$$

in irreduzible Komponenten $X_i$ ($i = 1, \ldots, m$), und der lokale Ringe $\mathcal{O}_{X,Q_i}$ im generischen Punkt $Q_i$ von $X_i$ besitzt endliche Länge $n_i$. Man sagt $X_i$ sei eine $n_i$**-fache Komponente** von $X$, und $X_i$ geht $n_i$-fach durch jeden seiner Punkte hindurch.

### 3.5. BEISPIELE:

a) Sei $K$ ein Körper und $f \in K[X_1, \ldots, X_n]$ ein Polynom mit der Zerlegung

$$f = c \cdot f_1^{\alpha_1} \cdots f_s^{\alpha_s} \qquad (c \in K^*, f_i \text{ irreduzibel}, f_i \nsim f_j \text{ für } i \neq j)$$

in irreduzible Faktoren. Der Ring $A = K[X_1, \ldots, X_n]/(f)$ besitzt dann die minimalen Primideale $\mathfrak{p}_i := (f_i)/(f)$ ($i = 1, \ldots, s$), und diese sind die generischen Punkte der irreduziblen Komponenten von Spec $A$. Sei $\mathfrak{P}_i = (f_i)$ das von $f_i$ in $K[X_1, \ldots, X_n]$ erzeugte Hauptideal. Die Halme von $\tilde{A}$ in den generischen Punkten sind isomorph zu

$$A_{\mathfrak{p}_i} \cong K[X_1, \ldots, X_n]_{\mathfrak{P}_i}/fK[X_1, \ldots, X_n]_{\mathfrak{P}_i} = K[X_1, \ldots, X_n]_{\mathfrak{P}_i}/(f_i^{\alpha_i})K[X_1, \ldots, X_n]_{\mathfrak{P}_i}$$

und haben daher die Länge $\alpha_i$. Die irreduzible Komponente $\mathcal{V}(\mathfrak{p}_i) = $ Spec $A/\mathfrak{p}_i$, welche $f_i$ entspricht, besitzt somit die Vielfachheit $\alpha_i$, mit der $f_i$ als Faktor von $f$ auftritt.

Schematheoretisch ist (Spec $A, \tilde{A}$) die Vereinigung der abgeschlossenen Unterschemata (Spec $A/\mathfrak{p}_i^{\alpha_i}, \widetilde{A/\mathfrak{p}_i^{\alpha_i}}$), deren unterliegenden topologischen Räume die irreduziblen Komponenten von Spec $A$ sind.

Als ein einfaches Beispiel sei Spec $K[X,Y]/(Y^2)$ genannt, die **doppelt zu zählende** $X$**-Achse** in der affinen Ebene $\mathbb{A}_K^2 = $ Spec $K[X,Y]$.

b) Sei $(X, \mathcal{O}_X)$ ein lokal noethersches Schema, wobei $X$ nur aus endlich vielen abgeschlossenen Punkten $P_1, \ldots, P_s$ besteht. Diese sind zugleich die irreduziblen Komponenten von $X$, und die lokalen Ringe $\mathcal{O}_{X,P_i}$ sind von endlicher Länge $\alpha_i$. Jedes $P_i$ ist somit ein $\alpha_i$-facher Punkt von $X$.

Wenn $X$ das Lösungsschema eines Systems $f_i(X_1, \ldots, X_n) = 0$ ($i = 1, \ldots, m$) algebraischer Gleichungen über einem algebraisch abgeschlossenen Körper ist, und wenn $X$ die obige Endlichkeitsbedingung erfüllt, so hat das System gerade $s$ Lösungen $P_i$, die mit den Vielfachheiten $\alpha_i$ zu versehen sind. Die Endlichkeitsbedingung könnte schärfer sein als die Bedingung, daß das System nur endlich viele Lösungen besitzt, denn $X$ könnte ja nicht abgeschlossene Punkte besitzen, doch wird sich später zeigen, daß die Bedingungen in Wahrheit äquivalent sind (VI.3.11).

Schemata sind Gegenstand einer ausgedehnten Theorie, in die wir aber nicht weiter eindringen wollen, da wir uns von unserem Ausgangspunkt, den algebraischen Gleichungssystemen, nicht zu weit entfernen wollen. Für den tieferen Einstieg in die

Schematheorie sei auf ihre Quelle [G] oder auf [H], Chap.II verwiesen. Einen schnellen Überblick über den Nutzen der Schemasprache, ohne sich in Einzelheiten zu verlieren, gibt [EH]. Erste Andeutungen hierfür sind nun auch schon gemacht worden.

AUFGABEN:

1) Sei $K$ ein Körper. Zeigen Sie, daß $\mathbb{A}^2_K \setminus \{(0,0)\}$ kein affines Schema ist.

2) Sei $(X, \mathcal{O}_X)$ ein Schema, wobei $X$ nur aus endlich vielen abgeschlossenen Punkten $P_1, \ldots, P_s$ besteht. Dann ist $(X, \mathcal{O}_X)$ isomorph zum affinen Schema des Rings
$$R := \prod_{i=1}^{s} \mathcal{O}_{X,P_i}.$$

## § 4. Projektive Schemata

Diese verallgemeinern die projektiven Varietäten und stehen damit im Zusammenhang mit den algebraischen Gleichungssystemen aus lauter homogenen Gleichungen.
Sei $R = \bigoplus_{n \in \mathbb{N}} R_n$ ein positiv graduierter Ring, $R_+ := \bigoplus_{n>0} R_n$ und $R^h$ die Menge
der homogenen Elemente von $R$. In III, § 2 haben wir bereits

$$\operatorname{Proj} R := \{\mathfrak{p} \in \operatorname{Spec} R \mid \mathfrak{p} \text{ homogen}, \mathfrak{p} \not\supset R_+\}$$

als topologischen Raum studiert. In III. 3.2 wurde gezeigt, daß die Mengen

$$D_+(f) := \{\mathfrak{p} \in \operatorname{Proj} R \mid f \notin \mathfrak{p}\} \qquad (f \in R^h)$$

eine Basis für die Zariski-Topologie von Proj $R$ bilden. Wir versehen nun Proj $R$
mit einer Garbe von Ringen.

Setze $X := \operatorname{Proj} R$. Für $\mathfrak{p} \in \operatorname{Proj} R$ bezeichne $R_{(\mathfrak{p})}$ die homogene Lokalisation
von $R$ nach $\mathfrak{p}$ (B.3c). Das weitere Vorgehen ist nun analog zu dem bei affinen
Schemata.

Für jede offene Menge $U \subset X$ sei $R^*(U)$ der Unterring von $\prod_{\mathfrak{p} \in U} R_{(\mathfrak{p})}$, der aus allen
Familien $\{r_{\mathfrak{p}}\}_{\mathfrak{p} \in U}$ von Elementen $r_{\mathfrak{p}} \in R_{(\mathfrak{p})}$ mit folgender Eigenschaft besteht: Für
jedes $\mathfrak{p} \in U$ gibt es ein $g \in R^h \setminus \mathfrak{p}$ mit $D_+(g) \subset U$ und ein $f \in R^h$ mit $\deg f = \deg g$,
so daß $r_{\mathfrak{q}} = \frac{f}{g}$ in $R_{(\mathfrak{q})}$ gilt für alle $\mathfrak{q} \in D_+(g)$. Die Restriktionshomomorphismen
$\rho_{U'}^U : R^*(U) \to R^*(U')$ sind analog wie im Affinen erklärt (§ 2). Es ist dann klar, daß
$\{R^*(U), \rho_{U'}^U\}$ eine Garbe $R^*$ von Ringen auf Proj $R$ ist. Sie ist analog zur Garbe
der regulären Funktionen auf einer projektiven algebraischen Varietät.

**4.1.**DEFINITION. *Der geringte Raum* $(\operatorname{Proj} R, R^*)$ *heißt das* **zu $R$ gehörige projektive Schema,** $R^*$ *heißt seine* **Strukturgarbe** *und* Proj $R$ *der* **unterliegende
topologische Raum.** *Häufig wird das Schema auch einfach mit* Proj $R$ *bezeichnet.
Ein geringter Raum* $(X, \mathcal{O}_X)$ *heißt ein* **projektives Schema,** *wenn er zum Schema
eines positiv graduierten Rings isomorph ist.*

**4.2.**BEISPIEL: Ist $S = R[Y_0, \ldots, Y_n]$ ein Polynomring über einem Ring $R$, der mit
der Standardgraduierung versehen ist, so heißt das projektive Schema

$$\mathbf{P}_R^n := \operatorname{Proj} S$$

der schematheoretische $n$**-dimensionale projektive Raum** über $R$.

Es ist noch nachzuweisen, daß $(\operatorname{Proj} R, R^*)$ in der Tat ein Schema ist, d.h. eine
offene Überdeckung durch affine Schemata besitzt. Wir zeigen zunächst:

**4.3.Satz.** *Für $d \in \mathbf{N}_+$ sei $R^{(d)} := \bigoplus_{d|i} R_i$. Dann wird durch die Inklusion $R^{(d)} \hookrightarrow R$ ein kanonischer Isomorphismus geringter Räume*

$$(\operatorname{Proj} R, R^*) \xrightarrow{\sim} (\operatorname{Proj} R^{(d)}, (R^{(d)})^*)$$

*induziert (Veronese-Isomorphismus).*

BEWEIS: In III. 2.4 wurde bereits gezeigt, daß die kanonische Abbildung

$$v^{(d)}: \operatorname{Proj} R \to \operatorname{Proj} R^{(d)} \qquad (\mathfrak{p} \mapsto \mathfrak{p} \cap R^{(d)})$$

ein Homöomorphismus ist.

Um die Isomorphie der Garben $R^*$ und $(R^{(d)})^*$ zu zeigen, genügt es nachzuweisen, daß für $\mathfrak{p} \in \operatorname{Proj} R$ und $\mathfrak{q} := \mathfrak{p} \cap R^{(d)}$ stets in kanonischer Weise $R_{(\mathfrak{p})} \cong R^{(d)}_{(\mathfrak{q})}$ gilt. Das ist aber klar, weil jedes $\frac{r}{s} \in R_{(\mathfrak{p})}$ in der Form $\frac{rs^{d-1}}{s^d}$ geschrieben werden kann und jetzt Zähler und Nenner aus $R^{(d)}$ sind.

Daß $(\operatorname{Proj} R, R^*)$ ein Schema ist, ergibt sich aus dem folgenden Satz, welcher den Veronese-Isomorphismus benutzt und die Tatsache, daß die Mengen $D_+(f)$ für $f \in R^h$ mit $\deg f > 0$ nach Definition von $\operatorname{Proj} R$ eine offene Überdeckung von $\operatorname{Proj} R$ bilden.

**4.4.Satz.** *Für jedes $f \in R^h$ mit $\deg f > 0$ hat man einen Isomorphismus geringter Räume*

$$(D_+(f), R^*|_{D_+(f)}) \cong (\operatorname{Spec} R_{(f)}, \widetilde{R_{(f)}})$$

*Die $(D_+(f), R^*|_{D_+(f)})$ sind somit affine Schemata.*

BEWEIS: Sei $\deg f =: d > 0$. Es ist $R_{(f)} = (R^{(d)})_{(f)}$, und nach 4.3 hat man einen Isomorphismus $(\operatorname{Proj} R, R^*) \cong \operatorname{Proj}(R^{(d)}, (R^{(d)})^*)$. Indem man zu $R^{(d)}$ übergeht und die Graduierung dadurch ändert, daß man alle Grade durch $d$ teilt, kann man $\deg f = 1$ annehmen.

Nach B.8b) ist

$$\operatorname{Spec} R_{(f)} = \{\mathfrak{p}_{(f)} \mid \mathfrak{p} \in \operatorname{Proj} R, f \notin \mathfrak{p}\} \cong D_+(f)$$

und diese Bijektion ist sogar ein Homöomorphismus. Berücksichtigt man die Konstruktion der Strukturgarben affiner und projektiver Schemata, so sieht man, daß es genügt, das folgende Lemma zu beweisen:

**4.5.LEMMA.** *Für jedes* $\mathfrak{p} \in D_+(f)$ *ist die Abbildung*

$$R_{(\mathfrak{p})} \to (R_{(f)})_{\mathfrak{p}_{(f)}} \qquad \left( \frac{r}{s} \mapsto \frac{\frac{r}{f^{\deg r}}}{\frac{s}{f^{\deg s}}} \right)$$

*wohldefiniert und ein Isomorphismus von Ringen.*

Der Beweis ergibt sich durch einfache Rechnungen mit Brüchen. Insgesamt ist mit 4.4 gezeigt, daß $(\text{Proj } R, R^*)$ eine offene Überdeckung durch affine Schemata besitzt, also ein Schema i.S. von Definition 3.1 ist.

Für jedes homogene Ideal $I \subset R_+$ ist das projektive Schema $(\text{Proj } R/I, (R/I)^*)$ als topologischer Raum zu $\mathcal{V}_+(I) \subset X$ homöomorph. Die Strukturgarbe $(R/I)^*$ hängt mit $R^*$ ähnlich wie im Affinen zusammen: Ist $f \in R \backslash I$ homogen und $\mathfrak{p} \in \mathcal{V}(I)$, so gilt nach B.7

$$(R/I)_{(\overline{f})} = R_{(f)}/I_{(f)} \quad \text{und} \quad (R/I)_{(\overline{\mathfrak{p}})} = R_{(\mathfrak{p})}/I_{(\mathfrak{p})}$$

wenn $\overline{f}$ bzw. $\overline{\mathfrak{p}}$ die Bilder von $f$ und $\mathfrak{p}$ in $R/I$ bezeichnen.

**4.6.DEFINITION.** $(\text{Proj } R/I, (R/I)^*)$ *heißt* **das zu** $I$ **gehörige abgeschlossene Unterschema** *von* $(\text{Proj } R, R^*)$.

Die Enthaltenseinsrelation sowie Durchschnitt und Vereinigung solcher Unterschemata sind analog wie im Affinen erklärt, ebenso das Lösungsschema eines Systems homogener algebraischer Gleichungen. Im Gegensatz zum affinen Fall entsprechen aber die abgeschlossenen Unterschemata von Proj $R$ **nicht eineindeutig** den homogenen Idealen $I \subset R_+$, vielmehr kommt es auf den folgenden Begriff an.

**4.7.DEFINITION.** *Für ein homogenes Ideal* $I \subset R_+$ *ist die* **Saturation** $\overline{I}$ *von* $I$ *die Menge aller* $r \in R_+$ *mit der Eigenschaft: Für jedes* $s \in R_+$ *gibt es ein* $n \in \mathbf{N}$ *mit* $s^n r \in I$. *Das Ideal* $I$ *heißt* **saturiert,** *wenn* $\overline{I} = I$ *gilt.*

Es ist leicht zu sehen, daß $\overline{I}$ stets ein saturiertes homogenes Ideal in $R_+$ ist mit $I \subset \overline{I}$.

**4.8.SATZ.** $R$ *werde als* $R_0$–*Algebra von* $R_1$ *erzeugt:* $R = R_0[R_1]$. *Dann entsprechen die abgeschlossenen Unterschemata von* $(\text{Proj } R, R^*)$ *eineindeutig den saturierten homogenen Idealen, die in* $R_+$ *enthalten sind.*

BEWEIS: Das Ideal $R_+$ wird von $R_1$ erzeugt. Für jedes $\mathfrak{p} \in \operatorname{Proj} R$ gibt es daher ein $s_\mathfrak{p} \in R_1$ mit $s_\mathfrak{p} \notin \mathfrak{p}$. Sei nun $\overline{I}$ die Saturation eines homogenen Ideals $I \subset R_+$ und sei $\mathfrak{p} \in \mathcal{V}(I)$. Für $r \in \overline{I}$ ist dann $s_\mathfrak{p}^n \cdot r \in I$ mit einem $n \in \mathbf{N}$. Es folgt $r \in \mathfrak{p}$ und somit $\mathcal{V}(I) = \mathcal{V}(\overline{I})$.

Ist ferner $\frac{x}{s} \in \overline{I}_{(\mathfrak{p})}$ mit $x \in \overline{I}$, $s \notin \mathfrak{p}$, beide vom gleichen Grad, so ist $s_\mathfrak{p}^n x \in I$ für geeignetes $n \in \mathbf{N}$. Es folgt $\frac{x}{s} = \frac{s_\mathfrak{p}^n x}{s_\mathfrak{p}^n s} \in I_{(\mathfrak{p})}$ und somit $\overline{I}_{(\mathfrak{p})} = I_{(\mathfrak{p})}$. Damit stimmen die zu $\overline{I}$ und $I$ gehörigen abgeschlossenen Unterschemata überein.

Seien nun $I_1$ und $I_2$ saturierte homogene Ideale in $R_+$, welche dasselbe abgeschlossene Unterschema von $\operatorname{Proj} R$ definieren. Dann ist $\mathcal{V}(I_1) = \mathcal{V}(I_2)$ und $(I_1)_{(f)} = (I_2)_{(f)}$ für $f \in R_1$. Für $x \in I_2$ und $f \in R_1$, ist $\frac{x}{f^{\deg x}} = \frac{y}{f^{\deg y}}$ mit einem homogenen $y \in I_1$ und somit $f^m x \in I_1$ für genügend großes $m$. Es ergibt sich, daß $I_2 \subset I_1$ und somit $I_2 = I_1$ ist, $\qquad$ **q.e.d.**

Ist $(Y, \mathcal{O}_Y)$ ein abgeschlossenes Unterschema von $(\operatorname{Proj} R, R^*)$ i.S. der Definition 4.6, so wird das entsprechende saturierte Ideal mit $I_Y$ bezeichnet. Es heißt das **Ideal von $Y$ in $R$** (oder auch **Verschwindungsideal**).

AUFGABEN:

1) Unter den Voraussetzungen von Satz 4.8 ist $\operatorname{Proj} R$ ein abgeschlossenes Unterschema eines projektiven Raums über $R_0$.

2) Unter den Voraussetzungen von Definition 4.7 gilt:

   a) Jedes $\mathfrak{p} \in \operatorname{Proj} R$ ist saturiert.

   b) Für homogene Ideale $I_1, I_2$ aus $R_+$ ist $\overline{I_1 \cap I_2} = \overline{I_1} \cap \overline{I_2}$.

3) Sei $L/K$ eine Körpererweiterung, wobei $K$ und $L$ algebraisch abgeschlossen sind. Durch die kanonische Injektion $K[X_0, \ldots, X_n] \to L[X_0, \ldots, X_n]$ wird ein Morphismus $\mathbf{P}_L^n \to \mathbf{P}_K^n$ induziert, bei dem die $K$-rationalen Punkte von $|\mathbf{P}_L^n|$ mit den Punkten von $|\mathbf{P}_K^n|$ identifiziert werden. Was ist das Bild von $\langle 1, t, t^2, \ldots, t^n \rangle \in |\mathbf{P}_L^n|$, wenn $t \in L$ transzendent über $K$ ist?

4) Verallgemeinern Sie den gewichteten Raum $\mathbf{P}_L^n(\gamma)$ (II,§ 1, Aufg.3) zu einem projektiven Schema.

# Kap. VI. Dimensionstheorie

Wir wenden uns jetzt dem Problem zu, die "Größe" der Lösungsräume algebraischer Gleichungssysteme, also der algebraischen Varietäten zu messen, indem wir ihnen eine "Dimension" zuordnen. Zunächst wird ein sehr allgemeiner Dimensionsbegriff eingeführt, der sich auch auf Schemata anwenden läßt und von dem sich dann nach und nach erweist, daß er ein "natürliches Maß" für die Größe algebraischer Varietäten ist. Er stimmt in Spezialfällen mit üblichen geometrischen Dimensionsbegriffen überein.

## § 1. Die Krulldimension von topologischen Räumen und Ringen

Sei $X$ ein topologischer Raum, $Y \subset X$ eine abgeschlossene irreduzible Teilmenge.

1.1. DEFINITION.

a) *Ist* $X \neq \emptyset$, *so ist die* **Krulldimension** $\dim X$ *von* $X$ *das Supremum der Längen* $n$ *aller Ketten*

$$(1) \qquad\qquad X_0 \subset X_1 \subset \cdots \subset X_n \qquad (X_{i+1} \neq X_i)$$

*von nichtleeren abgeschlossenen irreduziblen Teilmengen* $X_i \subset X$. *Ferner wird* $\dim \emptyset := -1$ *gesetzt.*

b) *Ist* $Y \neq \emptyset$, *so ist die* **Kodimension** $\operatorname{codim}_X Y$ *von* $Y$ *in* $X$ *definitionsgemäß das Supremum der Längen aller Ketten (1) mit* $X_0 = Y$. *Die Kodimension einer beliebigen abgeschlossenen Teilmenge* $A \neq \emptyset$ *von* $X$ *ist definiert als das Infimum der Kodimensionen der irreduziblen Komponenten von* $A$. *Ferner wird* $\operatorname{codim}_X \emptyset := \infty$ *gesetzt.*

Es ist also $\dim X = \infty$ oder eine ganze Zahl $\geq -1$, und $\operatorname{codim}_X A = \infty$ oder eine ganze Zahl $\geq 0$.

Diese Dimensionsbegriffe werden vor allem auf algebraische Varietäten und Schemata angewendet. Es ist zunächst keineswegs klar, daß die Dimension einer $K$-Varietät $V$ im affinen oder projektiven Raum über einem Erweiterungskörper $L$ von $K$ endlich ist. Jedenfalls ist sie koordinatenunabhängig, weil sie mit Hilfe der Zariski-Topologie von $V$ erklärt ist. Später (4.1) wird sich ergeben, daß $\dim V$ auch von der Wahl des Definitionskörpers unabhängig ist, weshalb in der Bezeichnung der Dimension kein Bezug auf $K$ genommen wird.

**1.2.REGELN:**

a) Ist $\{X_\lambda\}_{\lambda\in\Lambda}$ die Familie der irreduziblen Komponenten von $X$, so ist

$$\dim X = \mathop{\mathrm{Sup}}_{\lambda\in\Lambda}\{\dim X_\lambda\}$$

denn für jede Kette (1) ist $X_n$ in einem $X_\lambda$ enthalten (I.4.5a).

b) Gilt $X = A_1 \cup \cdots \cup A_m$ mit abgeschlossenen Teilmengen $A_i \subset X$, dann ist

$$\dim X = \mathop{\mathrm{Sup}}_{i=1,\ldots,m}\{\dim A_i\}$$

denn für jede Kette (1) ist $X_n$ in einem $A_i$ enthalten.

c) Falls $Y \neq \emptyset$ ist, gilt

$$\dim Y + \mathrm{codim}_X Y \leq \dim X$$

Zum Beweis füge man eine mit $Y$ endende Kette (1) mit einer mit $Y$ beginnenden aneinander.

d) Ist $X$ irreduzibel und $\dim X < \infty$, so gilt $\dim Y < \dim X$ genau dann, wenn $Y \neq X$ ist.

e) Ist $X = \bigcup_{i\in I} U_i$ eine offene Überdeckung von $X$, so gilt

$$\dim X = \mathop{\mathrm{Sup}}_{i\in I}\{\dim U_i\}$$

Insbesondere ist die Dimension eines Schemas das Supremum der Dimensionen der offenen affinen Teilmengen des Schemas.

Zum Beweis betrachte man für eine offene Teilmenge $U$ von $X$ eine irreduzible in $U$ abgeschlossene Teilmenge $Z \subset U$. Sei $\overline{Z}$ ihr topologischer Abschluß in $X$. Dann ist $\overline{Z} \cap (U \setminus Z) = \emptyset$, somit gilt $\overline{Z} \cap U = Z$. Die Ketten irreduzibler abgeschlossener Teilmengen in $U$ entsprechen daher eineindeutig den analogen Ketten in $X$, deren Glieder $U$ treffen. Mit Hilfe von a) folgt nun e).

**1.3.DEFINITION.**

*a) $X$ heißt* **äquidimensional** *(oder* **reindimensional**)*, wenn alle irreduziblen Komponenten von $X$ die gleiche Dimension besitzen.*

*b) Eine abgeschlossene Teilmenge $A \subset X$ heißt* **äquikodimensional** *(oder* **rein kodimensional**)*, wenn alle irreduziblen Komponenten von $A$ in $X$ die gleiche Kodimension besitzen.*

*c) Die* **Dimension von $X$ in einem Punkt** *$P \in X$ ist definiert als das Supremum der Dimensionen der irreduziblen Komponenten von $X$, welche $P$ enthalten. Sie wird mit $\dim_P X$ bezeichnet.*

Sei nun $X = \mathrm{Spec}\, R$ ein affines Schema mit einem Ring $R$. Gemäß III.1.5 und III.1.8 entsprechen die Ketten (1) aus $X$ eineindeutig den Ketten

$$(2) \qquad \mathfrak{p}_0 \subset \mathfrak{p}_1 \subset \cdots \subset \mathfrak{p}_n \qquad (\mathfrak{p}_{i+1} \neq \mathfrak{p}_i)$$

von Primidealen $\mathfrak{p}_i \in \operatorname{Spec} R$, wobei sich die Inklusionen umkehren. Man kann daher im jetzigen Fall die Dimensionsbegriffe auf die Betrachtung von Primidealketten zurückführen:

**1.4. DEFINITION.**

a) *Die* **Krulldimension** $\dim R$ *eines Rings* $R \neq \{0\}$ *ist das Supremum der Längen* $n$ *aller Primidealketten (2).*

b) *Für* $\mathfrak{p} \in \operatorname{Spec} R$ *ist die* **Höhe** $h(\mathfrak{p})$ *von* $\mathfrak{p}$ *definiert als das Supremum der Längen aller Ketten (2) mit* $\mathfrak{p}_n = \mathfrak{p}$. *Für ein beliebiges Ideal* $I \neq R$ *ist die* **Höhe** $h(I)$ *als das Infimum der Höhen der minimalen Primteiler von* $I$ *definiert.*

**1.5. REGELN:** Sei $R$ ein Ring, $I \subset R$ ein Ideal. Dann gilt:

a) $\dim R = \dim(\operatorname{Spec} R)$ und $h(I) = \operatorname{codim}_{\operatorname{Spec} R} \mathcal{V}(I)$.

b) Für jedes $\mathfrak{p} \in \operatorname{Spec} R$ ist $h(\mathfrak{p}) = \dim R_{\mathfrak{p}}$.

c) $\dim R = \operatorname{Sup}\{\dim R_{\mathfrak{p}} | \mathfrak{p} \in \operatorname{Spec} R\} = \operatorname{Sup}\{\dim R_{\mathfrak{m}} | \mathfrak{m} \in \operatorname{Max} R\}$.

d) $\dim R_{\mathrm{red}} = \dim R$. Beim Studium der Dimension affiner Schemata kann man sich somit immer auf reduzierte Schemata beschränken.

BEWEIS: a) folgt aus den Definitionen. b) gilt, weil die Primideale von $R_{\mathfrak{p}}$ eineindeutig den in $\mathfrak{p}$ enthaltenen Primidealen entsprechen, und c) ergibt sich aus dem gleichen Grund.

d) Nach III.1.19 sind $\operatorname{Spec} R_{\mathrm{red}}$ und $\operatorname{Spec} R$ homöomorph.

Für eine affine $K$–Varietät $V$ entsprechen sich die irreduziblen Untervarietäten und die Primideale des Koordinatenrings eineindeutig, daher ist

$$\dim V = \dim K[V]$$

Für eine Untervarietät $W \subset V$ mit dem Verschwindungsideal $\mathcal{J}(W) \subset K[V]$ gilt entsprechend wie in 1.5a)

$$\operatorname{codim}_V W = h(\mathcal{J}(W))$$

und für $P \in V$ ist wie in 1.5b)

$$\operatorname{codim}_V \overline{\{P\}} = \dim \mathcal{O}_P$$

wenn $\mathcal{O}_P = K[V]_{\mathfrak{p}_P}$ der lokale Ring von $V$ in $P$ ist und $\overline{\{P\}}$ die abgeschlossene Hülle von $\{P\}$ in $V$ bezeichnet. Nach 1.5c) ist

$$\dim V = \operatorname*{Sup}_{P \in V}\{\dim \mathcal{O}_P\}$$

Ist $V$ eine projektive Varietät mit dem Koordinatenring $K[V]$, so entsprechen die nichtleeren irreduziblen Untervarietäten $W \subset V$ eineindeutig den relevanten Primidealen von $K[V]$. Die Dimension von $V$ ist somit das Supremum der Längen aller Primidealketten (2), die nur aus relevanten Primidealen von $K[V]$ bestehen. Entsprechendes gilt für projektive Schemata $X = \mathrm{Proj}\, R$ und die Primidealketten aus $\mathrm{Proj}\, R$.

Betrachten wir zunächst einige einfache Aussagen über die Krulldimension von Ringen, also die Dimension affiner Schemata.

### 1.6. BEISPIELE:

a) Im Polynomring $K[X_1, \ldots, X_n]$ über einem Körper $K$ ist

$$(0) \subset (X_1) \subset (X_1, X_2) \subset \cdots \subset (X_1, \ldots, X_n)$$

eine Primidealkette der Länge $n$. Somit gilt

$$\dim \mathsf{A}^{\,n}_L = \dim K[X_1, \ldots, X_n] \geq n$$

Tatsächlich gilt das Gleichheitszeichen (3.4), d.h. jede Primidealkette in $K[X_1, \ldots, X_n]$ besitzt eine Länge $\leq n$. Wenn dies gezeigt ist, folgt die Endlichkeit der Dimensionen affiner und projektiver algebraischer Varietäten.

b) Ein Integritätsring $R$ besitzt genau dann die Dimension 0, wenn er ein Körper ist.

Diese Aussage verallgemeinert sich wie folgt:

### 1.7. SATZ. *Sei $R$ ein Ring, für den Min $R$ endlich ist (etwa ein noetherscher Ring, vgl. III.1.10c). Dann sind folgende Aussagen äquivalent:*

*a) $\dim R = 0$.*

*b) Es ist $R_{\mathrm{red}} \cong L_1 \times \cdots \times L_s$ mit Körpern $L_i$ $(i = 1, \ldots, s)$.*

*Ist $R$ reduziert, so ist $R$ genau dann nulldimensional, wenn $R$ ein direktes Produkt von Körpern ist.*

BEWEIS: Da $\dim R = \dim R_{\mathrm{red}}$ ist, genügt es, reduzierte Ringe zu betrachten. Sei $R$ reduziert und Min $R = \{\mathfrak{p}_1, \ldots, \mathfrak{p}_s\}$.

a)$\to$b) Ist $\dim R = 0$, so sind die $\mathfrak{p}_i$ maximale Ideale von $R$ mit $\bigcap_{i=1}^{s} \mathfrak{p}_i = (0)$. Nach dem chinesischen Restsatz gilt $R \cong R/\mathfrak{p}_1 \times \cdots \times R/\mathfrak{p}_s$, und die $R/\mathfrak{p}_i$ sind Körper $(i = 1, \ldots, s)$.

b)$\to$a) Sei $R \cong L_1 \times \cdots \times L_s$ mit Körpern $L_i$, und sei $p_i \colon R \to L_i$ die $i$-te Projektion. Für ein Ideal $I \subset R$ ist $p_i(I) = L_i$ oder das Nullideal. Daher besteht Spec $R$ nur aus den Idealen $\mathfrak{p}_i := L_1 \times \cdots \times \{0\} \times \cdots \times L_s$ mit $\{0\}$ an der $i$-ten Stelle $(i = 1, \ldots, s)$. Diese sind zugleich maximale und minimale Primideale von $R$, d.h. es ist $\dim R = 0$.

**1.8.KOROLLAR.** *Für eine affine $K$–Varietät $V$ sind folgende Aussagen äquivalent:*
*a)* $\dim V = 0$.
*b) Es ist $K[V] \cong L_1 \times \cdots \times L_s$, wobei die $L_i$ endliche Erweiterungskörper von $K$*
*sind $(i = 1, \ldots, s)$.*
*Ist $\dim V = 0$, so besteht $V$ nur aus endlich vielen Punkten.*

BEWEIS: Nach 1.7 gilt $\dim V = 0$ genau dann, wenn $K[V] \cong L_1 \times \cdots \times L_s$ ist,
wobei $L_i = K[V]/\mathfrak{p}_i$ die Restklassenkörper der maximalen Ideale $\mathfrak{p}_1, \ldots, \mathfrak{p}_s$ von
$K[V]$ sind. Nach dem Hilbertschen Nullstellensatz sind die $L_i$ algebraisch über $K$,
also ist auch $[L_i : K] < \infty$ $(i = 1, \ldots, s)$.

Ist $\dim V = 0$ und $\mathfrak{p}_i \in \mathrm{Max}\, K[V]$, so hat man für jeden Punkt $P = (x_1, \ldots, x_n) \in V$
mit dem Verschwindungsideal $\mathfrak{p}_P = \mathfrak{p}_i$ einen $K$–Homomorphismus $\sigma\colon L_i \to L$. Da
es nur endlich viele solche $K$–Homomorphismen gibt, enthält $\mathcal{V}(\mathfrak{p}_i)$ nur endlich viele

Punkte, und es ist auch $V = \bigcup\limits_{i=1}^{s} \mathcal{V}(\mathfrak{p}_i)$ endlich,                                                    **q.e.d.**

Später wird sich ergeben, daß umgekehrt affine und projektive Varietäten, die nur
endlich viele Punkte besitzen, stets 0–dimensional sind (vgl. 4.7 und 4.18).

**1.9.BEISPIEL:** Sei $K$ ein algebraisch abgeschlossener Körper und $C$ eine ebene affine
algebraische Kurve mit dem Minimalpolynom $f \in K[X,Y]$. Sei $K[C] = K[x,y]$ mit
den Restklassen $x, y$ von $X, Y$. Nach I.5.9 hat $K[C]$ nur folgende Primideale: Die
maximalen Ideale $(x - a, y - b)$, welche den Punkten $P = (a, b) \in C$ eineindeutig
entsprechen, und die minimalen Primideale, welche eineindeutig den irreduziblen
Komponenten von $C$ entsprechen. Es gilt somit

$$\dim C = \dim K[C] = 1 \quad \text{und} \quad \dim \mathcal{O}_P = 1$$

für jeden Punkt $P \in C$. Der Ring $\mathcal{O}_P$ besitzt außer dem maximalen Ideal $\mathfrak{m}_P$ nur
noch minimale Primideale, welche eineindeutig den $P$ umfassenden Komponenten
von $C$ entsprechen.

**1.10.SATZ.** *In einem faktoriellen Ring $R$ sind die Primideale der Höhe 1 gerade die*
*von den Primelementen erzeugten Hauptideale.*

BEWEIS: Sei $h(\mathfrak{p}) = 1$ für ein $\mathfrak{p} \in \mathrm{Spec}\, R$. Dann ist $\mathfrak{p} \neq (0)$, folglich enthält $\mathfrak{p}$ ein
Primelement $\pi$ von $R$. Da $(\pi) \subset \mathfrak{p}$ selbst ein Primideal ist, folgt $\mathfrak{p} = (\pi)$.

Ist $\pi$ ein Primelement von $R$ und $\mathfrak{p} \subset (\pi)$ ein Primideal $\neq (0)$, so enthält $\mathfrak{p}$ ein
Primelement $\pi'$. Dieses wird von $\pi$ geteilt, folglich ist $\pi$ assoziiert zu $\pi'$, und es
folgt $(\pi) \subset \mathfrak{p} \subset (\pi)$, also $\mathfrak{p} = (\pi)$ und $h(\pi) = 1$.

**1.11.KOROLLAR.** *Für eine irreduzible $K$-Varietät $V \subset \mathbb{A}^n_L$ sind folgende Aussagen äquivalent:*

*a)* $\operatorname{codim}_{\mathbb{A}^n_L} V = 1$.

*b)* $V$ *ist eine $K$-Hyperfläche.*

AUFGABEN:

1) a) Jeder Ring mit nur endlich vielen Elementen besitzt die Krulldimension 0.

b) Jeder nullteilerfreie Hauptidealring (z.B. $\mathbf{Z}$ und $K[X]$ mit einem Körper $K$) besitzt die Krulldimension 1.

2) Sei $R$ ein noetherscher Ring. Eine Folge $(a_1, \ldots, a_n)$ in $R$ heißt **aktiv**, wenn für jedes $i = 1, \ldots, n$ und jedes $\mathfrak{p} \in \mathcal{V}(a_1, \ldots, a_i)$ gilt:

$$h(\mathfrak{p}) \geq i$$

a) Sei $n \leq \dim R$. Dann gibt es in $R$ eine aktive Folge mit $n$ Elementen.

b) Sind $(a_1, \ldots, a_n)$ und $(b_1, \ldots, b_n)$ aktive Folgen in $R$, dann gibt es eine aktive Folge $(c_1, \ldots, c_n)$ mit

$$(c_1, \ldots, c_n) \subset (a_1, \ldots, a_n) \cap (b_1, \ldots, b_n)$$

Hier wie später bezeichnet $(a_1, \ldots, a_n)$ auch das von der Folge aufgespannte Ideal.

## § 2. Primidealketten und ganze Ringerweiterungen

Die Sätze dieses Paragraphen dienen als Vorbereitung für das Studium der Dimension algebraischer Varietäten. Sie sind aber auch für die Ringtheorie von großer Bedeutung.

Sei $S/R$ eine ganze Ringerweiterung, wobei $R \neq \{0\}$ ist. Es ist also $R \subset S$ und jedes $x \in S$ ist ganz über $R$, d.h. es genügt einer "Ganzheitsgleichung"

$$(1) \qquad x^n + r_1 x^{n-1} + \cdots + r_n = 0 \qquad (r_i \in R, \ n > 0)$$

2.1.LEMMA. *Sei $J$ ein Ideal von $S$ und $I := J \cap R$. Dann gilt:*
*a) Faßt man $R/I$ als Unterring von $S/J$ auf, so ist $S/J$ ganz über $R/I$.*
*b) Enthält $J$ einen Nichtnullteiler von $S$, so ist $I \neq (0)$.*

BEWEIS: a) ergibt sich unmittelbar durch Übergang zu Restklassen.
b) Für einen Nichtnullteiler $x \in J$ sei eine Ganzheitsgleichung (1) gegeben. Man kann annehmen, daß $r_n \neq 0$ ist, denn sonst kann man in (1) so oft $x$ kürzen, bis wir einen konstanten Term $\neq 0$ erhalten. Es ist dann $r_n \in J \cap R = I$.

2.2.LEMMA. *Sei $\mathfrak{p} \in \operatorname{Spec} R$ oder $\mathfrak{p} = R$, und sei $x \in \mathfrak{p}S$.*
*a) Es gibt ein $f \in R[X]$ der Form $f = X^n + r_1 X^{n-1} + \cdots + r_n$ mit $r_i \in \mathfrak{p}$ $(i = 1,\ldots,n)$ und $f(x) = 0$.*
*b) Sind $R$ und $S$ Integritätsringe, und ist $R$ ganzabgeschlossen in seinem Quotientenkörper $K$, so hat das Minimalpolynom $f$ von $x$ über $K$ die in a) angegebene Gestalt.*

BEWEIS: a) Schreibe $x = \sum_{i=1}^{m} \pi_i s_i$ $(\pi_i \in \mathfrak{p}, s_i \in S)$ und setze $S' := R[s_1,\ldots,s_m]$. Da die $s_i$ ganz über $R$ sind, ist $S'$ ein endlich erzeugter $R$–Modul. Ferner ist $xS' \subset \mathfrak{p}S'$. Sei $\{\omega_1,\ldots,\omega_n\}$ ein Erzeugendensystem von $S'$ als $R$–Modul. Schreibt man $x\omega_i = \sum_{k=1}^{n} \rho_{ik}\omega_k$ $(i = 1,\ldots,n; \rho_{ik} \in \mathfrak{p})$, so ist $\det(x\delta_{ik} - \rho_{ik}) \cdot \omega_j = 0$ $(j = 1,\ldots,n)$ nach der Cramerschen Regel. Ferner hat man eine Gleichung $1 = \sum_{j=1}^{n} \rho_j \omega_j$ $(\rho_j \in R)$, woraus $\det(x\delta_{ik} - \rho_{ik}) = 0$ folgt. Das Polynom $f := \det(X\delta_{ik} - \rho_{ik})$ hat die gewünschte Form.
b) Seien $x = x_1, x_2, \ldots, x_n$ die Konjugierten von $x$ über $K$, und sei $\overline{R}$ die ganzabgeschlossene Hülle von $R$ im algebraischen Abschluß $\overline{K}$ von $K$. Bei Konjugation gehen ganze Elemente über $R$ in ebensolche Elemente über, daher ist $x_1,\ldots,x_n \in \operatorname{Rad}(\mathfrak{p}\overline{R})$.

Die Koeffizienten des Minimalpolynoms $f$ sind die elementarsymmetrischen Funktionen in $x_1, \ldots, x_n$, sie gehören damit ebenfalls zu $\mathrm{Rad}(\mathfrak{p}\overline{R})$ und zu $K$. Da $R$ in $K$ ganzabgeschlossen ist, gilt $f \in R[X]$. Für jedes $y \in \mathrm{Rad}(\mathfrak{p}\overline{R}) \cap R$ zeigt die Gleichung in a), daß $y^t \in \mathfrak{p}$ für geeignetes $t \in \mathbb{N}$, also $y \in \mathfrak{p}$. Somit besitzt $f$ die gewünschte Gestalt.

Im folgenden sei $\psi \colon \mathrm{Spec}\, S \to \mathrm{Spec}\, R$ die zur Inklusion $R \subset S$ gehörige Abbildung, d.h. für $\mathfrak{P} \in \mathrm{Spec}\, S$ ist $\psi(\mathfrak{P}) = \mathfrak{P} \cap R$.

**2.3.SATZ.** a) *("Lying over"). $\psi$ ist surjektiv, d.h. über jedem $\mathfrak{p} \in \mathrm{Spec}\, R$ liegt ein $\mathfrak{P} \in \mathrm{Spec}\, S$ mit $\mathfrak{P} \cap R = \mathfrak{p}$.*

*b) $\psi$ ist eine abgeschlossene Abbildung.*

*c) Für $\mathfrak{P}_1, \mathfrak{P}_2 \in \mathrm{Spec}\, S$ mit $\mathfrak{P}_1 \subset \mathfrak{P}_2$ und $\psi(\mathfrak{P}_1) = \psi(\mathfrak{P}_2)$ gilt $\mathfrak{P}_1 = \mathfrak{P}_2$.*

*d) $\psi$ bildet $\mathrm{Max}\, S$ auf $\mathrm{Max}\, R$ ab, und es gilt $\psi^{-1}(\mathrm{Max}\, R) = \mathrm{Max}\, S$, d.h. $\mathfrak{P} \in \mathrm{Spec}\, S$ ist genau dann maximal, wenn $\mathfrak{P} \cap R$ es ist.*

BEWEIS: a) Für $\mathfrak{p} \in \mathrm{Spec}\, R$ sei $N := R \setminus \mathfrak{p}$. Nach 2.2a) genügt jedes $x \in \mathfrak{p}S$ einer Gleichung $x^n + r_1 x^{n-1} + \cdots + r_n = 0$ $(r_i \in \mathfrak{p},\ n > 0)$. Wäre $x \in \mathfrak{p}S \cap N$, also speziell $x \in R$, so wäre $x^n \in \mathfrak{p}$ und damit $x \in \mathfrak{p}$, ein Widerspruch. Somit ist $\mathfrak{p}S \cap N = \emptyset$, und es gibt nach III.1.7 ein $\mathfrak{P} \in \mathrm{Spec}\, S$ mit $\mathfrak{p}S \subset \mathfrak{P}$ und $\mathfrak{P} \cap N = \emptyset$. Dann ist aber $\mathfrak{P} \cap R = \mathfrak{p}$.

b) Sei $A := \mathcal{V}(J)$ eine abgeschlossene Teilmenge von $\mathrm{Spec}\, S$, wobei $J \subset S$ ein Ideal ist. Sei $J \cap R =: I$. Nach 2.1a) ist $S/J$ ganz über $R/I$, nach a) ist $\mathrm{Spec}\, S/J \to \mathrm{Spec}\, R/I$ surjektiv. Da sich $\mathrm{Spec}\, S/J$ mit $\mathcal{V}(J)$ und $\mathrm{Spec}\, R/I$ mit $\mathcal{V}(I) \subset \mathrm{Spec}\, R$ identifiziert, wird $A$ durch $\psi$ auf die abgeschlossene Menge $\mathcal{V}(I)$ von $\mathrm{Spec}\, R$ abgebildet.

c) Sei $\mathfrak{p} := \mathfrak{P}_1 \cap R = \mathfrak{P}_2 \cap R$. Dann ist $S/\mathfrak{P}_1$ ganz über $R/\mathfrak{p}$ und $\mathfrak{P}_2/\mathfrak{P}_1 \in \mathrm{Spec}\, S/\mathfrak{P}_1$. Da $\mathfrak{P}_2/\mathfrak{P}_1 \cap R/\mathfrak{p} = (0)$ ist, muß $\mathfrak{P}_2 = \mathfrak{P}_1$ sein (2.1b).

d) Sei $\mathfrak{P} \in \mathrm{Spec}\, S$ und $\mathfrak{p} := \mathfrak{P} \cap R$. Ist $R/\mathfrak{p}$ ein Körper, so auch $S/\mathfrak{P}$, denn $S/\mathfrak{P}$ geht aus $R/\mathfrak{p}$ durch Adjunktion algebraischer Elemente hervor. Ist umgekehrt $S/\mathfrak{P}$ ein Körper, so ist $(0)$ das einzige Element seines Spektrums. Nach a) ist dann das Nullideal in $R/\mathfrak{p}$ das einzige Primideal von $R/\mathfrak{p}$, d.h. auch $R/\mathfrak{p}$ ist ein Körper.

Unter einer **Primidealkette** eines Rings $S$ verstehen wir im folgenden immer eine Kette

$$\mathfrak{P}_0 \subset \mathfrak{P}_1 \subset \cdots \subset \mathfrak{P}_n$$

mit $\mathfrak{P}_i \in \mathrm{Spec}\, S$ und $\mathfrak{P}_i \neq \mathfrak{P}_{i+1}$ für $i = 0, \ldots, n-1$.

**2.4.KOROLLAR.** *Ist $\mathfrak{P}_0 \subset \cdots \subset \mathfrak{P}_n$ eine Primidealkette von $S$ und $\mathfrak{p}_i := \mathfrak{P}_i \cap R$ $(i = 0, \ldots, n)$, so ist $\mathfrak{p}_0 \subset \cdots \subset \mathfrak{p}_n$ eine Primidealkette von $R$.*

**2.5. KOROLLAR.** *("Going-up"). Zu jeder Primidealkette $\mathfrak{p}_0 \subset \cdots \subset \mathfrak{p}_n$ von $R$ und zu jedem $\mathfrak{P}_0 \in \mathrm{Spec}\, S$ mit $\mathfrak{P}_0 \cap R = \mathfrak{p}_0$ gibt es eine Primidealkette $\mathfrak{P}_0 \subset \cdots \subset \mathfrak{P}_n$ von $S$ mit $\mathfrak{P}_i \cap R = \mathfrak{p}_i$ $(i = 0, \ldots, n)$.*

BEWEIS: Sei $\mathfrak{P}_0 \subset \cdots \subset \mathfrak{P}_i$ für ein $i < n$ schon in der gewünschten Weise konstruiert. In $S/\mathfrak{P}_i$ liegt dann über $\mathfrak{p}_{i+1}/\mathfrak{p}_i \in \mathrm{Spec}\, R/\mathfrak{p}_i$ ein Primideal $\mathfrak{P}_{i+1}/\mathfrak{P}_i$ ($\mathfrak{P}_{i+1} \in \mathrm{Spec}\, S$). Es ist dann $\mathfrak{P}_{i+1} \cap R = \mathfrak{p}_{i+1}$ und $\mathfrak{P}_{i+1} \neq \mathfrak{P}_i$.

**2.6. KOROLLAR.** a) *Es gilt* $\dim R = \dim S$.
b) *Sei* $\mathfrak{P} \in \mathrm{Spec}\, S$ *und* $\mathfrak{p} := \mathfrak{P} \cap R$. *Dann ist* $\dim S_{\mathfrak{P}} = h(\mathfrak{P}) \leq h(\mathfrak{p}) = \dim R_{\mathfrak{p}}$ *und* $\dim S/\mathfrak{P} = \dim R/\mathfrak{p}$.

BEWEIS: a) folgt aus 2.4 und 2.5, folglich gilt auch die Formel $\dim S/\mathfrak{P} = \dim R/\mathfrak{p}$.
b) ergibt sich aus 2.4 und der Definition der Höhe.

**2.7. KOROLLAR.** *Ist* $\mathrm{Spec}\, S$ *noethersch, dann ist* $\psi$ *eine endliche Abbildung, d.h. über jedem* $\mathfrak{p} \in \mathrm{Spec}\, R$ *liegen nur endlich viele* $\mathfrak{P} \in \mathrm{Spec}\, S$ *mit* $\mathfrak{P} \cap R = \mathfrak{p}$.

BEWEIS: Für $\mathfrak{P} \in \mathrm{Spec}\, S$ mit $\mathfrak{P} \cap R = \mathfrak{p}$ gilt $\mathfrak{p}S \subset \mathfrak{P}$. Nach 2.3c) ergibt sich, daß die über $\mathfrak{p}$ liegenden Primideale von $S$ die minimalen Primteiler von $\mathfrak{p}S$ sind. Da $\mathrm{Spec}\, S$ noethersch ist, ist die Anzahl der minimalen Primteiler von $\mathfrak{p}S$ endlich (III.1.10c).

Die obigen Aussagen über die Krulldimension lassen sich verschärfen, wenn $R$ und $S$ Integritätsringe sind und $R$ ganzabgeschlossen in seinem Quotientenkörper $K$ ist. Unter diesen Voraussetzungen gilt:

**2.8. SATZ.** *("Going-down"). Sei* $\mathfrak{p}_0 \subset \mathfrak{p}_1$ *eine Primidealkette von* $R$, *und sei* $\mathfrak{P}_1 \in \mathrm{Spec}\, S$ *gegeben mit* $\mathfrak{P}_1 \cap R = \mathfrak{p}_1$. *Dann gibt es ein* $\mathfrak{P}_0 \in \mathrm{Spec}\, S$ *mit* $\mathfrak{P}_0 \subset \mathfrak{P}_1$ *und* $\mathfrak{P}_0 \cap R = \mathfrak{p}_0$.

BEWEIS: Die Mengen $N_0 := R \setminus \mathfrak{p}_0$, $N_1 := S \setminus \mathfrak{P}_1$ sind multiplikativ abgeschlossen. Dies gilt auch für $N := N_0 \cdot N_1 = \{rs \mid r \in N_0, s \in N_1\}$, und es ist $N_i \subset N$ ($i = 0, 1$). Wir zeigen $\mathfrak{p}_0 S \cap N = \emptyset$. Dann existiert nach III.1.7 ein $\mathfrak{P}_0 \in \mathrm{Spec}\, S$ mit $\mathfrak{p}_0 S \subset \mathfrak{P}_0$ und $\mathfrak{P}_0 \cap N = \emptyset$. Aus $\mathfrak{P}_0 \cap N_1 = \emptyset$ folgt $\mathfrak{P}_0 \subset \mathfrak{P}_1$, und aus $\mathfrak{P}_0 \cap N_0 = \emptyset$ ergibt sich $\mathfrak{P}_0 \cap R = \mathfrak{p}_0$, wie gewünscht.

Angenommen, es gäbe ein $x \in \mathfrak{p}_0 S \cap N$. Nach 2.2b) hätte das Minimalpolynom von $x$ über $K$ die Gestalt $f = X^n + r_1 X^{n-1} + \cdots + r_n$ mit $r_i \in \mathfrak{p}_0$ ($i = 1, \ldots, n$). Wegen $x \in N$ ist $x = r \cdot s$ mit $r \in N_0$, $s \in N_1$. Dann hat $s = \frac{x}{r}$ über $K$ das Minimalpolynom $X^n + \frac{r_1}{r} X^{n-1} + \cdots + \frac{r_n}{r^n}$, und seine Koeffizienten liegen nach 2.2b), angewendet mit $\mathfrak{p} = R$, in $R$. Setzt man $r_i = r^i \rho_i$ $(\rho_i \in R, i = 1, \ldots, n)$, so folgt aus $r_i \in \mathfrak{p}_0$ und $r \notin \mathfrak{p}_0$, daß $\rho_i \in \mathfrak{p}_0$ $(i = 1, \ldots, n)$. Die Gleichung

$$s^n + \rho_1 s^{n-1} + \cdots + \rho_n = 0$$

zeigt, daß $s^n \in \mathfrak{p}_0 S \subset \mathfrak{P}_1$, also $s \in \mathfrak{P}_1$, ein Widerspruch. Der Satz ist bewiesen.

**2.9.KOROLLAR.** *Unter den Voraussetzungen von 2.8 sei $\mathfrak{P} \in \operatorname{Spec} S$ und $\mathfrak{p} := \mathfrak{P} \cap R$. Dann gilt*

$$\dim S_\mathfrak{P} = h(\mathfrak{P}) = h(\mathfrak{p}) = \dim R_\mathfrak{p}$$

BEWEIS: In 2.6 wurde $h(\mathfrak{P}) \leq h(\mathfrak{p})$ gezeigt. Sei nun $\mathfrak{p}_0 \subset \mathfrak{p}_1 \subset \cdots \subset \mathfrak{p}_h = \mathfrak{p}$ eine Primidealkette in $R$. Aus 2.8 ergibt sich mittels Induktion die Existenz einer Primidealkette in $S$

$$\mathfrak{P}_0 \subset \mathfrak{P}_1 \subset \cdots \subset \mathfrak{P}_h = \mathfrak{P}$$

mit $\mathfrak{P}_i \cap R = \mathfrak{p}_i$ $(i = 0, \ldots, h)$. Somit ist $h(\mathfrak{P}) \geq h(\mathfrak{p})$,                **q.e.d.**

2.10.BEISPIEL: Sei $R = \mathbf{Z}$ und $S$ der Ring der ganzen algebraischen Zahlen in einem (endlichen) algebraischen Zahlkörper. Da $\dim \mathbf{Z} = 1$, ist auch $\dim S = 1$ (2.6a). Zu jeder Primzahl $p$ in $\mathbf{Z}$ gibt es mindestens ein $\mathfrak{P} \in \operatorname{Spec} S$ mit $\mathfrak{P} \cap \mathbf{Z} = (p)$ ("Lying-over"). Bekanntlich ist $S$ ein endlich erzeugter $\mathbf{Z}$–Modul, insbesondere noethersch. Gemäß 2.7 gibt es zu jeder Primzahl $p$ nur endlich viele $\mathfrak{P} \in \operatorname{Spec} S$ mit $\mathfrak{P} \cap \mathbf{Z} = (p)$. Die genauere Untersuchung dieser Situation ist ein Thema der algebraischen Zahlentheorie.

AUFGABEN:

1) Sei $S/R$ eine ganze Ringerweiterung, wobei $R$ ein Integritätsring mit dem Quotientenkörper $K$ ist. Besitzt $K \otimes_R S$ als $K$–Vektorraum der Dimension $n$, so liegen über jedem Primideal von $R$ höchstens $n$ Primideale von $S$.

2) Zeigen Sie, daß die ganzabgeschlossene Hülle des Koordinatenrings
   a) der Neilschen Parabel $X_1^3 - X_2^2 = 0$
   b) des Kartesischen Blatts $X_1^3 + X_1^2 - X_2^2 = 0$
   in seinem Quotientenkörper ein Polynomring in einer Variablen ist. Wie viele maximalen Ideale liegen über dem maximalen Ideal des Ursprungs?

3) Sei $R \subset S$ eine ganze Erweiterung $G$–graduierter Ringe (vgl. A.1) mit $R_g \subset S_g$ für alle $g \in G$. Über jedem homogenen Primideal von $R$ liegt ein homogenes Primideal von $S$.

4) Sei $S$ eine positiv $\mathbf{Z}$–graduierte Algebra über einem Körper $K$. Es gebe homogene Elemente $x_1, \ldots, x_d \in S$, so daß $S/(x_1, \ldots, x_d)$ als $K$–Vektorraum endlichdimensional ist. Dann ist $S$ ganz über $K[x_1, \ldots, x_d]$.

## § 3. Dimension affiner algebraischer $K$–Schemata (affiner Algebren)

Sei $K$ ein beliebiger Körper. **Affine algebraische $K$–Schemata** sind definiert als die Spektren affiner $K$–Algebren. Ihre Dimension ist gleich der Krulldimension der zugehörigen affinen $K$–Algebra, und es genügt daher, die Dimension dieser Algebren zu studieren. Sei also $A \neq \{0\}$ eine affine Algebra über $K$. Die entscheidenden Dimensionsaussagen über $A$ ergeben sich aus den Sätzen von § 2 und aus dem folgenden Satz.

**3.1.THEOREM.** *(Noetherscher Normalisierungssatz). Sei $I \neq A$ ein Ideal von $A$. Es gibt natürliche Zahlen $\delta \leq d$ und Elemente $Y_1, \dots, Y_d \in A$, so daß gilt:*
*a) $\{Y_1, \dots, Y_d\}$ ist algebraisch unabhängig über $K$.*
*b) $A$ ist als $K[Y_1, \dots, Y_d]$–Modul endlich erzeugt.*
*c) $I \cap K[Y_1, \dots, Y_d] = (Y_{\delta+1}, \dots, Y_d)$.*
*Ist $K$ unendlich und $A = K[x_1, \dots, x_n]$, so kann man zusätzlich erreichen:*
*d) Für $i = 1, \dots, \delta$ ist $Y_i$ von der Form $Y_i = \sum\limits_{k=1}^{n} a_{ik} x_k \ (a_{ik} \in K)$.*

Der Beweis benutzt

**3.2.LEMMA.** *Sei $F \in K[X_1, \dots, X_n] \setminus \{0\}$.*
*a) Durch eine Substitution der Form $X_i = Y_i + X_n^{r_i} \ (i = 1, \dots, n-1)$ mit geeigneten $r_i \in \mathbb{N}_+$ geht $F$ über in ein Polynom der Form*

$$aX_n^m + \rho_1 X_n^{m-1} + \cdots + \rho_m \quad (a \in K^*, \ \rho_i \in K[Y_1, \dots, Y_{n-1}] \ (i = 1, \dots, m))$$

*b) Besitzt $K$ unendlich viele Elemente, so läßt sich dieses Ergebnis auch erreichen durch eine Substitution $X_i = Y_i + a_i X_n \ (i = 1, \dots, n-1)$ mit geeigneten $a_i \in K$.*

BEWEIS: Sei $F = \sum a_{\nu_1 \cdots \nu_n} X_1^{\nu_1} \cdots X_n^{\nu_n} \ (a_{\nu_1 \cdots \nu_n} \in K)$. Im Fall a) hat $F$ nach der Substitution die Gestalt $F =$

$$\sum a_{\nu_1 \cdots \nu_n} (X_n^{r_1}+Y_1)^{\nu_1} \cdot \ldots \cdot (X_n^{r_{n-1}}+Y_{n-1})^{\nu_{n-1}} X_n^{\nu_n} = \sum a_{\nu_1 \cdots \nu_n} (X_n^{\nu_n + \nu_1 r_1 + .. + \nu_{n-1} r_{n-1}} + ..)$$

wobei die Punkte Terme bedeuten, in denen $X_n$ nur in niedrigerer Potenz auftritt. Wir wählen $r_i := k^i \ (i = 1, \dots, n-1)$, wobei $k-1$ der größte Index ist, der bei einem Koeffizienten $a_{\nu_1 \cdots \nu_n} \neq 0$ auftritt. Die Zahlen $\nu_n + \nu_1 k + \cdots + \nu_{n-1} k^{n-1}$ sind dann für verschiedene $n$–Tupel $(\nu_1, \dots, \nu_n)$ mit $a_{\nu_1 \cdots \nu_n} \neq 0$ ebenfalls verschieden. Ist $m$ die größte dieser Zahlen und $(\nu_1, \dots, \nu_n)$ das zugehörige $n$–Tupel, so ist $F = a_{\nu_1 \cdots \nu_n} X_n^m + \dots$.

Im Fall b) sei $F = F_0 + \cdots + F_m$ die Zerlegung von $F$ in homogene Komponenten $F_i$ vom Grad $i$, wobei $F_m \neq 0$ ist. Nach der angegebenen Substitution besitzt $F$ die Form $F = F_m(a_1, \ldots, a_{n-1}, 1) \cdot X_n^m + \ldots$. Da $F_m$ homogen und $\neq 0$ ist, gilt auch $F_m(X_1, \ldots, X_{n-1}, 1) \neq 0$. Weil $K$ unendlich ist, findet man $(a_1, \ldots, a_{n-1}) \in K^{n-1}$ mit $F_m(a_1, \ldots, a_{n-1}, 1) \neq 0$ (vgl. I.1.6a).

BEWEIS DES NORMALISIERUNGSSATZES:

**1. Fall.** $A = K[X_1, \ldots, X_n]$ ist eine Polynomalgebra und $I = (F)$ ein Hauptideal, $F \neq 0$.

Wähle $Y_i$ $(i = 1, \ldots, n-1)$ so, daß die Bedingungen aus Lemma 3.2 für $F$ erfüllt sind. Setze $Y_n := F$. Dann gilt $A = K[Y_1, \ldots, Y_n][X_n]$, und wegen

$$0 = F - Y_n = aX_n^m + \rho_1 X_n^{m-1} + \cdots + \rho_{m-1}X_n + (\rho_m - Y_n) \quad (\rho_i \in K[Y_1, \ldots, Y_{n-1}])$$

ist $A$ ganz über $K[Y_1, \ldots, Y_n]$, folglich auch endlich als $K[Y_1, \ldots, Y_n]$–Modul.

Die Elemente $Y_1, \ldots, Y_n$ sind algebraisch unabhängig über $K$, andernfalls hätte der Körper $K(Y_1, \ldots, Y_n)$ und folglich auch $K(X_1, \ldots, X_n)$ über $K$ einen Transzendenzgrad $< n$, was absurd ist. Es ist noch $I \cap K[Y_1, \ldots, Y_n] = (Y_n)$ zu zeigen. Jedenfalls kann jedes $f \in I \cap K[Y_1, \ldots, Y_n]$ in der Form $f = G \cdot F = G \cdot Y_n$ mit $G \in K[X_1, \ldots, X_n]$ geschrieben werden. Man hat aber eine Ganzheitsgleichung

$$G^s + a_1 G^{s-1} + \cdots + a_s = 0 \quad (s > 0, a_i \in K[Y_1, \ldots, Y_n])$$

aus der

$$f^s + a_1 Y_n f^{s-1} + \cdots + a_s Y_n^s = 0$$

folgt. Mithin ist $f$ auch in $K[Y_1, \ldots, Y_n]$ durch $Y_n$ teilbar, d.h.

$$I \cap K[Y_1, \ldots, Y_n] = Y_n \cdot K[Y_1, \ldots, Y_n]$$

**2. Fall.** $A = K[X_1, \ldots, X_n]$ und $I \subset A$ ist ein beliebiges Ideal.

Für $I = (0)$ ist nichts zu zeigen. Nach dem 1. Fall ist auch $n = 1$ erledigt. Wir nehmen daher an, daß $n > 1$ ist und daß $I$ ein nicht konstantes Polynom $F$ enthält. Wähle $Y_1, \ldots, Y_n$ mit $Y_n = F$ wie im 1. Fall. Durch Induktion können wir annehmen, daß der Satz für das Ideal $I \cap K[Y_1, \ldots, Y_{n-1}]$ bereits bewiesen ist, d.h. daß es über $K$ algebraisch unabhängige Elemente $T_1, \ldots, T_{d-1} \in K[Y_1, \ldots, Y_{n-1}]$ gibt $(d \leq n)$, so daß $K[Y_1, \ldots, Y_{n-1}]$ als $K[T_1, \ldots, T_{d-1}]$–Modul endlich erzeugt ist und $I \cap K[T_1, \ldots, T_{d-1}] = (T_{\delta+1}, \ldots, T_{d-1})$ gilt mit einem $\delta < d$. Da $K[Y_1, \ldots, Y_n]$ ein endlicher Modul über $K[T_1, \ldots, T_{d-1}, Y_n]$ ist, ist auch $A$ über $K[T_1, \ldots, T_{d-1}, Y_n]$

endlich. Es muß daher $d = n$ gelten und $\{T_1, \ldots, T_{n-1}, Y_n\}$ muß algebraisch unabhängig über $K$ sein. Wenn $K$ unendlich ist, kann man die $T_i$ als Linearkombinationen der $Y_j$ $(j = 1, \ldots, n-1)$ mit Koeffizienten aus $K$ wählen, folglich auch als Linearkombinationen der $X_k$ $(k = 1, \ldots, n)$.

Jedes $f \in I \cap K[T_1, \ldots, T_{n-1}, Y_n]$ schreibt sich in der Form $f = f^* + H \cdot Y_n$ mit $f^* \in I \cap K[T_1, \ldots, T_{n-1}] = (T_{\delta+1}, \ldots, T_{n-1})$ und $H \in K[T_1, \ldots, T_{n-1}, Y_n]$. Somit ist $I \cap K[T_1, \ldots, T_{n-1}, Y_n] = (T_{\delta+1}, \ldots, T_{n-1}, Y_n)$.

**3. Fall.** $A$ und $I$ sind beliebig.

Schreibe $A = K[X_1, \ldots, X_n]/J$ und bestimme gemäß dem 2. Fall eine Unteralgebra $K[Y_1, \ldots, Y_n] \subset K[X_1, \ldots, X_n]$ mit $J \cap K[Y_1, \ldots, Y_n] = (Y_{d+1}, \ldots, Y_n)$, wobei die $Y_i$ $(i = 1, \ldots, d)$ als $K$–Linearkombinationen der $X_k$ gewählt sind, wenn $K$ unendlich ist. Das Bild von $K[Y_1, \ldots, Y_d]$ in $A$ ist zu $K[Y_1, \ldots, Y_n]/(Y_{d+1}, \ldots, Y_n)$ isomorph, wir identifizieren $K[Y_1, \ldots, Y_d]$ mit seinem Bild in $A$. Über diesem ist dann $A$ ein endlicher Modul. Wende nun den 2. Fall noch einmal auf $I' := I \cap K[Y_1, \ldots, Y_d]$ an: Es gibt in $K[Y_1, \ldots, Y_d]$ eine Polynomalgebra $K[T_1, \ldots, T_d]$, über der $K[Y_1, \ldots, Y_d]$ endlich ist, so daß $I' \cap K[T_1, \ldots, T_d] = (T_{\delta+1}, \ldots, T_d)$ mit einem $\delta \leq d$ ist, und so daß die $T_j$ $K$–Linearkombinationen der $Y_j$ sind, wenn $K$ unendlich ist, also auch $K$–Linearkombinationen der Bilder $x_k$ der $X_k$ in $A$.

Da $A$ über $K[T_1, \ldots, T_d]$ endlich ist, erfüllen die Elemente $T_1, \ldots, T_d$ nun die Forderungen des Normalisierungsatzes, $\qquad\qquad$ **q.e.d.**

**3.3. DEFINITION.** *Eine Unteralgebra* $K[Y_1, \ldots, Y_d] \subset A$ *heißt* **Noethersche Normalisierung**, *wenn* $\{Y_1, \ldots, Y_d\}$ *algebraisch unabhängig über* $K$ *ist und* $A$ *endlich erzeugt als* $K[Y_1, \ldots, Y_d]$*–Modul.*

Zu einer solchen Normalisierung gehört nach 2.3a) und 2.7 eine endliche surjektive Abbildung

$$\operatorname{Spec} A \to \operatorname{Spec} K[Y_1, \ldots, Y_d] = \mathsf{A}_K^d$$

Die Existenz Noetherscher Normalisierungen mit zusätzlichen Eigenschaften ist durch 3.1 bewiesen. Wir wenden sie jetzt auf das Studium der Primidealketten von $A$ an. Eine Primidealkette heißt **maximal**, wenn es keine Ketten größerer Länge gibt, die alle Primideale der gegebenen Kette enthält.

**3.4. SATZ.** *Sei* $K[Y_1, \ldots, Y_d] \subset A$ *eine Noethersche Normalisierung.*
*a) Es gilt* $\dim A = d$.
*b) Ist* $A$ *ein Integritätsring (etwa* $A = K[Y_1, \ldots, Y_d]$*), so haben alle maximalen Primidealketten von* $A$ *die Länge* $d$.

BEWEIS: a) Nach 2.6a) und 1.6a) ist $\dim A = \dim K[Y_1,\ldots,Y_d] \geq d$. Wir zeigen durch Induktion nach d, daß jede Primidealkette $\mathfrak{P}_0 \subset \cdots \subset \mathfrak{P}_m$ aus $A$ die Länge $m \leq d$ besitzt.

Mit $\mathfrak{p}_i := \mathfrak{P}_i \cap K[Y_1,\ldots,Y_d]$ erhält man eine Primidealkette $\mathfrak{p}_0 \subset \mathfrak{p}_1 \subset \cdots \subset \mathfrak{p}_m$ in $K[Y_1,\ldots,Y_d]$ (2.4). Für $d = 0$ ist nichts zu zeigen. Sei daher $d > 0$, und sei die Behauptung für Algebren mit einer Noetherschen Normalisierung kleinerer Variablenzahl schon bewiesen. Es ist dann nur für $m > 0$ noch etwas zu zeigen.

Wähle nach 3.1 eine Noethersche Normalisierung $K[T_1,\ldots,T_d] \subset K[Y_1,\ldots,Y_d]$ mit $\mathfrak{p}_1 \cap K[T_1,\ldots,T_d] = (T_{\delta+1},\ldots,T_d)$ $(\delta \leq d)$. Da $\mathfrak{p}_1 \neq (0)$ ist, gilt $\delta < d$ nach 2.1. Es ist dann auch $K[T_1,\ldots,T_\delta] \subset K[Y_1,\ldots,Y_d]/\mathfrak{p}_1$ eine Noethersche Normalisierung. Nach Induktionsvoraussetzung besitzt die Primidealkette

$$(0) = \mathfrak{p}_1/\mathfrak{p}_1 \subset \mathfrak{p}_2/\mathfrak{p}_1 \subset \cdots \subset \mathfrak{p}_m/\mathfrak{p}_1$$

die Länge $m - 1 \leq \delta < d$, und somit ist $m \leq d$ gezeigt.

b) Sei nun $A$ ein Integritätsring, und sei $\mathfrak{P}_0 \subset \cdots \subset \mathfrak{P}_m$ eine beliebige maximale Primidealkette von $A$. Notwendigerweise ist dann $\mathfrak{P}_0 = (0)$ und $\mathfrak{P}_m \in \mathrm{Max}\,A$. Wir zeigen, daß auch $\mathfrak{p}_0 \subset \cdots \subset \mathfrak{p}_m$ $(\mathfrak{p}_i := \mathfrak{P}_i \cap K[Y_1,\ldots,Y_d])$ eine maximale Primidealkette von $K[Y_1,\ldots,Y_d]$ ist.

Angenommen, man könnte zwischen $\mathfrak{p}_i$ und $\mathfrak{p}_{i+1}$ $(i \in \{0,\ldots,m-1\})$ noch ein Primideal $\mathfrak{q}$ einschieben: $\mathfrak{p}_i \subsetneq \mathfrak{q} \subsetneq \mathfrak{p}_{i+1}$. Wähle dann nach 3.1 eine Noethersche Normalisierung $K[T_1,\ldots,T_d] \subset K[Y_1,\ldots,Y_d]$ mit $\mathfrak{p}_i \cap K[T_1,\ldots,T_d] = (T_{\delta+1},\ldots,T_d)$ $(\delta \leq d)$. Dann ist $K[T_1,\ldots,T_\delta] \subset K[Y_1,\ldots,Y_d]/\mathfrak{p}_i$ eine Noethersche Normalisierung, und in diesem Ring ist $(0) \subset \mathfrak{q}/\mathfrak{p}_i \subset \mathfrak{p}_{i+1}/\mathfrak{p}_i$ eine Primidealkette. Man kann dann in $K[T_1,\ldots,T_\delta]$ zwischen dem Nullideal und dem Primideal $\mathfrak{p}_{i+1}/\mathfrak{p}_i \cap K[T_1,\ldots,T_\delta]$ ebenfalls ein weiteres Primideal einschieben.

Da auch $K[T_1,\ldots,T_\delta] \subset A/\mathfrak{P}_i$ eine Noethersche Normalisierung ist, könnte man nach dem "Going-down-Theorem" (2.8) zwischen dem Nullideal von $A/\mathfrak{P}_i$ und $\mathfrak{P}_{i+1}/\mathfrak{P}_i$ ein Primideal einschließen, folglich auch zwischen $\mathfrak{P}_i$ und $\mathfrak{P}_{i+1}$, im Widerspruch zur Maximalität der Kette $\mathfrak{P}_0 \subset \cdots \subset \mathfrak{P}_m$.

Man zeigt nun $m = d$ durch Induktion nach d. Für $d = 0$ ist nichts zu beweisen. Ist $d > 0$, so wählt man wie oben eine Normalisierung $K[T_1,\ldots,T_d] \subset K[Y_1,\ldots,Y_d]$ mit $\mathfrak{p}_1 \cap K[T_1,\ldots,T_d] = (T_{\delta+1},\ldots,T_d)$. Dieses Ideal besitzt die Höhe 1 (2.9) und ist somit ein Hauptideal, d.h. $\delta = d - 1$. Da $(0) = \mathfrak{p}_1/\mathfrak{p}_1 \subset \cdots \subset \mathfrak{p}_m/\mathfrak{p}_1$ eine maximale Primidealkette von $K[T_1,\ldots,T_{d-1}]$ ist, gilt $m - 1 = d - 1$,     **q.e.d.**

Es ist jetzt bewiesen, daß affine algebraische $K$-Schemata und insbesondere affine algebraische Varietäten endliche Dimensionen besitzen. Genauer gehen wir auf die Dimension von Varietäten im nächsten Abschnitt ein. Hier folgen zunächst weitere Dimensionsaussagen über affine Algebren.

**3.5.KOROLLAR.** *Für* $\mathfrak{P}, \mathfrak{Q} \in \operatorname{Spec} A$ *mit* $\mathfrak{P} \subset \mathfrak{Q}$ *haben alle maximalen Primidealketten, die mit* $\mathfrak{P}$ *beginnen und mit* $\mathfrak{Q}$ *enden, die gleiche Länge, nämlich* $\dim A/\mathfrak{P} - \dim A/\mathfrak{Q}$.

**BEWEIS:** Sei $\mathfrak{P} = \mathfrak{P}_0 \subset \cdots \subset \mathfrak{P}_m = \mathfrak{Q}$ eine solche Kette, und sei $A' := A/\mathfrak{P}$, $A'' := A/\mathfrak{Q}$. Die Kette $(0) = \mathfrak{P}_0/\mathfrak{P} \subset \mathfrak{P}_1/\mathfrak{P} \subset \cdots \subset \mathfrak{P}_m/\mathfrak{P} = \mathfrak{Q}/\mathfrak{P}$ aus $A'$ werde zu einer maximalen Kette verlängert, diese besitzt nach 3.4b) die Länge $\dim A'$. Der mit $\mathfrak{Q}/\mathfrak{P}$ beginnende Teil der verlängerten Kette entspricht einer maximalen Primidealkette von $A''$. Es folgt $\dim A' = m + \dim A''$,                    **q.e.d.**

**3.6.KOROLLAR.** *Sei* $\operatorname{Min} A = \{\mathfrak{p}_1, \ldots, \mathfrak{p}_s\}$, *und sei* $L_i$ *der Quotientenkörper von* $A/\mathfrak{p}_i$ $(i = 1, \ldots, s)$. *Dann gilt*

$$\dim A = \operatorname*{Max}_{i=1,\ldots,s} \{\operatorname{Trgr}(L_i/K)\}$$

*Ist speziell* $A$ *ein Integritätsring mit dem Quotientenkörper* $L$, *so ist*

$$\dim A = \operatorname{Trgr} L/K$$

**BEWEIS:** Da jede maximale Primidealkette aus $A$ mit einem $\mathfrak{p}_0 \in \operatorname{Min} A$ beginnt, genügt es, die Behauptung für Integritätsringe $A$ zu beweisen. Ist dann $K[Y_1, \ldots, Y_d] \subset A$ eine Noethersche Normalisierung, so ist $\dim A = d$ auch gleich dem Transzendenzgrad von $L/K$.

**3.7.KOROLLAR.** $\dim A$ *ist die Maximalzahl* $K$*-algebraisch unabhängiger Elemente von* $A$. *Ist* $B \subset A$ *eine weitere affine* $K$*-Algebra, so ist* $\dim B \leq \dim A$.

**BEWEIS:** Ist $d := \dim A$, so gibt es nach dem Normalisierungssatz $d$ über $K$ algebraisch unabhängige Elemente in $A$. Sei umgekehrt $\{Z_1, \ldots, Z_m\}$ ein beliebiges solches System, und sei $\operatorname{Min} A := \{\mathfrak{p}_1, \ldots, \mathfrak{p}_s\}$. Da $K[Z_1, \ldots, Z_m]$ keine nilpotenten Elemente besitzt, gilt

$$\bigcap_{i=1}^{s} (\mathfrak{p}_i \cap K[Z_1, \ldots, Z_m]) = \left(\bigcap_{i=1}^{s} \mathfrak{p}_i\right) \cap K[Z_1, \ldots, Z_m] = (0)$$

und folglich gibt es ein $i \in \{1, \ldots, s\}$ mit $\mathfrak{p}_i \cap K[Z_1, \ldots, Z_m] = (0)$. Es ergibt sich $K[Z_1, \ldots, Z_m] \subset A/\mathfrak{p}_i$, und nach 3.6 ist $m \leq \operatorname{Trgr} L_i/K \leq d$, wenn $L_i := Q(A/\mathfrak{p}_i)$. Die zweite Behauptung des Korollars folgt trivialerweise aus der ersten.

3.8.KOROLLAR. *Sei* $X := \operatorname{Spec} A$ *und* $\mathfrak{p} \in X$.
*a)* $\dim_{\mathfrak{p}} X$ *ist das Maximum der Längen aller Primidealketten von* $A$, *in denen* $\mathfrak{p}$
*vorkommt.*
*b) Es gilt (mit* $k(\mathfrak{p}) := A_{\mathfrak{p}}/\mathfrak{p}A_{\mathfrak{p}}$)

$$\dim_{\mathfrak{p}} X = h(\mathfrak{p}) + \dim A/\mathfrak{p} = \dim A_{\mathfrak{p}} + \dim A/\mathfrak{p} = \dim A_{\mathfrak{p}} + \operatorname{Trgr}(k(\mathfrak{p})/K)$$

*c) Genau dann ist* $A$ *äquidimensional, wenn* $\dim A = \dim_{\mathfrak{p}} X$ *für alle* $\mathfrak{p} \in \operatorname{Spec} A$.
*Für jedes Ideal* $I \neq A$ *gilt dann*

$$\dim A = h(I) + \dim A/I$$

BEWEIS: a) Definitionsgemäß ist $\dim_{\mathfrak{p}} X = \operatorname{Max}\{\dim A/\mathfrak{p}_0 | \mathfrak{p}_0 \in \operatorname{Min} A, \mathfrak{p}_0 \subset \mathfrak{p}\}$.
Für jedes $\mathfrak{p}_0 \in \operatorname{Min} A$ mit $\mathfrak{p}_0 \subset \mathfrak{p}$ läßt sich die Kette $\mathfrak{p}_0 \subset \mathfrak{p}$ zu einer maximalen
Primidealkette verfeinern, und diese hat nach 3.5 die Länge $\dim A/\mathfrak{p}_0$. Hieraus
folgt a).
b) Ist $\mathfrak{p}_0 \subset \cdots \subset \mathfrak{p}_h = \mathfrak{p} \subset \cdots \subset \mathfrak{p}_d$ eine Primidealkette der Länge $d := \dim_{\mathfrak{p}} X$,
so ist $h = h(\mathfrak{p})$ und $d - h = \dim A/\mathfrak{p}$. Nach 3.6 ist $\dim A/\mathfrak{p} = \operatorname{Trgr}(Q(A/\mathfrak{p})/K)$.
Wegen der Vertauschbarkeit von Quotienten und Restklassenbildung gilt $Q(A/\mathfrak{p}) \cong$
$A_{\mathfrak{p}}/\mathfrak{p}A_{\mathfrak{p}} = k(\mathfrak{p})$.
c) Nach 3.4b) ergibt sich, daß $X$ genau dann äquidimensional ist, wenn alle maximalen Primidealketten von $A$ die Länge $\dim A$ besitzen. Aus b) folgt daher c).

3.9.KOROLLAR. *a) Ist* $K'/K$ *eine beliebige Körpererweiterung, so gilt*

$$\dim(K' \otimes_K A) = \dim A$$

*Ist* $A$ *äquidimensional, so auch* $K' \otimes_K A$.
*b) Ist* $A' \neq \{0\}$ *eine weitere affine* $K$*-Algebra, so gilt*

$$\dim(A \otimes_K A') = \dim A + \dim A'$$

*Sind* $A$ *und* $A'$ *äquidimensional, so ist es auch* $A \otimes_K A'$.

BEWEIS: Seien $K[Y_1, \ldots, Y_d] \subset A$ und $K[Z_1, \ldots, Z_\delta] \subset A'$ Noethersche Normalisierungen, also $d = \dim A$, $\delta = \dim A'$. Da sich $K' \otimes_K K[Y_1, \ldots, Y_d]$ mit $K'[Y_1, \ldots, Y_d]$
und $K[Y_1, \ldots, Y_d] \otimes_K K[Z_1, \ldots, Z_\delta]$ mit $K[Y_1, \ldots, Y_d, Z_1, \ldots, Z_\delta]$ identifiziert, erhält
man Noethersche Normalisierungen

$$K'[Y_1, \ldots, Y_d] \subset K' \otimes_K A \quad \text{und} \quad K[Y_1, \ldots, Y_d, Z_1, \ldots, Z_\delta] \subset A \otimes_K A'$$

und es folgen die Dimensionsaussagen von a) und b).

Sei nun $A$ äquidimensional und $\mathfrak{P} \in \mathrm{Min}\,(K' \otimes_K A)$. Es ist $\dim((K' \otimes_K A)/\mathfrak{P}) = \dim A$ zu zeigen. Für ein $\mathfrak{p} \in \mathrm{Min}\,A$ mit $\mathfrak{P} \cap A \supset \mathfrak{p}$ ist dann $\dim(K' \otimes_K (A/\mathfrak{p})) = \dim(K' \otimes_K (A/\mathfrak{p})/\mathfrak{Q})$, wenn $\mathfrak{Q}$ das Bild von $\mathfrak{P}$ in $K' \otimes_K (A/\mathfrak{p})$ ist. Daher können wir annehmen, daß $A$ ein Integritätsring ist.

Da $\mathfrak{P}$ aus lauter Nullteilern von $K' \otimes_K A$ besteht, sind die Elemente von $\mathfrak{p} := \mathfrak{P} \cap A$ Nullteiler in $K' \otimes_K A$. Da aber $K'$ über $K$ eine Basis besitzt, besteht $\mathfrak{p}$ aus lauter Nullteilern von $A$, d.h. $\mathfrak{p} = \mathfrak{P} \cap A = (0)$. Sei $L := Q(A)$. Dann hat man ein kommutatives Diagramm kanonischer Injektionen

$$
\begin{array}{ccc}
K' \otimes_K K(Y_1, \ldots, Y_d) & \hookrightarrow & K' \otimes_K L \\
\uparrow & & \uparrow \\
K' \otimes_K K[Y_1, \ldots, Y_d] & \hookrightarrow & K' \otimes_K A
\end{array}
$$

Hierbei ist $K' \otimes_K L$ ein freier Modul über $K' \otimes_K K(Y_1, \ldots, Y_d) \subset K'(Y_1, \ldots, Y_d)$. Kein Element $\neq 0$ aus $K' \otimes_K K(Y_1, \ldots, Y_d)$ kann daher Nullteiler in $K' \otimes_K L$ sein. Es ergibt sich $\mathfrak{P} \cap K'[Y_1, \ldots, Y_d] = (0)$ und somit $K'[Y_1, \ldots, Y_d] \subset (K' \otimes_K A)/\mathfrak{P}$, also $\dim(K' \otimes_K A)/\mathfrak{P} = d$.

Sei nun $\mathfrak{P} \in \mathrm{Min}\,(A \otimes_K A')$. Es ist $\dim((A \otimes_K A')/\mathfrak{P}) = d + \delta$ zu zeigen. Ähnlich wie oben kann man annehmen, daß $A$ und $A'$ Integritätsringe sind. Mit $L := Q(A)$, $L' := Q(A')$ hat man dann ein kanonisches kommutatives Diagramm

$$
\begin{array}{ccc}
K(Y_1, \ldots, Y_d) \otimes_K K(Z_1, \ldots, Z_\delta) & \hookrightarrow & L \otimes_K L' \\
\uparrow & & \uparrow \\
K[Y_1, \ldots, Y_d] \otimes_K K[Z_1, \ldots, Z_\delta] & \hookrightarrow & A \otimes_K A'
\end{array}
$$

und man schließt wie oben, daß $\mathfrak{P} \cap K[Y_1, \ldots, Y_d, Z_1, \ldots, Z_\delta] = (0)$, woraus die Behauptung folgt.


**3.10. KOROLLAR.** *Sei $A$ ein faktorieller Ring und $I \subset A$ ein Ideal mit $\mathrm{Rad}\,I = I$, $I \neq (0)$, $I \neq A$. Dann sind folgende Aussagen äquivalent:*

*a) $I$ ist ein Hauptideal.*

*b) Für jeden minimalen Primteiler $\mathfrak{p}$ von $I$ ist $\dim A/\mathfrak{p} = \dim A - 1$.*


BEWEIS: a)$\to$b) Sei $I = (a)$, und sei $a = \pi_1 \cdot \ldots \cdot \pi_s$ eine Zerlegung von $a$ in Primelemente $\pi_j$ $(j = 1, \ldots, s)$. Wegen $\mathrm{Rad}\,I = I$ sind sie paarweise nicht zueinander assoziiert. Ferner sind die $\mathfrak{p}_j := (\pi_j)$ gerade die minimalen Primteiler von $I$. Nach 1.10 folgt $h(\mathfrak{p}_j) = 1$ und nach 3.8b) $\dim A/\mathfrak{p}_j = \dim A - 1$.

b)$\to$a) Nach 3.8b) ist $h(\mathfrak{p}) = 1$ für jeden minimalen Primteiler $\mathfrak{p}$ von $I$. Ferner ist $\mathfrak{p} = (\pi)$ mit einem Primelement $\pi$ von $A$ (1.10b). Sind $\mathfrak{p}_j = (\pi_j)$ $(j = 1, \ldots, s)$ die sämtlichen minimalen Primteiler von $I$, so ergibt sich

$$I = \operatorname{Rad} I = \mathfrak{p}_1 \cap \cdots \cap \mathfrak{p}_s = (\pi_1 \cdot \ldots \cdot \pi_s)$$

q.e.d.

**3.11.KOROLLAR.** *Folgende Aussagen sind äquivalent:*
a) $\dim A = 0$.
b) $A$ *ist ein endlich-dimensionaler* $K$-*Vektorraum.*
c) Spec $A$ *ist endlich.*
d) Max $A$ *ist endlich.*
*Es ist dann* Spec $A = $ Max $A$ *und* $A_\mathfrak{p}$ *eine endlichdimensionale* $K$-*Algebra für jedes* $\mathfrak{p} \in$ Spec $A$. *Hat* $A$ *als* $K$-*Vektorraum die Dimension* $m$, *so besitzt* Max $A$ *höchstens* $m$ *Elemente.*

BEWEIS: Sei $K[Y_1, \ldots, Y_d] \subset A$ eine Noethersche Normalisierung. Genau dann ist $d = \dim A = 0$, wenn $A$ über $K$ als Vektorraum endlich-dimensional ist. Dies gilt dann auch für $A_{\mathrm{red}}$.

Ist dies der Fall, so besitzt Spec $A$ nach 1.7 nur endlich viele Elemente, erst recht dann auch Max $A$. Nach 1.7 ist ihre Anzahl höchstens gleich $\dim_K A$.

Ist Max $A$ endlich, so ist es auch Max $K[Y_1, \ldots, Y_d]$ nach 2.3d). Wenn $\overline{K}$ der algebraische Abschluß von $K$ ist, dann ist auch Max $\overline{K}[Y_1, \ldots, Y_d]$ endlich, wieder nach 2.3d). Die Punkte von Max $\overline{K}[Y_1, \ldots, Y_d]$ entsprechen aber eineindeutig denen von $A\frac{d}{K}$. Da $\overline{K}$ unendlich ist, muß $d = 0$ sein.

Ein Schema $(X, \mathcal{O}_X)$ heißt **algebraisches** $K$-**Schema**, wenn $(X, \mathcal{O}_X)$ eine endliche offene Überdeckung durch affine algebraische $K$-Schemata besitzt.

Sei $(X, \mathcal{O}_X)$ ein algebraisches $K$-Schema. Aus 3.11 und 1.2e) folgt, daß $\dim X = 0$ genau dann gilt, wenn $X$ eine endliche Punktmenge mit der diskreten Topologie ist. Für $P \in X$ ist dann $\mathcal{O}_{X,P}$ als Lokalisation einer nulldimensionalen affinen $K$-Algebra eine lokale $K$-Algebra endlicher Länge, deren Restklassenkörper über $K$ endlich ist.

**3.12.BEMERKUNG.** *Nulldimensionale algebraische* $K$-*Schemata sind affin.*

BEWEIS: Sei $(X, \mathcal{O}_X)$ ein solches Schema und $X = \{P_1, \ldots, P_s\}$. Dann ist $A := \prod_{i=1}^{s} \mathcal{O}_{X,P_i}$ eine affine $K$-Algebra, und Spec $A$ ist homöomorph zu $X$. Da die Punkte offene Mengen bilden, ist $\mathcal{O}_X(\{P_i\}) = \mathcal{O}_{X,P_i}$ für $i = 1,\ldots,s$. Aus dem Garbenaxiom G2) ergibt sich, daß für jede offene Teilmenge $U \subset X$

$$\mathcal{O}_X(U) \cong \prod_{P \in U} \mathcal{O}_{X,P}$$

ist, wobei die Restriktionshomomorphismen die Projektionsabbildungen sind. Somit ist $\mathcal{O}_X \cong \tilde{A}$ und $(X, \mathcal{O}_X) \cong (\mathrm{Spec}\ A, \tilde{A})$, **q.e.d.**

Ist $(X, \mathcal{O}_X)$ reduziert und $\dim X = 0$, so ist $X$ eine endliche Punktmenge, und in jedem Punkt $P \in X$ ist $\mathcal{O}_{X,P}$ ein endlicher Erweiterungskörper von $K$.

**3.13.DEFINITION.** *Ein algebraisches $K$-Schema $(X, \mathcal{O}_X)$, für das $X$ nur aus einem Punkt besteht, heißt ein* **dicker Punkt** *über $K$.*

Ein solches Schema ist nach 3.12 im wesentlichen dasselbe wie eine lokale $K$-Algebra $A$, für die $\dim_K A < \infty$ gilt. Die **Klassifikation der dicken Punkte** über $K$ läuft auf die Klassifikation der lokalen affinen $K$-Algebren endlicher $K$-Vektorraumdimension hinaus. Ist das Lösungsschema eines algebraischen Gleichungssystems (V.2.7) nulldimensional, so ist es die schematheoretische Vereinigung von endlich vielen dicken Punkten.

Die "Größe" 0-dimensionaler algebraischer $K$-Schemata kann man wie folgt messen:

**3.14.DEFINITION.** *Für ein $0$-dimensionales algebraisches $K$-Schema $(X, \mathcal{O}_X)$ heißt*

$$\deg_K X := \sum_{P \in X} \dim_K \mathcal{O}_{X,P}$$

*der* **Grad von $X$ über $K$**.

Ist $X = \mathrm{Spec}\ A$ mit einer affinen $K$-Algebra $A$, so ist $A \cong \prod_{P \in X} \mathcal{O}_{X,P}$ und somit $\deg_K X = \dim_K A$.

Sei jetzt $X = \mathrm{Spec}\ A$ ein affines algebraisches $K$-Schema beliebiger Dimension. Die nulldimensionalen abgeschlossenen Unterschemata $Y \subset X$ sind dann von der Form $Y = \mathrm{Spec}\ A/I$ mit einem Ideal $I$ von $A$, dessen minimale Primteiler $\mathfrak{m}_i$ maximale Ideale von $A$ sind. Ist $P_i \in Y$ der dem maximalen Ideal $\mathfrak{m}_i$ entsprechende Punkt, so ist

$$\mathcal{O}_{Y,P_i} \cong A_{\mathfrak{m}_i}/I_{\mathfrak{m}_i} = \mathcal{O}_{X,P_i}/I\mathcal{O}_{X,P_i}.$$

Das Unterschema $Y \subset X$ ist vollständig bestimmt durch $|Y| = \{P_1,\ldots,P_s\}$ und die Restklassenringe $\mathcal{O}_{Y,P_i} = A_{\mathfrak{m}_i}/I_{\mathfrak{m}_i}$, denn das zu $Y$ gehörige Ideal $I$ ist nach dem Lokal-Global-Prinzip durch die $A_{\mathfrak{m}_i}$-Ideale $I_{\mathfrak{m}_i}$ eindeutig festgelegt.

**3.15.Satz.** *Seien $Y_1$ und $Y_2$ zwei $0$-dimensionale abgeschlossene Unterschemata von $X = \operatorname{Spec} A$. Dann sind auch $Y_1 \cap Y_2$ sowie $Y_1 \cup Y_2$ $0$-dimensional, und es gilt*

$$\deg_K(Y_1 \cap Y_2) + \deg_K(Y_1 \cup Y_2) = \deg_K Y_1 + \deg_K Y_2$$

BEWEIS: Sei $Y_k = \operatorname{Spec} A/I_k$ $(k = 1, 2)$. Dann sind auch $\mathcal{V}(I_1 \cap I_2)$ und $\mathcal{V}(I_1 + I_2)$ endliche Mengen maximaler Ideale, d.h. $Y_1 \cup Y_2 = \operatorname{Spec} A/I_1 \cap I_2$ und $Y_1 \cap Y_2 = \operatorname{Spec} A/I_1 + I_2$ sind $0$-dimensionale abgeschlossene Unterschemata von $X$.

Die Abbildung

$$\begin{aligned} \alpha \;:\; & A/I_1 \times A/I_2 && \to && A/I_1 + I_2 \\ & (a + I_1, b + I_2) && \mapsto && (a - b) + I_1 + I_2 \end{aligned}$$

ist wohldefiniert, $K$-linear, surjektiv, und ferner besteht $\ker \alpha$ aus den Elementen $(a + I_1, a + I_2)$ mit $a \in A$.

Daher ist $\ker \alpha$ das Bild der $K$-linearen Abbildung

$$\begin{aligned} \beta \;:\; & A/I_1 \cap I_2 && \to && A/I_1 \times A/I_2 \\ & a + (I_1 \cap I_2) && \mapsto && (a + I_1, a + I_2) \end{aligned}$$

und diese ist injektiv. Man hat also eine exakte Sequenz von $K$-Vektorräumen

$$0 \to A/I_1 \cap I_2 \to A/I_1 \times A/I_2 \to A/I_1 + I_2 \to 0$$

woraus die Gradformel folgt.

AUFGABEN:

1) Sei $K$ ein Körper. Bestimmen Sie die Dimension der folgenden $K$-Algebren $R$:
   a) Es ist $K \subset R \subset K[X]$ und $R \neq K$.
   b) $R = K[X_1, \ldots, X_n, X_1^{-1}, \ldots, X_n^{-1}]$ (Algebra der Laurent-Polynome).
   c) $R = K[M_1, \ldots, M_t] \subset K[X_1, \ldots, X_n]$ mit Monomen

   $$M_i = X_1^{\nu_{i1}} \cdot \ldots \cdot X_n^{\nu_{in}} \qquad (i = 1, \ldots, t;\ \nu_{ij} \in \mathbf{N})$$

   d) $R = K[X_1, \ldots, X_n, Y_1, \ldots, Y_n]/(\{X_i Y_j - X_j Y_i\}_{i,j=1,\ldots,n})$.
   e) $R = K[X_1, \ldots, X_n, Y_1, \ldots, Y_n]/I$ mit

   $$I = (X_1^2 - X_2 Y_1, \ldots, X_{n-1}^2 - X_n Y_{n-1}, X_n^2 - X_1 Y_n, X_1 \cdot \ldots \cdot X_n - Y_1 \cdot \ldots \cdot Y_n)$$

2) Sei $\varphi \colon V \to W$ eine $K$-reguläre Abbildung (vgl. Kap.IV,§ 1) zwischen $K$-Varietäten $V$ und $W$. Dann gilt $\dim \overline{\varphi(V)} \leq \dim V$, wobei $\overline{\varphi(V)}$ der topologische Abschluß des Bildes von $V$ in $W$ ist.

## § 4. Dimension affiner und projektiver algebraischer Varietäten

Auf Grund des engen Zusammenhangs zwischen Varietäten und affinen Algebren (ihren Koordinatenringen) ergeben sich aus den Dimensionsaussagen des § 3 nun grundlegende Sätze über die Dimension algebraischer Varietäten.

Im folgenden sei $L/K$ eine Körpererweiterung mit algebraisch abgeschlossenem $L$. Zunächst betrachten wir eine nichtleere $K$–Varietät $V \subset \mathbb{A}_L^n$. In 3.4 hat sich ergeben, daß $\dim V = \dim K[V] < \infty$.

4.1.SATZ. *$\dim V$ ist unabhängig von der Wahl des Definitionskörpers $K$. Ist $K'$ ein Zwischenkörper von $L/K$, und ist $V$ äquidimensional in der $K$–Topologie, so auch in der $K'$–Topologie.*

BEWEIS: Es ist $K'[V] = (K' \otimes_K K[V])_{\mathrm{red}}$ nach I.5.5. Da für jeden Ring $R$ die Räume $\operatorname{Spec} R$ und $\operatorname{Spec} R_{\mathrm{red}}$ homöomorph sind, folgt 4.1 nun unmittelbar aus 3.9a).

Da $\dim K[X_1, \ldots, X_n] = n$ ist, gilt $\dim \mathbb{A}_L^n = n$ und $\dim V \leq n$. Es ist klar, daß $\dim V = n$ genau dann gilt, wenn $V = \mathbb{A}_L^n$ ist.

4.2.SATZ. *a) Sind $V_1, \ldots, V_s$ die irreduziblen Komponenten von $V$ und $\mathcal{R}(V_i)$ die rationalen Funktionenkörper der $V_i$ $(i = 1, \ldots, s)$, so gilt*

$$\dim V = \operatorname*{Max}_{i=1,\ldots,s} \{\operatorname{Trgr}(\mathcal{R}(V_i)/K)\}$$

*b) Ist $V$ äquidimensional, so haben alle maximalen Ketten*

$$V_0 \subset \cdots \subset V_d \qquad (V_0 \neq \emptyset, V_i \neq V_{i+1})$$

*von irreduziblen Untervarietäten $V_i \subset V$ die Länge $d = \dim V$.*

BEWEIS: a) folgt aus 3.6 und b) aus 3.5.

4.3.KOROLLAR. *Ist $V$ äquidimensional und $W \neq \emptyset$ eine Untervarietät von $V$, so gilt*

$$\dim V = \dim W + \operatorname{codim}_V W$$

BEWEIS: Dies folgt aus 3.8c).

4.4.SATZ. *Für $P \in V$ sei $(\mathcal{O}_P, \mathfrak{m}_P)$ der lokale Ring von $V$ in $P$ und $k(P) := \mathcal{O}_P/\mathfrak{m}_P$ sein Restklassenkörper. Dann gilt*

$$\dim_P V = \dim \mathcal{O}_P + \mathrm{Trgr}\,(k(P)/K)$$

*Ist $P$ ein abgeschlossener Punkt von $V$, so gilt $\dim_P V = \dim \mathcal{O}_P$. Genau dann ist $V$ äquidimensional, wenn $\dim_P V = \dim V$ für alle $P \in V$.*

BEWEIS: Sei $\mathfrak{p}_P$ das zu $P$ in $A := K[V]$ gehörige Primideal. Dann ist $\mathcal{O}_P = K[V]_{\mathfrak{p}_P}$ und $k(P) = Q(K[V]/\mathfrak{p}_P)$. Ferner hat man $\dim_P V = \dim_{\mathfrak{p}_P}(\mathrm{Spec}\ A)$. Die Behauptungen folgen daher aus 3.8b), wenn man noch berücksichtigt, daß für einen abgeschlossenen Punkt $P$ das Primideal $\mathfrak{p}_P$ maximal und daher $k(P)/K$ algebraisch ist.

4.5.SATZ. *Für nichtleere $K$–Varietäten $V \subset \mathbb{A}_L^n$ und $W \subset \mathbb{A}_L^m$ gilt*

$$\dim(V \times W) = \dim V + \dim W$$

*Sind $V$ und $W$ äquidimensional, so ist es auch $V \times W$.*

BEWEIS: Wende 3.9b) an.

4.6.SATZ. *Sei $V$ irreduzibel mit faktoriellem Koordinatenring $K[V]$, und sei $W \subset V$ eine Untervarietät mit $W \neq \emptyset$, $W \neq V$. Genau dann ist $W$ in $V$ äquikodimensional von der Kodimension 1, wenn $\mathcal{J}_V(W)$ ein Hauptideal von $K[V]$ ist.*

Dies folgt aus 3.10 und verallgemeinert 1.11.

4.7.SATZ. *Genau dann ist $\dim V = 0$, wenn $V$ nur aus endlich vielen Punkten besteht.*

BEWEIS: Wende 3.11 auf $L[V]$ an.

4.8.DEFINITION. *Eine affine oder projektive Varietät heißt* **algebraische Kurve** (**Fläche**)*, wenn sie äquidimensional von der Dimension 1 (der Dimension 2) ist.*

Es ist klar, daß die ebenen algebraischen Kurven auch Kurven i.S. der Definition 4.8 sind. Die Hyperflächen im 3–dimensionalen Raum sind algebraische Flächen.

**4.9. BEISPIELE:** a) **Die $L$–Untervarietäten von $A^1_L$ sind** $\emptyset$, $A^1_L$ und die endlichen Punktmengen.

b) **Die $L$–Untervarietäten von $A^2_L$.** Außer $\emptyset$ und $A^2_L$ gibt es noch die 0–dimensionalen und 1–dimensionalen Varietäten. Die ersten sind die endlichen Punktmengen. Die 1–dimensionalen sind Vereinigungen endlicher Punktmengen mit einer algebraischen Kurve.

c) **Die $L$–Untervarietäten in $A^3_L$.** Außer $\emptyset$ und $A^3_L$ gibt es noch die Untervarietäten der Dimension 0 (endliche Punktmengen), der Dimension 1 (Kurven vereinigt mit endlichen Punktmengen) und der Dimension 2 (die Vereinigung einer algebraischen Fläche mit einer algebraischen Kurve und einer endlichen algebraischen Menge). Die Flächen sind die Hyperflächen, werden also durch eine einzige Gleichung beschrieben. Die Kurven gestatten keine so einfache Beschreibung.

d) **Monomiale Kurven.** Die Varietäten $C$ in $A^n_L$ mit einer Parameterdarstellung

$$x_1 = t^{\alpha_1}, \ldots, x_n = t^{\alpha_n} \qquad ((\alpha_1, \ldots, \alpha_n) \in \mathbb{N}^n_+, t \in L)$$

sind irreduzible algebraische Kurven: Ist $T$ eine Unbestimmte, so ist $\mathcal{J}(C)$ der Kern des Einsetzungshomomorphismus

$$K[X_1, \ldots, X_n] \to K[T] \qquad (X_i \mapsto T^{\alpha_i})$$

und $K[C]$ ist der Unterring $K[T^{\alpha_1}, \ldots, T^{\alpha_n}]$ von $K[T]$. Da $K[T]$ ganz über $K[C]$ ist, gilt $\dim C = \dim K[C] = \dim K[T] = 1$ nach 2.6a).

e) **Lineare Varietäten.** Ist $\Lambda \subset A^n_L$ die Lösungsmenge eines linearen Gleichungssystems $\sum\limits_{k=1}^{n} a_{ik} X_k = b_i$ $(i = 1, \ldots, m)$, ist $\Lambda \neq \emptyset$ und $\mathrm{Rang}(a_{ik}) =: r$, so gilt für die Krulldimension analog wie in der linearen Algebra

$$\dim \Lambda = n - r$$

Nach einer Koordinatentransformation kann man nämlich annehmen, daß $\Lambda$ durch das Gleichungssystem $X_1 = \cdots = X_r = 0$ gegeben wird. Dann ist

$$\dim \Lambda = \dim K[X_1, \ldots, X_n]/(X_1, \ldots, X_r) = \dim K[X_{r+1}, \ldots, X_n] = n - r$$

Wir geben jetzt eine geometrische Interpretation der Aussage d) des Noetherschen Normalisierungssatzes 3.1. Sie zeigt, daß etwa im Fall $L = \mathbb{C}$ die Krulldimension irreduzibler algebraischer Varietäten gleich ihrer topologischen $\mathbb{C}$–Dimension ist.

**4.10. SATZ.** *Zu jeder Varietät $V \subset A^n_L$ mit $\dim V =: d \geq 0$ gibt es eine $d$–dimensionale lineare $L$–Varietät $\Lambda \subset A^n_L$ und eine Parallelprojektion $\pi: A^n_L \to \Lambda$ mit folgenden Eigenschaften:*

*a) Es gilt* $\pi(V) = \Lambda$.

*b) Für jedes* $P \in \Lambda$ *ist* $\pi^{-1}(\{P\}) \cap V$ *endlich.*

*Wird* $L[V]$ *als* $L[Y_1, \ldots, Y_d]$*–Modul von* $m$ *Elementen erzeugt, so ist* $|\pi^{-1}(P) \cap V| \leq m$ *für alle* $P \in \Lambda$.

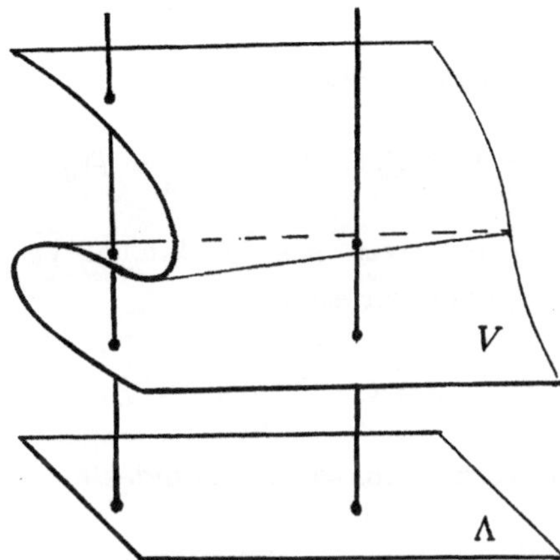


BEWEIS: Nach 3.1d) gibt es eine Noethersche Normalisierung

$$L[Y_1, \ldots, Y_n] \subset L[X_1, \ldots, X_n] \quad \text{mit} \quad \mathcal{J}(V) \cap L[Y_1, \ldots, Y_n] = (Y_{\delta+1}, \ldots, Y_n)$$

wobei die $Y_i$ für $i = 1, \ldots, \delta$ Linearkombinationen von $X_1, \ldots, X_n$ sind. Es ist dann auch $L[Y_1, \ldots, Y_\delta] \subset L[V]$ eine Noethersche Normalisierung, folglich $\delta = d$.

Sei o.B.d.A. $Y_i = X_i$ für $i = 1, \ldots, d$, und sei $\Lambda$ die durch $X_{d+1} = \cdots = X_n = 0$ gegebene lineare Varietät, also $\dim \Lambda = d$. Über jedem Punkt $(a_1, \ldots, a_d, 0, \ldots, 0) \in \Lambda$ gibt es auf $V$ mindestens einen, aber höchstens endlich viele Punkte, deren ersten $d$ Koordinaten mit $a_1, \ldots, a_d$ übereinstimmen, denn über dem maximalen Ideal $(X_1 - a_1, \ldots, X_d - a_d)$ von $L[X_1, \ldots, X_d]$ liegen in $L[V]$ mindestens ein, aber höchstens endlich viele maximale Ideale (2.3 und 2.7).

Über jedem maximalen Ideal von $L[Y_1, \ldots, Y_d]$ liegen nach 3.11 höchstens $m$ maximale Ideale von $L[V]$. Hieraus ergibt sich die letzte Aussage des Satzes.

**4.11.KOROLLAR.** *Es gibt eine lineare Varietät* $\Lambda' \subset \mathbb{A}_L^n$ *der Dimension* $n - d$, *so daß* $\Lambda' \cap V$ *endlich ist, und es gibt eine lineare Varietät* $\Lambda'' \subset \mathbb{A}_L^n$ *mit* $\dim \Lambda'' = n - d - 1$, *so daß* $\Lambda'' \cap V = \emptyset$.

BEWEIS: Für ein $P \in \Lambda$ nehme man $\Lambda' := \pi^{-1}(\{P\})$. Ist ferner $H$ eine Hyperebene, welche keinen der Punkte von $\Lambda' \cap V$ enthält, so kann man $\Lambda'' := \Lambda' \cap H$ wählen.

Wir wollen jetzt die Dimension projektiver Varietäten untersuchen. Sei $\overline{V}$ die projektive Abschließung von $V$ bei der Einbettung

$$\mathbb{A}_L^n \hookrightarrow \mathbb{P}_L^n \qquad ((x_1, \ldots, x_n) \mapsto \langle 1, x_1, \ldots, x_n \rangle)$$

**4.12.SATZ.** a) *Es gilt* $\dim \overline{V} = \dim V$.
b) *Ist* $V$ *äquidimensional, so auch* $\overline{V}$.

BEWEIS: Es genügt, a) für irreduzible Varietäten $V \neq \emptyset$ zu beweisen. b) folgt dann nach II.3.2.

Wähle eine Kette irreduzibler $K$-Varietäten

$$V_0 \subset V_1 \subset \cdots \subset V_d = V \subset V_{d+1} \subset \cdots \subset V_n = \mathsf{A}_L^n \quad (V_0 \neq \emptyset,\, V_i \neq V_{i+1})$$

wobei $d = \dim V$. Die projektiven Abschließungen $\overline{V_i}$ der $V_i$ bilden dann eine entsprechende Kette projektiver Varietäten

$$\overline{V_0} \subset \overline{V_1} \subset \cdots \subset \overline{V_d} = \overline{V} \subset \overline{V_{d+1}} \subset \cdots \subset \overline{V_n} = \mathsf{P}_L^n,\, \overline{V_i} \cap \mathsf{A}_L^n = V_i \ (i = 0,\ldots,n)$$

der in $K[Y_0,\ldots,Y_n]$ eine Kette homogener Primideale

$$\mathfrak{P}_0 \supset \mathfrak{P}_1 \supset \cdots \supset \mathfrak{P}_d = \mathcal{J}_+(\overline{V}) \supset \mathfrak{P}_{d+1} \supset \cdots \supset \mathfrak{P}_n = (0)$$

entspricht, wobei $\mathfrak{P}_0 \neq (Y_0,\ldots,Y_n)$, da $\overline{V_0} \neq \emptyset$. Da aber jede Primidealkette in $K[Y_0,\ldots,Y_n]$ höchstens die Länge $n+1$ besitzt, muß $\mathfrak{P}_0 \supset \mathfrak{P}_1 \supset \cdots \supset \mathfrak{P}_d = \mathcal{J}_+(\overline{V})$ eine maximale mit $\mathcal{J}_+(\overline{V})$ beginnende Kette sein, die mit einem Primideal $\mathfrak{P}_0 \neq (Y_0,\ldots,Y_n)$ endet, d.h. es gilt $\dim \overline{V} = d$, **q.e.d.**

Sei nun eine beliebige Kette irreduzibler $K$-Varietäten

$$(1) \qquad\qquad \overline{V_0} \subset \overline{V_1} \subset \cdots \subset \overline{V_m} \qquad (\overline{V_0} \neq \emptyset,\, \overline{V_i} \neq \overline{V_{i+1}})$$

in $\mathsf{P}_L^n$ gegeben. Man kann das Koordinatensystem so wählen, daß $\overline{V_0} \cap \mathsf{A}_L^n \neq \emptyset$ ist. Dann ist mit $V_i := \overline{V_i} \cap \mathsf{A}_L^n$ eine Kette irreduzibler affiner $K$-Varietäten

$$(2) \qquad\qquad V_0 \subset V_1 \subset \cdots \subset V_m$$

gegeben, und $\overline{V_i}$ ist jeweils die projektive Abschließung von $V_i$ (II,§ 3). Die Kette (2) läßt sich zu einer maximalen Kette verfeinern, und diese hat die Länge $n$. Geht man dann zu den projektiven Abschließungen über, so erhält man eine Verfeinerung von (1) zu einer Kette der Länge $n$. Wir haben somit gezeigt:

**4.13.SATZ.** *Jede Kette (1) von irreduziblen projektiven* $K$-*Varietäten läßt sich zu einer maximalen solchen Kette verfeinern. Diese hat die Länge* $n$.

Betrachtet man statt der Varietäten homogene Primideale in $K[Y_0,\ldots,Y_n]$, so erhält man

**4.14.KOROLLAR.** *Jede Kette $\mathfrak{P}_0 \subset \cdots \subset \mathfrak{P}_m$ relevanter Primideale in $K[Y_0,\ldots,Y_n]$ läßt sich zu einer maximalen solchen Kette verfeinern. Diese hat die Länge $n$.*

Will man lieber von Ketten homogener Primideale sprechen, so hat man jeder Kette noch das irrelevante maximale Ideal $(Y_0,\ldots,Y_n)$ anzufügen. Maximale Ketten homogener Primideale in $K[Y_0,\ldots,Y_n]$ haben demnach immer die Länge $n+1$.

**4.15.SATZ.** *Ist $\tilde{V} \subset \mathbb{A}_L^{n+1}$ der affine Kegel einer projektiven $K$–Varietät $V \subset \mathbb{P}_L^n$, so gilt*

$$\dim \tilde{V} = \dim V + 1$$

*Speziell ist $\dim K[V] = \dim V + 1 = \dim K[\tilde{V}]$.*

BEWEIS: Es genügt, irreduzible Varietäten $V$ zu betrachten. Ist dann eine maximale mit $\mathcal{J}_+(V)$ beginnende Kette $\mathcal{J}_+(V) = \mathfrak{P}_0 \subset \cdots \subset \mathfrak{P}_d \subset (Y_0,\ldots,Y_n)$ homogener Primideale gegeben, so ist sie auch eine maximale solche Primidealkette überhaupt. Wegen $\mathcal{J}(\tilde{V}) = \mathcal{J}_+(V)$ folgt die Behauptung.

Speziell ergibt sich, daß auch für projektive Varietäten die Dimension nicht von der Wahl des Definitionskörpers abhängt. Die gewonnenen Einsichten über Ketten homogener Primideale erlauben es, die folgenden Dimensionsaussagen analog wie im Affinen herzuleiten.

**4.16.SATZ.** *Ist $V \subset \mathbb{P}_L^n$ äquidimensional, so gilt für jede Untervarietät $W \neq \emptyset$ von $V$*

$$\dim V = \dim W + \operatorname{codim}_V W$$

**4.17.SATZ.** *Ist für $V \subset \mathbb{P}_L^n$ der Koordinatenring $K[V]$ faktoriell, so ist $W \subset V$ genau dann äquikodimensional von der Kodimension 1, wenn $\mathcal{J}_+(W)$ ein Hauptideal in $K[V]$ ist, das von einem homogenen Element erzeugt wird.*

**4.18.SATZ.** *Eine projektive Varietät $V \neq \emptyset$ besitzt genau dann die Dimension 0, wenn sie endlich ist.*

AUFGABEN:

1) Gegeben sei ein algebraisches Gleichungssystem

$$M_1 = \cdots = M_t = 0$$

mit Monomen $M_i = X_1^{\nu_{i1}} \cdot \ldots \cdot X_n^{\nu_{in}} \in K[X_1,\ldots,X_n]$ $(i = 1,\ldots,t;\ \nu_{ij} \in \mathbb{N})$. Welche Dimension besitzt die Lösungsmenge $V \subset \mathbb{A}_K^n$ des Gleichungssystems? Wann ist $\dim V = 0$? Welchen Wert hat dann $\dim_K K[X_1,\ldots,X_n]/(M_1,\ldots,M_t)$?

2) Welche Dimension besitzt der gewichtete projektive Raum $\mathbf{P}^n_K(\gamma)$ (Kap. II, § 1, Aufgabe 3) mit seiner durch die gewichteten $K$-Untervarietäten (Kap. II, § 2, Aufgabe 3) gegebenen Topologie?

3) Sei $V = V_1 \cup \cdots \cup V_s \cup W_1 \cup \cdots \cup W_t$ die Zerlegung einer affinen algebraischen $K$-Varietät in irreduzible Komponenten, wobei $\dim V_i = 0$ ($i = 1, \ldots, s$) und $\dim W_j > 0$ ($j = 1, \ldots, t$). Dann besitzt der Koordinatenring $K[V]$ eine Zerlegung

$$K[V] \cong K[V_1] \times \cdots \times K[V_s] \times K[W]$$

mit $W := W_1 \cup \cdots \cup W_t$.

## § 5. Der Krullsche Hauptidealsatz
## Dimension des Schnitts zweier Varietäten

Der Schnitt algebraischer Varietäten in Räumen der Dimension $\geq 3$ kann kompliziert aussehen, wie einfache Beispiele zeigen. Ist der Koordinatenkörper algebraisch abgeschlossen, so lassen sich jedoch recht präzise Dimensionsaussagen über den Schnitt zweier Varietäten machen, deren algebraisches Gegenstück der Hauptidealsatz von Krull ist. Der Hauptidealsatz lautet

5.1.SATZ. *Sei* $(a) \neq R$ *ein Hauptideal in einem noetherschen Ring* $R$, *und sei* $\mathfrak{p}$ *ein minimaler Primteiler von* $(a)$. *Dann gilt* $h(\mathfrak{p}) \leq 1$. *Wenn* $a$ *kein Nullteiler von* $R$ *ist, so gilt sogar* $h(\mathfrak{p}) = 1$.

BEWEIS: Die zweite Aussage folgt aus der ersten, da Primideale der Höhe 0 (minimale Primideale) nach III.1.11 oder C.18 in Verbindung mit C.22b) aus lauter Nullteilern bestehen.

Zum Beweis der ersten Aussage beachte man, daß $\mathfrak{p}R_{\mathfrak{p}}$ ein minimaler Primteiler von $aR_{\mathfrak{p}}$ ist und $h(\mathfrak{p}) = \dim R_{\mathfrak{p}}$. Man kann daher annehmen, daß $R$ ein lokaler Ring ist, dessen maximales Ideal $\mathfrak{m}$ ein minimaler Primteiler von $(a)$ ist. Für jedes $\mathfrak{q} \in \operatorname{Spec} R$ mit $\mathfrak{q} \neq \mathfrak{m}$ ist dann $h(\mathfrak{q}) = 0$ zu zeigen.

Wir bezeichnen mit $\mathfrak{q}^{(i)}$ das Urbild von $\mathfrak{q}^i R_{\mathfrak{q}}$ in $R$ ($i$–te "symbolische Potenz" von $\mathfrak{q}$) und bilden die Idealkette

$$(a) + \mathfrak{q}^{(1)} \supset (a) + \mathfrak{q}^{(2)} \supset \ldots$$

Da $\operatorname{Spec} R/(a)$ nur aus $\mathfrak{m}/(a)$ besteht, ist $R/(a)$ nach C.11 von endlicher Länge. Es gibt daher ein $n \in \mathbb{N}$ mit

$$(a) + \mathfrak{q}^{(n)} = (a) + \mathfrak{q}^{(n+1)}$$

Schreibt man $q \in \mathfrak{q}^{(n)}$ in der Form $q = r \cdot a + q'$ mit $r \in R$, $q' \in \mathfrak{q}^{(n+1)}$, so ergibt sich aus $ra \in \mathfrak{q}^{(n)}$ und $a \notin \mathfrak{q}$ nach Definition von $\mathfrak{q}^{(n)}$, daß $r \in \mathfrak{q}^{(n)}$ ist. Wir erhalten

$$\mathfrak{q}^{(n)} = a \cdot \mathfrak{q}^{(n)} + \mathfrak{q}^{(n+1)}$$

folglich $\mathfrak{q}^{(n)} = \mathfrak{q}^{(n+1)}$ nach dem Lemma von Nakayama, da $a \in \mathfrak{m}$. In $R_{\mathfrak{q}}$ gilt dann $\mathfrak{q}^n R_{\mathfrak{q}} = \mathfrak{q}^{n+1} R_{\mathfrak{q}}$ und somit $\mathfrak{q}^n R_{\mathfrak{q}} = (0)$, wieder nach Nakayama. Da das maximale Ideal von $R_{\mathfrak{q}}$ nilpotent ist, folgt $\dim R_{\mathfrak{q}} = h(\mathfrak{q}) = 0$, **q.e.d.**

Sei nun $L/K$ wieder eine Körpererweiterung, wobei $L$ algebraisch abgeschlossen ist. Als erste geometrische Anwendung des Hauptidealsatzes ergibt sich

**5.2. KOROLLAR.** *Im $n$-dimensionalen affinen oder projektiven Raum über $L$ sei eine äquidimensionale $K$-Varietät $V$ mit $\dim V = d$ gegeben und eine $K$-Hyperfläche $H$. Ist $V \cap H \neq \emptyset$ und keine irreduzible Komponente von $V$ ganz in $H$ enthalten, so ist auch $V \cap H$ äquidimensional und $\dim(V \cap H) = d - 1$.*

BEWEIS: Da man den projektiven Raum durch affine Räume überdecken kann, genügt es, die Aussage im Affinen zu zeigen. Zu $H \cap V$ gehört im affinen Koordinatenring $K[V]$ das Ideal $\mathcal{J}_V(H \cap V) = \mathrm{Rad}(a)$ mit einem $a \in K[V]$. Nach Voraussetzung ist $a$ keine Einheit und in keinem minimalen Primideal von $K[V]$ enthalten. Daher haben alle minimalen Primteiler $\mathfrak{p}$ von $(a)$, und damit auch von $\mathrm{Rad}(a)$, nach dem Hauptidealsatz die Höhe 1. Nach 3.8c) gilt dann $\dim K[V]/\mathfrak{p} = d - 1$. Somit haben alle irreduziblen Komponenten von $V \cap H$ die Dimension $d - 1$,                    **q.e.d.**

Speziell ergibt sich: Schneiden sich zwei Hyperflächen im $n$-dimensionalen Raum ($n \geq 2$) und haben sie keine irreduziblen Komponenten gemeinsam, so ist der Schnitt äquidimensional von der Dimension $n - 2$. Anders ausgedrückt: Ist $f = 0$, $g = 0$ ein Gleichungssystem mit zwei teilerfremden Polynomen $f$ und $g$, so ist die Lösungsmenge $V$ äquidimensional von der Dimension $n - 2$ oder leer. Das Letztere kann nach II.2.2b) nur im affinen Fall passieren. Für die Äquidimensionalität ist es wichtig, daß $L$ algebraisch abgeschlossen ist, siehe das nachfolgende Bild.

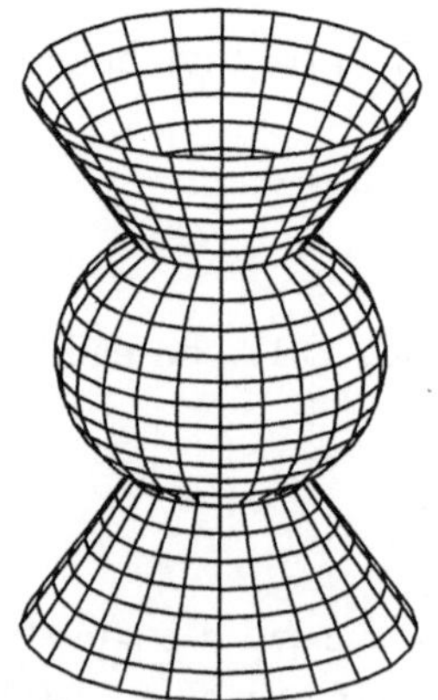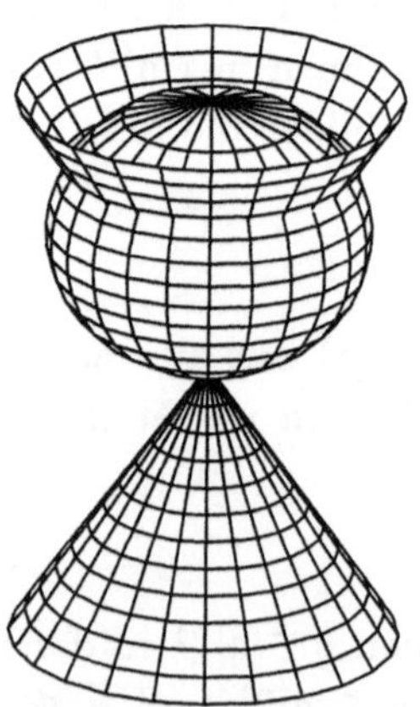

**5.3. KOROLLAR.** *Sei $R$ ein noetherscher Ring. Für $\mathfrak{p}, \mathfrak{p}', \mathfrak{q}_1, \ldots, \mathfrak{q}_s \in \mathrm{Spec}\, R$ gelte $\mathfrak{p} \not\subset \mathfrak{q}_i$ ($i = 1, \ldots, s$), $\mathfrak{p}' \subset \mathfrak{p}$, und in $R/\mathfrak{p}'$ sei $h(\mathfrak{p}/\mathfrak{p}') \geq 2$. Dann gibt es ein $\mathfrak{q} \in \mathrm{Spec}\, R$ mit $\mathfrak{p}' \subsetneq \mathfrak{q} \subsetneq \mathfrak{p}$ und $\mathfrak{q} \not\subset \mathfrak{q}_i$ ($i = 1, \ldots, s$).*

BEWEIS: Nach III.3.6 gibt es ein $x \in \mathfrak{p}$ mit $x \notin \mathfrak{q}_i$ ($i = 1, \ldots, s$) und $x \notin \mathfrak{p}'$. Ein minimaler Primteiler von $xR_{\mathfrak{p}} + \mathfrak{p}'R_{\mathfrak{p}}$ in $R_{\mathfrak{p}}$ ist von der Form $\mathfrak{q}R_{\mathfrak{p}}$ mit $\mathfrak{q} \in \mathrm{Spec}\, R$, $\mathfrak{p}' \subset \mathfrak{q} \subset \mathfrak{p}$. Nach 5.1 ist $h(\mathfrak{q}/\mathfrak{p}') \leq 1$, ferner ist $\dim R_{\mathfrak{p}}/\mathfrak{p}'R_{\mathfrak{p}} \geq 2$ nach Voraussetzung. Es folgt $\mathfrak{p}' \neq \mathfrak{q} \neq \mathfrak{p}$. Überdies ist $\mathfrak{q} \not\subset \mathfrak{q}_i$ ($i = 1, \ldots, s$), da $x \in \mathfrak{q}$, aber

$x \notin \mathfrak{q}_i \ (i = 1, \ldots, s)$.

Das Korollar wird verwendet im Beweis von

**5.4. THEOREM.** *(Verallgemeinerter Krullscher Hauptidealsatz). Sei $R$ ein noether-scher Ring und $I \neq R$ ein Ideal von $R$, das von $m$ Elementen erzeugt wird. Für jeden minimalen Primteiler $\mathfrak{p}$ von $I$ gilt dann $h(\mathfrak{p}) \leq m$.*

BEWEIS: (Vollständige Induktion nach $m$). Nach 5.1 können wir annehmen, daß $m > 1$ ist und daß der Satz schon für Ideale bewiesen ist, die sich mit weniger als $m$ Elementen erzeugen lassen. Sei dann $I = (a_1, \ldots, a_m)$, und seien $\mathfrak{q}_1, \ldots, \mathfrak{q}_s$ die minimalen Primteiler von $(a_1, \ldots, a_{m-1})$. Dann ist $h(\mathfrak{q}_i) \leq m - 1 \ (i = 1, \ldots, s)$.

Sei $\mathfrak{p}$ ein minimaler Primteiler von $I$ und $\mathfrak{p} = \mathfrak{p}_0 \supset \mathfrak{p}_1 \supset \cdots \supset \mathfrak{p}_\ell$ eine Prim-idealkette der Länge $\ell \geq 2$. Sollte es keine solche Kette geben, sind wir bereits fertig. Wir dürfen annehmen, daß $\mathfrak{p} \not\subset \mathfrak{q}_i \ (i = 1, \ldots, s)$, denn andernfalls ist sicher $h(\mathfrak{p}) \leq m - 1$.

Durch wiederholte Anwendung von 5.3 konstruiert man eine Kette wie oben mit $\mathfrak{p}_{\ell-1} \not\subset \mathfrak{q}_i \ (i = 1, \ldots, s)$. Setze nun $\overline{R} := R/(a_1, \ldots, a_{m-1})$ und bezeichne die Bilder von Elementen oder Idealen aus $R$ in $\overline{R}$ ebenfalls mit einem Querstrich. Da $\overline{\mathfrak{p}}$ ein minimaler Primteiler von $\overline{I} = (\overline{a}_m)$ ist, gilt $h(\overline{\mathfrak{p}}) \leq 1$ nach 5.1.

Es ist $\overline{\mathfrak{p}}_{\ell-1} \not\subset \overline{\mathfrak{q}}_i$, da $\mathfrak{p}_{\ell-1} \not\subset \mathfrak{q}_i$ und $(a_1, \ldots, a_{m-1}) \subset \mathfrak{q}_i \ (i = 1, \ldots, s)$. So-mit ist $\overline{\mathfrak{p}}$ ein minimaler Primteiler von $\overline{\mathfrak{p}}_{\ell-1}$ und $\mathfrak{p}$ ein minimaler Primteiler von $\mathfrak{p}_{\ell-1} + (a_1, \ldots, a_{m-1})$. In $R/\mathfrak{p}_{\ell-1}$ ist dann $\mathfrak{p}/\mathfrak{p}_{\ell-1}$ ein minimaler Primteiler eines von $m - 1$ Elementen erzeugten Ideals, also gilt $\ell - 1 \leq h(\mathfrak{p}/\mathfrak{p}_{\ell-1}) \leq m - 1$ und somit $\ell \leq m$. Es ergibt sich $h(\mathfrak{p}) \leq m$, **q.e.d.**

Es folgen nun Anwendungen des verallgemeinerten Hauptidealsatzes auf die Dimen-sionstheorie der Varietäten.

**5.5. KOROLLAR.** *Sei $V$ eine äquidimensionale affine oder projektive Varietät, und seien $f_1, \ldots, f_m$ (homogene) Elemente aus $K[V]$, deren Nullstellenmenge $W :=$ $\mathcal{V}_V(f_1, \ldots, f_m)$ in $V$ nicht leer ist. Dann gilt für jede irreduzible Komponente $Z$ von $W$*

$$\dim Z \geq \dim V - m$$

BEWEIS: Wir wollen den affinen Fall betrachten, der projektive ist analog. Ist $\mathfrak{p}$ ein minimaler Primteiler von $(f_1, \ldots, f_m)$, so ist nach 3.8c) und 5.4

$$\dim K[V]/\mathfrak{p} = \dim K[V] - h(\mathfrak{p}) \geq \dim V - m$$

woraus die Behauptung folgt.

Man kann 5.5 auch aus 5.2 durch Induktion gewinnen. Für algebraische Glei-chungssysteme haben wir gezeigt:

5.6.KOROLLAR. a) *Die Lösungsmenge in* $\mathbb{A}_L^n$ *eines Systems*

$$f_i = 0 \qquad (i = 1, \ldots, m; \ f_i \in K[X_1, \ldots, X_n])$$

*ist entweder leer oder eine $K$–Varietät, für die jede irreduzible Komponente die Dimension $\geq n - m$ besitzt.*
*b) Die gleiche Aussage gilt auch für die Lösungsmenge in* $\mathbb{P}_L^n$ *eines Systems*

$$F_i = 0 \qquad (i = 1, \ldots, m)$$

*mit lauter homogenen Polynomen $F_i \in K[Y_0, \ldots, Y_n]$.*

Man kann auch fragen, wie viele Gleichungen man benötigt, um eine gegebene Varietät $V$ als die Lösungsmenge eines algebraischen Gleichungssystems zu beschreiben. Hierüber liefert 5.6 die folgende Aussage:

5.7.KOROLLAR. *Sei $\delta(V)$ das Minimum der Dimensionen der irreduziblen Komponenten einer Varietät $V$ im $n$–dimensionalen Raum. Dann benötigt man zur Beschreibung von $V$ mindestens $n - \delta(V)$ Gleichungen. Insbesondere läßt sich $\mathcal{J}(V)$ (bzw. $\mathcal{J}_+(V)$) nicht mit weniger als $n - \delta(V)$ (homogenen) Polynomen erzeugen.*

Wir können die Aussage 5.2 jetzt wie folgt verallgemeinern:

5.8.SATZ. *Seien $V$ und $W$ äquidimensionale Varietäten in $\mathbb{A}_L^n$ mit $V \cap W \neq \emptyset$. Dann gilt für jede irreduzible Komponente $Z$ von $V \cap W$*

$$\dim Z \geq \dim V + \dim W - n$$

BEWEIS: Der Beweis beruht auf der Tatsache, daß man $V \cap W$ mit $(V \times W) \cap \Delta$ identifizieren kann, wenn $\Delta$ die "Diagonale" von $\mathbb{A}_L^n \times \mathbb{A}_L^n$ bezeichnet. Nach 3.9b) gilt für jedes minimale Primideal $\mathfrak{P}_0$ von $K[V] \otimes_K K[W]$ die Gleichung

$$\dim(K[V] \otimes_K K[W]/\mathfrak{P}_0) = \dim V + \dim W$$

Schreibe

$$K[V] \otimes_K K[W] = K[X_1, \ldots, X_n]/\mathcal{J}(V) \otimes_K K[Y_1, \ldots, Y_n]/\mathcal{J}(W)$$
$$\cong K[X_1, \ldots, X_n, Y_1, \ldots, Y_n]/(\mathcal{J}(V), \mathcal{J}(W))$$

Sei $D$ das von den Elementen $X_i{-}Y_i (i=1, \ldots, n)$ in $K[X_1, \ldots, X_n, Y_1, \ldots, Y_n]$ erzeugte Ideal (das Verschwindungsideal der Diagonale) und $\vartheta$ sein Bild in $K[V] \otimes_K K[W]$. Dann ist

$$K[V] \otimes_K K[W]/\vartheta \cong K[X_1, \ldots, X_n, Y_1, \ldots, Y_n]/(\mathcal{J}(V), \mathcal{J}(W)) + D$$
$$\cong K[X_1, \ldots, X_n]/\mathcal{J}(V) + \mathcal{J}(W)$$

wenn $\mathcal{J}(W)$ jetzt auch das entsprechende Primideal in $K[X_1,\ldots,X_n]$ bezeichnet (Ersetzen von $Y_i$ durch $X_i$ $(i=1,\ldots,n)$). Wir erhalten

$$K[V \cap W] \cong (K[X_1,\ldots,X_n]/\mathcal{J}(V)+\mathcal{J}(W))_{\mathrm{red}} \cong (K[V] \otimes_K K[W]/\vartheta)_{\mathrm{red}}$$

Die minimalen Primideale von $K[V \cap W]$ entsprechen eineindeutig den minimalen Primteilern $\mathfrak{P}$ von $\vartheta$ in $K[V] \otimes_K K[W]$. Da $\vartheta$ von $n$ Elementen erzeugt wird, ist $h(\mathfrak{P}) \leq n$ nach 5.4. Nach 3.8c) ergibt sich unter Benutzung der Äquidimensionalität von $K[V] \otimes_K K[W]$ die Formel

$$\dim Z = \dim K[V] \otimes_K K[W]/\mathfrak{P} = \dim V + \dim W - h(\mathfrak{P})$$
$$\geq \dim V + \dim W - n$$

wenn $Z$ die $\mathfrak{P}$ entsprechende Komponente von $V \cap W$ ist, **q.e.d.**

Im Projektiven ist die Voraussetzung $V \cap W \neq \emptyset$ überflüssig. Man beachte im folgenden Satz, daß $\dim \emptyset = -1$ definiert wurde.

**5.9.SATZ.** *Seien $V$ und $W$ äquidimensionale Varietäten in $\mathbf{P}_L^n$ und $Z$ eine irreduzible Komponente von $V \cap W$. Dann gilt*

$$\dim Z \geq \dim V + \dim W - n$$

BEWEIS: Sind $\tilde{V}$ und $\tilde{W}$ die affinen Kegel von $V$ und $W$ in $\mathbf{A}_L^{n+1}$, so ist $\tilde{V} \cap \tilde{W}$ der Kegel von $V \cap W$, und der Kegel $\tilde{Z}$ von $Z$ ist eine irreduzible Komponente von $\tilde{V} \cap \tilde{W}$. Da $\tilde{V} \cap \tilde{W} \neq \emptyset$ ist, weil $\tilde{V} \cap \tilde{W}$ den Ursprung enthält, kann 5.8 angewendet werden. Es ergibt sich

$$\dim Z = \dim \tilde{Z} - 1 \geq \dim \tilde{V} + \dim \tilde{W} - (n+2) = \dim V + \dim W - n$$

**5.10.KOROLLAR.** *Sind $V$ und $W$ Varietäten in $\mathbf{P}_L^n$ mit $\dim V + \dim W \geq n$, so ist $V \cap W \neq \emptyset$.*

Dies ist eine Verallgemeinerung von II.2.2b), die sich natürlich ebenfalls in eine Aussage über algebraische Gleichungssysteme mit homogenen Gleichungen umformulieren läßt.

Zur genaueren Untersuchung des Schnitts zweier Varietäten $V, W \subset \mathbf{P}_K^n$ empfiehlt es sich, den schematheoretischen Durchschnitt $V \cap W$ zu studieren. Natürlich wird man hierbei gleich von abgeschlossenen Unterschemata $V$ und $W$ von $\mathbf{P}_K^n$ ausgehen. Im allgemeinen ist die Situation kompliziert, da $V \cap W$ irreduzible Komponenten $Z$ verschiedener Dimension besitzen kann und auch eingebettete (Primär-) Komponenten auftreten können. Jedenfalls ist die Vielfachheit von $Z$ auf $V \cap W$ (die Länge des lokalen Rings von $V \cap W$ im generischen Punkt von $Z$) neben der Dimension eine interessante Schnittinvariante. In einfachen Situationen wird sich Kap.VIII mit diesem Thema befassen.

AUFGABEN:

1) Ist $a$ ein nilpotentes Element in einem Ring $R$, und ist $\mathfrak{p}$ ein minimaler Primteiler von $(a)$, so gilt $h(\mathfrak{p}) = 0$.

2) Sei $R$ ein noetherscher Ring mit der Eigenschaft, daß in jedem Restklassenring $R/\mathfrak{p}$ mit $\mathfrak{p} \in \mathrm{Spec}\,(R)$ der Krullsche Hauptidealsatz gilt. Dann gilt der verallgemeinerte Krullsche Hauptidealsatz in $R$.

3) Die Aussagen 5.9 und 5.10 gelten auch für Varietäten im gewichteten projektiven Raum $\mathbf{P}_K^n(\gamma)$.

4) Seien $V$ und $W$ äquidimensionale Varietäten in $\mathbf{P}_K^n$ mit den Verschwindungsidealen $\mathcal{J}_+(V) \subset K[X_0, \ldots, X_n]$ bzw. $\mathcal{J}_+(W) \subset K[Y_0, \ldots, Y_n]$. Sei $J(V, W) \subset \mathbf{P}_K^{2n+1}$ die Varietät mit dem Verschwindungsideal $\mathrm{Rad}(\mathcal{J}_+(V), \mathcal{J}_+(W))$ im Ring $K[X_0, \ldots, X_n, Y_0, \ldots, Y_n]$.

a) $J(V, W)$ ist der topologische Abschluß der Menge aller Punkte

$$\langle x_0, \ldots, x_n, y_0, \ldots, y_n \rangle \in \mathbf{P}_K^{2n+1} \quad \text{mit} \quad \langle x_0, \ldots, x_n \rangle \in V, \ \langle y_0, \ldots, y_n \rangle \in W$$

b) $\dim J(V, W) = \dim V + \dim W + 1$, und $J(V, W)$ ist äquidimensional.

c) Das Urbild von $J(V, W)$ bei der Abbildung

$$\mathbf{P}_K^n \to \mathbf{P}_K^{2n+1} \qquad \langle x_0, \ldots, x_n \rangle \mapsto \langle x_0, \ldots, x_n, x_0, \ldots, x_n \rangle$$

ist $V \cap W$.

5) Unter den Annahmen von Aufg.4) sei der $K$–Homomorphismus $K[X_0, .., X_n] \to K[X_0, .., X_n, Y_0, .., Y_n]$ durch $X_i \mapsto X_i - Y_i$ $(i = 0, \ldots, n)$ gegeben, und sei $\mathcal{L}$ das Urbild von $\mathrm{Rad}(\mathcal{J}_+(V), \mathcal{J}_+(W))$ in $K[X_0, \ldots, X_n]$. Setze $V \cdot W := \mathcal{V}_+(\mathcal{L}) \subset \mathbf{P}^n$.

a) $V \cdot W$ ist der topologische Abschluß von $(V \cap W) \cup \bigcup_{\substack{P \in V, Q \in W \\ P \neq Q}} g_{P,Q}$, wenn $g_{P,Q}$ die Gerade durch $P$ und $Q$ bezeichnet (**Verbindungsvarietät** von $V$ und $W$).

b) Es gilt

$$\dim V + \dim W - \dim V \cap W \leq \dim(V \cdot W) \leq \dim V + \dim W + 1$$

## § 6. Dimension noetherscher lokaler Ringe. Parametersysteme

Der Krullsche Hauptidealsatz ist Grundlage der Dimensionstheorie noetherscher (lokaler) Ringe. Der jetzige Paragraph kann insbesondere auf die lokalen Ringe in den Punkten lokal noetherscher Schemata (vgl. V,§ 3) und algebraischer Varietäten angewandt werden. Wir betrachten auch die Ideale in noetherschen Ringen, die (lokal) vollständige Durchschnitte sind, als Vorbereitung für das Studium der entsprechenden Varietäten.

Sei $R$ ein noetherscher Ring. Für ein Ideal $I \neq R$ von $R$ bezeichnet $\mu(I)$ die Länge eines kürzesten Erzeugendensystems und $h(I)$ die Höhe von $I$. Da $h(I)$ definitionsgemäß das Minimum der Höhen der (minimalen) Primteiler von $I$ ist (1.4), folgt aus 5.4 unmittelbar:

6.1.SATZ. *Es gilt $h(I) \leq \mu(I)$. Insbesondere besitzt $I$ endliche Höhe.*

Jedoch braucht $\dim R$ nicht endlich zu sein, weil es keine Schranke für $h(\mathfrak{m})$, $\mathfrak{m} \in \operatorname{Max} R$, zu geben braucht. Hierfür gibt es Beispiele. Klar ist:

6.2.KOROLLAR. *Jeder noethersche semilokale Ring besitzt endliche Krulldimension, nämlich das Maximum der Höhen seiner maximalen Ideale. Insbesondere besitzt jeder noethersche lokale Ring endliche Dimension.*

Ein Ideal $I \subsetneq R$ von $R$ mit $h(I) = \mu(I)$ heißt ein **vollständiger Durchschnitt**. Ist $\mathfrak{p}$ ein minimaler Primteiler eines solchen Ideals, so folgt aus

$$h(I) \leq h(I_\mathfrak{p}) \leq \mu(I_\mathfrak{p}) \leq \mu(I)$$

daß

$$h(\mathfrak{p}) = h(I_\mathfrak{p}) = h(I)$$

Alle minimalen Primteiler von $I$ haben somit gleiche Höhe.

Im folgenden sei $(R, \mathfrak{m})$ ein noetherscher lokaler Ring.

6.3.SATZ. *Für jedes $\mathfrak{m}$-primäre Ideal $\mathfrak{q}$ von $R$ gilt $\mu(\mathfrak{q}) \geq \dim R$. Insbesondere ist $\mu(\mathfrak{m}) \geq \dim R$.*

Da $\mathfrak{m}$ der einzige Primteiler von $\mathfrak{q}$ ist (C.26), ergibt sich aus 5.4, daß $\mu(\mathfrak{q}) \geq h(\mathfrak{m})$ $= \dim R$.

6.4.DEFINITION.  $\mu(\mathfrak{m}) =: \operatorname{edim} R$ *heißt* **Einbettungsdimension** *von* $R$.

In 6.3 wurde gezeigt, daß stets

$$(1) \qquad\qquad \operatorname{edim} R \geq \dim R$$

gilt. Nach Nakayama (C.2) ist

$$(2) \qquad\qquad \operatorname{edim} R = \dim_{R/\mathfrak{m}} \mathfrak{m}/\mathfrak{m}^2$$

Gilt in (1) Gleichheit, so nennt man $R$ einen **regulären lokalen Ring**, sonst einen **singulären Ring** oder eine **Singularität**. Singularitäten algebraischer Varietäten werden mit Hilfe ihrer lokalen Ringe definiert. Eine ausführliche Diskussion dieser Begriffe ist Kap.VII vorbehalten.

Die folgende **Verallgemeinerung des Lemmas über das Vermeiden von Primidealen** (III.3.6) spielt in der Dimensionstheorie eine wichtige Rolle. Sei jetzt $R$ wieder ein beliebiger noetherscher Ring.

6.5.LEMMA. *In* $R$ *seien Ideale* $J \subset I$ *mit* $\mathcal{V}(J) = \mathcal{V}(I)$ *gegeben, und es sei* $m :=$ $\mu(I/J)$. *Für* $\mathfrak{p}_1,\ldots,\mathfrak{p}_s \in \operatorname{Spec} R$ *gelte* $I \not\subset \bigcup_{j=1}^{s} \mathfrak{p}_j$. *Dann kann man Elemente* $a_1,\ldots,a_m \in I$ *finden, so daß folgende Bedingungen erfüllt sind:*

*a)* $I = (a_1,\ldots,a_m) + J$.

*b)* $a_i \notin \bigcup_{j=1}^{s} \mathfrak{p}_j$ $(i = 1,\ldots,m)$.

*c) Ist* $\mathfrak{p} \in \mathcal{V}(a_1,\ldots,a_m)$, $\mathfrak{p} \notin \mathcal{V}(I)$, *so gilt* $h(\mathfrak{p}) \geq m$.

BEWEIS: Wir konstruieren induktiv Elemente $a_1,\ldots,a_r \in I \setminus \bigcup_{j=1}^{s} \mathfrak{p}_j$, deren Bilder $\overline{a}_i$ in $I/J$ Teil eines minimalen Erzeugendensystems dieses Ideals sind, und für die gilt: Ist $\mathfrak{p} \in \mathcal{V}(a_1,\ldots,a_r)$, $\mathfrak{p} \notin \mathcal{V}(I)$, so ist $h(\mathfrak{p}) \geq r$.

Für $r = 0$ ist nichts zu zeigen. Sind $a_1,\ldots,a_r$ für ein $r$ mit $0 \leq r < m$ schon in der gewünschten Weise konstruiert, so wählen wir zunächst ein beliebiges $a \in I$, so daß auch $\{\overline{a}_1,\ldots,\overline{a}_r,\overline{a}\}$ Teil eines minimalen Erzeugendensystems von $I/J$ ist.

$\mathfrak{q}_1,\ldots,\mathfrak{q}_t$ seien die minimalen Primteiler von $(a_1,\ldots,a_r)$, die nicht zu $\mathcal{V}(I)$ gehören, und $X$ sei die Menge der maximalen Elemente (bzgl. Inklusion) in der Menge $\{\mathfrak{q}_1,\ldots,\mathfrak{q}_t,\mathfrak{p}_1,\ldots,\mathfrak{p}_s\}$. Dann ist $X = X_1 \cup X_2$, wobei $X_1 := \{\mathfrak{p} \in X \mid a \in \mathfrak{p}\}$ und $X_2 := \{\mathfrak{p} \in X \mid a \notin \mathfrak{p}\}$.

Wegen $\mathcal{V}(J) = \mathcal{V}(I)$ ist $J \not\subset \bigcup_{\mathfrak{p} \in X} \mathfrak{p}$. Es gibt daher ein $b \in J$, so daß $b \notin \mathfrak{p}$ für alle $\mathfrak{p} \in X$. Ferner gibt es nach III.3.6 ein $\lambda \in \bigcap_{\mathfrak{p} \in X_2} \mathfrak{p}$ mit $\lambda \notin \bigcup_{\mathfrak{p} \in X_1} \mathfrak{p}$. Setzt man nun $a_{r+1} := a + \lambda b$, so ist $a_{r+1} \notin \mathfrak{p}$ für alle $\mathfrak{p} \in X$, also insbesondere $a_{r+1} \notin \mathfrak{p}_j$

$(j = 1, \ldots, s)$. Da $a_{r+1} \equiv a \bmod J$ ist, sind die Bilder von $a_1, \ldots, a_{r+1}$ in $I/J$ Teil eines minimalen Erzeugendensystems dieses Ideals.

Ist $\mathfrak{p} \in \mathcal{V}(a_1, \ldots, a_{r+1}) \setminus \mathcal{V}(I)$, so ist $h(\mathfrak{p}) \geq r + 1$, denn $\mathfrak{p}$ umfaßt eines der $\mathfrak{q}_i$ $(i \in \{1, \ldots, t\})$, und nach Voraussetzung ist $h(\mathfrak{q}_i) \geq r$, aber $a_{r+1} \notin \mathfrak{q}_i$ $(i = 1, \ldots, t)$. Das Lemma ist bewiesen.

Als erste Anwendung erhalten wir

**6.6.Satz.** *(Umkehrung des verallgemeinerten Hauptidealsatzes). Ist $R$ ein noetherscher Ring, so gibt es zu jedem $\mathfrak{p} \in \operatorname{Spec} R$ mit $h(\mathfrak{p}) = m$ Elemente $a_1, \ldots, a_m \in \mathfrak{p}$, so daß $\mathfrak{p}$ ein minimaler Primteiler von $(a_1, \ldots, a_m)$ ist.*

**Beweis:** Setze $I := \mathfrak{p}$ und $J := \mathfrak{p}^2$. Da

$$\mu(\mathfrak{p}/\mathfrak{p}^2) \geq \mu_{\mathfrak{p}}(\mathfrak{p}/\mathfrak{p}^2) = \dim_{k(\mathfrak{p})} \mathfrak{p}R_{\mathfrak{p}}/\mathfrak{p}^2 R_{\mathfrak{p}} = \operatorname{edim} R_{\mathfrak{p}} \geq \dim R_{\mathfrak{p}} = h(\mathfrak{p}) = m$$

ist, gibt es -wie im Beweis von 6.5 gezeigt- Elemente $a_1, \ldots, a_m \in \mathfrak{p}$, so daß $h(\mathfrak{p}') \geq m$ für alle $\mathfrak{p}' \in \operatorname{Spec} R$ mit $(a_1, \ldots, a_m) \subset \mathfrak{p}'$, $\mathfrak{p} \not\subset \mathfrak{p}'$. Sicher ist dann $\mathfrak{p}$ ein minimaler Primteiler von $(a_1, \ldots, a_m)$.

Es ergibt sich nun eine neue Charakterisierung der Dimension lokaler Ringe.

**6.7.Korollar.** *Für jeden noetherschen lokalen Ring $(R, \mathfrak{m})$ gilt*

$$\dim R = \operatorname{Min} \{\mu(\mathfrak{q}) | \mathfrak{q} \text{ ist ein } \mathfrak{m}\text{-primäres Ideal}\}$$

**Beweis:** Sei $m := \dim R$. Nach 6.6 gibt es Elemente $a_1, \ldots, a_m \in \mathfrak{m}$, so daß $\mathfrak{m}$ ein minimaler Primteiler von $(a_1, \ldots, a_m)$ ist, notwendigerweise der einzige, da $\mathfrak{m}$ das einzige maximale Ideal von $R$ ist. Nach C.26 ist $\mathfrak{q} := (a_1, \ldots, a_m)$ ein $\mathfrak{m}$-primäres Ideal. Verwendet man noch 6.3, so ergibt sich die Behauptung.

Die Zahl $\operatorname{Min} \{\mu(\mathfrak{q}) | \mathfrak{q} \; \mathfrak{m}\text{-primär}\}$ wird manchmal die **Chevalley-Dimension** von $R$ genannt. Für noethersche lokale Ringe stimmen also Krulldimension und Chevalley-Dimension überein. Insbesondere gilt dies für die lokalen Ringe in den Punkten algebraischer Varietäten.

**6.8.Definition.** *Ein System $\{a_1, \ldots, a_d\}$ von Elementen eines noetherschen lokalen Rings $(R, \mathfrak{m})$ der Dimension $d$ heißt **Parametersystem** von $R$, wenn $(a_1, \ldots, a_d)$ ein $\mathfrak{m}$-primäres Ideal ist.*

Nach 6.7 besitzt jeder noethersche lokale Ring ein Parametersystem. Es erzeugt einen vollständigen Durchschnitt.

**6.9.SATZ.** *Sei* $(R, \mathfrak{m})$ *ein noetherscher lokaler Ring und* $\{a_1, \ldots, a_m\}$ *ein System von Elementen aus* $\mathfrak{m}$.
*a) Es ist* $\dim R \geq \dim R/(a_1, \ldots, a_m) \geq \dim R - m$.
*b) Genau dann kann* $\{a_1, \ldots, a_m\}$ *zu einem Parametersystem von* $R$ *ergänzt werden, wenn* $\dim R/(a_1, \ldots, a_m) = \dim R - m$ *ist.*

BEWEIS: a) Sei $\delta := \dim R/(a_1, \ldots, a_m)$, und sei $\{b_1, \ldots, b_\delta\}$ ein System von Elementen aus $\mathfrak{m}$, deren Restklassen in $R/(a_1, \ldots, a_m)$ ein Parametersystem dieses Rings bilden. Dann ist $(a_1, \ldots, a_m, b_1, \ldots, b_\delta)$ ein $\mathfrak{m}$–primäres Ideal, folglich ist $m + \delta \geq \dim R$ nach 6.7.
b) Gilt $m + \delta = \dim R$, so ist $(a_1, \ldots, a_m, b_1, \ldots, b_\delta)$ ein Parametersystem von $R$. Umgekehrt: Läßt sich $\{a_1, \ldots, a_m\}$ durch Elemente $b_1, \ldots, b_t \in \mathfrak{m}$ zu einem Parametersystem von $R$ ergänzen, so ist $m + t = \dim R$, und die Restklassen von $b_1, \ldots, b_t$ in $R/(a_1, \ldots, a_m)$ erzeugen ein Primärideal zum maximalen Ideal dieses Rings. Es ist dann $t \geq \dim R/(a_1, \ldots, a_m) \geq \dim R - m = t$ und folglich $\dim R/(a_1, \ldots, a_m) = \dim R - m$,                  **q.e.d.**

**6.10.KOROLLAR.** *Ist* $(a_1, \ldots, a_m)$ *eine reguläre Folge aus* $\mathfrak{m}$, *so ist*

$$\dim R/(a_1, \ldots, a_m) = \dim R - m$$

*Insbesondere kann* $\{a_1, \ldots, a_m\}$ *zu einem Parametersystem von* $R$ *ergänzt werden, und es ist* $m \leq \dim R$.

BEWEIS: Es genügt, für jeden Nichtnullteiler $a \in \mathfrak{m}$ zu zeigen, daß $\dim R/(a) = \dim R - 1$ ist. Nach 6.9a) ist $\dim R/(a) \geq \dim R - 1$. Nach dem Krullschen Hauptidealsatz gilt $h(\mathfrak{p}) = 1$ für jeden minimalen Primteiler $\mathfrak{p}$ von $(a)$, und somit ist $\dim R/\mathfrak{p} \leq \dim R - 1$, erst recht $\dim R/(a) \leq \dim R - 1$.

Die folgenden Aussagen sind grundlegend für Dimensionsbetrachtungen in Polynomringen über noetherschen Ringen.

**6.11.SATZ.** *Sei* $R[X]$ *der Polynomring in einer Variablen* $X$ *über einem noetherschen Ring* $R$.
*a) Für jedes Ideal* $I$ *von* $R$ *mit* $I \neq R$ *gilt:*

$$h(IR[X]) = h(I), \; h((I, X)R[X]) = h(I) + 1$$

*b) Ist* $\mathfrak{P} \in \operatorname{Spec} R[X]$ *und* $\mathfrak{p} := \mathfrak{P} \cap R$, *so gilt*

$$h(\mathfrak{p}) \leq h(\mathfrak{P}) \leq h(\mathfrak{p}) + 1$$

*Genau dann ist* $h(\mathfrak{P}) = h(\mathfrak{p})$, *wenn* $\mathfrak{P} = \mathfrak{p}R[X]$.
*c) Für* $\mathfrak{P} \in \operatorname{Max} R[X]$ *ist* $h(\mathfrak{P}) = h(\mathfrak{p}) + 1$. *Ist* $\dim R < \infty$, *so ist* $\dim R[X] = \dim R + 1$.

BEWEIS: Für $\mathfrak{p} \in \operatorname{Spec} R$ ist $\mathfrak{p}R[X] \in \operatorname{Spec} R[X]$, denn $R[X]/\mathfrak{p}R[X] \cong R/\mathfrak{p}[X]$ ist ein Integritätsring. Ferner ist auch $\mathfrak{P} := (\mathfrak{p}, X)R[X] \in \operatorname{Spec} R[X]$, denn $R[X]/\mathfrak{P} \cong R/\mathfrak{p}$. Hierbei gilt $\mathfrak{p}R[X] \subset \mathfrak{P}$ und $\mathfrak{p}R[X] \cap R = \mathfrak{P} \cap R = \mathfrak{p}$.

a) Ist $\mathfrak{p}$ ein minimaler Primteiler von $I$, so ist klar, daß $\mathfrak{p}R[X]$ ein minimaler Primteiler von $IR[X]$ ist und $\mathfrak{P}$ einer von $(I, X)R[X]$. Ist umgekehrt $\mathfrak{Q}$ ein minimaler Primteiler von $IR[X]$ (bzw. von $(I, X)R[X]$), so ist $\mathfrak{q} := \mathfrak{Q} \cap R$ einer von $I$ und $\mathfrak{Q} = \mathfrak{q}R[X]$ (bzw. $\mathfrak{Q} = (\mathfrak{q}, X)R[X]$). Daher genügt es, die Höhenformeln aus a) im Fall $I = \mathfrak{p} \in \operatorname{Spec} R$ und $\mathfrak{P} = (\mathfrak{p}, X)R[X]$ zu beweisen.

Für jede Primidealkette $\mathfrak{p}_0 \subset \mathfrak{p}_1 \subset \cdots \subset \mathfrak{p}_h = \mathfrak{p}$ mit $h = h(\mathfrak{p})$ ist

$$\mathfrak{p}_0 R[X] \subset \mathfrak{p}_1 R[X] \subset \cdots \subset \mathfrak{p}_h R[X] = \mathfrak{p}R[X]$$

eine in $R[X]$, folglich ist $h(\mathfrak{p}R[X]) \geq h(\mathfrak{p})$. Wegen $\mathfrak{p}R[X] \neq \mathfrak{P}$ ist $h(\mathfrak{P}) \geq h(\mathfrak{p})+1$. Es ist jetzt auch schon $\dim R[X] \geq \dim R + 1$ gezeigt.

Da $X$ kein Nullteiler von $R[X]_{\mathfrak{P}}$ ist, ergibt sich aus 6.10, daß

$$h(\mathfrak{P}) = \dim R[X]_{\mathfrak{P}} = \dim(R[X]_{\mathfrak{P}}/XR[X]_{\mathfrak{P}}) + 1 = \dim R_{\mathfrak{p}} + 1 = h(\mathfrak{p}) + 1$$

ist. Es folgt auch $h(\mathfrak{p}R[X]) \leq h(\mathfrak{P}) - 1 = h(\mathfrak{p})$, und a) ist gezeigt.

b) Sei nun $\mathfrak{P}$ ein beliebiges Primideal von $R[X]$ und $\mathfrak{p} := \mathfrak{P} \cap R$. Man hat eine Isomorphie $R[X]_{\mathfrak{P}}/\mathfrak{p}R[X]_{\mathfrak{P}} \cong k(\mathfrak{p})[X]_{\mathfrak{P}^*}$ mit einem $\mathfrak{P}^* \in \operatorname{Spec} k(\mathfrak{p})[X]$. Da $k(\mathfrak{p})[X]$ ein Hauptidealring ist, existiert ein $f \in R[X]$ mit $\mathfrak{P}R[X]_{\mathfrak{P}} = (\mathfrak{p}, f)R[X]_{\mathfrak{P}}$. Wegen $\mathfrak{p}R[X] \subset \mathfrak{P}$ gilt $h(\mathfrak{P}) \geq h(\mathfrak{p})$ nach a), und Gleichheit liegt genau dann vor, wenn $\mathfrak{P} = \mathfrak{p}R[X]$ ist.

Sei $\{a_1, \ldots, a_d\}$ ein Parametersystem von $R_{\mathfrak{p}}$. Dann ist $\mathfrak{p}R_{\mathfrak{p}} = \operatorname{Rad}(a_1, \ldots, a_d)$, und es folgt $\mathfrak{P}R[X]_{\mathfrak{P}} = \operatorname{Rad}((a_1, \ldots, a_d, f)R[X]_{\mathfrak{P}})$. Somit gilt

$$h(\mathfrak{P}) = \dim R[X]_{\mathfrak{P}} \leq d + 1 = h(\mathfrak{p}) + 1$$

und b) ist bewiesen.

c) Für $\mathfrak{P} \in \operatorname{Max} R[X]$ ist $\mathfrak{p}R[X] \neq \mathfrak{P}$, und daher gilt $h(\mathfrak{P}) = h(\mathfrak{p}) + 1$. Ist $h(\mathfrak{P}) = \dim R[X]$, so folgt $\dim R[X] \leq \dim R + 1$. Die umgekehrte Ungleichung wurde schon im Beweis von a) hergeleitet. Somit ist $\dim R[X] = \dim R + 1$,

q.e.d.

Natürlich verallgemeinert sich Satz 6.11 in offensichtlicher Weise sofort auf Polynomringe in mehreren Variablen. Er besitzt die folgende geometrische Interpretation.

6.12.BEISPIEL: Ist $V \subset \mathbb{A}_L^n$ eine affine Varietät, so ist $V \times \mathbb{A}_L^1 \subset \mathbb{A}_L^{n+1}$ ein Zylinder über $V$ mit dem Koordinatenring $K[V \times \mathbb{A}_L^1] = K[V][X]$ (I.5.6). Ist $W = \mathcal{V}_V(\mathfrak{p})$ für ein $\mathfrak{p} \in \operatorname{Spec} K[V]$ eine irreduzible Untervarietät von $V$, so entsprechen die $\mathfrak{P} \in \operatorname{Spec} K[V][X]$ mit $\mathfrak{P} \cap K[V] = \mathfrak{p}$ eineindeutig den irreduziblen Untervarietäten

$Z$ von $V \times \mathbb{A}_L^1$, deren Bild in $V$ bei der Projektion $V \times \mathbb{A}_K^1 \to V$ eine dichte Teilmenge von $W$ ist (vgl. hierzu IV,§ 2, Aufgabe 3). Nach 6.11 sind dies $W \times \mathbb{A}_K^1$, dem Primideal $\mathfrak{P} = \mathfrak{p} K[V][X]$ entsprechend, und die $Z \subset W \times \mathbb{A}_K^1$ mit $\dim Z = \dim W$. Hierbei gehört $Z = W \times \{0\}$ zu $\mathfrak{P} = (\mathfrak{p}, X) \cdot K[V][X]$.

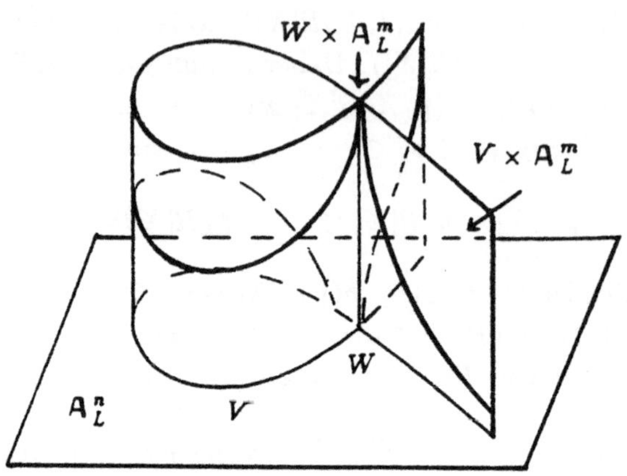


Wird ein Ideal $I$ eines noetherschen Rings $R$ minimal von Elementen $a_1, .., a_m \in R$ erzeugt, so kann man die Eigenschaft von $I$, vollständiger Durchschnitt zu sein, durch Eigenschaften des Erzeugendensystems $\{a_1, \ldots, a_m\}$ charakterisieren. Dies geschieht im folgenden Satz. Anschließend wird dieser Satz auf Parametersysteme angewandt. Es spielen jetzt zum ersten Mal die Begriffe und Aussagen der Anhänge D und E eine wesentliche Rolle.

**6.13. THEOREM.** *(Charakterisierung vollständiger Durchschnitte). Sei $R$ ein noetherscher Ring und $I = (a_1, \ldots, a_m)$ ein Ideal $\neq R$ mit $\mu(I) = m$. Folgende Aussagen sind äquivalent:*

*a) $h(I) = m$, d.h. $I$ ist ein vollständiger Durchschnitt.*

*b) Der Kern des $R$–Homomorphismus*

$$\alpha \colon R[Y_1, \ldots, Y_m] \to \mathrm{gr}_I R \qquad (Y_i \mapsto a_i + I^2)$$

*ist in $(\mathrm{Rad}\, I) \cdot R[Y_1, \ldots, Y_m]$ enthalten.*

*c) Ist $F \in R[Y_1, \ldots, Y_m]$ ein homogenes Polynom mit $F(a_1, \ldots, a_m) = 0$, so liegen die Koeffizienten von $F$ in $\mathrm{Rad}\, I$.*

*Wenn $a_1$ kein Nullteiler von $R$ ist, so sind a)-c) auch äquivalent zu*

*d) Der Kern des $R$–Homomorphismus*

$$\beta \colon R[X_2, \ldots, X_m] \to R_{a_1} \qquad (X_i \mapsto \frac{a_i}{a_1})$$

*ist in $(\mathrm{Rad}\, I) \cdot R[X_2, \ldots, X_m]$ enthalten.*

BEWEIS: (nach E. Davis [D]). b)$\to$c) ist evident. Um c)$\to$b) zu zeigen, betrachten wir ein homogenes Polynom $F \in \ker \alpha$ vom Grad $d$. Dann ist $F(a_1, \ldots, a_m) \in I^{d+1}$, d.h. es gibt ein homogenes Polynom $G \in IR[Y_1, \ldots, Y_m]$ vom Grad $d$ mit der Eigenschaft $G(a_1, \ldots, a_m) = F(a_1, \ldots, a_m)$. Wendet man c) auf $F - G$ an, so ergibt sich $F \in (\operatorname{Rad} I) \cdot R[Y_1, \ldots, Y_m]$.

Nach 6.11 ist $h((I, X) \cdot R[X]) = h(I) + 1$. Ferner hat man mit $J := (I, X)R[X]$ einen kanonischen Isomorphismus

$$\operatorname{gr}_J(R[X]) \cong (\operatorname{gr}_I R)[X] \qquad (X + J^2 \mapsto X)$$

Um a)$\leftrightarrow$c) zu zeigen, kann man $R$ durch $R[X]$ und $I$ durch $J$ ersetzen. Da $X$ kein Nullteiler von $R[X]$ ist, kann man gleich annehmen, daß $a_1$ keiner von $R$ ist. Unter dieser Voraussetzung ist jetzt noch a)$\leftrightarrow$c)$\leftrightarrow$d) zu beweisen.

c)$\leftrightarrow$d) ergibt sich wie folgt: Ist $\varphi \in \ker \beta$, und ist $F \in R[Y_1, \ldots, Y_m]$ seine Homogenisierung, so ist $F(a_1, \ldots, a_m) = 0$. Ist umgekehrt ein solches $F$ gegeben, und ist $\varphi$ seine Dehomogenisierung bzgl. $X_1$, so ist $\varphi \in \ker \beta$, da $a_1$ kein Nullteiler von $R$ ist. Da $F$ und $\varphi$ die gleichen Koeffizienten in $R$ besitzen, folgt c)$\leftrightarrow$d).

a)$\to$d) Es ist $\mathfrak{a}^* := (a_1 X_2 - a_2, \ldots, a_1 X_m - a_m) \subset \ker \beta$, und für genügend großes $\rho \in \mathbb{N}$ gilt $a_1^\rho \cdot \ker \beta \subset \mathfrak{a}^*$. Für jeden minimalen Primteiler $\mathfrak{p}$ von $I$ gilt natürlich $\mathfrak{a}^* \subset \mathfrak{p} R[X_2, \ldots, X_m]$. Sei nun $\mathfrak{P}$ ein minimaler Primteiler des Ideals $\mathfrak{a}^*$, für den $\mathfrak{P} \subset \mathfrak{p} R[X_2, \ldots, X_m]$. Da $\mathfrak{a}^*$ von $m - 1$ Elementen erzeugt wird, gilt $h(\mathfrak{P}) \leq m - 1$ nach Krull. Ferner ist $a_1 \notin \mathfrak{P}$, denn sonst wäre $IR[X_2, \ldots, X_m] \subset \mathfrak{P}$, und man erhielte auf Grund von $h(IR[X_2, \ldots, X_m]) = h(I) = m$ einen Widerspruch. Da $a_1^\rho \ker \beta \subset \mathfrak{a}^* \subset \mathfrak{P}$, folgt $\ker \beta \subset \mathfrak{P} \subset \mathfrak{p} R[X_2, \ldots, X_m]$ und somit $\ker \beta \subset (\operatorname{Rad} I) \cdot R[X_2, \ldots, X_m]$.

d)$\to$a) Es genügt, $h(I) \geq m$ zu zeigen. Für $m = 1$ ist dies klar, sonst würde $I$ nur aus Nullteilern bestehen, es ist aber $a_1 \in I$ kein Nullteiler. Sei daher $m > 1$, und sei die Behauptung für $m - 1$ Elemente schon gezeigt.

Setze $R_1 := R[\frac{a_2}{a_1}]$ und $R' := R[\frac{a_2}{a_1}, \ldots, \frac{a_m}{a_1}]$. Für jeden minimalen Primteiler $\mathfrak{p}$ von $I$ ist $\mathfrak{p} R[X_2]$ einer von $IR[X_2]$. Aus d) folgt, daß $\mathfrak{p} R[X_2]$ den Kern von $\beta_1 : R[X_2] \to R_1$ $(\beta_1(X_2) = \frac{a_2}{a_1})$ umfaßt. Daher ist $\mathfrak{p} R_1$ ein minimaler Primteiler von $IR_1$.

Ferner ist $IR_1 = (a_1, a_3, \ldots, a_m)R_1$, da $a_2 = a_1 \cdot \frac{a_2}{a_1}$. Wir zeigen, daß für $R_1$ und $IR_1$ die Aussage d) des Satzes gültig ist. Der Kern $\mathfrak{b}$ des $R_1$-Homomorphismus

$$\beta_2 : R_1[X_3, \ldots, X_m] \to R' \qquad (\beta_2(X_i) = \frac{a_i}{a_1})$$

ist das Bild von $\ker \beta$ in $R_1[X_3, \ldots, X_m]$. Für jedes $\mathfrak{P} \in \operatorname{Spec} R_1$ mit $IR_1 \subset \mathfrak{P}$ und $\mathfrak{p} := \mathfrak{P} \cap R$ ist $I \subset \mathfrak{p}$, und nach d) ist $\ker \alpha \subset \mathfrak{p} R[X_2, \ldots, X_m]$. Daher ergibt sich

$$\mathfrak{b} \subset \mathfrak{p} R_1[X_3, \ldots, X_m] \subset \mathfrak{P} R_1[X_3, \ldots, X_m]$$

und somit $\mathfrak{b} \subset (\operatorname{Rad} IR_1)R_1[X_3, \dots, X_m]$.

Nach Induktionsvoraussetzung gilt $h(IR_1) \geq m - 1$. Ferner ist $a_1 X_2 - a_2 \in \ker \beta_1$ kein Nullteiler von $R[X_2]$, da $a_1$ keiner von $R$ ist. Für jeden minimalen Primteiler $\mathfrak{p}$ von $I$ erhält man nun

$$h(\mathfrak{p}) = h(\mathfrak{p} R[X_2]) > h(\mathfrak{p} R_1) \geq m - 1$$

q.e.d.

**6.14.KOROLLAR.** *Jede quasireguläre Folge $(a_1, \dots, a_m)$ aus $R$ erzeugt einen vollständigen Durchschnitt $I = (a_1, \dots, a_m)$ mit $h(I) = m$, und jedes Erzeugendensystem von $I$ aus $m$ Elementen ist eine quasireguläre Folge.*

BEWEIS: Nach E.15 ist die Bedingung 6.13b) erfüllt, und somit ist $(a_1, \dots, a_m)$ ein vollständiger Durchschnitt. Die letzte Behauptung des Korollars gilt nach E.20.

Es folgt nun die angekündigte Charakterisierung der Parametersysteme:

**6.15.KOROLLAR.** *Sei $(R, \mathfrak{m})$ ein noetherscher lokaler Ring. Für $a_1, \dots, a_m \in \mathfrak{m}$ sei $I := (a_1, \dots, a_m)$ und $\operatorname{Rad} I = \mathfrak{m}$. Dann sind folgende Aussagen äquivalent:*
*a) $\{a_1, \dots, a_m\}$ ist ein Parametersystem von $R$ (d.h. $\dim R = m$).*
*b) Das Ideal $\mathfrak{m}R[Y_1, \dots, Y_m]$ umfaßt den Kern des $R$–Homomorphismus*

$$R[Y_1, \dots, Y_m] \to \operatorname{gr}_I R \qquad (Y_i \mapsto a_i + I^2)$$

BEWEIS: a)$\to$b) Ist $\{a_1, \dots, a_m\}$ ein Parametersystem von $R$, so ist $\dim R = m = h(a_1, \dots, a_m)$, und wegen $\operatorname{Rad} I = \mathfrak{m}$ folgt b) aus 6.13.
b)$\to$a) Wenn b) gilt, so folgt umgekehrt $h(I) = m$ nach 6.13, und wegen $\operatorname{Rad} I = \mathfrak{m}$ ist $\dim R = h(\mathfrak{m}) = h(I) = m$.

Für Primideale, die von einer quasiregulären Folge erzeugt werden, gilt folgende interessante Aussage, die in VII,§ 1 eine Rolle spielen wird.

**6.16.SATZ.** *Sei $R$ noethersch. Wird $\mathfrak{p} \in \operatorname{Spec} R$ von einer quasiregulären Folge erzeugt und gilt $\bigcap_{i \in \mathbf{N}} \mathfrak{p}^i = (0)$, so ist $R$ ein Integritätsring, und $R_{\mathfrak{p}}$ ist ganzabgeschlossen in $Q(R)$.*

BEWEIS: Sei $\mathfrak{p} = (a_1, \dots, a_m)$ mit einer quasiregulären Folge $(a_1, \dots, a_m)$. Nach E.15 gilt $\operatorname{gr}'_{\mathfrak{p}} R \cong R/\mathfrak{p}[Y_1, \dots, Y_m]$, insbesondere ist $\operatorname{gr}_{\mathfrak{p}} R$ ein Integritätsring. Für $r, s \in R \setminus \{0\}$ ist dann $L_{\mathfrak{p}}(r \cdot s) = L_{\mathfrak{p}} r \cdot L_{\mathfrak{p}} s \neq 0$ (D.17), also $r \cdot s \neq 0$, und auch $R$ ist ein Integritätsring.

Setze nun $S := R_{\mathfrak{p}}$ und $\mathfrak{M} := \mathfrak{p}R_{\mathfrak{p}}$. Dann ist $\mathrm{gr}_{\mathfrak{M}} S = (\mathrm{gr}_{\mathfrak{p}} R)_{\mathfrak{p}} \cong S/\mathfrak{M}[Y_1, \ldots, Y_m]$. Wenn $x \in Q(R)$ ganz über $S$ ist, so gibt es ein $n \in \mathsf{N}$ mit

$$S[x] = S + Sx + \cdots + Sx^{n-1}$$

Schreibe $x = \frac{r}{s}$ mit $r, s \in S$. Es ist dann $s^{n-1}x^t \in S$ für alle $t \in \mathsf{N}$. Für $t \geq n$ ergibt sich $r^t \in s^{t-n+1}S$ und damit $(L_{\mathfrak{M}} r)^t \in (L_{\mathfrak{M}} s)^{t-n+1} \mathrm{gr}_{\mathfrak{M}} S$. Da $\mathrm{gr}_{\mathfrak{M}} S$ ein faktorieller Ring ist, muß $L_{\mathfrak{M}} s$ schon ein Teiler von $L_{\mathfrak{M}} r$ sein. Es gibt dann ein $r_0 \in S$ mit $\mathrm{ord}_{\mathfrak{M}}(r - r_0 s) > \mathrm{ord}_{\mathfrak{M}} r$. Das Element $x_1 := \frac{r - r_0 s}{s} = x - r_0$ ist ebenfalls ganz über $S$. Daher existiert ein $r_1 \in S$ mit $\mathrm{ord}_{\mathfrak{M}}(r - r_1 s) > \mathrm{ord}_{\mathfrak{M}}(r - r_0 s)$ usw. Mit Induktion ergibt sich $r \in \bigcap_{t \in \mathsf{N}} (s) + \mathfrak{M}^t$, also $r \in (s)$ nach dem Krullschen Durchschnittssatz (D.23), und damit $x = \frac{r}{s} \in S$,                    **q.e.d.**

Aufgaben:

1) Sei $\varphi : R \to S$ ein Homomorphismus noetherscher Ringe, $\mathfrak{P} \in \mathrm{Spec}\, S$ und $\mathfrak{p} := \varphi^{-1}(\mathfrak{P})$.
   a) Es ist $h(\mathfrak{P}) \leq h(\mathfrak{p}) + \dim(S_{\mathfrak{P}}/\mathfrak{p}S_{\mathfrak{P}})$.
   b) Gilt für $S/R$ das "Going-down" Theorem 2.8, so herrscht hier Gleichheit.
   c) Sei $K$ ein Körper, $R = K[X, Y]$, $S = K[Y, \frac{X}{Y}]$ und $\mathfrak{P} = (Y, \frac{X}{Y})$. In diesem Fall liegt in a) keine Gleichheit vor.
   Interpretieren Sie Aussage a) geometrisch, wenn $\varphi$ der zu einer regulären Abbildung zwischen affinen Varietäten gehörige Homomorphismus der Koordinatenringe ist.

2) Sei $R \subset S$ eine Ringerweiterung, und sei $\mathfrak{P} \in \mathrm{Spec}\,(S)$ mit $\mathfrak{p} := \mathfrak{P} \cap R \in \mathrm{Min}\,(R)$. Dann ist $h(\mathfrak{P}) = h(\mathfrak{P}/\mathfrak{p}S)$.

3) Sei $I$ ein Ideal eines noetherschen Rings, das von $n$ Elementen erzeugt wird, $I \neq R$. Für jeden Primteiler $\mathfrak{p}$ von $I$ gilt dann $h(\mathfrak{p}) \leq n + h(\mathfrak{p}/I)$.

4) Sei $\{a_1, \ldots, a_n\}$ eine reguläre Folge in einem noetherschen Ring $R$. Dann kann man das Ideal $(a_1, \ldots, a_n)$ durch $n$ Elemente von $R$ erzeugen, die in jeder beliebigen Reihenfolge eine reguläre Folge darstellen.

5) Sei $(R, \mathfrak{m})$ ein noetherscher lokaler Ring. Dann ist auch $R(X) := R[X]_{\mathfrak{m}R[X]}$ ein noetherscher lokaler Ring mit $\dim R(X) = \dim R$ und $\mathrm{edim}\, R(X) = \mathrm{edim}\, R$. Jedes Parametersystem von $R$ ist auch eines von $R(X)$. Ferner besitzt $R(X)$ den Restklassenkörper $R/\mathfrak{m}(X)$.

6) Das Nilradikal eines noetherschen Rings $R$ ist der Durchschnitt aller $\mathfrak{p} \in \mathrm{Spec}\, R$ mit $\dim R/\mathfrak{p} \leq 1$.

# Kap. VII. Reguläre und singuläre Punkte algebraischer Varietäten

Die Betrachtung der Bilder algebraischer Varietäten in Kap. I lehrt, daß sich die Punkte einer Varietät einteilen lassen in solche, in denen die Varietät "glatt" ist, und in die "Singularitäten" der Varietät. Diese Begriffe werden nun mit Hilfe der lokalen Ringe in den Punkten einer Varietät definiert. Es werden andere Beschreibungen der Singularitäten gegeben, und es wird die Natur der Singularitätenmenge untersucht. Das genauere Studium der noetherschen lokalen Ringe und ihrer Invarianten führt zu einer ersten Klasseneinteilung der Singularitäten, die allerdings noch recht grob ist. Mit ihrer feineren Klassifikation befaßt sich die Singularitätentheorie, ein umfangreiches Teilgebiet der Geometrie.

## § 1. Reguläre Punkte. Reguläre lokale Ringe

Gemäß Kap. VI, § 6 heißt ein noetherscher lokaler Ring $(R, \mathfrak{m})$ **regulär**, wenn $\operatorname{edim} R = \dim R$ gilt, andernfalls heißt $R$ **singulär**. Im folgenden sei $V$ eine affine oder projektive algebraische Varietät über einem Körper $K$. Es soll immer vorausgesetzt sein, daß der Definitionskörper $K$ gleich dem Koordinatenkörper $L$ ist und daß dieser algebraisch abgeschlossen ist. Für $P \in V$ sei $\mathcal{O}_{V,P}$ der lokale Ring von $V$ in $P$ und $\mathfrak{m}_{V,P}$ sein maximales Ideal.

1.1. DEFINITION. *$P$ heißt* **Singularität** *von $V$, wenn $\mathcal{O}_{V,P}$ ein singulärer Ring ist. Ist $P$ keine Singularität von $V$, so sagt man, $V$ sei* **glatt** *in $P$ oder $P$ sei ein* **regulärer Punkt** *von $V$. Eine Varietät, die keine Singularitäten besitzt, heißt* **glatt** *oder* **singularitätenfrei**. *Es bezeichnet* Sing $V$ *die Singularitätenmenge von $V$ (den* **singulären Ort**) *und* Reg $V := V \setminus$ Sing $V$ *den* **regulären Ort** *von $V$.*

Im Fall $V = \mathsf{A}^n_K$ oder $V = \mathsf{P}^n_K$ bezeichnen wir den lokalen Ring von $P \in V$ einfach mit $\mathcal{O}_P$ und sein maximales Ideal mit $\mathfrak{m}_P$. Ist $P = (a_1, \ldots, a_n) \in \mathsf{A}^n_K$ und ist $\mathfrak{M}_P = (X_1 - a_1, \ldots, X_n - a_n)$ das zugehörige maximale Ideal in $K[X_1, \ldots, X_n]$, so ist

$$\mathcal{O}_P = K[X_1, \ldots, X_n]_{\mathfrak{M}_P}$$

sicher ein regulärer lokaler Ring, denn es ist $\dim \mathcal{O}_P = n$ (etwa nach VI.3.6) und ersichtlich $\operatorname{edim} \mathcal{O}_P \leq n$. Die Räume $\mathsf{A}^n_K$ und entsprechend $\mathsf{P}^n_K$ besitzen also keine Singularitäten.

Betrachten wir nun eine Hyperfläche $H \subset \mathbb{A}_K^n$ mit dem Ideal $\mathcal{J}(H) = (f)$, $f \in K[X_1, \ldots, X_n]$. Nach einer Koordinatentransformation kann man annehmen, daß $P = (0, \ldots, 0)$ ist. Es gilt dann

$$\mathcal{O}_{H,P} = \mathcal{O}_P / f\mathcal{O}_P$$

und dies ist ein Ring mit der Krulldimension $n - 1$ (etwa nach IV.3.10b).

Sei $f = f_m + \cdots + f_d$ die Zerlegung von $f$ in homogene Komponenten $f_i$ vom Grad $i$, wobei $m \leq d$, $f_m \neq 0$ und $f_d \neq 0$. Wegen $f(0, \ldots, 0) = 0$ ist $m > 0$, und $f_m = Lf$ ist die Leitform von $f$ für die $\mathfrak{m}_P$-adische Filtrierung von $\mathcal{O}_P$ (D.9).

Für das maximale Ideal $\mathfrak{m}_{H,P}$ von $\mathcal{O}_{H,P}$ gilt

$$\mathfrak{m}_{H,P} / \mathfrak{m}_{H,P}^2 = (X_1, \ldots, X_n)/(f) + (X_1, \ldots, X_n)^2 \cong K\overline{X}_1 \oplus \cdots \oplus K\overline{X}_n / \langle df \rangle$$

wobei $\overline{X}_i$ die Restklasse von $X_i \bmod (X_1, \ldots, X_n)^2$ bezeichnet und $df := \sum\limits_{i=1}^n \frac{\partial f}{\partial X_i}(0) \cdot \overline{X}_i$. Genau dann gilt

$$\operatorname{edim} \mathcal{O}_{H,P} = \dim_K \mathfrak{m}_{H,P} / \mathfrak{m}_{H,P}^2 = n - 1 = \dim \mathcal{O}_{H,P}$$

wenn $df \neq 0$ ist, was mit $m = 1$ äquivalent ist. Durch Koordinatenverschiebung ergibt sich der affine Teil des folgenden Satzes:

**1.2.SATZ.** *Ein Punkt $P = (a_1, \ldots, a_n)$ einer affinen Hyperfläche mit dem Minimalpolynom $f \in K[X_1, \ldots, X_n]$ ist genau dann singulär, wenn $\frac{\partial f}{\partial X_i}(a_1, \ldots, a_n) = 0$ ist für $i = 1, \ldots, n$. Ein Punkt $P$ einer projektiven Hyperfläche mit dem Minimalpolynom $F \in K[Y_0, \ldots, Y_n]$ ist genau dann singulär, wenn $\frac{\partial F}{\partial Y_i}(P) = 0$ für $i = 0, \ldots, n$.*

BEWEIS: Im projektiven Fall kann o.B.d.A. $P = \langle 1, a_1, \ldots, a_n \rangle$ angenommen werden. $f := F(1, X_1, \ldots, X_n)$ ist dann ein affines Minimalpolynom der Hyperfläche, und es gilt $\frac{\partial F}{\partial Y_i}(P) = \frac{\partial f}{\partial X_i}(a_1, \ldots, a_n)$ für $i = 1, \ldots, n$. Verschwinden diese partiellen Ableitungen, so tut es auch $\frac{\partial F}{\partial Y_0}(P)$ auf Grund der Eulerschen Relation A(4)

$$\frac{\partial F}{\partial Y_0}(P) + \sum_{i=1}^n \frac{\partial F}{\partial Y_i}(P) \cdot a_i = (\deg F) \cdot F(P) = 0$$

Eine mehr geometrische Beschreibung der singulären Punkte ist die folgende: Sei im affinen Fall wieder $P = (0, \ldots, 0)$. Die Schnittpunkte der Geraden

$$g_\xi := \{ t \cdot (\xi_1, \ldots, \xi_n) \mid t \in K \} \qquad (\xi := (\xi_1, \ldots, \xi_n) \in K^n \setminus \{0\})$$

mit $H : f = 0$ erhält man durch Auflösung der Gleichung

$$f(t\xi_1, \ldots, t\xi_n) = t^m \cdot [f_m(\xi_1, \ldots, \xi_n) + t \cdot f_{m+1}(\xi_1, \ldots, \xi_n) + \cdots + t^{d-m} f_d(\xi_1, \ldots, \xi_n)] = 0$$

nach $t$. Für $t = 0$ ergibt sich der Schnittpunkt $P = 0$ als mindestens "$m$-fache" Lösung der Gleichung. Ist $f_m(\xi_1, \ldots, \xi_n) \neq 0$, so ist $P$ ein "genau $m$-facher" Schnittpunkt. Man sagt, $P$ sei ein Punkt der **Multiplizität** $m$ auf $H$. Die Gerade $g_\xi$ heißt **Tangente** an $H$ in $P$, wenn $P$ ein $\mu$-facher Schnittpunkt von $g_\xi$ mit $H$ ist für ein $\mu > m$. Die Tangenten $g_\xi$ sind demnach durch die Bedingung

$$Lf(\xi_1, \ldots, \xi_n) = f_m(\xi_1, \ldots, \xi_n) = 0$$

gegeben. Sie bilden den affinen Kegel $Lf = 0$ mit der Spitze in $P$, den "Tangentialkegel" von $H$ in $P$.

Genau dann ist $P$ ein regulärer Punkt von $H$, wenn es Geraden $g_\xi$ durch $P$ gibt, welche $H$ mit der Multiplizität $m = 1$ schneiden. In diesem Fall ist $Lf = \sum\limits_{i=1}^{n} \frac{\partial f}{\partial X_i}(0) \cdot X_i$, und der Tangentialkegel ist die Hyperebene $\sum\limits_{i=1}^{n} \frac{\partial f}{\partial X_i}(0) \cdot X_i = 0$, die **Tangentialhyperebene** $T_P(H)$ von $H$ in $P$. Für einen beliebigen regulären Punkt $P = (a_1, \ldots, a_n)$ lautet die **Gleichung der Tangentialhyperebene** $T_P(H)$ dementsprechend

$$\sum_{i=1}^{n} \frac{\partial f}{\partial X_i}(a_1, \ldots, a_n) \cdot (X_i - a_i) = 0$$

Ist $P = \langle a_0, \ldots, a_n \rangle$ ein regulärer Punkt einer projektiven Hyperebene mit dem Minimalpolynom $F \in K[Y_0, \ldots, Y_n]$, so definiert man die Tangentialhyperebene als projektive Abschließung der affinen Tangentialhyperebene. Ihre Gleichung lautet dann

$$\sum_{i=0}^{n} \frac{\partial F}{\partial Y_i}(P) \cdot Y_i = 0$$

wie man wieder mittels der Eulerschen Relation leicht zeigt.

### 1.3. BEISPIELE:

### a) Singularitäten und Tangenten ebener algebraischer Kurven

Ist $f \in K[X_1, X_2]$ Minimalpolynom einer ebenen affinen algebraischen Kurve $C$, welche $P = (0,0)$ enthält, so besitzt $Lf$ als homogenes Polynom in zwei Variablen nach A.5 eine Zerlegung in homogene Linearfaktoren

$$Lf = \prod_{i=1}^{m} (a_i X_2 - b_i X_1) \qquad (a_i, b_i) \neq (0,0)$$

Die Geraden $g_i\colon a_iX_2 - b_iX_1 = 0$ $(i = 1,\ldots,m)$ sind die Tangenten an $C$ in $P$, wobei allerdings eine Tangente mehrfach auftreten kann. In einem Punkt der Multiplizität $m$ gibt es somit höchstens $m$ verschiedene Tangenten. Ist $m > 1$ und kommen $m$ verschiedene Tangenten vor, so nennt man $P$ eine **gewöhnliche Singularität**.

In einem regulären Punkt $P = (0,0)$ ist die Tangente eindeutig, und sie wird durch die Gleichung $\frac{\partial f}{\partial X_1}(P) \cdot X_1 + \frac{\partial f}{\partial X_2}(P) \cdot X_2 = 0$ gegeben, für einen regulären Punkt $Q = (a_1, a_2) \in C$ durch

$$\frac{\partial f}{\partial X_1}(a_1,a_2) \cdot (X_1 - a_1) + \frac{\partial f}{\partial X_2}(a_1,a_2) \cdot (X_2 - a_2) = 0$$

Ist $f = \varphi_1 \cdot \ldots \cdot \varphi_s$ eine Zerlegung von $f$ in irreduzible Polynome $\varphi_i \in K[X_1,X_2]$, so gilt

$$Lf = L\varphi_1 \cdot \ldots \cdot L\varphi_s$$

und mit $m_i := \deg L\varphi_i$

$$m = \sum_{i=1}^{s} m_i$$

Sei $C = C_1 \cup \cdots \cup C_s$ die entsprechende Zerlegung der Kurve $C$ in irreduzible Komponenten $C_i$ $(i = 1,\ldots,s)$. Liegt $P$ auf zwei verschiedenen Komponenten, so ist seine Multiplizität $> 1$, und $P$ ist somit singulär. Liegt $P$ auf genau einer Komponente $C_i$, so ist $m_j = 0$ für $j \neq i$, und $P$ ist genau dann ein singulärer Punkt von $C$, wenn $P$ auf $C_i$ singulär ist, d.h. $m_i = \deg L\varphi_i > 1$. Somit gilt

$$\operatorname{Sing} C = \bigcup_{i\neq j}(C_i \cap C_j) \cup \bigcup_{i=1}^{s} \operatorname{Sing} C_i$$

eine Formel, die im Beweis von 1.11 für beliebige Varietäten gezeigt werden wird. Die Mengen $C_i \cap C_j$ sind nach I.1.9 endlich. Wir zeigen, daß auch $\operatorname{Sing} C_i$ $(i = 1,\ldots,s)$ endlich ist.

Notwendigerweise verschwindet eine der partiellen Ableitungen $\frac{\partial \varphi_i}{\partial X_1}$ oder $\frac{\partial \varphi_i}{\partial X_2}$ nicht identisch, denn sonst wäre Char $K =: p > 0$ und $\varphi_i = h^p$ mit einem Polynom $h \in K[X_1,X_2]$, also wäre $\varphi_i$ nicht irreduzibel. Ist etwa $\frac{\partial \varphi_i}{\partial X_1} \neq 0$, dann sind $\varphi_i$ und $\frac{\partial \varphi_i}{\partial X_1}$ teilerfremd. Nach I.1.9 haben diese beiden Polynome nur endlich viele gemeinsame Nullstellen. Nach 1.2 kann $C_i$ auch nur endlich viele Singularitäten besitzen.

Es ist klar, daß auch projektive ebene Kurven nur endlich viele Singularitäten haben können, da sie außer ihrem affinen Teil nur noch endlich viele unendlich ferne Punkte besitzen (bei geeigneter Wahl einer unendlich fernen Geraden). Eine singularitätenfreie projektive ebene Kurve muß notwendigerweise irreduzibel sein, denn hätte sie zwei Komponenten, so würden sich diese schneiden (II.2.2b) und die Schnittpunkte wären singulär.

b) **Die Singularitäten von Whitney's Regenschirm**

Sei $f = X_2^2 - X_1^2 X_3$ und $V := \mathcal{V}(f)$. Die partiellen Ableitungen

$$\frac{\partial f}{\partial X_1} = -2X_1 X_3 \,, \quad \frac{\partial f}{\partial X_2} = 2X_2 \,, \quad \frac{\partial f}{\partial X_3} = -X_1^2$$

und $f$ verschwinden genau dann simultan, wenn $X_1 = X_2 = 0$ ist. Somit ist Sing $V$ die $X_3$-Achse.

Wir wenden uns jetzt wieder dem Fall einer beliebigen affinen Varietät $V$ zu und verallgemeinern die obigen Betrachtungen über Hyperflächen. Sei $(\mathcal{O}_{V,P}, \mathfrak{m}_{V,P})$ der lokale Ring von $V$ in $P$.

**1.4.DEFINITION.** *Das affine Schema* $\mathrm{Spec}\,(\mathrm{gr}_{\mathfrak{m}_{V,P}}\,\mathcal{O}_{V,P})$ *heißt der* **Tangentialkegel** *von* $V$ *in* $P$.

Ist $P = (0, \dots, 0)$ (nach einer Koordinatenverschiebung) und $\mathfrak{M} := (X_1, \dots, X_n)$, so gilt $\mathcal{O}_{V,P} = K[X_1, \dots, X_n]_\mathfrak{M} / \mathcal{J}(V)_\mathfrak{M}$, und nach D.13 ergibt sich

$$\begin{aligned}
\mathrm{gr}_{\mathfrak{m}_{V,P}}\,\mathcal{O}_{V,P} &= \mathrm{gr}_\mathfrak{M}\,K[X_1, \dots, X_n]_\mathfrak{M} / \mathcal{J}(V)_\mathfrak{M} \\
&\cong \mathrm{gr}_\mathfrak{M}\,K[X_1, \dots, X_n]_\mathfrak{M} / (\{L_\mathfrak{M} f\}_{f \in \mathcal{J}(V)_\mathfrak{M}}) \\
&\cong K[X_1, \dots, X_n] / (\{L_\mathfrak{M} f\}_{f \in \mathcal{J}(V)})
\end{aligned}$$

Die Varietät $T_P(V)$ mit dem Koordinatenring

$$(\mathrm{gr}_{\mathfrak{m}_{V,P}}\,\mathcal{O}_{V,P})_{\mathrm{red}} = K[X_1, \dots, X_n] / \mathrm{Rad}(\{L_\mathfrak{M} f\}_{f \in \mathcal{J}(V)})$$

heißt **geometrischer Tangentialkegel** von $V$ in $P$. Im Fall einer Hyperfläche handelt es sich um den oben betrachteten Tangentialkegel. Im allgemeinen Fall ist $T_P(V)$ die Vereinigung aller Geraden durch $P$, welche Tangenten an alle $V$ umfassenden Hyperflächen $f = 0$ im Punkt $P$ sind.

Für Polynome $f_1, \dots, f_m \in K[X_1, \dots, X_n]$ und $(a_1, \dots, a_n) \in \mathbf{A}_K^n$ sei

$$\frac{\partial(f_1, \dots, f_m)}{\partial(a_1, \dots, a_n)} := \left[ \frac{\partial f_i}{\partial X_j}(a_1, \dots, a_n) \right]_{\substack{i=1,\dots,m \\ j=1,\dots,n}} = \left[ \frac{\partial f_i}{\partial a_j} \right]_{\substack{i=1,\dots,m \\ j=1,\dots,n}}$$

die **Jacobimatrix** von $f_1, \dots, f_m$ an der Stelle $(a_1, \dots, a_n)$. Der folgende Satz verallgemeinert 1.2. Er kann zur Berechnung der Singularitäten von Varietäten verwendet werden, dient aber auch theoretischen Überlegungen über Sing $V$.

**1.5.Satz.** *(Jacobi-Kriterium für Glattheit).*
a) *Für* $P = (a_1, \ldots, a_n) \in V$ *und* $f_1, \ldots, f_m \in \mathcal{J}(V)$ *gilt stets*

$$(1) \qquad \operatorname{Rang} \frac{\partial(f_1, \ldots, f_m)}{\partial(a_1, \ldots, a_n)} \leq n - \dim_P V = n - \dim \mathcal{O}_{V,P}$$

b) *Folgende Aussagen sind äquivalent:*

  $\alpha$) *$V$ ist glatt in $P$.*

  $\beta$) *Es gibt Polynome $f_1, \ldots, f_m \in \mathcal{J}(V)$, so daß (1) mit dem Gleichheitszeichen gilt.*

  $\gamma$) *Ist $\mathcal{J}(V) = (f_1, \ldots, f_m)$, so gilt (1) mit dem Gleichheitszeichen.*

c) *In einem glatten Punkt $P = (a_1, \ldots, a_n)$ von $V$ ist $T_P(V)$ die lineare Varietät, die durch das lineare Gleichungssystem*

$$\sum_{j=1}^{n} \frac{\partial f_i}{\partial a_j}(X_j - a_j) = 0 \quad (i = 1, \ldots, m)$$

*gegeben wird, wenn $\mathcal{J}(V) = (f_1, \ldots, f_m)$ ist.*

**Beweis:** Sei o.B.d.A. $P = (0, \ldots, 0)$. Dann ist

$$\operatorname{gr}^1_{\mathfrak{m}_{V,P}} \mathcal{O}_{V,P} = \mathfrak{m}_{V,P}/\mathfrak{m}_{V,P}^2 \cong K \cdot X_1 \oplus \cdots \oplus K \cdot X_n / \langle \{f^{(1)}\}_{f \in \mathcal{J}(V)} \rangle$$

wobei für $f \in \mathcal{J}(V)$

$$f^{(1)} := \frac{\partial f}{\partial X_1}(0) \cdot X_1 + \cdots + \frac{\partial f}{\partial X_n}(0) \cdot X_n$$

die homogene Komponente 1.Grades von $f$ bezeichnet. Es ist also für $f_1, \ldots, f_m \in \mathcal{J}(V)$

$$\dim \mathcal{O}_{V,P} \leq \operatorname{edim} \mathcal{O}_{V,P} = \dim_K \mathfrak{m}_{V,P}/\mathfrak{m}_{V,P}^2$$

$$= n - \dim_K \langle \{f^{(1)}\}_{f \in \mathcal{J}(V)} \rangle \leq n - \operatorname{Rang} \frac{\partial(f_1, \ldots, f_m)}{\partial(a_1, \ldots, a_n)}$$

woraus die Aussagen des Satzes unmittelbar folgen, denn ist $\mathcal{J}(V) = (f_1, \ldots, f_m)$, so ist $f^{(1)}$ für jedes $f \in \mathcal{J}(V)$ eine Linearkombination der $f_i^{(1)}$ $(i = 1, \ldots, m)$.

Ist $X$ ein lokal noethersches Schema (Kap.V,§ 3), und ist $P \in X$, so heißt $\operatorname{Spec}(\operatorname{gr}_{\mathfrak{m}_{X,P}} \mathcal{O}_{X,P})$ der Tangentialkegel von $X$ in $P$ und $P$ ein **regulärer Punkt** von $X$, wenn $\mathcal{O}_{X,P}$ ein regulärer lokaler Ring ist. $X$ heißt **regulär**, wenn alle seine Punkte regulär sind. Beispielsweise sind nulldimensionale lokal noethersche Schemata genau dann regulär, wenn alle ihre lokalen Ringe Körper sind, denn ein nulldimensionaler noetherscher lokaler Ring ist genau dann regulär, wenn er ein Körper ist. Nulldimensionale Varietäten sind immer regulär, weil reduzierte nulldimensionale lokale Ringe Körper sind.

Im folgenden beschäftigen wir uns mit den Eigenschaften beliebiger regulärer lokaler Ringe. Die gewonnenen Einsichten können später auf Varietäten und lokal noethersche Schemata angewendet werden. Einige grundlegende Aussagen über reguläre lokale Ringe folgen unmittelbar aus Sätzen, die mit Hilfsmitteln aus Anhang E in Kap.VI,§ 6 bewiesen wurden.

Sei $(R, \mathfrak{m})$ ein regulärer lokaler Ring der Dimension $d$.

**1.6.DEFINITION.** *Die minimalen Erzeugendensysteme von* $\mathfrak{m}$ *heißen* **reguläre Parametersysteme** *von* $R$.

Da $\mu(\mathfrak{m}) = d$ ist, handelt es sich um Parametersysteme gemäß VI,6.8. Für ein reguläres Parametersystem $\{a_1, \ldots, a_d\}$ von $R$ ist der Kern des $R$–Homomorphismus

$$\alpha: R[X_1, \ldots, X_d] \to \mathrm{gr}_{\mathfrak{m}} R \qquad (X_i \mapsto a_i + \mathfrak{m}^2)$$

nach VI.6.15 in $\mathfrak{m}R[X_1, \ldots, X_d]$ enthalten. Andererseits wird $\mathfrak{m}R[X_1, \ldots, X_d]$ bei $\alpha$ auf 0 abgebildet und somit ein Isomorphismus graduierter $R/\mathfrak{m}$–Algebren

$$R/\mathfrak{m}[X_1, \ldots, X_d] \xrightarrow{\sim} \mathrm{gr}_{\mathfrak{m}} R$$

induziert. Aus E.12 folgt, daß $(a_1, \ldots, a_d)$ eine reguläre Folge ist. Ferner ergibt sich aus VI.6.16, daß $R$ ein Integritätsring ist, der in seinem Quotientenkörper ganzabgeschlossen ist. Wir fassen zusammen:

**1.7.SATZ.** *Sei* $(R, \mathfrak{m})$ *ein regulärer lokaler Ring der Dimension* $d$.
*a) Man hat einen Isomorphismus graduierter* $R/\mathfrak{m}$–*Algebren*

$$\mathrm{gr}_{\mathfrak{m}} R \cong R/\mathfrak{m}[X_1, \ldots, X_d]$$

*b) Jedes reguläre Parametersystem von* $R$ *ist eine reguläre Folge.*
*c)* $R$ *ist ein Integritätsring, der in* $Q(R)$ *ganzabgeschlossen ist.*

Nach 1.7a) ist der geometrische Tangentialkegel $T_P(V)$ eines regulären Punktes $P$ einer Varietät $V$ eine lineare Varietät der Dimension $d := \dim \mathcal{O}_{V,P}$. Entsprechendes gilt für den Tangentialkegel in einem regulären Punkt eines lokal noetherschen Schemas. Da $\mathcal{O}_{V,P}$ ein Integritätsring ist, kann $P$ nur auf einer irreduziblen Komponente von $V$ liegen. Man kann zeigen, daß reguläre lokale Ringe sogar faktoriell sind, doch reichen unsere Hilfsmittel zum Beweis dieser wichtigen Tatsache nicht aus.

Wir betrachten nun Restklassenringe von regulären lokalen Ringen.

**1.8.Satz.** *Sei $I$ ein Ideal eines regulären lokalen Rings $(R, \mathfrak{m})$. Genau dann ist $R/I$ ein regulärer lokaler Ring, wenn $I$ von einem Teilsystem eines regulären Parametersystems erzeugt wird.*

Beweis: Sei $\{a_1, \ldots, a_d\}$ ein reguläres Parametersystem von $R$. Wird $I$ von der Teilfolge $\{a_{\delta+1}, \ldots, a_d\}$ erzeugt $(\delta \geq 0)$, so ist $\dim R/I = \delta$, und $\mathfrak{m}/I$ wird von den Bildern von $a_1, \ldots, a_\delta$ erzeugt. Folglich ist $\mathrm{edim}\, R/I \leq \delta = \dim R/I$, und es ergibt sich aus Kap.VI,§ 6,(1), daß $R/I$ regulär ist.

Sei nun umgekehrt $R/I$ regulär von der Dimension $\delta$, und sei $\{a_1, \ldots, a_\delta\}$ ein Repräsentantensystem in $\mathfrak{m}$ für ein reguläres Parametersystem des Rings $R/I$. Es gilt dann $\mathfrak{m} = (a_1, \ldots, a_\delta) + I$. Setze $\overline{\mathfrak{m}} := \mathfrak{m}/I$. Die exakte Folge von $R/\mathfrak{m}$-Vektorräumen

$$0 \to I/I \cap \mathfrak{m}^2 \to \mathfrak{m}/\mathfrak{m}^2 \to \overline{\mathfrak{m}}/\overline{\mathfrak{m}}^2 \to 0$$

und das Lemma von Nakayama zeigen, daß $\{a_1, \ldots, a_\delta\}$ durch Hinzunahme von Elementen $\{a_{\delta+1}, \ldots, a_d\}$ aus $I$ zu einem minimalen Erzeugendensystem von $\mathfrak{m}$ ergänzt werden kann, also zu einem regulären Parametersystem von $R$.

Setzt man $I' := (a_{\delta+1}, \ldots, a_d)$ und $R' := R/I'$, so ist $R'$ ein $\delta$-dimensionaler regulärer lokaler Ring nach dem, was im ersten Teil des Beweises gezeigt wurde. Ferner ist $R/I$ ein homomorphes Bild von $R/I'$. Da $R'$ nach 1.7 ein Integritätsring ist und $\dim R/I = \dim R'$ gilt, muß $R' = R/I$ sein, also $I = I' = (a_{\delta+1}, \ldots, a_d)$,

**q.e.d.**

Für einen regulären Punkt $P$ einer affinen Varietät $V$ ist

$$\mathcal{O}_{V,P} = \mathcal{O}_P/\mathcal{J}(V)\mathcal{O}_P$$

ein regulärer lokaler Ring, daher wird $\mathcal{J}(V)\mathcal{O}_P$ nach 1.8 von einem Teilsystem eines regulären Parametersystems von $\mathcal{O}_P$ erzeugt, also insbesondere von einer $\mathcal{O}_P$-regulären Folge. Ist $P$ auch regulär auf einer Untervarietät $W$ von $V$, so gilt das Entsprechende für das Ideal von $W$ in $\mathcal{O}_{V,P}$.

**Beispiele regulärer lokaler Ringe**, außer den uns schon bekannten, sind $\mathbb{Z}_{(p)}$ für jede Primzahl $p$, $K[X]_{(f)}$ für einen beliebigen Körper $K$ und ein irreduzibles Polynom $f \in K[X]$, ferner der Ring $K[[X_1, \ldots, X_d]]$ der formalen Potenzreihen in $X_1, \ldots, X_d$ über einem Körper $K$. Man kann zeigen, daß dieser Ring noethersch und lokal ist mit dem maximalen Ideal $(X_1, \ldots, X_d)$. Die Ideale $\mathfrak{p}_i := (X_1, \ldots, X_i)$ $(0 \leq i \leq d)$ sind prim, daher besitzt der Potenzreihenring mindestens die Dimension $d$. Da sein maximales Ideal von $d$ Elementen erzeugt wird, ist er folglich regulär.

Eine große Klasse regulärer lokaler Ringe liefert der folgende Satz.

**1.9.Satz.** *Ist $(R, \mathfrak{m})$ ein regulärer lokaler Ring, so auch $R[X]_{\mathfrak{P}}$ für jedes Primideal $\mathfrak{P}$ von $R[X]$ mit $\mathfrak{P} \cap R = \mathfrak{m}$.*

BEWEIS: Da $\mathfrak{m}R[X] \subset \mathfrak{P}$ ist, gilt nach IV.6.11a) die Formel

$$\dim R = h(\mathfrak{m}) = h(\mathfrak{m}R[X]) \leq h(\mathfrak{P}) = \dim R[X]_{\mathfrak{P}}$$

Im Fall $\mathfrak{m}R[X] = \mathfrak{P}$ hat man Gleichheit der Dimensionen, und $\mathfrak{P}$ wird von $\dim R$ Elementen erzeugt, folglich ist $R[X]_{\mathfrak{P}}$ regulär.

Ist $\mathfrak{m}R[X] \neq \mathfrak{P}$, so ist $\dim R[X]_{\mathfrak{P}} \geq \dim R + 1$ (VI.6.11b). Ferner ist $R[X]/\mathfrak{P} = R/\mathfrak{m}[X]/\overline{\mathfrak{P}}$ mit $\overline{\mathfrak{P}} := \mathfrak{P}/\mathfrak{m}R[X]$, und $R/\mathfrak{m}[X]$ ist ein Hauptidealring. Somit wird $\mathfrak{P}$ von $\dim R + 1$ Elementen erzeugt, und man erhält erneut, daß $R[X]_{\mathfrak{P}}$ regulär ist.

**1.10. KOROLLAR.** *Für jeden nullteilerfreien Hauptidealring $K$ und jedes Primideal $\mathfrak{P} \in \mathrm{Spec}\, K[X_1, \ldots, X_n]$ ist $K[X_1, \ldots, X_n]_{\mathfrak{P}}$ ein regulärer lokaler Ring. Insbesondere ist $\mathsf{A}_K^n = \mathrm{Spec}\, K[X_1, \ldots, X_n]$ regulär.*

BEWEIS: (Induktion nach $n$). Für $n = 0$ ist nichts zu zeigen, da Lokalisierungen von nullteilerfreien Hauptidealringen regulär sind. Sei daher $n > 0$, und sei die Behauptung für $n - 1$ Variablen schon gezeigt. Setze $\mathfrak{p} := \mathfrak{P} \cap K[X_1, \ldots, X_{n-1}]$. Dann gilt

$$K[X_1, \ldots, X_n]_{\mathfrak{P}} = K[X_1, \ldots, X_{n-1}]_{\mathfrak{p}}[X_n]_{\mathfrak{Q}}$$

mit dem Erweiterungsideal $\mathfrak{Q}$ von $\mathfrak{P}$ in $K[X_1, \ldots, X_{n-1}]_{\mathfrak{p}}[X_n]$. Die Behauptung folgt jetzt aus 1.9.

**1.11. SATZ VON DER ABGESCHLOSSENHEIT DES SINGULÄREN ORTS.** *Ist $V$ eine affine oder projektive Varietät über einem algebraisch abgeschlossenen Körper, so ist $\mathrm{Sing}\, V$ eine abgeschlossene Teilmenge von $V$ in der Zariski-Topologie.*

BEWEIS: Es genügt, affine Varietäten zu betrachten. Sei $V = V_1 \cup \cdots \cup V_s$ die Komponentenzerlegung einer solchen Varietät. Für $P \in V_i \cap V_j$ mit $i \neq j$ besitzt der lokale Ring $\mathcal{O}_{V,P}$ mindestens zwei verschiedene minimale Primideale. Er ist daher kein Integritätsring und nach 1.7 auch nicht regulär. Somit ist $V_i \cap V_j \subset \mathrm{Sing}\, V$ für $i \neq j$.

Liegt $P$ auf genau einer irreduziblen Komponente $V_i$ von $V$, so ist $\mathcal{O}_{V_i, P} \cong \mathcal{O}_{V,P}$. Sind nämlich $\mathfrak{p}_1, \ldots, \mathfrak{p}_s$ die minimalen Primideale von $K[V]$, so ist $K[V_j] = K[V]/\mathfrak{p}_j$ bei geeigneter Numerierung der $\mathfrak{p}_j$.

Das zu $P$ gehörige maximale Ideal $\mathfrak{m}_P \subset K[V]$ umfaßt nur $\mathfrak{p}_i$, und aus $(0) = \bigcap_{j=1}^{s} \mathfrak{p}_j$ folgt

$$(0) = \left( \bigcap_{j=1}^{s} \mathfrak{p}_j \right)_{\mathfrak{m}_P} = \bigcap_{j=1}^{s} (\mathfrak{p}_j)_{\mathfrak{m}_P} = (\mathfrak{p}_i)_{\mathfrak{m}_P}$$

Somit ergibt sich $\mathcal{O}_{V_i,P} = K[V_i]_{\mathfrak{m}_P} = (K[V]/\mathfrak{p}_i)_{\mathfrak{m}_P} = K[V]_{\mathfrak{m}_P} = \mathcal{O}_{V,P}$. Dies ist auch deshalb klar, weil die regulären lokalen Ringe aus den regulären Funktionskeimen bei $P$ bestehen.

Wir haben jetzt die Formel

$$(2) \qquad \operatorname{Sing} V = \bigcup_{i=1}^{s} \operatorname{Sing} V_i \cup \bigcup_{i \neq j} V_i \cap V_j$$

bewiesen. Es bleibt zu zeigen, daß $\operatorname{Sing} V_i$ abgeschlossen in $V_i$ ist.

Sei jetzt $V$ irreduzibel, $\dim V =: d$, und sei $\mathcal{J}(V) = (f_1, \ldots, f_m)$. Sind $\Delta_1, \ldots, \Delta_t$ die $(n-d)$-reihigen Unterdeterminanten der Jacobimatrix $\frac{\partial(f_1,\ldots,f_m)}{\partial(X_1,\ldots,X_n)}$, so ist nach 1.5 der Punkt $P = (a_1, \ldots, a_n)$ genau dann singulär auf $V$, wenn $\Delta_i(a_1, \ldots, a_n) = 0$ ist für $i = 1, \ldots, t$. Da hierdurch eine abgeschlossene Teilmenge von $V$ definiert wird, ist der Satz bewiesen.

Man kann zeigen, daß stets $\operatorname{Reg} V \neq \emptyset$ ist, was aber noch nicht unmittelbar aus 1.11 folgt. Für beliebige algebraische Kurven $V$ ist die Singularitätenmenge stets endlich, da abgeschlossen (vgl. 1.3a) für ebene Kurven). Allgemein gilt für jede affine Algebra $R$ über einem Körper $K$, daß $\operatorname{Reg} R := \{\mathfrak{p} \in \operatorname{Spec} R \mid R_{\mathfrak{p}} \text{ regulär}\}$ offen in $\operatorname{Spec} R$ ist. Hieraus folgt die Offenheit der Menge aller regulären Punkte auf beliebigen lokal noetherschen $K$-Schemata. Ist $R$ reduziert, so ist $R_{\mathfrak{p}}$ für $\mathfrak{p} \in \operatorname{Min} R$ ein Körper und somit ist $\operatorname{Reg} R \neq \emptyset$. Für beliebige lokal noethersche Schema gilt der Satz von der Abgeschlossenheit des singulären Orts allerdings nicht immer.

Es sollen jetzt noch die 1-dimensionalen regulären lokalen Ringe näher untersucht werden. Sei $(R, \mathfrak{m})$ ein solcher Ring, und sei $\mathfrak{m} = (\pi)$ mit einem regulären Parameter $\pi$.

1.12.SATZ. *a) $R$ ist ein faktorieller Ring, und $\pi$ ist (bis auf Assoziiertenbildung) das einzige Primelement von $R$. Jedes $r \in R \setminus \{0\}$ besitzt demzufolge eine eindeutige Darstellung*

$$r = \varepsilon \cdot \pi^n \qquad (\varepsilon \in R \text{ Einheit, } n \in \mathbb{N})$$

*b) Jedes Ideal $I \neq (0)$ von $R$ ist von der Form $I = (\pi^n)$ mit einem durch $I$ eindeutig bestimmten $n \in \mathbb{N}$. Insbesondere ist $R$ ein Hauptidealring.*

BEWEIS: a) Nach dem Krullschen Durchschnittssatz D.23 ist $\bigcap_{n \in \mathbb{N}} \mathfrak{m}^n = \bigcap_{n \in \mathbb{N}} (\pi^n) = (0)$. Für $r \in R \setminus \{0\}$ gibt es daher ein $n \in \mathbb{N}$ mit $r \in (\pi^n)$, $r \notin (\pi^{n+1})$. Somit schreibt sich $r = \varepsilon \cdot \pi^n$ mit $\varepsilon \in E(R)$. Das Element $\pi$ ist ein Primelement des Integritätsrings $R$, da es das Primideal $\mathfrak{m}$ erzeugt. Die Eindeutigkeit der Darstellung folgt aus der

Kürzungsregel: Ist $r = \varepsilon_0 \pi^{n_0}$ $(\varepsilon_0 \in E(R), n_0 \in \mathbb{N})$, und ist etwa $n \geq n_0$, so ist $\varepsilon \cdot \pi^{n-n_0} = \varepsilon_0$, folglich $n = n_0$ und $\varepsilon = \varepsilon_0$.

b) Wähle in $I$ ein $r \neq 0$, für das in der Darstellung $r = \varepsilon \cdot \pi^n$ $(\varepsilon \in E(R), n \in \mathbb{N})$ der Exponent $n$ minimal für alle Elemente aus $I \setminus \{0\}$ ist. Jedes $s \in I \setminus \{0\}$ ist dann von der Form $s = \eta \cdot \pi^m$ $(\eta \in E(R), m \geq n)$, und es folgt $s = (\eta \varepsilon^{-1}) \pi^{m-n} \cdot r$, also $r|s$ und $I = (r) = (\pi^n)$,          **q.e.d.**

Ist $K = Q(R)$, so besitzt jedes $x \in K \setminus \{0\}$ eine eindeutige Darstellung

$$x = \varepsilon \cdot \pi^n \qquad (\varepsilon \in E(R), n \in \mathbb{Z})$$

Man schreibt dann $\nu(x) := n$. Ferner wird $\nu(0) := \infty$ gesetzt. Der Ring $R$ vermittelt somit eine Abbildung $\nu \colon K \to \mathbb{Z} \cup \{\infty\}$ mit den Eigenschaften:

a) $\nu(x) = \infty$ gilt genau dann, wenn $x = 0$ ist,

b) $\nu(x \cdot y) = \nu(x) + \nu(y)$ für alle $x, y \in K$,

c) $\nu(x + y) \geq \mathrm{Min}\{\nu(x), \nu(y)\}$ für alle $x, y \in K$,

d.h. $\nu$ ist eine **diskrete Bewertung** auf $K$. Hierbei ist

$$R = \{x \in K \mid \nu(x) \geq 0\}$$

der zu $\nu$ gehörige **diskrete Bewertungsring**. Die regulären lokalen Ringe der Dimension 1 sind also diskrete Bewertungsringe. Man kann auch die Umkehrung leicht zeigen.

Ist $P$ ein regulärer Punkt einer irreduziblen algebraischen Kurve $C$ und $R := \mathcal{O}_P$ sein lokaler Ring, so wird die zu $R$ gehörige Bewertung $\nu$ auch mit $\nu_P$ bezeichnet und die **Ordnungsfunktion** an der Stelle $P$ genannt. Für jede rationale Funktion $\varphi \in \mathcal{R}(C)$ ist dann die **Ordnung** $\nu_P(\varphi)$ von $\varphi$ an der Stelle $P$ definiert (**Nullstellenordnung**, wenn $\nu_P(\varphi) \geq 0$, **Polordnung**, wenn $\nu_P(\varphi) < 0$). Die Ordnungsfunktionen spielen für die Untersuchung algebraischer Kurven eine ähnliche Rolle wie die Bewertungen in der algebraischen Zahlentheorie. Ist allgemeiner $V$ eine irreduzible Varietät und $W \subset V$ eine irreduzible Untervarietät der Kodimension 1, deren lokaler Ring $R = \mathcal{O}_{V,W}$ (vgl. IV,§ 3,Aufg.1) regulär ist, so ist $R$ ein diskreter Bewertungsring. Man kann dann von der Nullstellen- und Polordnung rationaler Funktionen aus $\mathcal{R}(V)$ "längs $W$" sprechen.

Die Singularitäten algebraischer Varietäten lassen sich mittels der lokalen Ringe in den Punkten der Varietät klassifizieren. Zur Klasseneinteilung der noetherschen lokalen Ringe $(R, \mathfrak{m})$ dienen **numerische** (und andere) **Invarianten**. Von diesen sind uns die in der folgenden Tabelle aufgeführten Invarianten bisher begegnet. Dabei ist $G := \mathrm{gr}_{\mathfrak{m}} R$ der assoziierte graduierte Ring von $R$. Die Spalte für reguläre lokale Ringe enthält die Invarianten in diesem Fall und ferner den Hinweis, wo man den Wert der Invariante findet.

## Numerische Invarianten noetherscher lokaler Ringe

| $(R, \mathfrak{m})$ noetherscher lokaler Ring | Reguläre lokale Ringe |
| --- | --- |
| Krulldimension $\dim R =: d$ | $d$ |
| Einbettungsdimension $\operatorname{edim} R =: e$ | $e = d$ (Definition) |
| Anzahl der assoziierten Primideale $a$ | $a = 1$ ($R$ integer nach 1.7c) |
| Anzahl der minimalen Primideale $m$ | $m = 1$ ($R$ integer nach 1.7c) |
| Hilbertfunktion $\chi_G(k) = \dim_{R/\mathfrak{m}} \mathfrak{m}^k/\mathfrak{m}^{k+1}$ | $\chi_G(k) = \dbinom{d+k-1}{d-1}$ (vgl. 1.7a) |
| Tiefe $\quad d(R) =: t$ | $t = d$ (1.7b) |

Allgemein gilt $e \geq d$ (VI.6.3), $a \geq m$ (C.22b) und $d \geq t$ (VI.6.10).

Im nächsten Paragraphen geht es darum, genauer zu untersuchen, wie sich Krulldimension und Tiefe zueinander verhalten und welche Auswirkungen es hat, wenn diese Invarianten gleich sind.

AUFGABEN:

1) Eine projektive Quadrik mit der Gleichung $\sum\limits_{i=0}^{n} a_{ik} Y_i Y_k = 0$ über einem algebraisch abgeschlossenen Körper $K$ mit Char $K \neq 2$ ist genau dann glatt, wenn die Matrix $[a_{ik}]_{i,k=0,\dots,n}$ den Rang $n+1$ besitzt.

2) Sei $K$ ein algebraisch abgeschlossener Körper und $f \in K[X_1, X_2]$ das Minimalpolynom einer algebraischen Kurve $C$ in $\mathbb{A}^2_K$ vom Grad $d$. Die Kurve $C$ besitze $d$ verschiedene unendlich ferne Punkte. Sei $f = \sum\limits_{i=0}^{d} f_i$ ($f_i \in K[X_1, X_2]$ homogen vom Grad $i$). Schreibe

$$\frac{f_{d-1}}{f_d} = \sum_{k=1}^{d} \frac{c_k}{a_k X_1 + b_k X_2} \quad \text{(Partialbruchzerlegung)}$$

a) Die unendlich fernen Punkte sind reguläre Punkte der projektiven Abschließung $\overline{C}$ von $C$, und die $t_k := a_k X_1 + b_k X_2 + c_k$ ($k = 1, \dots, d$) sind die affinen Minimalpolynome der Tangenten in den unendlich fernen Punkten (Asymptoten von $C$).

b) Ist $g := \prod\limits_{k=1}^{d} t_k$, so gilt $g_d = f_d$ und $g_{d-1} = f_{d-1}$.

3) Es sei $F \subset \mathbf{P}_K^{\,n}$ eine glatte Hyperfläche vom Grad $d \geq 2$, und es bezeichne $F \in K[Y_0, \ldots, Y_n]$ auch gleichzeitig ein Minimalpolynom der Hyperfläche. Sei Char $K$ kein Teiler von $d$.

a) $K[Y_0, \ldots, Y_n]$ ist endlich über $K[F_{Y_0}, \ldots, F_{Y_n}]$, also $K[F_{Y_0}, \ldots, F_{Y_n}]$ ein Polynomring.

b) Die Inklusion $K[F_{Y_0}, \ldots, F_{Y_n}] \subset K[Y_0, \ldots, Y_n]$ liefert durch Übergang zu den projektiven Spektren eine wohldefinierte Abbildung (**Gauß-Abbildung**)

$$\mathrm{Grad}\, F : \mathbf{P}_K^{\,n} \to \mathbf{P}_K^{\,n}$$

wobei für einen abgeschlossenen Punkt $P \in \mathbf{P}_K^{\,n}$

$$(\mathrm{Grad}\, F)(P) = \langle F_{Y_0}(P), \ldots, F_{Y_n}(P) \rangle$$

c) $\mathrm{Grad}\, F$ ist eine endliche Abbildung, (d.h. jeder Punkt besitzt nur endlich viele Urbildpunkte). Folgern Sie, daß jede Hyperebene $H \subset \mathbf{P}_K^{\,n}$ nur in endlich vielen Punkten von $F$ tangential zu $F$ sein kann.

d) Das Bild von $F$ bei $\mathrm{Grad}\, F$ ist eine Hyperfläche $\hat{F}$ (sie heißt die **duale Hyperfläche** zu $F$).

4) Unter den Voraussetzungen von Aufgabe 3) sei $f \in K[X_1, \ldots, X_n]$ die Dehomogenisierung von $F$ bzgl. $Y_0$ und $f = \sum\limits_{i=0}^{d} f_i$ die Zerlegung von $f$ in homogene Komponenten $f_i$ vom Grad $i$. Dann sind die Polynome $(f_d)_{X_1}, \ldots, (f_d)_{X_n}$ linear unabhängig über $K$. Insbesondere besitzt die affine Hyperfläche $f = 0$ höchstens einen Mittelpunkt (vgl. I.2.9).

5) Sei $R = \bigoplus\limits_{n \in \mathbf{N}} R_n$ ein positiv graduierter noetherscher Ring, für den $R_0 = K$ ein Körper ist. Für $\mathfrak{m} := \bigoplus\limits_{n > 0} R_n$ sei $R_{\mathfrak{m}}$ ein $n$–dimensionaler regulärer lokaler Ring. Dann existiert ein $K$–Isomorphismus $R \cong K[X_1, \ldots, X_n]$, wobei $X_1, \ldots, X_n$ homogene Variable positiven Grades sind.

6) Die gewichtete projektive Ebene $\mathbf{P}_L^{\,2}(\gamma)$ mit $\gamma = (1, 2, 3)$ (Kap.II,§ 1, Aufgabe 3) besitzt, als projektives Schema betrachtet, Singularitäten.

7) In $\mathbf{A}_K^{\,n}$ sei eine glatte Kurve $C$ durch ein Gleichungssystem $f_i = 0$ ($i = 1, \ldots, n-1$; $f_i \in K[X_1, \ldots, X_n]$) gegeben. Zusammen mit den Polynomen

$$\sum_{k=1}^{n} \frac{\partial f_i}{\partial X_k} \cdot (Y_k - X_k) \in K[X_1, \ldots, X_n, Y_1, \ldots, Y_n]$$

($i = 1, \ldots, n - 1$) definieren die $f_i$ eine glatte Fläche in $\mathbf{A}_K^{\,2n}$ (sie heißt die **Tangentenfläche von** $C$).

## § 2. Dimension und Tiefe. Cohen-Macaulay-Varietäten

Wir wollen die Theorie sogleich für Moduln entwickeln. Von der Tiefe von Moduln handelt Anhang E. Es muß nun auch die Krulldimension für Moduln definiert werden.

**2.1.DEFINITION.** *Für einen Modul $M$ über einem Ring $R$ ist die* **Krulldimension** *von $M$ definiert durch*

$$\dim M := \dim(R/\operatorname{Ann} M)$$

Für $M = R$ erhält man natürlich die frühere Dimension. Ist $M$ endlich erzeugt, so ist $\operatorname{Supp} M = \mathcal{V}(\operatorname{Ann} M)$ nach B.16, und es ergibt sich

$$\dim M = \dim(\operatorname{Supp} M)$$

**2.2.BEMERKUNG:** Ist $R$ noethersch und $M$ endlich erzeugt, so gilt

$$\dim M = \sup_{\mathfrak{p} \in \operatorname{Ass} M} \{\dim R/\mathfrak{p}\} = \sup_{\mathfrak{p} \in \operatorname{Supp} M} \{\dim R/\mathfrak{p}\}$$

Nach C.22 sind nämlich die minimalen Primteiler von $\operatorname{Ann} M$ die minimalen Elemente von $\operatorname{Ass} M$ und $\operatorname{Supp} M$.

Die Aussage 6.10 aus Kap.VI kann wie folgt verschärft werden:

**2.3.SATZ.** *Ist $M$ ein endlich erzeugter Modul über einem noetherschen lokalen Ring $(R, \mathfrak{m})$, so gilt für seine Tiefe*

$$d(M) \leq \min_{\mathfrak{p} \in \operatorname{Ass} M} \{\dim R/\mathfrak{p}\} \leq \max_{\mathfrak{p} \in \operatorname{Ass} M} \{\dim R/\mathfrak{p}\} = \dim M$$

BEWEIS: Da $\operatorname{Ass} M$ endlich ist und ebenso $\dim R/\mathfrak{p}$ für jedes $\mathfrak{p} \in \operatorname{Spec} R$, dürfen wir vom Minimum und Maximum sprechen. Das Gleichheitszeichen gilt nach 2.2. Es ist daher nur die linke Ungleichung zu bestätigen. Dies geschieht durch Induktion nach $t := d(M)$. Für $t = 0$ ist nichts zu zeigen. Wir nehmen daher an, daß $\mathfrak{m}$ ein $M$-reguläres Element $a$ enthält und daß der Satz für Moduln kleinerer Tiefe schon bewiesen ist.

Nach E.9 ist $d(M/aM) = \dim M - 1$, und daher gilt nach Induktionsvoraussetzung

$$d(M/aM) \leq \min_{\mathfrak{p}' \in \operatorname{Ass}(M/aM)} \{\dim R/\mathfrak{p}'\}$$

Es genügt daher zu zeigen, daß für jedes $\mathfrak{p} \in \operatorname{Ass} M$ ein $\mathfrak{p}' \in \operatorname{Ass}(M/aM)$ existiert mit $\mathfrak{p} \subset \mathfrak{p}'$, $\mathfrak{p} \neq \mathfrak{p}'$, denn dann ist

$$\min_{\mathfrak{p}' \in \operatorname{Ass}(M/aM)} \{\dim R/\mathfrak{p}'\} < \min_{\mathfrak{p} \in \operatorname{Ass} M} \{\dim R/\mathfrak{p}\}$$

und die Behauptung des Satzes folgt.

Für $\mathfrak{p} \in \mathrm{Ass}\, M$ ist $a \notin \mathfrak{p}$, denn $\mathfrak{p}$ besteht aus lauter Nullteilern von $M$. Wir zeigen die Existenz eines Untermoduls $U \subset M/aM$ mit $U \neq \langle 0 \rangle$, aber $\mathfrak{p} \cdot U = \langle 0 \rangle$. Für $\mathfrak{p}' \in \mathrm{Ass}\, U$ ist dann $\mathfrak{p} \subset \mathfrak{p}'$ und $\mathfrak{p} \neq \mathfrak{p}'$, da $a \in \mathfrak{p}'$. Ferner ist $\mathfrak{p}' \in \mathrm{Ass}\,(M/aM)$, weshalb $\mathfrak{p}'$ die gewünschten Eigenschaften hat.

Wegen $\mathfrak{p} \in \mathrm{Ass}\, M$ ist $N' := \{x \in M \mid \mathfrak{p} \cdot x = \langle 0 \rangle\} \neq \langle 0 \rangle$, und es gilt

$$N' \subset N := \{x \in M \mid \mathfrak{p}x \subset aM\}$$

Wäre $N = aM$, so hätte jedes $n' \in N'$ eine Darstellung $n' = a \cdot x$ mit $x \in M$. Aus $\mathfrak{p} \cdot n' = \langle 0 \rangle$ würde $x \in N'$ folgen, also $N' = aN'$, und nach Nakayama $N' = \langle 0 \rangle$.

Somit ist $N \neq aM$, und $U := N/aM$ ist der gesuchte Untermodul von $M/aM$ mit $U \neq \langle 0 \rangle$, $\mathfrak{p}U = \langle 0 \rangle$,                                          **q.e.d.**

Wenn in 2.3 die Gleichheit $d(M) = \dim M$ gilt, so hat dies weitreichende Konsequenzen für die Eigenschaften von $M$.

**2.4. DEFINITION.** *a) Ein endlich erzeugter Modul $M$ über einem noetherschen Ring $R$ heißt* **Cohen-Macaulay-Modul**, *wenn $d(M_\mathfrak{m}) = \dim M_\mathfrak{m}$ für alle $\mathfrak{m} \in \mathrm{Max}\, R$.*
*b) $R$ heißt* **Cohen-Macaulay-Ring**, *wenn $R$ als $R$–Modul ein Cohen-Macaulay-Modul ist.*
*c) Ein Punkt $P$ einer algebraischen Varietät $V$ oder eines lokal noetherschen Schemas $V$ heißt* **Cohen-Macaulay-Punkt**, *wenn der lokale Ring $\mathcal{O}_{V,P}$ ein Cohen-Macaulay-Ring ist. Ist $P \in \mathrm{Sing}\, V$, so spricht man auch von einer* **Cohen-Macaulay-Singularität**.
*d) Eine algebraische Varietät $V$ heißt* **Cohen-Macaulay-Varietät**, *wenn $\mathcal{O}_{V,P}$ für alle $P \in V$ ein Cohen-Macaulay-Ring ist. Entsprechend sind Cohen-Macaulay-Schemata definiert.*

Wie in § 1 gezeigt (1.7b), sind reguläre lokale Ringe stets Cohen-Macaulay-Ringe. Demnach sind glatte Varietäten Cohen-Macaulay-Varietäten und reguläre Schemata Cohen-Macaulay-Schemata.

**2.5. SATZ.** *Sei $(R, \mathfrak{m})$ ein noetherscher lokaler Ring, $M$ ein endlich erzeugter $R$–Modul und $a = (a_1, \dots, a_m)$ eine $M$–reguläre Folge aus $\mathfrak{m}$. Genau dann ist $M$ ein Cohen-Macaulay-Modul, wenn $M/(a)M$ als $R/(a)$–Modul ein Cohen-Macaulay-Modul ist.*

BEWEIS: Es genügt, den Fall $m = 1$ zu betrachten. Nach Definition der Krulldimension und Tiefe ist es dabei gleichgültig, ob man $M/a_1 M$ als $R$–Modul oder als

$R/(a_1)$–Modul betrachtet. Nach E.9 ist $d(M/a_1 M) = d(M) - 1$, und daher hat man nur die Formel

$$(1) \qquad \dim M/a_1 M = \dim M - 1$$

zu zeigen. Im Fall $M = R$ ist dies nach VI.6.10 richtig, und somit ist der Beweis für Ringe schon fertig. Wir führen den Beweis von (1) für Moduln hierauf zurück.

Nach 2.2 gilt $\dim M/a_1 M = \underset{\mathfrak{p} \in \mathrm{Supp}(M/a_1 M)}{\mathrm{Max}} \{\dim R/\mathfrak{p}\}$, und ferner ist nach Nakayama $\mathrm{Supp}(M/a_1 M) = \mathrm{Supp}\, M \cap V(a_1)$. Da $a_1 \notin \mathfrak{p}$ für alle $\mathfrak{p} \in \mathrm{Ass}\, M$ und da $\dim M = \underset{\mathfrak{p} \in \mathrm{Ass}\, M}{\mathrm{Max}} \{\dim R/\mathfrak{p}\}$, ergibt sich zunächst $\dim M/a_1 M \leq \dim M - 1$.

Wähle nun $\mathfrak{p} \in \mathrm{Ass}\, M$ mit $\dim M = \dim R/\mathfrak{p}$ und einen minimalen Primteiler $\mathfrak{P}$ von $\mathfrak{p} + (a_1)$ mit $\dim R/\mathfrak{P} = \dim(R/\mathfrak{p} + (a_1))$. Nach VI.6.10 ist diese Dimension gleich $\dim R/\mathfrak{p} - 1$. Da $\mathfrak{P} \in \mathrm{Supp}(M/a_1 M)$, weil $\mathfrak{p} \in \mathrm{Supp}\, M$ und $a_1 \in \mathfrak{P}$, ergibt sich

$$\dim M/a_1 M \geq \dim R/\mathfrak{P} = \dim R/\mathfrak{p} - 1 = \dim M - 1$$

also $\dim M/a_1 M = \dim M - 1$, $\qquad\qquad$ **q.e.d.**

Aus 2.5 in Verbindung mit 2.3 folgt sofort:

**2.6.SATZ.** *Sei $(R, \mathfrak{m})$ ein noetherscher lokaler Ring, $M$ ein Cohen-Macaulay-Modul über $R$ und $a = (a_1, \ldots, a_m)$ eine $M$–reguläre Folge aus $\mathfrak{m}$. Dann gilt:*
*a) $\dim R/\mathfrak{p} = \dim M - m$ für alle $\mathfrak{p} \in \mathrm{Ass}(M/(a)M)$. Insbesondere besitzt $(a)M$ und speziell der Nullmodul von $M$ keine eingebetteten Primärkomponenten.*
*b) Der Ring $R/\mathrm{Ann}\, M$ ist äquidimensional.*
*c) Jeder lokale Cohen-Macaulay-Ring $R$ ist äquidimensional, und es ist $\mathrm{Ass}\, R = \mathrm{Min}\, R$.*

Aus c) erhält man insbesondere: Ist $P$ ein Cohen-Macaulay-Punkt einer Varietät $V$, so besitzen alle irreduziblen Komponenten von $V$, die $P$ enthalten, die gleiche Dimension. Zusammenhängende Cohen-Macaulay-Varietäten sind äquidimensional.

Die bisherigen Sätze erlauben es, bereits große Klassen von Cohen-Macaulay-Moduln und -Schemata anzugeben:

**2.7.BEISPIELE:**
a) Jeder endlich erzeugte Modul der Dimension 0 über einem noetherschen Ring ist trivialerweise ein Cohen-Macaulay-Modul. Speziell sind nulldimensionale noethersche Ringe stets Cohen-Macaulay-Ringe. Nulldimensionale lokal noethersche Schemata sind stets Cohen-Macaulay-Schemata.
b) Jeder reduzierte noethersche Ring $R$ der Dimension 1 ist ein Cohen-Macaulay-Ring. Für $\mathfrak{m} \in \mathrm{Max}\, R$ ist $R_\mathfrak{m}$ ein Körper oder $\dim R_\mathfrak{m} = 1$. Im zweiten Fall

enthält $\mathfrak{m} R_\mathfrak{m}$ einen Nichtnullteiler, denn in einem reduzierten Ring bestehen nur die minimalen Primideale ganz aus Nullteilern. Es folgt, daß auch algebraische Kurven stets Cohen-Macaulay-Varietäten sind. Allgemein sind reduzierte lokal noethersche Schemata der Dimension 1 stets Cohen-Macaulay-Schemata.

c) Ein noetherscher Ring, für den Spec $R$ regulär ist, heißt ein **regulärer Ring**. Es ist klar, daß reguläre noethersche Ringe auch Cohen-Macaulay-Ringe sind. Insbesondere gilt dies für $R = K[X_1, \ldots, X_n]$, wenn $K$ ein nullteilerfreier Hauptidealring ist. Reguläre lokal noethersche Schemata sind stets Cohen-Macaulay-Schemata.

d) Ist ein noetherscher lokaler Ring nicht äquidimensional, so ist er nach 2.6c) kein Cohen-Macaulay-Ring. Dies gilt z.B. für den lokalen Ring im Schnittpunkt einer Geraden mit einer Ebene. Ist für einen noetherschen Ring $R$ die Bedingung Ass $R = $ Min $R$ verletzt, so ist er kein Cohen-Macaulay-Ring. Ein einfaches Beispiel dieser Art ist

$$R := K[X_1, X_2]/(X_1^2, X_1 X_2) = K[X_1, X_2]/(X_1) \cap (X_1^2, X_2)$$

was man auch daran sieht, daß das von den Bildern von $X_1$ und $X_2$ erzeugte maximale Ideal von $R$ ganz aus Nullteilern besteht.

Es folgen nun weitere Eigenschaften von Cohen-Macaulay-Ringen.

**2.8.SATZ.** *Sei* $(R, \mathfrak{m})$ *ein lokaler Cohen-Macaulay-Ring und* $\{a_1, \ldots, a_m\}$ *eine Teilmenge von* $\mathfrak{m}$. *Folgende Aussagen sind äquivalent:*
*a)* $(a_1, \ldots, a_m)$ *ist eine reguläre Folge.*
*b)* $\dim R/(a_1, \ldots, a_m) = \dim R - m$.
*c)* $\{a_1, \ldots, a_m\}$ *kann zu einem Parametersystem von* $R$ *ergänzt werden.*
*Insbesondere sind die Parametersysteme von* $R$ *gerade die maximalen regulären Folgen aus* $\mathfrak{m}$.

BEWEIS: a)$\to$b)$\to$c) gelten nach VI.6.10 auch ohne daß $R$ ein Cohen-Macaulay-Ring sein muß.

c)$\to$b) gilt nach VI.6.9b). Wir zeigen b)$\to$a) durch Induktion nach $m$. Für $m = 0$ ist nichts zu zeigen. Ist $m > 0$, so folgt aus Ass $R = $ Min $R$ (2.6) und $\dim R/(a_1) = \dim R - 1$, daß $a_1$ kein Nullteiler von $R$ ist. Da $R/(a_1)$ nach 2.5 wieder ein Cohen-Macaulay-Ring ist, ergibt sich a) nun aus der Induktionsannahme.

**2.9.SATZ.** *Sei* $R$ *ein (nicht notwendig lokaler) Cohen-Macaulay-Ring und* $I \neq R$ *ein Ideal von* $R$ *mit* $h(I) = n$. *Dann ist* $d(I, R) = n$, *und* $I$ *enthält eine reguläre Folge der Länge* $n$.

BEWEIS: Sei $(a_1, \ldots, a_m)$ eine maximale reguläre Folge aus $I$. Dann besteht $I$ aus lauter Nullteilern des Moduls $M := R/(a_1, \ldots, a_m)$ und ist in einem assoziierten Primideal $\mathfrak{p}$ von $M$ enthalten. Wähle $\mathfrak{m} \in \operatorname{Max} R$ mit $\mathfrak{m} \supset \mathfrak{p}$. Dann ist

$$\mathfrak{p}R_{\mathfrak{m}} \in \operatorname{Ass}(R_{\mathfrak{m}}/(a_1, \ldots, a_m)R_{\mathfrak{m}}) = \operatorname{Min}(R_{\mathfrak{m}}/(a_1, \ldots, a_m)R_{\mathfrak{m}}) \quad \text{(C.21 und 2.6)}$$

und folglich ist $\mathfrak{p}$ ein minimaler Primteiler von $(a_1, \ldots, a_m)$. Es folgt $h(\mathfrak{p}) = \dim R_{\mathfrak{p}} = m$, da $\{a_1, \ldots, a_m\}$ ein Parametersystem von $R_{\mathfrak{p}}$ ist, somit ist $n \leq m$.

Ist andererseits $\mathfrak{q}$ ein minimaler Primteiler von $I$ und $h(\mathfrak{q}) = h(I) = n$, so ist $h(\mathfrak{q}) \geq m$ nach VI.6.10, weil $\{a_1, \ldots, a_m\} \subset \mathfrak{q}$. Es folgt $m = n$, **q.e.d.**

**2.10.KOROLLAR.** *Für einen Cohen-Macaulay-Ring $R$ gilt:*

*a) $R_{\mathfrak{p}}$ ist ein Cohen-Macaulay-Ring für jedes $\mathfrak{p} \in \operatorname{Spec} R$.*

*b) $R$ ist ein **Kettenring**, d.h. für $\mathfrak{p}, \mathfrak{q} \in \operatorname{Spec} R$ mit $\mathfrak{p} \subset \mathfrak{q}$ ist*

$$\dim R_{\mathfrak{q}} = \dim R_{\mathfrak{p}} + \dim R_{\mathfrak{q}}/\mathfrak{p}R_{\mathfrak{q}}$$

*c) Ist $R$ lokal und $I \neq R$ ein Ideal von $R$, so ist*

$$\dim R = \dim R/I + h(I)$$

BEWEIS: a) Ist $h(\mathfrak{p}) = n$, so enthält $\mathfrak{p}$ eine reguläre Folge der Länge $n$. Diese ist $R_{\mathfrak{p}}$-regulär, und somit ist $d(R_{\mathfrak{p}}) = n = \dim R_{\mathfrak{p}}$.

b) Wähle eine $R$-reguläre Folge $(a_1, \ldots, a_n)$ in $\mathfrak{p}$ mit $n = \dim R_{\mathfrak{p}}$. Die Folge ist auch $R_{\mathfrak{q}}$-regulär, und $\mathfrak{p}R_{\mathfrak{q}}$ ist ein minimaler Primteiler von $(a_1, \ldots, a_n)R_{\mathfrak{q}}$. Somit ist $\mathfrak{p}R_{\mathfrak{q}} \in \operatorname{Ass}(R_{\mathfrak{q}}/(a_1, \ldots, a_n)R_{\mathfrak{q}})$. Da $R_{\mathfrak{q}}$ ein Cohen-Macaulay-Ring ist, ergibt sich aus 2.8b), daß

$$\dim R_{\mathfrak{q}}/\mathfrak{p}R_{\mathfrak{q}} = \dim R_{\mathfrak{q}} - n = \dim R_{\mathfrak{q}} - \dim R_{\mathfrak{p}}$$

c) Nach 2.6 gilt $\dim R = \dim R/\mathfrak{p}$ für jedes $\mathfrak{p} \in \operatorname{Min} R$. Nach b) haben alle maximalen Primidealketten in $R$ die Länge $\dim R$. Die behauptete Formel folgt aus der Definition von Dimension und Höhe.

**2.11.KOROLLAR.** *Ist $R$ ein Cohen-Macaulay-Ring und $S \subset R$ multiplikativ abgeschlossen, so ist auch $R_S$ ein Cohen-Macaulay-Ring.*

BEWEIS: Für $\mathfrak{p} \in \operatorname{Spec} R$ mit $\mathfrak{p} \cap S = \emptyset$ ist $(R_S)_{\mathfrak{p}_S} \cong R_{\mathfrak{p}}$. Die Behauptung folgt aus 2.10a).

**2.12.KOROLLAR.** *Ist $R$ ein Cohen-Macaulay-Ring, so ist dies auch der Polynomring $R[X_1, \ldots, X_n]$.*

BEWEIS: Verwende 2.10a) und schließe ähnlich wie im Beweis von 1.9.

Wir haben hier nur die wichtigsten Grundtatsachen über Cohen-Macaulay-Ringe hergeleitet. Umfassend ist die Theorie in [BH] dargestellt.

AUFGABEN:

1) Die Vereinigung der beiden Ebenen $E_1 : X_1 = X_2 = 0$ und $E_2 : X_3 = X_4 = 0$ in $\mathbb{A}_K^4$ ist keine Cohen-Macaulay-Varietät, denn ihr Schnittpunkt ist keine Cohen-Macaulay-Singularität.

2) Sei $R$ ein noetherscher Ring, sei $M$ ein endlich erzeugter $R$–Modul, und sei $\mathfrak{p} \in \mathrm{Spec}(R)$. Dann gilt $d(\mathfrak{p}, M) \leq d(M_\mathfrak{p})$. Geben Sie ein Beispiel an, in dem diese Ungleichung strikt ist.

3) Sei $R$ ein Cohen-Macaulay Ring. Für $\mathfrak{p}, \mathfrak{q} \in \mathrm{Spec}(R)$ mit $\mathfrak{p} \subsetneqq \mathfrak{q}$ gebe es kein Primideal von $R$, das echt zwischen $\mathfrak{p}$ und $\mathfrak{q}$ liegt. Dann ist $d(\mathfrak{q}, R) = d(\mathfrak{p}, R)+1$.

4) Sei $R$ ein $n$–dimensionaler Cohen-Macaulay-Ring, $M$ ein $R$–Modul und $U_n$ die Menge aller $R$–quasiregulären Folgen $f = (f_1, \ldots, f_n)$ aus $R$ der Länge $n$.
   a) Für $f, g \in U_n$ existiert ein $h \in U_n$ mit $(h) \subset (f) \cap (g)$. Man kann $h$ sogar als eine reguläre Folge wählen.

   b) Für $f, g \in U_n$ mit $(g) \subset (f)$ schreibe $g_i = \sum_{k=1}^{n} c_{ik} f_k$  $(c_{ik} \in R;\ i = 1, \ldots, n)$ und setze $\Delta_f^g := \det(c_{ij})$ (vgl. F.3). Sei $\mu_g^f : M/(f)M \to M/(g)M$ die durch die Multiplikation mit $\Delta_f^g$ gegebene lineare Abbildung. Die Moduln $M/(f)M$ $(f \in U_n)$ bilden zusammen mit den Abbildungen $\mu_g^f$ ein direktes System. Der direkte Limes

$$C_n(M) := \varinjlim_{f \in U_n} M/(f)M$$

heißt $n$-ter **Cousin-Modul** von $M$.
   c) Sei $\alpha_f : M/(f)M \to C_n(M)$ für $f \in U_n$ die kanonische Abbildung in den direkten Limes. Für $m \in M$ setze $\begin{bmatrix} m \\ f \end{bmatrix} := \alpha_f(m + (f)M)$. Dann besteht $C_n(M)$ aus allen "Quotienten" $\begin{bmatrix} m \\ f \end{bmatrix}$ für $m \in M$, $f \in U_n$. Genau dann ist $\begin{bmatrix} m \\ f \end{bmatrix} = \begin{bmatrix} n \\ g \end{bmatrix}$ für $n \in M$, $g \in U_n$, wenn ein $h \in U_n$ mit $(h) \subset (f) \cap (g)$ existiert, so daß $\Delta_f^h m - \Delta_g^h n \in (h)M$.

5) Sei $R$ ein 1–dimensionaler reduzierter noetherscher Ring. Dann ist $S := U_1$ die Menge aller Nichtnullteiler von $R$. Für einen $R$–Modul $M$ sei $i : M \to M_S$ die kanonische Abbildung in den Quotientenmodul. Man hat einen kanonischen Isomorphismus von $R$–Moduln

$$C_1(M) \cong M_S/i(M) \qquad \text{(Modul der "Hauptteile")}$$

# § 3. Vollständige Durchschnitte

In Cohen-Macaulay-Ringen lassen sich Ideale, welche vollständige Durchschnitte sind (VI,§ 6), wie im folgenden Satz charakterisieren. Insbesondere gilt diese Charakterisierung nach 2.12 in Polynomringen über Körpern, also für die Verschwindungsideale algebraischer Varietäten.

3.1.SATZ. *Sei $R$ ein Cohen-Macaulay-Ring und $I \neq R$ ein Ideal von $R$. Dann sind folgende Aussagen äquivalent:*
*a) $I$ ist ein vollständiger Durchschnitt.*
*b) $I$ wird von einer regulären Folge erzeugt.*
*c) Jedes Erzeugendensystem von $I$ mit $\mu(I)$ Elementen ist eine quasireguläre Folge.*

BEWEIS: a)$\to$b) $I$ enthält nach 2.9 eine reguläre Folge der Länge $h(I) = \mu(I)$. Nach E.19 wird $I$ dann sogar von einer regulären Folge erzeugt.

b)$\to$c)$\to$a) wurde bereits in VI.6.14 bewiesen, ohne daß $R$ ein Cohen-Macaulay-Ring sein mußte.

3.2.SATZ. *(Macaulay's Ungemischtheitssatz). Ist $R$ ein Cohen-Macaulay-Ring und das Ideal $I$ von $R$ ein vollständiger Durchschnitt mit $h(I) = m$, so gilt $h(\mathfrak{p}) = m$ für jedes $\mathfrak{p} \in \mathrm{Ass}\,(R/I)$. Insbesondere besitzt $I$ keine eingebetteten Primärkomponenten.*

BEWEIS: Ist $\mathfrak{p} \in \mathrm{Ass}\,(R/I)$ und $\mathfrak{m}$ ein $\mathfrak{p}$ umfassendes maximales Ideal, so ist $I_\mathfrak{m}$ ein vollständiger Durchschnitt in $R_\mathfrak{m}$ und $\mathfrak{p}R_\mathfrak{m} \in \mathrm{Ass}\,(R_\mathfrak{m}/I_\mathfrak{m})$. Aus 2.6 folgen die Behauptungen.

Wir kommen nun auf die Bedeutung der letzten beiden Sätze für algebraische Varietäten und algebraische Gleichungssysteme zu sprechen. Sei $L/K$ eine Körpererweiterung, wobei $L$ algebraisch abgeschlossen ist.

3.3.DEFINITION. *Eine $d$–dimensionale affine oder projektive algebraische $K$–Varietät im $n$–dimensionalen Raum heißt* **idealtheoretisch vollständiger Durchschnitt,** *wenn ihr Verschwindungsideal $\mathcal{J}(V)$ in $K[X_1,\ldots,X_n]$ (bzw. $K[Y_0,\ldots,Y_n]$ im projektiven Fall) von $n - d$ Elementen erzeugt wird.*

Da $\mathcal{J}(V)$ immer die Höhe $n-d$ besitzt, besagt die Bedingung von 3.3 gerade, daß $\mathcal{J}(V)$ als Ideal ein vollständiger Durchschnitt ist. Nach 3.1 ist dies äquivalent damit, daß $\mathcal{J}(V)$ von einer regulären Folge erzeugt wird und daß jedes Erzeugendensystem von $\mathcal{J}(V)$ mit $n - d$ Elementen eine quasireguläre Folge ist. Im projektiven Fall wird $\mathcal{J}(V)$ sogar von einer homogenen regulären Folge erzeugt, und jedes Erzeugendensystem mit $n - d$ homogenen Elementen ist eine solche Folge.

Nach 3.2 sind Varietäten, die idealtheoretisch vollständige Durchschnitte sind, auch äquidimensional. Trivialerweise sind Hyperflächen im affinen oder projektiven Raum idealtheoretisch vollständige Durchschnitte.

**3.4. DEFINITION.** *Eine $d$–dimensionale affine oder projektive Varietät im $n$–dimensionalen Raum heißt* **mengentheoretisch vollständiger Durchschnitt,** *wenn sie Durchschnitt von $n - d$ Hyperflächen ist.*

Nach dem verallgemeinerten Krullschen Hauptidealsatz ist $n-d$ die kleinstmögliche Zahl, so daß dies möglich ist. Äquivalent mit der Bedingung ist, daß es $n - d$ (homogene) Polynome $f_1, \ldots, f_{n-d}$ gibt, so daß

$$ \mathcal{J}(V) = \mathrm{Rad}(f_1, \ldots, f_{n-d}) \quad \cdot $$

Ist $\mathfrak{p}$ ein minimaler Primteiler von $\mathcal{J}(V)$, so gilt $h(\mathfrak{p}) \leq n - d$ nach Krull (VI.5.4). Da $V$ $d$–dimensional ist, ist $h(\mathfrak{p}) \geq n - d$. Folglich ist $h(f_1, \ldots, f_{n-d}) = n - d$ und das Ideal $(f_1, \ldots, f_{n-d})$ ein vollständiger Durchschnitt. Insbesondere ist gezeigt, daß auch Varietäten, die mengentheoretisch vollständige Durchschnitte sind, äquidimensional sind. Ist $V$ idealtheoretisch ein vollständiger Durchschnitt, dann erst recht auch mengentheoretisch.

Es ist ein **ungelöstes Problem,** ob alle algebraischen Kurven im affinen Raum mengentheoretisch vollständige Durchschnitte sind. Dies ist bewiesen für glatte Kurven (Ferrand-Szpiro-Mohan Kumar) und allgemein, wenn $K$ von Primzahlcharakteristik ist (Cowsik-Nori). Es ist ebenfalls eine offene Frage, ob zusammenhängende Kurven im projektiven Raum mengentheoretisch vollständige Durchschnitte sind. Für nicht zusammenhängende Kurven ist dies falsch, zwei windschiefe Geraden in $\mathbb{P}^3_K$ bilden ein Gegenbeispiel. Zu diesen Fragen kann man z.B. [K₁] konsultieren.

Statt von Varietäten wollen wir jetzt von algebraischen Gleichungssystemen ausgehen. Für eine Verallgemeinerung des folgenden Satzes siehe Aufgabe 4).

**3.5. SATZ.** *Die Lösungsmenge $V \subset \mathbb{A}^n_L$ eines algebraischen Gleichungssystems*

$$ f_i = 0 \qquad (i = 1, \ldots, m; f_i \in K[X_1, \ldots, X_n], \, m \leq n) $$

*besitzt genau dann die Dimension $n - m$, wenn $(f_1, \ldots, f_m)$ eine quasireguläre Folge in $K[X_1, \ldots, X_n]$ ist. Die Varietät $V$ ist dann äquidimensional.*

**BEWEIS:** Sei $\dim V =: d$. Da $\mathcal{J}(V) = \mathrm{Rad}(f_1, \ldots, f_m)$ ist, gilt $n - m = d$ (also $m = n - d$) genau dann, wenn $V$ mengentheoretisch vollständiger Durchschnitt ist, und zwar Durchschnitt der Hyperflächen $f_i = 0$. Äquivalent damit ist nach 3.1, daß die $f_i$ eine quasireguläre Folge bilden.

**3.6.Satz.** *Die Lösungsmenge* $V \subset \mathbf{P}_L^n$ *eines homogenen algebraischen Gleichungssystems*

$$F_i = 0 \qquad (i = 1, \ldots, m;\ F_i \in K[Y_0, \ldots, Y_n]\ homogen, m \leq n)$$

*besitzt genau dann die Dimension* $n - m$*, wenn* $(F_1, \ldots, F_m)$ *eine reguläre Folge in* $K[Y_0, \ldots, Y_n]$ *ist. Die Varietät* $V$ *ist dann äquidimensional.*

Der Beweis ergibt sich durch Übergang zum affinen Kegel von $V$ aus 3.5. Man berücksichtigt, daß eine quasireguläre Folge homogener Polynome schon regulär ist (E.17), daß die Komponentenzerlegung von $V$ eineindeutig der des Kegels entspricht (II.2.8), und man verwendet den Zusammenhang zwischen der Dimension von $V$ und der des Kegels (VI.4.15).

Dem globalen Begriff eines vollständigen Durchschnitts entsprechen die folgenden lokalen Begriffe:

**3.7.Definition.** a) *Ein noetherscher lokaler Ring* $(R, \mathfrak{m})$ *heißt* **vollständiger Durchschnitt**, *wenn es einen regulären lokalen Ring* $(A, \mathfrak{M})$ *gibt und ein Ideal* $I \subset A$*, das vollständiger Durchschnitt ist, so daß* $R \cong A/I$.
b) *Ein beliebiger noetherscher Ring* $R$ *heißt* **lokal vollständiger Durchschnitt**, *wenn* $R_\mathfrak{m}$ *ein vollständiger Durchschnitt ist für alle* $\mathfrak{m} \in \mathrm{Max}\ R$.
c) *Eine* $K$*–Varietät* $V \subset \mathbf{A}_L^n$ *heißt lokal* **an der Stelle** $P \in V$ **ein vollständiger Durchschnitt**, *wenn* $\mathcal{J}(V)_{\mathfrak{p}_P}$ *ein vollständiger Durchschnitt in* $K[X_1, \ldots, X_n]_{\mathfrak{p}_P}$ *ist. Hierbei ist* $\mathfrak{p}_P$ *das Verschwindungsideal des Punktes* $P$ *in* $K[X_1, \ldots, X_n]$*. Für* $P \in \mathrm{Sing}\ V$ *sagt man dann auch, die Singularität* $P$ *sei ein vollständiger Durchschnitt.*

In der Situation von 3.7a) wird $I$ nach 3.1 von einer regulären Folge erzeugt, denn $A$ ist ein Cohen-Macaulay-Ring. Ist $(R, \mathfrak{m})$ ein vollständiger Durchschnitt, so ist er insbesondere auch ein Cohen-Macaulay-Ring (2.5). Man kann zeigen: Ist $(R, \mathfrak{m})$ ein vollständiger Durchschnitt und gilt $R \cong B/J$ mit einem beliebigen regulären lokalen Ring $B$, so wird auch das Ideal $J$ von einer regulären Folge erzeugt ([BH], Theorem 2.3.3c).

In der Situation von 3.7c) ist der lokale Ring $\mathcal{O}_{V,P}$ von $P$ auf $V$ ein vollständiger Durchschnitt. Nach der letzten Bemerkung ist dies sogar charakteristisch dafür, daß $V$ in $P$ lokal ein vollständiger Durchschnitt ist. Ein solcher Punkt ist dann auch ein Cohen-Macaulay-Punkt der Varietät. Ist $V$ lokal überall ein vollständiger Durchschnitt, so ist $V$ eine Cohen-Macaulay-Varietät.

Ist eine Varietät $V \subset \mathbf{A}_L^n$ idealtheoretisch vollständiger Durchschnitt, dann ist sie auch lokal überall ein vollständiger Durchschnitt; die Umkehrung gilt i.a. nicht: Glatte Varietäten sind trivialerweise lokal überall vollständige Durchschnitte, man kennt aber Beispiele solcher Varietäten, die nicht idealtheoretisch vollständige Durchschnitte sind.

Ein lokal noethersches Schema $X$ heißt lokal ein vollständiger Durchschnitt, wenn alle seine lokalen Ringe $\mathcal{O}_{X,P}$ vollständige Durchschnitte i.S. von 3.7a) sind. Über weitere Eigenschaften dieser Ringe erfahren wir noch einiges im nächsten Paragraphen, der eine etwas allgemeinere Klasse von Singularitäten behandelt.

AUFGABEN:

1) Die Vereinigung der drei Koordinatenachsen in $\mathbb{A}_L^3$ ist idealtheoretisch kein vollständiger Durchschnitt. Fügt man aber eine Gerade durch den Ursprung hinzu, die in keiner Koordinatenebene liegt, so entsteht ein solcher vollständiger Durchschnitt.

2) Die monomiale Kurve $C \subset \mathbb{A}_K^3$ mit der Parameterdarstellung

$$X = T^7,\, Y = T^8,\, Z = T^{10}$$

ist idealtheoretisch kein vollständiger Durchschnitt. Mit $C_1 := \mathcal{V}(Z+X, Y-X^2)$, $C_2 := \mathcal{V}(Z-X, Y-X^2)$ ist aber $C \cup C_1 \cup C_2$ idealtheoretisch ein vollständiger Durchschnitt.

3) Sei $R$ ein Cohen-Macaulay-Ring, der Restklassenring eines regulären lokalen Rings ist. Gilt $\operatorname{edim} R = \dim R + 1$, so ist $R$ ein vollständiger Durchschnitt.

4) Sei $V \subset \mathbb{A}_L^n$ eine äquidimensionale Cohen-Macaulay-Varietät der Dimension $d$. Für $f_1, \ldots, f_m \in K[V]$ sind folgende Aussagen äquivalent:

a) $W := \mathcal{V}_V(f_1, \ldots, f_m)$ besitzt die Dimension $d - m$.

b) $\{f_1, \ldots, f_m\}$ ist eine quasireguläre Folge in $K[V]$.

Die Varietät $W$ ist dann ebenfalls äquidimensional. Formulieren Sie auch eine entsprechende Aussage, wenn $V$ ein abgeschlossenes $K$–Unterschema von $\mathbb{A}_L^n$ ist.

## § 4. Gorenstein-Varietäten

Gorenstein-Singularitäten sind allgemeiner als vollständige Durchschnitte und spezieller als Cohen-Macaulay-Singularitäten. Wir leiten einige Eigenschaften der entsprechenden lokalen Ringe her, die sich schnell aus unseren Hilfsmitteln ergeben. Für eine eingehende Erörterung sei wieder auf [BH] verwiesen.

Sei $(R, \mathfrak{m})$ ein lokaler Ring und $M$ ein $R$–Modul. Der **Sockel** $\mathfrak{S}(M)$ von $M$ ist definiert als die Menge aller $x \in M$ mit $\mathfrak{m} \cdot x = 0$. Es ist klar, daß $\mathfrak{S}(M)$ ein $R/\mathfrak{m}$–Vektorraum ist. Ist $M$ noethersch, so besitzt dieser Vektorraum endliche Dimension. Ist $M$ sogar von endlicher Länge, so ist $U \cap \mathfrak{S}(M) \neq \langle 0 \rangle$ für jeden Untermodul $U \neq \langle 0 \rangle$ von $M$, denn auch $U$ besitzt endliche Länge und somit ein Element $u \neq 0$ mit dem Annullator $\mathfrak{m}$. Ist nämlich $U = U_0 \supset \cdots \supset U_\ell = \langle 0 \rangle$ eine Kompositionsreihe von $U$, so ist $U_{\ell-1} = U_{\ell-1}/U_\ell \cong R/\mathfrak{m}$. Wenn $R$ noethersch, $M$ endlich erzeugt und $\mathfrak{S}(M) \neq \langle 0 \rangle$ ist, so ist natürlich die Tiefe $d(M) = 0$.

**4.1.Satz.** *Für einen Untermodul $U \subset M$ sei die Länge $\ell(M/U) < \infty$. Genau dann ist $U$ irreduzibel in $M$, wenn $\dim_{R/\mathfrak{m}} \mathfrak{S}(M/U) = 1$ ist. Speziell ist ein $\mathfrak{m}$–primäres Ideal $\mathfrak{q}$ von $R$ genau dann irreduzibel, wenn $\dim_{R/\mathfrak{m}} \mathfrak{S}(R/\mathfrak{q}) = 1$ ist.*

**Beweis:** $U$ ist genau dann in $M$ irreduzibel, wenn in $M/U$ der Nullmodul irreduzibel ist. Wenn dies nicht der Fall ist, so gibt es Untermoduln $U_i \subset M/U$ mit $U_i \neq \langle 0 \rangle$ $(i = 1, 2)$ und $U_1 \cap U_2 = \langle 0 \rangle$. Da $U_i \cap \mathfrak{S}(M/U) \neq \langle 0 \rangle$ ist, muß $\dim_{R/\mathfrak{m}} \mathfrak{S}(M/U) \geq 2$ sein.

Ist umgekehrt diese Bedingung erfüllt, so findet man auch zwei Untervektorräume $U_i \subset \mathfrak{S}(M/U)$, $U_i \neq \langle 0 \rangle$ $(i = 1, 2)$ mit $U_1 \cap U_2 = \langle 0 \rangle$. Diese sind auch $R$–Untermoduln, und es ergibt sich, daß der Nullmodul von $M/U$ reduzibel ist.

**4.2.Satz.** *Sei $\{a_1, \ldots, a_d\}$ ein Parametersystem eines lokalen Cohen-Macaulay-Rings $(R, \mathfrak{m})$. Die Zahl*

$$r := \dim_{R/\mathfrak{m}} \mathfrak{S}(R/(a_1, \ldots, a_d))$$

*ist unabhängig von der Wahl des Parametersystems.*

Der Beweis verläuft nach ähnlichem Muster wie der von E.7. Für $d = 0$ ist nichts zu zeigen. Im Fall $d = 1$ sei neben $a_1$ noch ein weiterer Nichtnullteiler $b_1 \in \mathfrak{m}$ gegeben. Dann ist auch $a_1 b_1$ kein Nullteiler, und es genügt zu zeigen, daß

$$\dim_{R/\mathfrak{m}} \mathfrak{S}(R/(a_1)) = \dim_{R/\mathfrak{m}} \mathfrak{S}(R/(a_1 b_1))$$

Für $r \in R \setminus (a_1)$ mit $\mathfrak{m} \cdot r \subset (a_1)$ ist $r b_1 \in R \setminus (a_1 b_1)$ und $\mathfrak{m} \cdot r b_1 \subset (a_1 b_1)$. Die Multiplikation mit $b_1$ definiert daher eine Injektion $\varphi \colon \mathfrak{S}(R/(a_1)) \to \mathfrak{S}(R/(a_1 b_1))$.

Ist umgekehrt $r \in R$ mit $\mathfrak{m} \cdot r \subset (a_1 b_1)$ gegeben, so ist speziell $a_1 r \in (a_1 b_1)$ und daher $r \in (b_1)$, da $a_1$ kein Nullteiler in $R$ ist. Es folgt, daß $\varphi$ ein Isomorphismus ist.

Sei nun $d > 1$, und sei die Behauptung für Ringe kleinerer Dimension schon bewiesen. Wenn $\{b_1, \ldots, b_d\}$ ein weiteres Parametersystem von $R$ ist, so findet man wie im Beweis von E.7 ein $c \in \mathfrak{m}$, so daß auch $\{c, a_1, \ldots, a_{d-1}\}$ und $\{c, b_1, \ldots, b_{d-1}\}$ Parametersysteme von $R$ sind. Nach 2.5 sind auch $\overline{R} := R/(c)$ sowie $R/(a_1, \ldots, a_{d-1})$ und $R/(b_1, \ldots, b_{d-1})$ Cohen-Macaulay-Ringe, und die Bilder $\overline{a}_1, \ldots, \overline{a}_{d-1}$ der $a_i$ bzw. $\overline{b}_1, \ldots, \overline{b}_{d-1}$ der $b_i$ liefern Parametersysteme von $\overline{R}$. Aus dem Induktionsbeginn, angewandt auf $R/(a_1, \ldots, a_{d-1})$ bzw. $R/(b_1, \ldots, b_{d-1})$, und der Induktionsvoraussetzung ergibt sich

$$\dim \mathfrak{S}(R/(a_1, \ldots, a_d)) = \dim \mathfrak{S}(R/(c, a_1, \ldots, a_{d-1})) =$$
$$\dim \mathfrak{S}(R/(c, b_1, \ldots, b_{d-1})) = \dim \mathfrak{S}(R/(b_1, \ldots, b_d))$$

**q.e.d.**

**4.3. DEFINITION.** a) *Die Zahl $r$ aus Satz 4.2 heißt der* **Typ** *des Cohen-Macaulay-Rings $(R, \mathfrak{m})$.*

b) *Lokale Cohen-Macaulay-Ringe vom Typ 1 heißen* **Gorensteinringe.**

c) *Ein beliebiger noetherscher Ring $R$ heißt* **Gorensteinring,** *wenn seine Lokalisation $R_\mathfrak{m}$ für jedes $\mathfrak{m} \in \mathrm{Max}\, R$ ein Gorensteinring ist. Eine Varietät heißt* **Gorenstein-Varietät,** *wenn alle ihre lokalen Ringe Gorensteinringe sind.*

Gorensteinsingularitäten von Varietäten oder lokal noetherschen Schemata werden natürlich ebenfalls durch ihre lokalen Ringe definiert.

Aus 4.1 folgt:

**4.4. SATZ.** *Ein lokaler Cohen-Macaulay-Ring $(R, \mathfrak{m})$ ist genau dann ein Gorensteinring, wenn das von einem (und damit von jedem) Parametersystem von $R$ erzeugte Ideal irreduzibel ist.*

Satz 2.5 läßt sich wie folgt ergänzen:

**4.5. SATZ.** *Sei $(R, \mathfrak{m})$ ein lokaler Cohen-Macaulay-Ring und $(a_1, \ldots, a_m)$ eine reguläre Folge aus $\mathfrak{m}$. Dann besitzen $R$ und $R/(a_1, \ldots, a_m)$ den gleichen Typ. Genau dann ist $R$ ein Gorensteinring, wenn $R/(a_1, \ldots, a_m)$ einer ist.*

BEWEIS: Ergänze $\{a_1, \ldots, a_m\}$ zu einem Parametersystem $\{a_1, \ldots, a_d\}$ von $R$. Schreibe $\overline{R} := R/(a_1, \ldots, a_m)$ und $\overline{a}_i$ für die Restklasse von $a_i$ in $\overline{R}$ $(i = m+1, \ldots, d)$. Dann ist $\{\overline{a}_{m+1}, \ldots, \overline{a}_d\}$ ein Parametersystem von $\overline{R}$, und die Behauptung folgt aus

$$\dim_{R/\mathfrak{m}} \mathfrak{S}(\overline{R}/(\overline{a}_{m+1}, \ldots, \overline{a}_d)) = \dim_{R/\mathfrak{m}} \mathfrak{S}(R/(a_1, \ldots, a_d))$$

4.6. BEISPIELE:

a) Reguläre lokale Ringe $(R, \mathfrak{m})$ sind Gorensteinringe, denn $\mathfrak{m}$ wird von einem Parametersystem erzeugt.

b) Nach 4.5 sind somit auch lokal vollständige Durchschnitte Gorensteinringe.

Den Sockel eines nulldimensionalen vollständigen Durchschnitts kann man wie folgt beschreiben:

4.7. SATZ. *Sei* $(R, \mathfrak{m})$ *ein nulldimensionaler vollständiger Durchschnitt, und sei eine Präsentation* $R = A/(b_1, \ldots, b_d)$ *mit einem* $d$*-dimensionalen regulären lokalen Ring* $A$ *und einer* $A$*-regulären Folge* $(b_1, \ldots, b_d)$ *gegeben. Sei ferner* $(a_1, \ldots, a_d)$ *ein reguläres Parametersystem von* $A$. *Schreibe*

$$b_i = \sum_{j=1}^{d} c_{ij} a_j \qquad (i = 1, \ldots, d; \ c_{ij} \in A)$$

*Ist* $\Delta$ *das Bild von* $\det(c_{ij})$ *in* $R$, *so gilt*

$$\mathfrak{S}(R) = R \cdot \Delta, \quad \mathfrak{m} = \mathrm{Ann}(\Delta)$$

Dies folgt unmittelbar aus F.5.

| Hierarchie der noetherschen Ringe | Relevanz für die algebraische Geometrie |
|---|---|
| {Noethersche Ringe}<br>∪ | Reguläre Funktionen und<br>Funktionskeime auf Varietäten |
| {Buchsbaum-Ringe} (nicht behandelt)<br><br>⊔ | Klasseneinteilung der Singulari-<br>täten. Verhalten von Varietäten<br>und den regulären Funktionen auf |
| {Cohen-Macaulay-Ringe}<br>∪ | Varietäten in der Nähe von Singu-<br>laritäten. Äquidimensionalität von |
| {Gorenstein-Ringe}<br>∪ | Varietäten |
| {Lokal vollständige Durchschnitte}<br>∪ | |
| {Reguläre Ringe} ⊂ {Normale Ringe}<br><br>∪ | Definition und Studium der regulären<br>Punkte algebraischer Varietäten und<br>lokal noetherscher Schemata |
| {Dedekindringe} = {Reg.Int.ringe der Dimension 1}<br>∪ | Koordinatenringe glatter affiner<br>Kurven. Divisorentheorie |
| {Nullteilerfreie Hauptidealringe} ⊂ {Faktorielle Ringe}<br>∪ | |
| {Diskrete Bewertungsringe}<br>∪ | Nullstellen- und Polordnung<br>rationaler Funktionen. |
| {Körper} | Körper der rationalen Funktionen<br>algebraischer Varietäten. Bira-<br>tionale Äquivalenz |

AUFGABEN:

1) Sei $F \in K[Y_0, \ldots, Y_n]$ ein irreduzibles homogenes Polynom vom Grad $d \geq 2$, wobei $K$ ein algebraisch abgeschlossener Körper mit Char $K = 0$ oder Char $K > d$ ist. Die durch $F$ definierte Hyperfläche in $\mathbf{P}_K^n$ sei glatt. Dann erzeugt das Bild der Hesse-Determinante Hess $F = \det(F_{Y_i Y_j})$ in $A := K[Y_0, \ldots, Y_n]/(F_{Y_0}, \ldots, F_{Y_n})$ den Sockel dieser graduierten Algebra (F.1). Insbesondere ist $F$ kein Teiler von Hess $F$.

2) a) Durch $V := \mathcal{V}(X_1^2 - X_2^2, X_2^2 - X_3^2, X_1 X_2, X_1 X_3, X_2 X_3)$ ist eine Gorensteinvarietät in $\mathbf{A}_K^3$ gegeben, die kein vollständiger Durchschnitt ist.

   b) Welchen Typ besitzt die Singularität der monomialen Kurve $X_1 = t^3$, $X_2 = t^4$, $X_3 = t^5$ im Ursprung?

3) Ist $R$ ein Gorensteinring, so auch $R[X]$.

4) Sei $(R, \mathfrak{m})$ ein nulldimensionaler lokaler Gorensteinring und $\rho \in \mathbb{N}$ die größte Zahl, so daß $\mathfrak{m}^\rho \neq (0)$ ist. Dann ist $\mathfrak{S}(R) = \mathfrak{m}^\rho$. Man nennt $\rho + 1$ den **Noether-Exponenten** von $(R, \mathfrak{m})$. Ist Char $R/\mathfrak{m} = 0$, so ist $\rho + 1$ die kleinste Zahl $\sigma$, so daß $x^\sigma = 0$ für alle $x \in \mathfrak{m}$. Diese Charakterisierung des Noether-Exponenten gilt i.a. nicht, wenn Char $R/\mathfrak{m} \neq 0$ ist.

5) Sei $R/K$ eine lokale Algebra über einem Körper $K$ mit dem maximalen Ideal $\mathfrak{m}$. Der kanonische Homomorphismus $K \to R/\mathfrak{m}$ sei bijektiv, und der Sockel von $R$ sei als $K$-Vektorraum 1-dimensional, d.h. $R$ ist ein nulldimensionaler Gorensteinring. Ist für einen endlich erzeugten $R$-Modul $M$ der Dualmodul $\mathrm{Hom}_R(M, R) \cong R$, so ist $M \cong R$.

# Kap. VIII. Algebraische Gleichungssysteme mit nur endlich vielen Lösungen

Wir beginnen jetzt mit dem Studium der 0–dimensionalen Varietäten im projektiven Raum $\mathbf{P}_K^n$, die Durchschnitt von $n$ Hyperflächen sind. Es geht um die Zählung der Punkte solcher Varietäten, wobei sich der schematheoretische Standpunkt als besonders zweckmäßig erweist, um die Schnittpunkte mit geeigneten "Vielfachheiten" gewichten zu können. In der Sprache der Gleichungssysteme handelt es sich um Systeme von $n$ Gleichungen in $n$ Unbekannten mit nur endlich vielen Lösungen. In diesem Kapitel sei stets $K = L$ ein algebraisch abgeschlossener Körper.

## § 1. Der Satz von Bézout

Aus den Sätzen 3.5 und 3.6 in Kap. VII ergibt sich im Fall $m = n$

1.1.SATZ. *a) Die Lösungsmenge in $\mathbf{A}_K^n$ eines Systems*

$$f_i = 0 \qquad (i = 1, \ldots, n;\ f_i \in K[X_1, \ldots, X_n])$$

*ist dann und nur dann endlich und nicht leer, wenn $(f_1, \ldots, f_n)$ eine quasireguläre Folge in $K[X_1, \ldots, X_n]$ ist.*
*b) Die Lösungsmenge in $\mathbf{P}_K^n$ eines Gleichungssystems*

$$F_i = 0 \qquad (i = 1, \ldots, n;\ F_i \in K[Y_0, \ldots, Y_n] \text{ homogen})$$

*ist genau dann endlich und nicht leer, wenn $(F_1, \ldots, F_n)$ eine reguläre Folge in $K[Y_0, \ldots, Y_n]$ ist.*

Wir werden uns vor allem mit dem Fall 1.1b) beschäftigen und versuchen, die **Anzahl der Lösungen** des Systems zu bestimmen. Der Fall 1.1a) ist weniger übersichtlich, weil unendlich ferne Lösungen auftreten können, sogar unendlich viele. Jedoch gilt:

1.2.BEMERKUNG: Sei ein System wie in 1.1a) gegeben, und sei $Gf_i$ die Gradform von $f_i$ $(i = 1, \ldots, n)$. Genau dann besitzen die Hyperflächen $f_i = 0$ $(i = 1, \ldots, n)$ keine gemeinsamen unendlich fernen Punkte, wenn $(Gf_1, \ldots, Gf_n)$ eine reguläre Folge in $K[X_1, \ldots, X_n]$ ist.

Die unendlich fernen Lösungen sind ja die Punkte $\langle 0, a_1, \ldots, a_n \rangle$, wobei $(a_1, \ldots, a_n)$ eine Lösung des Systems

$$Gf_i = 0 \qquad (i = 1, \ldots, n)$$

ist. Dieses ist nach 1.1b) genau dann nur trivial lösbar, wenn $(Gf_1, \ldots, Gf_n)$ eine reguläre Folge ist.

Im folgenden sei ein System wie in 1.1b) gegeben. Wir betrachten statt der Lösungsvarietät das Schnittschema

$$S := \operatorname{Proj} K[Y_0, \ldots, Y_n]/(F_1, \ldots, F_n) = \bigcap_{i=1}^{n} \operatorname{Proj} K[Y_0, \ldots, Y_n]/(F_i)$$

Für das abgeschlossene Unterschema $\operatorname{Proj} K[Y_0, \ldots, Y_n]/(F_i)$ von $\mathbf{P}_K^n$ schreiben wir kurz $F_i$ und sprechen von der "Hyperfläche" $F_i$. Es ist also $S = F_1 \cap \cdots \cap F_n$ im schematheoretischen Sinn.

$S$ kann auch als das Schnittschema der "Kurve"

$$C := \operatorname{Proj} K[Y_0, \ldots, Y_n]/(F_1, \ldots, F_{n-1})$$

mit der Hyperfläche $F_n$ angesehen werden oder auch als das Schnittschema des $(n-d)$–dimensionalen vollständigen Durchschnitts $\operatorname{Proj} K[Y_0, \ldots, Y_n]/(F_1, \ldots, F_d)$ mit dem $d$–dimensionalen $\operatorname{Proj} K[Y_0, \ldots, Y_n]/(F_{d+1}, \ldots, F_n)$. Da $(F_1, \ldots, F_{n-1})$ eine reguläre Folge ist, folgt aus VII.3.6, daß alle irreduziblen Komponenten der $C$ unterliegenden Varietät 1–dimensional sind, daß also eine Kurve i.S. der Definition VI.4.8 vorliegt.

**1.3.LEMMA.** *Ein von einer regulären Folge der Länge $\leq n$ erzeugtes homogenes Ideal $I \subset K[Y_0, \ldots, Y_n]$ ist saturiert.*

BEWEIS: Angenommen, es gäbe ein $f \in K[Y_0, \ldots, Y_n] \setminus I$ und ein $\rho \in \mathbf{N}_+$, so daß $Y_i^\rho f \in I$ für $i = 0, \ldots, n$. Dann bestünde $(Y_0, \ldots, Y_n)$ aus lauter Nullteilern des $K[Y_0, \ldots, Y_n]$–Moduls $K[Y_0, \ldots, Y_n]/I$, wäre also ein assoziiertes Primideal dieses Moduls. Diese haben aber nach VII.3.2 eine Höhe $\leq n$, wenn $I$ von einer regulären Folge der Länge $\leq n$ erzeugt wird, ein Widerspruch.

Nach dem Lemma ist $(F_1, \ldots, F_n)$ das größte $S$ definierende Ideal in $K[Y_0, \ldots, Y_n]$. Wir setzen $K[S] := K[Y_0, \ldots, Y_n]/(F_1, \ldots, F_n)$. Sei $|S| = \{P_1, \ldots, P_t\}$ die Trägermenge von $S$. Ist $P_i = \langle a_{i0}, \ldots, a_{in} \rangle$ mit $a_{ij} \in K$, so ist $\mathfrak{P}_i := (\{a_{ij}Y_k - a_{ik}Y_j\}_{j,k=1,\ldots,n})$ das zu $P_i$ in $K[Y_0, \ldots, Y_n]$ gehörige Verschwindungsideal und

$$\mathcal{O}_{P_i} = K[Y_0, \ldots, Y_n]_{(\mathfrak{P}_i)}$$

der lokale Ring von $P_i$ in $\mathbf{P}^n_K$. Bezeichnet $\mathfrak{p}_i$ das Bild von $\mathfrak{P}_i$ in $K[S]$, so ist der lokale Ring von $P_i$ auf $S$ gemäß IV.3.4 gegeben durch

$$\mathcal{O}_{S,P_i} = K[S]_{(\mathfrak{p}_i)} = K[Y_0,\ldots,Y_n]_{(\mathfrak{P}_i)}/(F_1,\ldots,F_n)_{(\mathfrak{P}_i)}$$

**1.4.DEFINITION.** $\mu_{P_i}(F_1,\ldots,F_n) := \dim_K \mathcal{O}_{S,P_i}$ *heißt die* **Schnittmultiplizität** *der Hyperflächen* $F_j$ $(j=1,\ldots,n)$ *im Punkt* $P_i$ *(oder auch die Schnittmultiplizität der Kurve* $C$ *mit der Hyperfläche* $F_n$*). Wir setzen noch* $\mu_P(F_1,\ldots,F_n) = 0$*, falls* $P \notin |S|$.

Da der Ring $\mathcal{O}_{S,P_i}$ bis auf $K$–Isomorphie von der Wahl eines projektiven Koordinatensystems des $\mathbf{P}^n_K$ unabhängig ist, hängt die Schnittmultiplizität nicht von der Koordinatenwahl ab. Sie ist auch stets eine endliche Zahl, da die lokalen Ringe eines $0$–dimensionalen algebraischen $K$–Schemas endliche Länge, also auch endliche $K$–Vektorraumdimension besitzen. Als Schnittmultiplizität von $C = F_1 \cap \cdots \cap F_{n-1}$ mit $F_n$ betrachtet, hängt $\mu_P(F_1,\ldots,F_{n-1},F_n)$ nicht von der speziellen Darstellung von $C$ als Durchschnitt von $n-1$ Hyperflächen ab, denn ist auch $C = G_1 \cap \cdots \cap G_{n-1}$ mit Hyperflächen $G_i$, so gilt $(F_1,\ldots,F_{n-1}) = (G_1,\ldots,G_{n-1})$ für die entsprechenden Ideale, und somit hat man auch $\mu_P(F_1,\ldots,F_n) = \mu_P(G_1,\ldots,G_{n-1},F_n)$. Wir können daher $\mu_P(C,F_n)$ für diese Schnittmultiplizität schreiben (oder auch $\mu_P(F_1 \cap \cdots \cap F_m,\ F_{m+1} \cap \cdots \cap F_n)$ für $1 \leq m < n$).

Da $|S|$ eine endliche Punktmenge ist, kann man die unendlich ferne Hyperebene $Y_0 = 0$ so wählen, daß sie keinen der Punkte von $|S|$ enthält. Sei $f_j(X_1,\ldots,X_n) = F_j(1,X_1,\ldots,X_n)$ die Dehomogenisierung von $F_j$ bzgl. $Y_0$ $(j=1,\ldots,n)$, und sei $\mathfrak{m}_i$ das zu $P_i$ im Polynomring $K[X_1,\ldots,X_n]$ gehörige maximale Ideal. Wie in IV.3.3 hat man die folgende affine Beschreibung von $\mathcal{O}_{S,P_i}$:

$$(1) \qquad \mathcal{O}_{S,P_i} = K[X_1,\ldots,X_n]_{\mathfrak{m}_i}/(f_1,\ldots,f_n)_{\mathfrak{m}_i}$$

und $S$ identifiziert sich mit dem abgeschlossenen Unterschema Spec $A$ von $\mathsf{A}^n_K$ mit

$$A := K[X_1,\ldots,X_n]/(f_1,\ldots,f_n)$$

Nach 1.2 ist hierbei $(Gf_1,\ldots,Gf_n)$ eine homogene reguläre Folge in $K[X_1,\ldots,X_n]$. Nach D.18 ist dann auch $(f_1,\ldots,f_n)$ eine reguläre Folge und $\deg F_i = \deg f_i$ $(i=1,\ldots,n)$.

**1.5.SATZ VON BÉZOUT.** $\displaystyle\sum_{P\in|\mathbf{P}^n_K|} \mu_P(F_1,\ldots,F_n) = \prod_{i=1}^{n} \deg F_i\,.$

Mit anderen Worten: Die Anzahl der Lösungen in $\mathbf{P}^n_K$ des Gleichungssystems

$$(2) \qquad\qquad F_i = 0 \qquad (i=1,\ldots,n)$$

ist gleich dem Produkt der Grade der $F_i$, wenn man die Lösungen mit ihrer jeweiligen Multiplizität zählt. Es gibt mindestens eine und höchstens $\prod_{i=1}^{n} \deg F_i$ verschiedene Lösungen. Somit handelt es sich um eine Verallgemeinerung des Fundamentalsatzes der Algebra.

BEWEIS: Der Ring $K[X_1,\ldots,X_n]/(f_1,\ldots,f_n)$ ist semilokal mit den maximalen Idealen $\mathfrak{m}_i/(f_1,\ldots,f_n)$ $(i=1,\ldots,t)$. Ist $\mathcal{F}$ die Gradfiltrierung auf $K[X_1,\ldots,X_n]$, so gilt nach D.13 und D.18 für die induzierte Filtrierung $\overline{\mathcal{F}}$

$$\mathrm{gr}_{\overline{\mathcal{F}}}\, K[X_1,\ldots,X_n]/(f_1,\ldots,f_n) \cong K[X_1,\ldots,X_n]/(Gf_1,\ldots,Gf_n)$$

weil $(Gf_1,\ldots,Gf_n)$ eine reguläre Folge in $K[X_1,\ldots,X_n]$ ist (1.2). Mit A.12b) und D.12 ergibt sich zunächst

$$\dim_K K[X_1,\ldots,X_n]/(f_1,\ldots,f_n) = \dim_K K[X_1,\ldots,X_n]/(Gf_1,\ldots,Gf_n) = \prod_{i=1}^{n} \deg f_i$$

Nach dem chinesischen Restsatz ist andererseits

$$K[X_1,\ldots,X_n]/(f_1,\ldots,f_n) = \prod_{j=1}^{t} K[X_1,\ldots,X_n]_{\mathfrak{m}_j}/(f_1,\ldots,f_n)_{\mathfrak{m}_j} \cong \prod_{j=1}^{t} \mathcal{O}_{S,P_j}$$

und es folgt

$$\prod_{i=1}^{n} \deg F_i = \prod_{i=1}^{n} \deg f_i = \sum_{j=1}^{t} \dim_K \mathcal{O}_{S,P_j} = \sum_{j=1}^{t} \mu_{P_j}(F_1,\ldots,F_n)$$

q.e.d.

1.6.BEMERKUNG: Für jede homogene reguläre Folge $(F_1,\ldots,F_m)$ aus $K[Y_0,\ldots,Y_n]$ ist die Zahl $\prod_{i=1}^{m} \deg F_i$ eine Invariante des Schnittschemas $F_1 \cap \cdots \cap F_m$. Ist nämlich $F_1\cap\cdots\cap F_m = G_1\cap\cdots\cap G_m$ mit Hyperflächen $G_j$ $(j=1,\ldots,m)$, so ist $\mathcal{V}_+(G_1,\ldots,G_m) = |F_1 \cap \cdots \cap F_m|$ eine $(n-m)$-dimensionale Varietät in $\mathbf{P}_K^n$ und folglich auch $(G_1,\ldots,G_m)$ eine reguläre Folge (VII.3.6). Nach 1.3 ist $(G_1,\ldots,G_m)$ ein saturiertes Ideal, also $(F_1,\ldots,F_m) = (G_1,\ldots,G_m)$. Sei $d_i := \deg F_i$, $\delta_i := \deg G_i$ $(i=1,\ldots,m)$ und $B := K[Y_0,\ldots,Y_n]/(F_1,\ldots,F_m) = K[Y_0,\ldots,Y_n]/(G_1,\ldots,G_m)$. Nach A.12 gilt dann für die Hilbertreihe dieser Algebra

$$H_B(t) = \frac{\prod_{i=1}^{m}(1-t^{d_i})}{(1-t)^{n+1}} = \frac{\prod_{i=1}^{m}(1-t^{\delta_i})}{(1-t)^{n+1}}$$

also

$$\prod_{i=1}^{m} \sum_{k=0}^{d_i-1} t^k = \prod_{i=1}^{m} \sum_{k=0}^{\delta_i-1} t^k$$

und, indem man $t = 1$ einsetzt, folgt $\prod_{i=1}^{m} d_i = \prod_{i=1}^{m} \delta_i$. Wir können daher den Grad von $F_1 \cap \cdots \cap F_m$ durch

$$\deg(F_1 \cap \cdots \cap F_m) := \prod_{i=1}^{m} \deg F_i$$

definieren. Der Satz von Bézout schreibt sich dann auch in der Form

$$\sum_{P \in |\mathbf{P}_K^n|} \mu_P(F_1 \cap \cdots \cap F_m, F_{m+1} \cap \cdots \cap F_n) = \deg(F_1 \cap \cdots \cap F_m) \cdot \deg(F_{m+1} \cap \cdots \cap F_n)$$

für $1 \leq m \leq n$. Speziell für $C := F_1 \cap \cdots \cap F_{n-1}$ hat man

$$\sum_{P \in |\mathbf{P}_K^n|} \mu_P(C, F_n) = \deg C \cdot \deg F_n$$

Die Frage liegt nahe, wann die Maximalzahl $\prod_{i=1}^{n} \deg F_i$ verschiedener Lösungen des Systems (2) erreicht wird? Natürlich ist hierfür $\mu_{P_j}(F_1, \ldots, F_n) = 1$ für $j = 1, \ldots, t$ eine notwendige und hinreichende Bedingung.

**1.7.Satz.** *Für $P \in S$ sei $\mathfrak{m}_P$ das zu $P$ in $K[X_1, \ldots, X_n]$ gehörige maximale Ideal. Folgende Aussagen sind äquivalent:*
*a) $\mu_P(F_1, \ldots, F_n) = 1$.*
*b) $\{f_1, \ldots, f_n\}$ ist ein Erzeugendensystem des maximalen Ideals des lokalen Rings $\mathcal{O}_P = K[X_1, \ldots, X_n]_{\mathfrak{m}_P}$.*
*c) $\det(\frac{\partial(f_1, \ldots, f_n)}{\partial(X_1, \ldots, X_n)}(P)) \neq 0$.*

Beweis: a)$\leftrightarrow$b) ist trivial nach (1) und der Definition der Schnittmultiplizität.
b) ist damit äquivalent, daß $\mathcal{O}_P/(f_1, \ldots, f_n)\mathcal{O}_P$ ein Körper ist, also ein regulärer lokaler Ring. Nach dem Jacobi-Kriterium (VII.1.5) ist dies mit c) äquivalent.

Nach VII.1.5 gilt 1.7c) auch genau dann, wenn $P$ ein glatter Punkt jeder der Hyperflächen $H_i : f_i = 0$ ist ($i = 1, \ldots, n$) und wenn die Tangentialhyperebenen der $H_i$ in $P$ linear unabhängig sind. Es ist $P$ dann auch ein glatter Punkt von $C = f_1 \cap \cdots \cap f_{n-1}$, und die Tangente an $C$ in $P$ ist nicht in der Tangentialhyperebene von $f_n$ in $P$ enthalten.

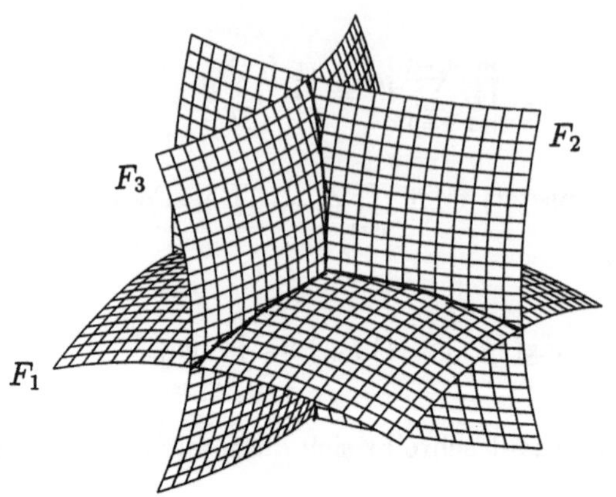



**1.8. DEFINITION.** *Wir sagen, daß sich $F_1, \ldots, F_n$ in $P$* **transversal schneiden,** *wenn die äquivalenten Bedingungen aus 1.7 erfüllt sind.*

Das System (2) besitzt demnach genau dann $\prod_{i=1}^{n} \deg F_i$ verschiedene Lösungen, wenn sich die Hyperflächen $F_i$ in allen ihren gemeinsamen Schnittpunkten transversal schneiden.

**1.9. ADDITIVITÄT DER SCHNITTMULTIPLIZITÄT.** *Seien $F_1, \ldots, F_n, G$ nichtkonstante homogene Polynome aus $K[Y_0, \ldots, Y_n]$, für die $(F_1, \ldots, F_{n-1}, F_n \cdot G)$ eine reguläre Folge ist. Dann sind auch $(F_1, \ldots, F_n)$ und $(F_1, \ldots, F_{n-1}, G)$ reguläre Folgen, und für jedes $P \in |\mathbf{P}_K^n|$ gilt*

$$\mu_P(F_1, \ldots, F_{n-1}, F_n \cdot G) = \mu_P(F_1, \ldots, F_n) + \mu_P(F_1, \ldots, F_{n-1}, G)$$

BEWEIS: Wir können annehmen, daß alle zu betrachtenden Schnittpunkte im Endlichen liegen. Seien $f_1, \ldots, f_n, g$ dann die Dehomogenisierungen von $F_1, \ldots, F_n, G$ und $\mathfrak{m}_P$ das zu $P$ in $K[X_1, \ldots, X_n]$ gehörige maximale Ideal. Sind $\varphi$ und $\psi$ die Bilder von $f_n$ bzw. $g$ in $R := K[X_1, \ldots, X_n]_{\mathfrak{m}_P}/(f_1, \ldots, f_{n-1})_{\mathfrak{m}_P}$, so gilt

$$\mu_P(F_1, \ldots, F_{n-1}, F_n G) = \dim_K R/(\varphi \cdot \psi) = \dim_K R/(\varphi) + \dim_K R/(\psi)$$
$$= \mu_P(F_1, \ldots, F_n) + \mu_P(F_1, \ldots, F_{n-1}, G)$$

wobei C.10 benutzt wurde.

Unter einem **Zyklus** in $\mathbf{P}_K^n$ versteht man ein Element der freien abelschen Gruppe über der Menge der Punkte von $|\mathbf{P}_K^n|$:

$$Z = \sum_{P \in |\mathbf{P}_K^n|} m_P \cdot P \qquad (m_P \in \mathbf{Z}, \, m_P \neq 0 \text{ nur für endlich viele } P)$$

Die Summe $\deg Z := \sum\limits_{P \in |\mathbf{P}_K^n|} m_P$ heißt der **Grad** von $Z$.

Ist $(F_1, \ldots, F_n)$ eine homogene reguläre Folge aus $K[Y_0, \ldots, Y_n]$, so heißt

$$F_1 * \cdots * F_n := \sum_{P \in |\mathbf{P}_K^n|} \mu_P(F_1, \ldots, F_n) \cdot P$$

der **Schnittzyklus** der Hyperflächen $F_i$ $(i = 1, \ldots, n)$. Der Satz von Bézout sagt aus, daß

$$\deg(F_1 * \cdots * F_n) = \prod_{i=1}^{n} \deg F_i$$

und in der Situation von 1.9 gilt

$$\deg(F_1 * \cdots * F_{n-1} * (F_n \cdot G)) = \deg(F_1 * \cdots * F_n) + \deg(F_1 * \cdots * F_{n-1} * G)$$

Wir betrachten noch eine andere Situation, in der man eine genaue Aussage über die Anzahl der Lösungen eines algebraischen Gleichungssystems machen kann. Sei neben $(F_1, \ldots, F_n)$ noch eine weitere homogene reguläre Folge $(G_1, \ldots, G_n)$ im Ring $K[Y_0, \ldots, Y_n]$ gegeben, und sei

$$(G_1, \ldots, G_n) \subset (F_1, \ldots, F_n)$$

Schreibe $G_i = \sum\limits_{j=1}^{n} C_{ij} \cdot F_j$ mit homogenen $C_{ij} \in K[Y_0, \ldots, Y_n]$ vom Grad $\deg G_i - \deg F_j$, und setze $\Delta := \det(C_{ij})$. Dies ist ein homogenes Polynom, und es gilt $\deg \Delta = \sum\limits_{i=1}^{n} \deg G_i - \sum\limits_{i=1}^{n} \deg F_i$. Mit $G_1 \cap \cdots \cap G_n$ ist dann auch das Schnittschema

$$G_1 \cap \cdots \cap G_n \cap \Delta := \mathrm{Proj}\ K[Y_0, \ldots, Y_n]/(G_1, \ldots, G_n, \Delta)$$

0–dimensional oder leer. Es heißt das zu dem Unterschema $F_1 \cap \cdots \cap F_n$ von $G_1 \cap \cdots \cap G_n$ **residuelle Unterschema**. Nach F.3 hängt es nicht von der speziellen Wahl der $C_{ij}$ ab. Der Grad ($K$–Grad) eines nulldimensionalen Schemas wurde in VI.3.14 definiert. Wir ordnen noch dem leeren Schema den Grad 0 zu.

1.10.SATZ. *Es gilt*

$$\deg(G_1 \cap \cdots \cap G_n \cap \Delta) = \prod_{i=1}^{n} \deg G_i - \prod_{i=1}^{n} \deg F_i$$

*Insbesondere hat das Gleichungssystem*

$$G_i = 0,\ \Delta = 0 \qquad (i = 1, \ldots, n)$$

*höchstens* $\prod\limits_{i=1}^{n} \deg G_i - \prod\limits_{i=1}^{n} \deg F_i$ *verschiedene Lösungen in* $|\mathbf{P}_K^n|$.

BEWEIS: Wir können annehmen, daß $G_1 \cap \cdots \cap G_n$ und damit auch $F_1 \cap \cdots \cap F_n$ und $G_1 \cap \cdots \cap G_n \cap \Delta$ nur Punkte in $D_+(Y_0)$ besitzen. Gemäß F.4 hat man eine exakte Sequenz von $K[Y_0, \ldots, Y_n]$–Moduln

$$0 \to K[Y_0, \ldots, Y_n]/(F_1, \ldots, F_n) \xrightarrow{\mu_\Delta} K[Y_0, \ldots, Y_n]/(G_1, \ldots, G_n)$$

$$\xrightarrow{\text{kan.}} K[Y_0, \ldots, Y_n]/(G_1, \ldots, G_n, \Delta) \to 0$$

Diese bleibt bei homogener Lokalisation nach $Y_0$ exakt (B.7) und enthält dann die globalen Schnittringe von $F_1 \cap \cdots \cap F_n$, $G_1 \cap \cdots \cap G_n$ und $G_1 \cap \cdots \cap G_n \cap \Delta$ (V.4.4), deren Dimensionen als $K$–Vektorräume die Grade der entsprechenden 0–dimensionalen Schemata sind. Aus der exakten Folge ergibt sich

$$\deg(G_1 \cap \cdots \cap G_n \cap \Delta) = \deg(G_1 \cap \cdots \cap G_n) - \deg(F_1 \cap \cdots \cap F_n)$$

und nach dem Satz von Bézout ist dann

$$\deg(G_1 \cap \cdots \cap G_n \cap \Delta) = \prod_{i=1}^{n} \deg F_i - \prod_{i=1}^{n} \deg G_i$$

q.e.d.

Wir kommen jetzt noch einmal auf den Schnitt von Hyperflächen mit Geraden zu sprechen, um die in I,§ 2 enthaltenen Aussagen zu verschärfen. Sei $F \in K[Y_0, \ldots, Y_n]$ homogen vom Grad $d > 0$, und sei $G$ eine Gerade, die nicht auf der Hyperfläche $F$ liegt. Da $G$ Durchschnitt von $n - 1$ Hyperebenen ist, ist $\mu_P(F, G)$ für jeden Punkt $P \in |\mathbf{P}_K^n|$ definiert und unabhängig von der Wahl dieser Hyperebenen. Nach Bézout gilt

$$\sum_{P \in |\mathbf{P}_K^n|} \mu_P(F, G) = d$$

Zählt man die Schnittpunkte mit ihrer Vielfachheit, so schneidet jede Gerade eine Hyperfläche vom Grad $d$ in $d$ Punkten, oder sie liegt ganz in der Hyperfläche.

Für jeden Punkt $P$ von $|F|$ wurde die Multiplizität $m_P(F)$ in VII,§ 1 definiert: Nimmt man an, daß $P$ der affine Ursprung ist und dehomogenisiert $F$ entsprechend, so ist $m_P(F) = \deg Lf$, wenn $Lf$ die Leitform der Dehomogenisierung $f$ von $F$ ist. Tangenten sind ebenfalls wie in VII,§ 1 definiert. Wir erhalten nun:

1.11.SATZ. *Für eine Gerade $G \not\subset F$ und $P \in |G \cap F|$ gilt*

$$\mu_P(F, G) = m_P(F), \text{ falls } G \text{ keine Tangente an } F \text{ in } P \text{ ist}$$

$$\mu_P(F, G) > m_P(F), \text{ falls } G \text{ Tangente an } F \text{ in } P \text{ ist}$$

*Genau dann besitzen $G$ und $F$ weniger als $d$ verschiedene Schnittpunkte, wenn $G$ einen singulären Punkt von $F$ trifft oder tangential an $F$ in einem glatten Punkt ist.*

BEWEIS: Sei $P = (0, \ldots, 0)$ und $f$ wie oben. Dann ist der affine Teil von $G$ von der Form $g = \{t(\xi_1, \ldots, \xi_n) \mid t \in K\}$ mit $(\xi_1, \ldots, \xi_n) \in K^n \setminus \{0\}$. Genau dann ist $g$ eine Tangente an $F$ in $P$, wenn $Lf(\xi_1, \ldots, \xi_n) = 0$ ist. Sei o.B.d.A. $\xi_1 \neq 0$. Dann ist $g$ der Durchschnitt der Hyperebenen

$$\xi_1 X_i - \xi_i X_1 = 0 \qquad (i = 2, \ldots, n)$$

Bezeichnet $\mathfrak{m}_P$ das maximale Ideal von $P$ in $K[X_1, \ldots, X_n]$, so ist

$$\mu_P(F, G) = \dim_K K[X_1, \ldots, X_n]_{\mathfrak{m}_P} / (f, \xi_1 X_2 - \xi_2 X_1, \ldots, \xi_1 X_n - \xi_n X_1)_{\mathfrak{m}_P}$$
$$= \dim_K K[X_1] / (f(X_1, \xi_1^{-1} \xi_2 X_1, \ldots, \xi_1^{-1} \xi_n X_1))$$

Schreibt man $f = f_m + f_{m+1} + \cdots + f_d$ mit homogenen Polynomen $f_i$ vom Grad $i$, wobei $m = m_P(F)$ ist, so ist $Lf = f_m$, und es gilt

$$f(X_1, \xi_1^{-1} \xi_2 X_1, .., \xi_1^{-1} \xi_n X_1) = (\xi_1^{-1} X_1)^m [f_m(\xi_1, .., \xi_n) + (\xi_1^{-1} X_1) f_{m+1}(\xi_1, .., \xi_n) + \ldots]$$

Es folgt $\mu_P(F, G) \geq m = m_P(F)$, wobei das Gleichheitszeichen genau dann gilt, wenn $f_m(\xi_1, \ldots, \xi_n) \neq 0$ ist, d.h. wenn $g$ keine Tangente an $F$ in $P$ ist.

Damit eine Gerade eine Hyperfläche vom Grad $d$ in genau $d$ verschiedenen Punkten schneidet, ist nach dem Gezeigten notwendig und hinreichend, daß die Gerade nur reguläre Punkte der Hyperfläche trifft und nirgends in der Tangentialhyperebene des Schnittpunkts liegt.

Sei nun $Q \in |\mathbf{P}_K^n|$ ein Punkt außerhalb von $F$ und $E$ eine Hyperebene mit $Q \notin |E|$. Die **Zentralprojektion**

$$\Pi_Q : |\mathbf{P}_K^n| \setminus \{Q\} \to |E|$$

bildet jeden Punkt $Q' \in |\mathbf{P}_K^n| \setminus \{Q\}$ auf den Schnittpunkt der Gerade $g(Q, Q')$ durch $Q$ und $Q'$ mit $E$ ab:

$$\Pi_Q(Q') = |g(Q, Q')| \cap |E|$$

Es ist $\Pi_Q(|F|) = |E|$, und jeder abgeschlossene Punkt von $E$ besitzt in $|F|$ gerade $d := \deg F$ Urbilder, wenn diese mit der jeweiligen Schnittmultiplizität gezählt werden. Satz 1.11 gibt an, unter welchen Bedingungen weniger als $d$ verschiedene Urbilder vorliegen.

Zur Beschreibung der Projektionsstrahlen mit dieser Eigenschaft betrachten wir einen beliebigen Punkt $Q = \langle z_0, \ldots, z_n \rangle \in |\mathbf{P}_K^n|$ und setzen

$$D_Q(F) := \sum_{i=0}^{n} z_i \frac{\partial F}{\partial Y_i}$$

$D_Q(F)$ ist ein homogenes Polynom vom Grad $d - 1$, definiert also eine Hyperfläche, wenn $d > 1$ und $D_Q(F) \neq 0$ ist.

**1.12. LEMMA.** *$D_Q(F)$ ist invariant gegenüber projektiven Koordinatentransformationen.*

BEWEIS: Sei $A \in \mathrm{Gl}(n+1, K)$ die Matrix einer solchen Transformation. Sei

$$(Y_0', \ldots, Y_n') = (Y_0, \ldots, Y_n) \cdot A$$

und

$$F^A(Y_0', \ldots, Y_n') := F((Y_0', \ldots, Y_n') \cdot A^{-1})$$

Dann gilt nach der Kettenregel (mit der Abkürzung $Y'A^{-1} := (Y_0', \ldots, Y_n') \cdot A^{-1}$)

$$\left( \frac{\partial F^A}{\partial Y_0'}, \ldots, \frac{\partial F^A}{\partial Y_n'} \right)^t = A^{-1} \left( \frac{\partial F}{\partial Y_0}(Y'A^{-1}), \ldots, \frac{\partial F}{\partial Y_n}(Y'A^{-1}) \right)^t$$

und folglich mit $(z_0', \ldots, z_n') := (z_0, \ldots, z_n) \cdot A$

$$\sum_{i=0}^{n} z_i' \frac{\partial F^A}{\partial Y_i'} = (z_0, \ldots, z_n) A A^{-1} \left( \frac{\partial F}{\partial Y_0}(Y'A^{-1}), \ldots, \frac{\partial F}{\partial Y_n}(Y'A^{-1}) \right)^t = \sum_{i=0}^{n} z_i \frac{\partial F}{\partial Y_i}$$

**1.13. LEMMA.** *Sei Char $K = 0$ oder Char $K > d$. Es gilt $D_Q(F) = 0$ genau dann, wenn $F$ ein affiner Kegel mit der Spitze in $Q$ ist.*

BEWEIS: Wir können nach 1.12 annehmen, daß $Q = \langle 1, 0, \ldots, 0 \rangle$ ist. $D_Q(F) = 0$ gilt dann und nur dann, wenn $\frac{\partial F}{\partial Y_0} = 0$ ist, d.h. wenn $F$ nicht von $Y_0$ abhängt. Dies ist äquivalent damit, daß $F$ im affinen Raum $D_+(Y_0)$ einen Kegel mit der Spitze in $Q$ definiert.

**1.14. DEFINITION.** *Für $Q \in |\mathbf{P}_K^n|$ heißt Proj $K[Y_0, \ldots, Y_n]/(D_Q(F))$ die **Polare** von $F$ zum **Pol** $Q$. Wir bezeichnen sie ebenfalls mit $D_Q(F)$.*

**1.15. SATZ.** *Sei $D_Q(F)$ eine Hyperfläche, also $d > 1$ und $D_Q(F) \neq 0$ als Polynom. Dann besteht $|D_Q(F)| \cap |F|$ aus:*
*a) den Singularitäten von $F$.*
*b) den Berührpunkten aller $Q$ enthaltenden Tangenten an $F$.*

BEWEIS: Ist $P = \langle y_0, \ldots, y_n \rangle$ eine Singularität von $F$, so gilt $P \in |D_Q(F)|$ nach dem Jacobi-Kriterium. Ist dagegen $P$ ein regulärer Punkt von $F$, so ist $\sum_{i=0}^{n} Y_i \frac{\partial F}{\partial Y_i}(P) = 0$ die Gleichung der Tangentialhyperebenen $T_P(F)$ an $F$ in $P$. Genau dann liegt $Q$ auf $T_P(F)$, d.h. genau dann ist $g(P, Q)$ eine Tangente an $F$ in $P$, wenn $P \in |D_Q(F)|$.

**1.16.KOROLLAR.** *Sei Char $K = 0$ oder Char $K > d$, und sei $F \subset \mathbf{P}^2_K$ eine glatte algebraische Kurve vom Grad $d > 1$. Dann gibt es von jedem Punkt $Q \in |\mathbf{P}^2_K|$ aus mindestens eine und höchstens $d(d-1)$ Tangenten an $F$.*

BEWEIS: Da $F$ glatt ist, ist das Polynom $F$ irreduzibel. Die Polynome $F$ und $D_Q(F)$ sind daher teilerfremd. Nach Bézout besitzt $F \cap D_Q(F)$ mindestens einen und höchstens $d(d-1)$ verschiedene Punkte.

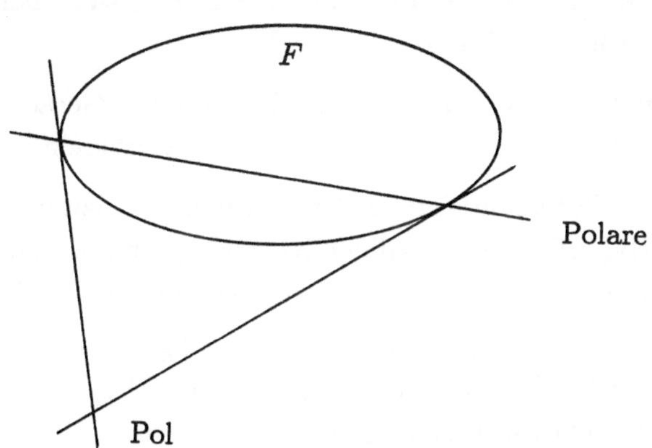


AUFGABEN:

1) Bestimmen Sie die Schnittmultiplizität der ebenen Kurven $(X^2+Y^2)^3 - 4X^2Y^2 = 0$ und $(X^2 + Y^2)^3 - X^2Y^2 = 0$ im Ursprung.

2) Unter den Voraussetzungen des Satzes von Bézout seien $F_1, \ldots, F_n \in \mathbf{R}[Y_0, \ldots, Y_n]$ homogene Polynome ungeraden Grades. Für $P = \langle y_0, \ldots, y_n \rangle \in |\mathbf{P}^n_{\mathbf{C}}|$ bezeichne $\overline{P} = \langle \overline{y_0}, \ldots, \overline{y_n} \rangle$ den Punkt mit konjugiert komplexen Koordinaten.
   a) Es gilt $\mu_{\overline{P}}(F_1, \ldots, F_n) = \mu_P(F_1, \ldots, F_n)$.
   b) Das Gleichungssystem $F_1 = \cdots = F_n = 0$ besitzt eine Lösung in $|\mathbf{P}^n_{\mathbf{R}}|$.

3) Die Polynome $f_1, \ldots, f_n \in K[X_1, \ldots, X_n]$ mögen ein nulldimensionales Schnittschema $S := V(f_1) \cap \cdots \cap V(f_n)$ definieren. Für $P \in S$ sei $\mu := \mu_P(f_1, \ldots, f_n)$. Dann gilt für jedes $h \in K[X_1, \ldots, X_n]$ mit $h(P) = 0$

$$h^\mu \in (f_1, \ldots, f_n)\mathcal{O}_P$$

Der Noether-Exponent von $\mathcal{O}_{S,P}$ (Kap.VII,§ 4, Aufgabe 4) ist $\leq \mu$.

4) Sei $F \subset \mathbf{P}_K^n$ eine glatte Hyperfläche vom Grad $d > 1$ gegeben durch ein homogenes Polynom $F \in K[Y_0, \ldots, Y_n]$, und sei $f \in K[X_1, \ldots, X_n]$ die Dehomogenisierung von $F$ bzgl. $Y_0$.

a) Die partiellen Ableitungen $(f_d)_{X_i}$ $(i = 1, \ldots, n)$ der Gradform $f_d$ von $f$ bilden eine (homogene) reguläre Folge.

b) Spec $K[X_1, \ldots, X_n]/(f_{X_1}, \ldots, f_{X_n})$ ist ein 0-dimensionales Unterschema von $\mathbf{A}_K^n$ vom Grad $(d-1)^n$.

Es heißt das **kritische Schema** von $f$. Für $P \in |\mathbf{A}_K^n|$ heißt $\mu_P(f_{X_1}, \ldots, f_{X_n})$ die **Milnor-Zahl** von $f$ an der Stelle $P$.

5) Die Schnittmultiplizität einer Hyperfläche mit einer Geraden gemäß 1.11 stimmt mit der in I.2.4 betrachteten Schnittmultiplizität überein.

6) (Axiomatische Charakterisierung der Schnittmultiplizität). Die Schnittmultiplizität von $n$ Hyperflächen des affinen Raums $\mathbf{A}_K^n$ in abgeschlossenen Punkten aus $\mathbf{A}_K^n$ ist durch die folgenden ihrer Eigenschaften eindeutig festgelegt:

a) Für $f_1, \ldots, f_n \in K[X_1, \ldots, X_n]$ und $P \in |\mathbf{A}_K^n|$ ist $\mu_P(f_1, \ldots, f_n) \in \mathbf{N}_+$, wenn $P$ ein isolierter Punkt von $\mathcal{V}(f_1, \ldots, f_n)$ ist. Ist $P \in \mathcal{V}(f_1, \ldots, f_n)$ kein isolierter Punkt, so setzt man $\mu_P(f_1, \ldots, f_n) = \infty$.

b) Es ist $\mu_P(f_1, \ldots, f_n) = 0$ genau dann, wenn $P \notin \mathcal{V}(f_1, \ldots, f_n)$.

c) $\mu_P(f_1, \ldots, f_n)$ ist invariant unter affinen Koordinatentransformationen.

d) $\mu_P(f_{\pi(1)}, \ldots, f_{\pi(n)}) = \mu_P(f_1, \ldots, f_n)$ für jede Permutation $\pi \in S_n$.

e) Ist $f_n = \varphi \cdot \psi$ mit $\varphi, \psi \in K[X_1, \ldots, X_n]$, so ist

$$\mu_P(f_1, \ldots, f_n) = \mu_P(f_1, \ldots, f_{n-1}, \varphi) + \mu_P(f_1, \ldots, f_{n-1}, \psi)$$

f) $\mu_P(f_1, \ldots, f_{n-1}, f_n + g) = \mu_P(f_1, \ldots, f_n)$ für jedes $g \in (f_1, \ldots, f_{n-1})$.

g) $\mu_P(X_1, \ldots, X_n) = 1$ für $P = (0, \ldots, 0)$.

## § 2. Fortführung der Schnitt-Theorie

Wie bisher sei $S = F_1 \cap \cdots \cap F_n$ das 0–dimensionale Schnittschema von $n$ Hyperflächen $F_i$ in $\mathbf{P}_K^n$. Es geht zunächst um die Abschätzung der Schnittmultiplizität in $P \in |S|$ durch die Multiplizitäten $m_P(F_i)$ $(i = 1, \ldots, n)$.

2.1. DEFINITION. *Man sagt, daß sich* $F_1, \ldots, F_n$ *in* $P$ **strikt schneiden**, *wenn die Tangentialkegel* $T_P(F_i)$ *der Hyperflächen* $F_i$ *in* $P$ *nur die Spitze* $P$ *gemeinsam haben.*

Beispielsweise ist dies der Fall, wenn sich $F_1, \ldots, F_n$ in $P$ transversal schneiden.

2.2. SATZ. *a) Es gilt stets* $\mu_P(F_1, \ldots, F_n) \geq \prod_{i=1}^{n} m_P(F_i)$.

*b) Gleichheit gilt genau dann, wenn sich* $F_1, \ldots, F_n$ *in* $P$ *strikt schneiden.*

BEWEIS: Sei o.B.d.A. $P = (0, \ldots, 0) \in \mathbf{A}_K^n$ der affine Ursprung, und seien $f_1, \ldots, f_n$ die Dehomogenisierungen der $F_i$ $(i = 1, \ldots, n)$. Die Tangentialkegel $T_P(F_i)$ sind die durch die Leitformen $Lf_i$ der $f_i$ definierten Unterschemata von $\mathbf{A}_K^n$. Die $Lf_i$ sind auch die Leitformen der $f_i$ bzgl. der $(X_1, \ldots, X_n)$–adischen Filtrierung auf dem lokalen Ring $\mathcal{O}_P = K[X_1, \ldots, X_n]_{(X_1, \ldots, X_n)}$. Sei $\mathfrak{m}$ das maximale Ideal von $\mathcal{O}_P$ und $\overline{\mathfrak{m}}$ das von $\mathcal{O}_{S,P} = \mathcal{O}_P/(f_1, \ldots, f_n)\mathcal{O}_P$.

Die Bedingung, daß die $T_P(F_i)$ nur $P$ als gemeinsamen Schnittpunkt besitzen, ist nach 1.1b) damit äquivalent, daß $(Lf_1, \ldots, Lf_n)$ eine reguläre Folge in $K[X_1, \ldots, X_n]$ ist. Wenn sie erfüllt ist, so gilt nach D.12, D.18 und A.12b)

$$
\begin{aligned}
\mu_P(F_1, \ldots, F_n) &= \dim_K \mathcal{O}_P/(f_1, \ldots, f_n)\mathcal{O}_P = \dim_K \mathrm{gr}_{\overline{\mathfrak{m}}} \mathcal{O}_P/(f_1, \ldots, f_n)\mathcal{O}_P \\
&= \dim_K(\mathrm{gr}_{\mathfrak{m}} \mathcal{O}_P/\mathrm{gr}_{\mathfrak{m}}(f_1, \ldots, f_n)) \\
&= \dim_K K[X_1, \ldots, X_n]/(Lf_1, \ldots, Lf_n) \\
&= \prod_{i=1}^{n} \deg Lf_i = \prod_{i=1}^{n} m_P(F_i)
\end{aligned}
$$

Sei nun $(Lf_1, \ldots, Lf_n)$ keine reguläre Folge. Zu zeigen ist dann, daß

$$
(1) \qquad \mu_P(F_1, \ldots, F_n) > m_P(F_1) \cdot \ldots \cdot m_P(F_n)
$$

Das Gleichungssystem $Lf_i = 0$ $(i = 1, \ldots, n)$ besitzt nach 1.1 eine nichttriviale Lösung. Nach einer Koordinatentransformation kann man annehmen, daß die Punkte $\lambda \cdot (0, \ldots, 0, 1)$ für $\lambda \in K$ Lösungen sind.

Es genügt, die Behauptung (1) im Fall zu beweisen, daß alle $f_i$ die gleiche $\mathfrak{m}$–Ordnung besitzen: Wähle dazu $d_i, k \in \mathbf{N}$ mit $d_i \cdot m_P(F_i) = k$ $(i = 1, \ldots, n)$ und ersetze die Folge $(F_1, \ldots, F_n)$ durch $(F_1^{d_1}, \ldots, F_n^{d_n})$. Es ist dann $(Lf_1, \ldots, Lf_n)$ durch das System $((Lf_1)^{d_1}, \ldots, (Lf_n)^{d_n})$ zu ersetzen, was wiederum keine reguläre Folge ist, sonst wäre $\mathrm{Rad}((Lf_1)^{d_1}, \ldots, (Lf_n)^{d_n})\mathcal{O}_P) = \mathrm{Rad}((Lf_1, \ldots, Lf_n)\mathcal{O}_P) = \mathfrak{m}$. Ist nun die Behauptung für $(F_1^{d_1}, \ldots, F_n^{d_n})$ gezeigt, so folgt sie auch für $(F_1, \ldots, F_n)$, denn nach 1.9 gilt

$$\prod_{i=1}^{n} d_i \cdot \mu_P(F_1, \ldots, F_n) = \mu_P(F_1^{d_1}, \ldots, F_n^{d_n}) > \prod_{i=1}^{n} m_P(F_i^{d_i}) = \prod_{i=1}^{n} d_i \cdot \prod_{i=1}^{n} m_P(F_i)$$

Sei im folgenden $m_P(F_1) = \cdots = m_P(F_n) = d$. Setze $\mathfrak{n} := (X_1, \ldots, X_{n-1})\mathcal{O}_P$ und $\mathfrak{a} := (f_1, \ldots, f_n)\mathcal{O}_P$. Wir wollen zeigen:

$$(2) \qquad\qquad \mathfrak{a} \subset \mathfrak{n} \cdot \mathfrak{m}^{d-1} + \mathfrak{m}^{d+1}$$

Wegen $Lf_i = f_i + \mathfrak{m}^{d+1}$ genügt es dazu nachzuweisen, daß $Lf_i \in \mathfrak{n} \cdot \mathfrak{m}^{d-1}$ $(i = 1, \ldots, n)$. Schreibe $Lf_i = \sum_{\alpha_1 + \cdots + \alpha_n = d} c_{\alpha_1 \cdots \alpha_n}^{(i)} X_1^{\alpha_1} \cdots X_n^{\alpha_n}$ mit $c_{\alpha_1 \cdots \alpha_n}^{(i)} \in K$. Aus $Lf_i(0, \ldots, 0, 1) = 0$ ergibt sich $c_{0, \ldots, 0, d}^{(i)} = 0$, also $Lf_i \in (X_1, \ldots, X_{n-1})$. Da aber $Lf_i$ homogen vom Grad $d$ ist, muß sogar $Lf_i \in (X_1, \ldots, X_{n-1})(X_1, \ldots, X_n)^{d-1} \subset \mathfrak{n} \cdot \mathfrak{m}^{d-1}$ gelten, womit (2) gezeigt ist.

Sei $\mathfrak{b} := \mathfrak{n} \cdot \mathfrak{m}^{d-1} + \mathfrak{m}^{d+1}$. Sind auch noch die folgenden beiden Formeln für beliebige $r \in \mathbb{N}$ bewiesen

$$(3) \qquad\qquad \dim_K \mathcal{O}_P/\mathfrak{a}^r = \mu_P(F_1, \ldots, F_n) \cdot \binom{n + r - 1}{n}$$

$$(4) \qquad\qquad \dim_K \mathcal{O}_P/\mathfrak{b}^r = \binom{n + dr - 1}{n} + \binom{n + r - 1}{n}$$

so ergibt sich wegen $\mathfrak{a} \subset \mathfrak{b}$

$$\mu_P(F_1, \ldots, F_n) \cdot \binom{n+r-1}{n} = \dim \mathcal{O}_P/\mathfrak{a}^r \geq \dim \mathcal{O}_P/\mathfrak{b}^r = \binom{n+dr-1}{n} + \binom{n+r-1}{n}$$

und wenn man nach Potenzen von $r$ ordnet

$$\mu_P(F_1, \ldots, F_n) \cdot (\frac{r^n}{n!} + \ldots) \geq \frac{d^n}{n!} \cdot (r^n + \ldots) + \frac{1}{n!}(r^n + \ldots)$$

Der Vergleich der höchsten Terme in $r$ liefert dann die Behauptung (1):

$$\mu_P(F_1, \ldots, F_n) \geq d^n + 1 > d^n = \prod_{i=1}^{n} m_P(F_i)$$

Da $(f_1, \ldots, f_n)$ eine reguläre Folge in $\mathcal{O}_P$ ist, gilt nach E.10b)

$$\mathrm{gr}_\mathfrak{a}\, \mathcal{O}_P \cong (\mathcal{O}_P/\mathfrak{a})[Y_1, \ldots, Y_n] \qquad (f_i + \mathfrak{a}^2 \mapsto Y_i)$$

Hierbei wird $\mathrm{gr}_\mathfrak{a}(\mathfrak{a}^r)$ auf $(Y_1, \ldots, Y_n)^r$ abgebildet, und es ergibt sich

$$\dim_K \mathcal{O}_P/\mathfrak{a}^r = \dim_K \mathcal{O}_P/\mathfrak{a} \cdot \dim_K K[Y_1, \ldots, Y_n]/(Y_1, \ldots, Y_n)^r$$
$$= \mu_P(F_1, \ldots, F_n) \cdot \binom{n+r-1}{n}$$

womit (3) gezeigt ist.

Analog wie in $\mathcal{O}_P$ bezeichnen wir mit $\mathfrak{n} := (X_1, \ldots, X_{n-1})$, $\mathfrak{m} := (X_1, \ldots, X_n)$ und $\mathfrak{b} := \mathfrak{n} \cdot \mathfrak{m}^{d-1} + \mathfrak{m}^{d+1}$ auch die entsprechenden Ideale des Polynomrings $K[X_1, \ldots, X_n]$. Zum Beweis von (4) ist das folgende kombinatorische Lemma zu zeigen:

2.3. LEMMA. $\dim_K K[X_1, \ldots, X_n]/\mathfrak{b}^r = \binom{n+dr-1}{n} + \binom{n+r-1}{n} \quad (r \in \mathbf{N})$.

BEWEIS: Wegen

$$\mathfrak{b}^r = \sum_{\nu=0}^{r} (\mathfrak{n} \cdot \mathfrak{m}^{d-1})^\nu \cdot \mathfrak{m}^{(d+1)(r-\nu)} = \sum_{\nu=0}^{r} \mathfrak{n}^\nu \cdot \mathfrak{m}^{r(d+1)-2\nu}$$

gilt $X_1^{\alpha_1} \cdot \ldots \cdot X_n^{\alpha_n} \in \mathfrak{b}^r \ (\alpha_i \in \mathbf{N})$ genau dann, wenn für ein $\nu \in \{1, \ldots, r\}$

$$\text{(I)} \qquad \alpha_1 + \cdots + \alpha_n \geq (d+1)r$$

oder

$$\text{(II)} \qquad \alpha_1 + \cdots + \alpha_n = (d+1)r - \nu, \quad \alpha_1 + \cdots + \alpha_{n-1} \geq \nu$$

Nach A.16 bilden die Restklassen der Monome $X_1^{\alpha_1} \cdots X_n^{\alpha_n}$, welche (I) oder (II) **nicht** erfüllen, eine $K$-Basis von $K[X_1, \ldots, X_n]/\mathfrak{b}^r$. Ist $B$ die Menge dieser Monome, so ist $B = B_1 \cup B_2$, wobei $B_1$ aus den Monomen vom Grad $\leq rd-1$ besteht und $B_2$ aus den Monomen $X_1^{\alpha_1} \cdots X_n^{\alpha_n}$ mit $\sum_{i=1}^{n} \alpha_i = (d+1)r - \nu$, $\alpha_n \geq (d+1)r - 2\nu + 1$ für ein $\nu \in \{1, \ldots, r\}$. Hierbei ist

$$|B_1| = \binom{n+rd-1}{n}$$

und

$$|B_2| = \sum_{\nu=1}^{r} \sum_{\alpha_n=(d+1)r-2\nu+1}^{(d+1)r-\nu} |\{(\alpha_1, \ldots, \alpha_{n-1}) \in \mathbf{N}^{n-1} \mid \sum_{i=1}^{n-1} \alpha_i = (d+1)r - \nu - \alpha_n\}|$$

$$= \sum_{\nu=1}^{r} \sum_{\alpha_n=(d+1)r-2\nu+1}^{(d+1)r-\nu} \binom{(d+1)r - \nu - \alpha_n + n - 2}{n-2}$$

$$= \sum_{\nu=1}^{r} \sum_{s=0}^{\nu-1} \binom{s+n-2}{n-2} = \sum_{\nu=1}^{r} \binom{\nu+n-2}{n-1} = \sum_{\nu=0}^{r-1} \binom{\nu+n-1}{n-1} = \binom{n+r-1}{n}$$

womit 2.3 gezeigt und der Satz 2.2 bewiesen ist.

Je größer die Multiplizität der $F_i$ in $P$ ist, also je "singulärer" $P$ auf den Hyperflächen ist, desto größer ist die Schnittmultiplizität in $P$ und desto weniger verschiedene Punkte kann $S$ besitzen.

**2.4. KOROLLAR.** *Ist* $(F_1, \ldots, F_n)$ *eine homogene reguläre Folge aus* $K[Y_0, \ldots, Y_n]$, *so gilt*

$$\prod_{i=1}^{n} \deg F_i \geq \sum_{P \in |\mathbf{P}_K^n|} \prod_{i=1}^{n} m_P(F_i)$$

*Gleichheit gilt genau dann, wenn sich* $F_1, \ldots, F_n$ *überall strikt schneiden.*

Hierbei wurde $m_P(F) = 0$ gesetzt, wenn $P$ kein Punkt der Hyperfläche $F$ ist.

Im folgenden geht es um lokale Kriterien dafür, daß $S = F_1 \cap \cdots \cap F_n$ ein abgeschlossenes Unterschema einer gegebenen Hyperfläche $G$ ist, also daß $G \in (F_1, \ldots, F_n)$. In der Sprache der algebraischen Gleichungssysteme fragen wir somit, unter welchen Umständen sich das Lösungsschema des Systems $F_1 = \cdots = F_n = 0$ durch Hinzunahme einer Gleichung $G = 0$ nicht ändert.

**2.5. LEMMA.** *Die Koordinaten seien so gewählt, daß* $S$ *im Endlichen liegt, und es seien* $f_1, \ldots, f_n, g \in K[X_1, \ldots, X_n]$ *die Dehomogenisierungen von* $F_1, \ldots, F_n, G$. *Genau dann gilt* $S \subset G$, *wenn* $g \in (f_1, \ldots, f_n)$.

**BEWEIS:** Aus $G \in (F_1, \ldots, F_n)$ folgt $g \in (f_1, \ldots, f_n)$ durch Dehomogenisierung. Ist diese Bedingung erfüllt, so ergibt sich durch Homogenisierung, daß $Y_0^\rho \cdot G \in (F_1, .., F_n)$ für ein $\rho \in \mathbf{N}$. Da $S$ im Endlichen liegt, ist $(F_1, \ldots, F_n, Y_0)$ eine reguläre Folge (1.1a) und somit $Y_0$ kein Nullteiler $\mathrm{mod}(F_1, \ldots, F_n)$. Es ergibt sich $G \in (F_1, \ldots, F_n)$.

**2.6. SATZ.** *Genau dann ist* $S \subset G$, *wenn für alle* $P \in |S|$ *gilt*

$$\dim_K \mathcal{O}_{F_1 \cap \cdots \cap F_n \cap G, P} = \mu_P(F_1, \ldots, F_n)$$

**BEWEIS:** Für $P \in |S|$ sei $\mathfrak{m}_P$ das $P$ in $K[X_1, \ldots, X_n]$ entsprechende maximale Ideal, wobei die Situation von 2.5 gegeben sei. Die Bedingung des Satzes ist dann äquivalent mit

$$\dim_K K[X_1, \ldots, X_n]_{\mathfrak{m}_P}/(f_1, \ldots, f_n, g)_{\mathfrak{m}_P} = \dim_K K[X_1, \ldots, X_n]_{\mathfrak{m}_P}/(f_1, \ldots, f_n)_{\mathfrak{m}_P}$$

also $(f_1, \ldots, f_n, g)_{\mathfrak{m}_P} = (f_1, \ldots, f_n)_{\mathfrak{m}_P}$ für alle $P \in |S|$. Nach dem Lokal-Global-Prinzip B.9 ist sie mit $g \in (f_1, \ldots, f_n)$ gleichwertig, also mit $S \subset G$ nach 2.5.

**2.7. KOROLLAR.** *Schneiden sich* $F_1, \ldots, F_n$ *überall transversal, so gilt* $S \subset G$ *genau dann, wenn die Hyperfläche (Varietät)* $G = 0$ *die Punkte von* $S$ *enthält.*

Im folgenden Satz wird die Bedingung aus Satz 2.6 für die Gültigkeit von $S \subset G$ abgeschwächt.

2.8.SATZ. *Unter den Voraussetzungen von 2.6 gilt* $S \subset G$, *wenn eine der beiden folgenden Bedingungen erfüllt ist:*

a) *Jedes* $P \in |S|$ *ist regulärer Punkt von* $n-1$ *der Hyperflächen* $F_i$ *(etwa* $F_1, \ldots, F_{n-1}$*), der Durchschnitt der Tangentialhyperebenen dieser Hyperflächen in* $P$ *ist eine Gerade und es gilt*

$$\dim_K \mathcal{O}_{F_1 \cap \cdots \cap F_{n-1} \cap G, P} \geq \mu_P(F_1, \ldots, F_n)$$

b) *Die* $F_i$ $(i = 1, \ldots, n)$ *schneiden sich in jedem* $P \in |S|$ *strikt, und es gilt*

$$m_P(G) \geq \sum_{i=1}^{n} m_P(F_i) - n + 1$$

BEWEIS: O.B.d.A. liege $|S|$ im Endlichen.

a) Wir zeigen, daß unter den Voraussetzungen von a) die Gleichung aus 2.6 folgt. Unter diesen Voraussetzungen ist

$$R := \mathcal{O}_{F_1 \cap \cdots \cap F_{n-1}, P} = K[X_1, \ldots, X_n]_{\mathfrak{m}_P} / (f_1, \ldots, f_{n-1})_{\mathfrak{m}_P}$$

ein diskreter Bewertungsring, denn die Jacobimatrix $\frac{\partial(f_1, \ldots, f_{n-1})}{\partial(X_1, \ldots, X_n)}(P)$ hat den Rang $n - 1$. Seien $\varphi$ und $\psi$ die Bilder von $f_n$ und $g$ in $R$. Dann ist

$$\mathcal{O}_{F_1 \cap \cdots \cap F_n, P} \cong R/(\varphi) \quad \text{und} \quad \mathcal{O}_{F_1 \cap \cdots \cap F_{n-1} \cap G, P} \cong R/(\psi)$$

Da $\dim_K R/(\varphi) \leq \dim_K R/(\psi)$ vorausgesetzt ist, und da $R$ ein diskreter Bewertungsring ist, folgt $(\psi) \subset (\varphi)$. Somit ist

$$\dim_K \mathcal{O}_{F_1 \cap \cdots \cap F_n \cap G, P} = \dim_K R/(\varphi, \psi) = \dim_K R/(\varphi) = \mu_P(F_1, \ldots, F_n)$$

b) Nach einer Translation kann man $P = (0, \ldots, 0)$ annehmen. Sei $\mathfrak{m}_P$ das maximale Ideal von $\mathcal{O}_P$. Die Voraussetzung von b) besagt dann, daß die Leitformen $L_{\mathfrak{m}_P} f_i$ eine reguläre Folge $(L_{\mathfrak{m}_P} f_1, \ldots, L_{\mathfrak{m}_P} f_n)$ in $K[X_1, \ldots, X_n]$ bilden. Nach F.7 besitzt der Ring $K[X_1, \ldots, X_n]/(L_{\mathfrak{m}_P} f_1, \ldots, L_{\mathfrak{m}_P} f_n)$ seinen Bestandteil höchsten Grades im Grad $\rho := \sum_{i=1}^{n} m_i - n$, wobei $m_i = m_P(F_i)$ $(i = 1, \ldots, n)$.

Nach Voraussetzung ist $\deg L_{\mathfrak{m}_P} g > \rho$, woraus $L_{\mathfrak{m}_P} g \in (L_{\mathfrak{m}_P} f_1, \ldots, L_{\mathfrak{m}_P} f_n)$ folgt. Somit ist $g \in (f_1, \ldots, f_n)\mathcal{O}_P + \mathfrak{m}_P^{\rho+1}$. Für geeignete $a_1, \ldots, a_n \in \mathcal{O}_P$ gilt dann

$$g_1 := g - \sum_{i=1}^{n} a_i f_i \in \mathfrak{m}_P^{\rho+1}$$

und somit $\operatorname{ord} L_{\mathfrak{m}_P} g_1 \geq \rho + 1$. Induktiv ergibt sich $g \in \bigcap_{i=0}^{\infty} ((f_1, \ldots, f_n)\mathcal{O}_P + \mathfrak{m}_P^i)$, und nach dem Krullschen Durchschnittssatz (D.20) folgt $g \in (f_1, \ldots, f_n)\mathcal{O}_P$. Das Lokal-Global-Prinzip (B.9) zeigt, daß $g \in (f_1, \ldots, f_n)$. Lemma 2.5 liefert nun die Behauptung.

**2.9.Satz von Cayley-Bacharach.** *Unter den Voraussetzungen von 2.6 sei $G$ eine Hyperfläche vom Grad $h < \sum_{i=1}^{n} \deg F_i - n$. Falls überdies*

$$\deg(F_1 \cap \cdots \cap F_n \cap G) \geq \prod_{i=1}^{n} \deg F_i - \sum_{i=1}^{n} \deg F_i + n + h$$

*gilt, ist $S \subset G$.*

Beweis: Unter den Annahmen von 2.5 und mit den dortigen Bezeichnungen setzen wir $A := K[X_1,\ldots,X_n]/(f_1,\ldots,f_n)$. Nach Bézout gilt $\dim_K A = \prod_{i=1}^{n} \deg F_i$. Es bezeichne $\mathcal{G}$ die durch die Gradfiltrierung von $K[X_1,\ldots,X_n]$ auf $A$ induzierte Filtrierung. Die Gradformen $Gf_1,\ldots,Gf_n$ bilden eine reguläre Folge in $K[X_1,\ldots,X_n]$, daher gilt

$$\mathrm{gr}_{\mathcal{G}} A = K[X_1,\ldots,X_n]/(Gf_1,\ldots,Gf_n) =: B$$

nach D.18. Sei $\gamma$ das Bild von $g$ in $A$ und $\gamma_0 := L_{\mathcal{G}}\gamma \in \mathrm{gr}_{\mathcal{G}} A$ seine Leitform.

Nach 2.5 ist zu zeigen, daß $\gamma = 0$ ist. Angenommen, es sei $\gamma \neq 0$. Dann ist auch $\gamma_0 \neq 0$ und

$$h' := \deg \gamma_0 = \mathrm{ord}_{\mathcal{G}} \gamma \leq \deg G = h < \sum_{i=1}^{n} \deg F_i - n =: \rho$$

Nach F.7 ist $\mathfrak{S}(B) = B_\rho$ der Bestandteil höchsten Grades von $B$. Es bezeichne $\xi_i$ das Bild von $X_i$ in $B$ $(i = 1,\ldots,n)$. Da $\gamma_0 \notin \mathfrak{S}(B)$ ist, gibt es ein $i \in \{1,\ldots,n\}$ mit $\xi_i\gamma_0 \neq 0$. Induktiv findet man für $k = 0,\ldots,\rho - h'$ Elemente $\alpha_k \in B_k$ mit $\alpha_k \cdot \gamma_0 \neq 0$. Die Elemente $\alpha_k \cdot \gamma_0$ besitzen verschiedene Grade, sie sind daher sicher linear unabhängig über $K$, und es ergibt sich somit

$$(6) \quad \dim_K A/(\gamma) \leq \dim_K B/(\gamma_0) \leq \prod_{i=1}^{n} \deg F_i - \rho + h' - 1 \leq \prod_{i=1}^{n} \deg F_i - \rho + h - 1$$

Für $P \in |S|$ sei $\overline{\mathfrak{m}}_P \in \mathrm{Max}\, A/(\gamma)$ das $P$ entsprechende maximale Ideal. Nach Voraussetzung gilt

$$\dim_K A/(\gamma) = \sum_{P \in |S|} \dim_K (A/(\gamma))_{\overline{\mathfrak{m}}_P} = \sum_{P \in |S|} \dim_K \mathcal{O}_{F_1 \cap \cdots \cap F_n \cap G, P}$$

$$= \deg(F_1 \cap \cdots \cap F_n \cap G) \geq \prod_{i=1}^{n} \deg F_i - \rho + h$$

was einen Widerspruch zu (6) bedeutet. Es muß daher $\gamma = 0$ sein, **q.e.d.**

**2.10.KOROLLAR.** *Das Schema $S$ bestehe aus $\prod_{i=1}^{n} \deg F_i$ verschiedenen Punkte (d.h. $S$ ist reduziert, die $F_i$ schneiden sich überall transversal). Für eine Hyperfläche $G$ mit $h := \deg G < \sum_{i=1}^{n} \deg F_i - n$ seien $\prod_{i=1}^{n} \deg F_i - \sum_{i=1}^{n} \deg F_i + n + h$ der Punkte aus $S$ in $G$ enthalten. Dann ist $S \subset G$.*

Für algebraische Gleichungssysteme läßt sich dieser Satz wie folgt formulieren: Sei $(F_1, \ldots, F_n)$ eine homogene reguläre Folge in $K[Y_0, \ldots, Y_n]$ und $G \in K[Y_0, \ldots, Y_n]$ ein homogenes Polynom vom Grad $h > 0$ mit $h < \sum_{i=1}^{n} \deg F_i - n$. Hat das Gleichungssystem $F_i = 0$ $(i = 1, \ldots, n)$ dann $\prod_{i=1}^{n} \deg F_i$ verschiedene Lösungen und sind $\prod_{i=1}^{n} \deg F_i - \sum_{i=1}^{n} \deg F_i + n + h$ von diesen auch Lösungen der Gleichung $G = 0$, so sind alle Lösungen des Systems $F_i = 0$ auch Lösungen von $G = 0$.

**2.11.BEISPIELE:**
a) Wenn sich zwei kubische Kurven in $\mathbf{P}_K^2$ in genau 9 verschiedenen Punkten schneiden und wenn eine weitere Kubik 8 von diesen enthält, dann enthält sie alle 9 Schnittpunkte.

b) Wenn sich in $\mathbf{P}_K^n$ $n$ kubische Hyperflächen in genau $3^n$ verschiedenen Punkten schneiden und $3^n - 2n + 2$ dieser Punkte auf einer Quadrik liegen, dann sind die restlichen $2n - 2$ Punkte in einer Hyperebene enthalten. Im Fall $n = 2$ ist dies die klassische Aussage: Wenn sich zwei kubische Kurven in $\mathbf{P}_K^2$ in genau 9 Punkten schneiden und 6 von ihnen auf einer Quadrik liegen, dann liegen die restlichen drei auf einer Geraden.

Ähnliche Beispiele kann man natürlich in beliebiger Zahl bilden. 2.11b) enthält für $n = 2$ als Spezialfall den Satz von Pascal über Kegelschnitte und insbesondere den Satz von Pappus.

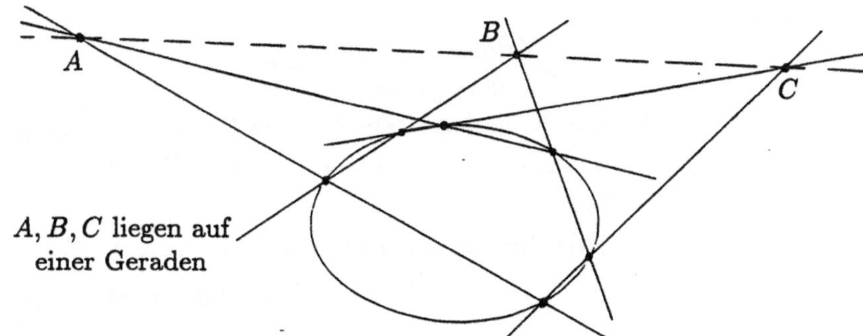


Satz 2.8 erlaubt auch die Herleitung einiger Varianten des Satzes von Pascal. Weitere Anwendungen der Schnitt-Theorie auf ebene algebraische Kurven beschäftigen sich

mit der Singularitätenzahl und der Anzahl der Wendepunkte von Kurven.

Der Satz von Cayley-Bacharach kann zum Beweis des Assoziativgesetzes für die Addition von Punkten auf elliptischen Kurven verwendet werden. Über all diese Dinge kann man sich z.B. in $[K_3]$, § 5 und §§ 7-10 genauer informieren.

Eine Verfeinerung der Schnitt-Theorie ist die Residuen-Theorie. Der Einstieg in diese Theorie, im Fall ebener Kurven, kann über $[K_3]$, § 11, § 12 erfolgen.

AUFGABEN:

1) Die Polynome $f_1, \ldots, f_n \in K[X_1, \ldots, X_n]$ mögen ein nulldimensionales Schnitt-schema $S := \mathcal{V}(f_1) \cap \cdots \cap \mathcal{V}(f_n)$ in $\mathbb{A}_K^n$ definieren. Für $P \in |S|$ sei $m_i$ die Multiplizität von $f_i$ an der Stelle $P$ $(i = 1, \ldots, n)$ und $\sigma$ der Noether-Exponent von $\mathcal{O}_P/(f_1, \ldots, f_n)$. Ist Char $K \nmid \prod_{i=1}^{n} m_i$, so ist $\sigma - 1 \geq \sum_{i=1}^{n}(m_i - 1)$. Gleichheit gilt genau dann, wenn sich $f_1, \ldots, f_n$ in $P$ strikt schneiden.

2) Sei $B/K$ eine Algebra über einem Ring $K$, und sei $B$ als $K$-Modul endlich erzeugt.

a) Der $K$-Modul $\omega_{B/K} := \text{Hom}_K(B, K)$ wird zu einem $B$-Modul, wenn man für $b \in B$ und $\ell \in \omega_{B/K}$ die Skalarmultiplikation durch $(b \cdot \ell)(x) = \ell(bx)$ $(x \in B)$ definiert. $\omega_{B/K}$ heißt der **kanonische Modul** von $B/K$.

b) Ist $B$ eine positiv $\mathbb{Z}$-graduierte $K$-Algebra mit $B_0 = K$, so ist $\omega_{B/K}$ ein graduierter $B$-Modul mit $(\omega_{B/K})_{-i} := \text{Hom}_K(B_i, K)$ $(i \in \mathbb{Z})$.

c) Ist unter den Voraussetzungen von b) $K$ ein Körper und der Sockel $\mathfrak{S}(B) := \{b \in B \mid B_+ \cdot b = \langle 0 \rangle\}$ als $K$-Vektorraum 1-dimensional, so existiert ein Iso-morphismus graduierter $B$-Moduln $\omega_{B/K} \cong B$. Jede homogene Linearform $\ell : B \to K$ mit $\ell(\mathfrak{S}(B)) \neq \langle 0 \rangle$ ist eine Basis des $B$-Moduls $\omega_{B/K}$.

d) Ist $B = K[X_1, \ldots, X_n]/(G_1, \ldots, G_n) = K[x_1, \ldots, x_n]$ mit einer homogenen regulären Folge $\{G_1, \ldots, G_n\}$, so ist $\omega_{B/K} \cong B$. Ist Char $K$ kein Teiler von $\prod_{i=1}^{n} \deg G_i$, so ist eine homogene Linearform $\ell : B \to K$ genau dann eine Basis von $\omega_{B/K}$, wenn

$$\ell\left(\frac{\partial(G_1, \ldots, G_n)}{\partial(x_1, \ldots, x_n)}\right) \neq 0$$

3) Sei $S = F_1 \cap \cdots \cap F_n$ das 0-dimensionale Schnittschema von $n$ Hyperflächen $F_i$ in $\mathbb{P}_K^n$. Die Koordinaten seien so gewählt, daß kein Punkt von $S$ auf der Hyperebene $X_0 = 0$ liegt.

a) Das Bild von $X_0$ im Koordinatenring $K[S] = K[X_0, \ldots, X_n]/(F_1, \ldots, F_n)$ ist ein Nichtnullteiler, und $K[S]$ ist ein freier $K[X_0]$-Modul vom Rang $\prod_{i=1}^{n} \deg F_i$.

b) Es existiert ein Isomorphismus graduierter $K[S]$-Moduln $\omega_{K[S]/K[X_0]} \cong K[S]$.

# Anhang: Kommutative Algebra

Die algebraische Geometrie stützt sich oft auf Ergebnisse aus der Theorie kommutativer Ringe (Kommutative Algebra). Die folgenden Anhänge behandeln einige Themen, von denen im Text über algebraische Varietäten häufig Gebrauch gemacht wird, auf die aber in einer Grundvorlesung über Algebra nicht immer eingegangen wird.

## A. Graduierte Ringe und Moduln

Sei $R$ ein Ring und $(G, +)$ eine abelsche Gruppe.

**A.1.DEFINITION.** *Eine $G$-***Graduierung** *auf $R$ ist eine Familie $\{R_g\}_{g \in G}$ von Untergruppen $R_g$ von $(R, +)$, so daß gilt:*
*a) $R = \bigoplus_{g \in G} R_g$ (direkte Summe von Untergruppen).*
*b) $R_g \cdot R_h \subset R_{g+h}$ für alle $g, h \in G$.*

Ein Ring $R$, der mit einer Graduierung $\{R_g\}_{g \in G}$ versehen ist, heißt ein $G$-**graduierter Ring**. Die Elemente von $R_g$ heißen **homogen** vom Grad $g$. Jedes $r \in R$ besitzt eine eindeutige Zerlegung

$$(1) \qquad\qquad r = \sum_{g \in G} r_g \qquad (r_g \in R_g)$$

Dabei heißt $r_g$ die **homogene Komponente** $g$-**ten Grades** von $r$.

Sei nun $(G, <)$ eine geordnete Gruppe, d.h. $<$ ist eine Totalordnung auf $G$ und für $g, g', h \in G$ folgt aus $g < g'$, daß $g + h < g' + h$. Man sagt dann, daß $R$ **positiv graduiert** ist, wenn $R_g = \langle 0 \rangle$ für $g < 0$. Ist $G$ geordnet, so kann man für $r \neq 0$ in (1) von der homogenen Komponente $r_g \neq 0$ größten Grades $g$ sprechen. Sie heißt **Gradkomponente** und $g$ heißt der **Grad** von $r$:

$$g =: \deg r$$

Besonders wichtig sind $\mathbf{Z}$-graduierte Ringe. Da $(\mathbf{Z}, +)$ bzgl. der natürlichen Anordnung eine geordnete Gruppe ist, können die obigen Begriffe in diesem Fall benutzt werden. Wenn ein Ring mit einer Graduierung versehen ist, so kann man diese für Koeffizientenvergleiche und auch für Induktionsbeweise mittels des Grads verwenden.

A.2.BEISPIELE:

a) Sei $R = P[X_1, \ldots, X_n]$ der Polynomring in den Unbestimmten $X_1, \ldots, X_n$ über einem Ring $P$.

$\alpha$) Die **Standardgraduierung** von $R$ ist die $\mathbf{Z}$–Graduierung mit

$$R_d := \{ \sum_{\alpha_1 + \cdots + \alpha_n = d} \rho_{\alpha_1 \cdots \alpha_n} X_1^{\alpha_1} \cdots X_n^{\alpha_n} \mid \rho_{\alpha_1 \cdots \alpha_n} \in P \} \quad \text{für } d \in \mathbf{Z}$$

$R_d$ besteht also gerade aus den homogenen Polynomen $d$–ten Grades. Es liegt eine positive Graduierung vor. Der Grad eines Polynoms $f \in R$ wird auch der **Totalgrad** genannt im Unterschied zum Grad $\deg_{X_i} f$ von $f$ als Polynom in $X_i$. Die Gradkomponente eines Polynoms $f \neq 0$ heißt auch die **Gradform** von $f$. Sie wird mit $Gf$ bezeichnet.

Für ein homogenes Polynom $f$ vom Grad $d$ gilt

$$(2) \qquad f(\rho X_1, \ldots, \rho X_n) = \rho^d f(X_1, \ldots, X_n) \quad \text{für jedes } \rho \in P$$

Ist umgekehrt $P$ ein Integritätsring mit unendlich vielen Elementen, so folgt aus der Gültigkeit von (2), daß $f$ homogen vom Grad $d$ ist: Ist $f = f_0 + \cdots + f_m$ die Zerlegung von $f$ in homogene Komponenten $f_i$, so ergibt sich aus

$$\rho^d(f_0 + \cdots + f_m) = \rho^0 f_0 + \rho^1 f_1 + \cdots + \rho^m f_m$$

durch Komponentenvergleich $(\rho^d - \rho^i)f_i = 0$ $(i = 0, \ldots, m)$ und hieraus $f_i = 0$ für $i \neq d$.

$\beta$) Mit einem $\gamma = (\gamma_1, \ldots, \gamma_n) \in \mathbf{Z}^n$ läßt sich auf $R$ auch folgendermaßen eine Graduierung definieren: Für $d \in \mathbf{Z}$ sei

$$R_d := \{ \sum_{\gamma_1 \alpha_1 + \cdots + \gamma_n \alpha_n = d} \rho_{\alpha_1 \cdots \alpha_n} X_1^{\alpha_1} \cdots X_n^{\alpha_n} \mid \rho_{\alpha_1 \cdots \alpha_n} \in P \}$$

Die Elemente von $R_d$ heißen **quasihomogene Polynome** vom Typ $\gamma$ und Grad $d$. Hier ist $\deg X_i = \gamma_i$ $(i = 1, \ldots, n)$. Die $\gamma_i$ heißen auch die **Gewichte** der Graduierung. Für $\gamma = (1, \ldots, 1)$ erhält man natürlich die Standardgraduierung.

Statt der Formel (2) hat man jetzt für $f \in R_d$ die Formel

$$(3) \qquad f(\rho^{\gamma_1} X_1, \ldots, \rho^{\gamma_n} X_n) = \rho^d f(X_1, \ldots, X_n) \quad \text{für alle } \rho \in P$$

Ferner gilt die **Eulersche Formel**

$$(4) \qquad d \cdot f = \sum_{i=1}^{n} \gamma_i X_i \frac{\partial f}{\partial X_i}$$

Ist $P$ ein Integritätsring mit unendlich vielen Elementen (gilt $Q \subset P$), so werden die quasihomogenen Polynome $f$ durch (3) (durch (4)) charakterisiert, wie man leicht nachrechnet.

$\gamma$) Auf $(Z^n, +)$ ist die **lexikographische Ordnung** wie folgt definiert: Für Elemente $\alpha = (\alpha_1, \ldots, \alpha_n)$ und $\beta = (\beta_1, \ldots, \beta_n)$ aus $Z^n$ gilt $\alpha < \beta$ genau dann, wenn ein $k \in \{1, \ldots, n\}$ existiert, so daß $\alpha_i = \beta_i$ für $1 \leq i \leq k-1$ und $\alpha_k < \beta_k$. Mit dieser Ordnung wird $Z^n$ zu einer geordneten Gruppe. Setzt man für $\alpha = (\alpha_1, \ldots, \alpha_n) \in Z^n$

$$R_\alpha := \begin{cases} PX_1^{\alpha_1} \cdots X_n^{\alpha_n} & \text{für } \alpha \in N^n \\ \langle 0 \rangle & \text{sonst} \end{cases}$$

so erhält man eine $Z^n$-Graduierung auf $R$. Solche Graduierungen spielen z.B. in der Kombinatorik und in der Computer-Algebra eine Rolle.

b) Für eine (abelsche) Gruppe $G$ und einen Ring $P$ ist die **Gruppenalgebra** $R = P[G]$ wie folgt definiert: Mit einem System $\{T_g\}_{g \in G}$ von Unbestimmten $T_g$ bildet man den freien $P$-Modul $\bigoplus_{g \in G} PT_g$ mit der Basis $\{T_g\}_{g \in G}$. Durch $T_g \cdot T_h = T_{g+h}$ für $g, h \in G$ wird dann eine wohldefinierte Multiplikation auf $\bigoplus_{g \in G} PT_g$ gegeben, durch die $R = \bigoplus_{g \in G} PT_g$ zu einer kommutativen $P$-Algebra wird mit der Graduierung $\{PT_g\}_{g \in G}$.

c) Die **triviale Graduierung** eines Rings $R$ ist durch $R_0 = R$, $R_g = \langle 0 \rangle$ für $g \neq 0$ gegeben.

Im folgenden sei $R = \bigoplus_{g \in G} R_g$ ein $G$-graduierter Ring. Es bezeichne $R^h := \bigcup_{g \in G} R_g$ die Menge aller homogenen Elemente von $R$.

**A.3.LEMMA.** $R_0$ *ist ein Unterring von* $R$ *mit* $1 \in R_0$. *Jedes* $R_g$ $(g \in G)$ *ist ein* $R_0$-*Modul, und* $R$ *ist eine* $R_0$-*Algebra.*

BEWEIS: Wegen $R_0 \cdot R_0 \subset R_0$ ist $R_0$ ein Unterring von $R$. Sei $1 = \sum_{g \in G} e_g$ die Zerlegung der Eins von $R$ in homogene Komponenten. Für jedes Element $r \in R^h$ ist dann $r = r \cdot 1 = \sum_{g \in G} re_g$, also $re_0 = r$ durch Komponentenvergleich. Es folgt, daß $e_0$ ein Einselement von $R$ ist, also $e_0 = 1$ und somit $1 \in R_0$. Aus $R_0 \cdot R_g \subset R_g$ sieht man, daß $R_g$ ein $R_0$-Modul ist.

**A.4.LEMMA.** *Sei* $G$ *eine geordnete Gruppe.*
a) *Genau dann ist* $R$ *ein Integritätsring, wenn für* $a, b \in R^h \setminus \{0\}$ *auch* $a \cdot b \neq 0$ *ist.*
b) *Ist* $R$ *ein Integritätsring, so sind die Teiler homogener Elemente von* $R$ *selbst homogen.*

BEWEIS: Da $G$ geordnet ist, läßt sich $r \in R \setminus \{0\}$ in der Form

$$r = r_{g_1} + \cdots + r_{g_m} \qquad (g_1 < \cdots < g_m)$$

mit homogenen Elementen $r_{g_i} \neq 0$ vom Grad $g_i$ schreiben. Sei

$$s = s_{h_1} + \cdots + s_{h_n} \qquad (h_1 < \cdots < h_n)$$

ein weiteres solches Element. Dann ist

$$r \cdot s = r_{g_1} \cdot s_{h_1} + \cdots + r_{g_m} \cdot s_{h_n}$$

a) Ist die Bedingung in a) erfüllt, so ist $r_{g_1} \cdot s_{h_1} \neq 0$, und dieses Element ist die homogene Komponente kleinsten Grades von $r \cdot s$. Folglich ist $r \cdot s \neq 0$ und $R$ ein Integritätsring.

b) Ist $r \cdot s$ homogen, so folgt $r \cdot s = r_{g_1} \cdot s_{h_1} = r_{g_m} \cdot s_{h_n}$, und es ergibt sich $m = n = 1$, d.h. auch $r$ und $s$ sind homogen.

Speziell sind im Polynomring $P[X_1, \ldots, X_n]$ über einem Integritätsring $P$ die Teiler homogener Polynome homogen. Ist $P$ und damit auch $P[X_1, \ldots, X_n]$ faktoriell, so sind die irreduziblen Faktoren homogener Polynome ebenfalls homogen. Entsprechendes gilt natürlich auch für quasihomogene Polynome.

A.5.LEMMA. *Sei $K$ ein algebraisch abgeschlossener Körper und $f \in K[X_1, X_2]$ ein homogenes Polynom vom Grad $d > 0$ bzgl. der Standardgraduierung. Dann zerfällt $f$ in homogene Linearfaktoren:*

$$f = \prod_{i=1}^{d} (a_i X_2 - b_i X_1) \qquad (a_i, b_i \in K)$$

BEWEIS: Sei $f = \sum_{j=0}^{d} c_j X_1^j X_2^{d-j}$ $(c_j \in K)$. Das Polynom $\varphi := \sum_{j=0}^{d} c_j X^j$ zerfällt über $K$ in Linearfaktoren: $\varphi = \prod_{i=1}^{d} (a_i - b_i X)$. Aus $f = X_2^d \cdot \varphi(\frac{X_1}{X_2})$ ergibt sich $f = \prod_{i=1}^{d} (a_i X_2 - b_i X_1)$.

Sei nun $M$ ein $R$-Modul. Wir wünschen uns die Vorzüge von Graduierungen auch für Moduln.

**A.6.DEFINITION.** *Eine $G$-**Graduierung** auf $M$ ist eine Familie $\{M_g\}_{g \in G}$ von Untergruppen $M_g$ von $(M,+)$, so daß gilt:*
*a)* $M = \bigoplus_{g \in G} M_g$.
*b)* $R_g \cdot M_h \subset M_{g+h}$ *für alle* $g, h \in G$.
*Ist $M$ mit einer Graduierung versehen, so heißt $M$ ein **graduierter Modul** über dem graduierten Ring $R$.*

Die oben für graduierte Ringe eingeführten Begriffe "homogenes Element", "homogene Komponente", "Gradkomponente" etc. übertragen sich sinngemäß auf graduierte Moduln. Nach A.6b) sind die $M_g$ $R_0$-Moduln.

Sei im folgenden $M = \bigoplus_{g \in G} M_g$ ein graduierter $R$-Modul. $M^h := \bigcup_{g \in G} M_g$ sei die Menge aller homogenen Elemente von $M$. Ist $M$ endlich erzeugt, so besitzt $M$ auch ein endliches Erzeugendensystem, das aus homogenen Elementen besteht. Man nehme einfach alle homogenen Komponenten der Elemente eines endlichen Erzeugendensystems von $M$.

**A.7.DEFINITION.** *Ein Untermodul $U \subset M$ heißt **homogen** (oder **graduiert**), wenn gilt: Ist $u \in U$ und $u = \sum_{g \in G} u_g$ die Zerlegung von $u$ in homogene Komponenten $u_g \in M_g$, so ist $u_g \in U$ für alle $g \in G$.*

Damit ist insbesondere definiert, was **homogene Ideale** in einem graduierten Ring sind, etwa im Polynomring. Ein homogener Untermodul $U \subset M$ ist selbst ein graduierter $R$-Modul:

$$U = \bigoplus_{g \in G} U_g \quad \text{mit } U_g := U \cap M_g \quad \text{für } g \in G$$

**A.8.LEMMA.** *Für einen Untermodul $U \subset M$ sind folgende Aussagen äquivalent:*
*a)* $U$ *ist ein homogener Untermodul.*
*b)* $U$ *wird von homogenen Elementen aus $M$ erzeugt.*
*c) Die Familie $\{M_g + U/U\}_{g \in G}$ ist eine Graduierung des Restklassenmoduls $M/U$.*

BEWEIS: a)$\rightarrow$b) $U^h$ erzeugt $U$.
b)$\rightarrow$a) Sei $\{x_\lambda\}_{\lambda \in \Lambda}$ ein Erzeugendensystem von $U$, bestehend aus homogenen Elementen $x_\lambda \in M$ mit $\deg x_\lambda =: g_\lambda$ $(\lambda \in \Lambda)$. Jedes $u \in U$ läßt sich dann in der Form $u = \sum_{\lambda \in \Lambda} r_\lambda x_\lambda$ $(r_\lambda \in R)$ schreiben. Zerlegt man jedes $r_\lambda$ in seine homogenen Komponenten

$$r_\lambda = \sum_{g \in G} r_{\lambda,g} \qquad (r_{\lambda,g} \in R_g)$$

so ergibt sich

$$u = \sum_{g \in G} \left( \sum_{\lambda \in \Lambda} \sum_{i+g_\lambda=g} r_{\lambda,i} x_\lambda \right)$$

und hierbei ist $u_g := \sum_{\lambda \in \Lambda} \sum_{i+g_\lambda=g} r_{\lambda,i} x_\lambda$ die homogene Komponente vom Grad $g$ des Elements $u$. Wegen $u_g \in U$ ist a) gezeigt.

a)$\to$c) Es ist klar, daß $M/U = \sum_{g \in G} (M_g + U/U)$ gilt, daher ist nur die Direktheit der Summe zu zeigen. Für $m_g \in M_g$ bezeichne $\overline{m}_g$ die Restklasse von $m_g$ in $M/U$. Gilt $\sum_{g \in G} \overline{m}_g = 0$ für Elemente $m_g \in M_g$, so ist $\sum_{g \in G} m_g \in U$. Da $U$ homogener Untermodul von $M$ ist, folgt $m_g \in U$ und $\overline{m}_g = 0$ für alle $g \in G$, also die Direktheit der obigen Summe.

c)$\to$a) Schreibe $u \in U$ in der Form $u = \sum_{g \in G} u_g$ mit $u_g \in M_g$ $(g \in G)$. In $M/U$ gilt dann

$$0 = \sum_{g \in G} \overline{u}_g$$

und es folgt $\overline{u}_g = 0$ $(g \in G)$ aus c), also $u_g \in U$ für alle $g \in G$, $\qquad$ **q.e.d.**

Für einen homogenen Untermodul $U \subset M$ versieht man $M/U$ meist stillschweigend mit der durch A.8c) gegebenen Graduierung. Der kanonische Epimorphismus ist dann "homogen vom Grad 0", d.h. er bildet homogene Elemente auf homogene Elemente gleichen Grades ab.

Ist $I \subset R$ ein homogenes Ideal, so ist $R/I$ nicht nur ein graduierter $R$–Modul, sondern sogar ein graduierter Ring mit der durch

$$(R/I)_g := R_g + I/I \qquad (g \in G)$$

gegebenen Graduierung. Der Untermodul

$$IM := \{ \sum_\lambda r_\lambda m_\lambda \mid r_\lambda \in I, m_\lambda \in M \}$$

von $M$ wird von homogenen Elementen erzeugt und ist damit ein graduierter Untermodul von $M$. Folglich ist $M/IM$ ein graduierter $R$–Modul und sogar ein graduierter $R/I$–Modul. Speziell ist für jedes homogene Element $x \in R$ der Modul $M/xM$ ein graduierter $R/(x)$–Modul.

Sei $G$ eine geordnete Gruppe. Die Graduierung von $M$ heißt **nach unten beschränkt**, wenn $M = \langle 0 \rangle$ ist, oder wenn in $M$ ein homogenes Element $m \neq 0$ kleinsten Grades existiert. Für $\mathbf{Z}$–graduierte Moduln $M$ bedeutet dies, daß ein $n_0 \in \mathbf{Z}$ existiert, so daß $M_n = \langle 0 \rangle$ für alle $n < n_0$. Das folgende Lemma wird oft angewendet:

A.9. LEMMA VON NAKAYAMA FÜR GRADUIERTE MODULN.
*Sei $G$ eine geordnete Gruppe, $I \subset R$ ein Ideal, das von homogenen Elementen vom Grad $> 0$ erzeugt wird, $M$ ein graduierter $R$-Modul und $U \subset M$ ein graduierter Untermodul. Die Graduierung von $M/U$ sei nach unten beschränkt und es gelte*

$$M = U + I \cdot M$$

*Dann ist $M = U$.*

BEWEIS: Mit $N := M/U$ gilt $N = IN$. Angenommen, es wäre $N \neq \langle 0 \rangle$. Dann besitzt $N$ ein homogenes Element $n \neq 0$ von kleinstem Grad. Dieses läßt sich in der Form

$$n = \sum_{i \in \mathbb{Z}} x_i n_i$$

mit homogenen $x_i \in I$ von positivem Grad und homogenen $n_i \in N$ schreiben. Wegen $\deg n_i < \deg n$ ergibt sich ein Widerspruch. Somit ist $N = \langle 0 \rangle$ und $M = U$.

Nach wie vor sei $G$ eine geordnete abelsche Gruppe. Es werde nun vorausgesetzt, daß

$$R = R_0[x_1, \ldots, x_n]$$

ist, wobei $R_0 \subset R$ der Unterring der homogenen Elemente vom Grad 0 ist und $x_1, \ldots, x_n$ homogene Elemente mit $\deg x_i =: g_i > 0$ sind ($i = 1, \ldots, n$). Diese Situation liegt etwa vor, wenn $R = R_0[X_1, \ldots, X_n]/I$ ist, wobei $R_0[X_1, \ldots, X_n]$ ein Polynomring über einem Körper $R_0$ mit der Standardgraduierung ist und $I \neq R_0[X_1, \ldots, X_n]$ ein homogenes Ideal von $R_0[X_1, \ldots, X_n]$.

Wenn ein graduierter $R$-Modul $M = \bigoplus_{g \in G} M_g$ von endlich vielen homogenen Elementen $m_i$ von Grad $d_i$ ($i = 1, \ldots, t$) erzeugt wird, so wird $M_g$ als $R_0$-Modul von den endlich vielen Elementen

$$x_1^{\nu_1} \cdots x_n^{\nu_n} m_i \quad \text{mit} \quad \sum_{j=1}^{n} \nu_j g_j + d_i = g$$

erzeugt. Hierbei ist $M_g = \langle 0 \rangle$ für $g < \text{Min} \{d_1, \ldots, d_t\}$, insbesondere ist die Graduierung von $M$ nach unten beschränkt. Ist speziell $R_0 = K$ ein Körper, so ist $M_g$ für jedes $g \in G$ ein endlichdimensionaler Vektorraum über $K$. Die Bestimmung der Dimension solcher Vektorräume spielt in der Algebra, der algebraischen Geometrie und der Kombinatorik eine wichtige Rolle.

A.10.DEFINITION. *Die Abbildung* $\chi_M : G \to \mathsf{N}$ *mit*

$$\chi_M(g) = \dim_K M_g \qquad (g \in G)$$

*heißt die* **Hilbertfunktion** *von* $M$. *Im Fall* $G = \mathsf{Z}$ *heißt die formale Laurentreihe*

$$H_M(t) = \sum_{k \in \mathsf{Z}} \chi_M(k) t^k$$

*die* **Hilbertreihe** *von* $M$ *(oder auch* **erzeugende Funktion** *von* $\chi_M$ *).*

In der Kombinatorik treten Anzahlfunktionen auf, die sich als Hilbertfunktionen graduierter Moduln deuten lassen. Hier begegnen sich kommutative Algebra und Kombinatorik (vgl. [BH] und [S])).

A.11.LEMMA. *Unter den Voraussetzungen von A.10 sei* $x \in R$ *ein homogenes Element vom Grad* $d$, *für das*

$$\mu_x : M \to M \qquad (m \mapsto x \cdot m)$$

*injektiv ist (ein* $M$*-reguläres Element* *oder ein* **Nichtnullteiler** *von* $M$ *). Dann gilt* $\chi_{M/xM}(g) = \chi_M(g) - \chi_M(g - d)$ *für alle* $g \in G$. *Im Fall* $G = \mathsf{Z}$ *ergibt sich*

$$H_{M/xM}(t) = (1 - t^d) \cdot H_M(t)$$

BEWEIS: Für jedes $g \in G$ induziert $\mu_x$ eine exakte Folge endlichdimensionaler $K$-Vektorräume

$$0 \to M_{g-d} \xrightarrow{\mu_x} M_g \to (M/xM)_g \to 0$$

woraus die erste Behauptung des Lemmas folgt.

Im Fall $G = \mathsf{Z}$ ergibt sich $H_{M/xM}(t) = \sum_{k \in \mathsf{Z}} [\chi_M(k) - \chi_M(k - d)] t^k =$

$$\sum_{k \in \mathsf{Z}} \chi_M(k) t^k - \sum_{k \in \mathsf{Z}} \chi_M(k) t^{k+d} = (\sum_{k \in \mathsf{Z}} \chi_M(k) t^k)(1 - t^d) = (1 - t^d) H_M(t).$$

A.12.BEISPIELE:

a) Sei $R = K[X_1, \dots, X_n]$, $\deg X_i =: \gamma_i \in \mathsf{N}_+$. Dann ist $H_{R/(X_n)}(t) = (1 - t^{\gamma_n}) H_R(t)$, und wegen $R/(X_n) = K[X_1, \dots, X_{n-1}]$ folgt durch Induktion

$$1 = H_{R/(X_1, \dots, X_n)}(t) = (1 - t^{\gamma_1}) \cdot \dots \cdot (1 - t^{\gamma_n}) \cdot H_R(t)$$

also

$$H_R(t) = \frac{1}{\displaystyle\prod_{i=1}^{n} (1 - t^{\gamma_i})}$$

$\chi_R(k)$ ist der Koeffizient von $t^k$ in der Potenzreihenentwicklung dieser Funktion. Natürlich ist $\chi_R(k)$ auch die Anzahl der Monome $X_1^{\alpha_1} \cdots X_n^{\alpha_n}$ vom Grad $k$ und die Anzahl der Lösungen der diophantischen Gleichung $\sum_{i=1}^{n} \gamma_i X_i = k$ in natürlichen Zahlen.

Für die Standardgraduierung $\gamma_1 = \cdots = \gamma_n = 1$ erhält man

$$H_R(t) = \frac{1}{(1-t)^n} = \sum_{k=0}^{\infty} \binom{n+k-1}{n-1} t^k$$

und damit ergibt sich für die Anzahl der Monome $k$-ten Grades

$$\chi_R(k) = \dim_K K[X_1, \ldots, X_n]_k = \binom{n+k-1}{n-1}$$

b) Sei $R = K[X_1, \ldots, X_n]$ mit der durch $\deg X_i =: \gamma_i \in \mathbb{N}_+$ $(i = 1, \ldots, n)$ gegebenen Graduierung versehen, und seien $F_1, \ldots, F_m \in R$ homogene Polynome mit $\deg F_i =: d_i \in \mathbb{N}_+$, die eine **reguläre Folge** bilden, d.h. das Bild $\varphi_i$ von $F_i$ in $K[X_1, \ldots, X_n]/(F_1, \ldots, F_{i-1})$ ist kein Nullteiler $(i = 1, \ldots, m)$. Dann ergibt sich durch wiederholte Anwendung von A.11 für die Hilbertreihe von $R/(F_1, \ldots, F_m)$

$$(5) \qquad H_{R/(F_1, \ldots, F_m)}(t) = \prod_{i=1}^{m} (1 - t^{d_i}) \cdot H_R(t) = \frac{\prod_{i=1}^{m} (1 - t^{d_i})}{\prod_{i=1}^{n} (1 - t^{\gamma_i})}$$

Im Fall $m = n$ erhält man $H_{R/(F_1, \ldots, F_n)}(t) = \prod_{i=1}^{n} \frac{\sum_{j=0}^{d_i - 1} t^j}{\sum_{j=0}^{\gamma_i - 1} t^j}$. Die Potenzreihe $H_{R/(F_1, \ldots, F_n)}(t)$ stellt eine rationale Funktion dar, die höchstens Einheitswurzeln als Pole besitzt. Daher konvergiert die Potenzreihe sicher im Innern des Einheitskreises. An der Stelle $t = 1$ besitzt die rationale Funktion den Wert $\prod_{i=1}^{n} \frac{d_i}{\gamma_i}$, ist also in der Umgebung von $t = 1$ beschränkt. Dies gilt dann auch für die Hilbertreihe. Deren Koeffizienten sind aber natürliche Zahlen. Notwendigerweise muß dann $H_{R/(F_1, \ldots, F_n)}(t)$ ein Polynom sein, andernfalls müßte diese Funktion für $t \to 1$ gegen $\infty$ gehen. Es folgt, daß $R/(F_1, \ldots, F_n)$ eine endlich-dimensionale $K$-Algebra ist, und daß gilt:

$$\dim_K K[X_1, \ldots, X_n]/(F_1, \ldots, F_n) = H_{R/(F_1, \ldots, F_n)}(1) = \prod_{i=1}^{n} \frac{d_i}{\gamma_i}$$

Speziell hat man für die Standardgraduierung

$$\dim_K K[X_1, \ldots, X_n]/(F_1, \ldots, F_n) = \prod_{i=1}^{n} d_i$$

In diesem Fall ist der Beweis einfacher, weil sich in der Formel (5) sofort der ganze Nenner kürzen läßt.

Wir beschäftigen uns jetzt mit den Primidealen graduierter Ringe.

A.13.SATZ. *Sei $G$ eine geordnete Gruppe.*
*a) Ein homogenes Ideal $\mathfrak{P} \neq R$ von $R$ ist genau dann ein Primideal, wenn für homogene Elemente $a, b \in R \setminus \mathfrak{P}$ auch $a \cdot b \in R \setminus \mathfrak{P}$ gilt.*
*b) Für jedes $\mathfrak{P} \in \operatorname{Spec} R$ ist das von allen homogenen Elementen aus $\mathfrak{P}$ erzeugte Ideal $\mathfrak{P}^*$ ein Primideal.*
*c) Die minimalen Primteiler homogener Ideale aus $R$ sind homogen.*

BEWEIS: a) Da $\mathfrak{P}$ homogen ist, ist $R/\mathfrak{P}$ ein $G$–graduierter Ring. Die Behauptung folgt daher aus A.4a).
b) Sind $a, b \in R \setminus \mathfrak{P}^*$ homogene Elemente, so sind $a, b \notin \mathfrak{P}$, folglich ist $a \cdot b \notin \mathfrak{P}$, da $\mathfrak{P}$ ein Primideal ist. Dann ist aber $a \cdot b \notin \mathfrak{P}^*$. Nach a) ist $\mathfrak{P}^* \in \operatorname{Spec} R$.
c) Sei $\mathfrak{P}$ ein minimaler Primteiler eines homogenen Ideals $I$. Dann ist $I \subset \mathfrak{P}^* \subset \mathfrak{P}$, und nach b) ist auch $\mathfrak{P}^*$ ein Primideal. Es folgt, daß $\mathfrak{P} = \mathfrak{P}^*$ homogen ist.

A.14.KOROLLAR. *Für jedes homogene Ideal $I$ ist auch $\operatorname{Rad} I$ homogen.*

Da $\operatorname{Rad} I$ der Durchschnitt der minimalen Primteiler von $I$ ist, ergibt sich dies aus A.13c). Ein direkter Beweis ist aber auch sehr einfach.

Sei jetzt nochmals $R = P[X_1, \ldots, X_n]$ eine Polynomalgebra über einem Ring $P$.

A.15.DEFINITION. *Ein Ideal $I \subset R$ heißt* **monomial**, *wenn es sich durch Monome $X^\lambda := X_1^{\lambda_1} \cdot \ldots \cdot X_n^{\lambda_n}$ erzeugen läßt.*

Ein solches Ideal ist homogen für jede der Graduierungen aus A.2a). Der folgende einfache Satz wird häufig für Dimensionsberechnungen benutzt, wenn $P$ ein Körper ist.

A.16.SATZ. *Sei $\{X^\lambda\}_{\lambda \in \Lambda}$ ein aus Monomen bestehendes Erzeugendensystem eines monomialen Ideals $I$ von $R$. Dann bilden die Restklassen der Monome $X^\alpha$, die von keinem der $X^\lambda$ ($\lambda \in \Lambda$) geteilt werden, eine Basis von $R/I$ als $P$–Modul. Genau dann ist $R/I$ ein freier $P$–Modul endlichen Ranges, wenn es Zahlen $\rho_i \in \mathbf{N}$ ($i = 1, \ldots, n$) gibt mit $X_i^{\rho_i} \in \{X^\lambda\}_{\lambda \in \Lambda}$.*

BEWEIS: Es ist klar, daß die Monome $X^\alpha$, die von keinem der $X^\lambda$ geteilt werden, ein Erzeugendensystem von $R/I$ als $P$-Modul repräsentieren. Eine Linearkombination $\Sigma \rho_\alpha X^\alpha$ ($\rho_\alpha \in P$) solcher $X^\alpha$ kann nur dann in $I$ liegen, wenn alle $\rho_\alpha = 0$ sind. Somit repräsentieren die $X^\alpha$ sogar eine Basis von $R/I$ über $P$.

Ist $R/I$ von endlichem Rang, so ist $X_i^{\rho_i} \in I$ für genügend große $\rho_i \in \mathbb{N}$ ($i=1,\ldots,n$). Dann wird $X_i^{\rho_i}$ von einem $X^\lambda$ ($\lambda \in \Lambda$) geteilt, und dieses muß selbst schon eine Potenz von $X_i$ sein.

Die Bedingungen des Satzes für die $X^\alpha$ sind rein numerischer Art und können in konkreten Fällen leicht (z.B. von einem Computer) nachgeprüft werden. Kompliziertere Dimensionsbestimmungen versucht man auf die Situation von A.16 zu reduzieren (vgl. Anhang D).

AUFGABEN:

1) Ein $G$-graduierter Ring $K = \bigoplus_{g \in G} K_g$ heißt ein **graduierter Körper**, wenn jedes homogene Element $x \neq 0$ aus $K$ eine Einheit von $K$ ist. Sei $K$ ein $G$-graduierter Körper.

   a) $K_0$ ist ein Körper, und für jedes $g \in G$ ist $K_g$ ein $K_0$-Vektorraum der Dimension $\leq 1$.

   b) $H_K := \{g \in G \mid K_g \neq \langle 0 \rangle\}$ ist eine Untergruppe von $G$ (sie heißt die **Trägergruppe** von $K$).

   c) Jeder $G$-graduierte $K$-Modul $V$ besitzt eine aus homogenen Elementen bestehende Basis.

2) a) Sei $K$ ein Körper und $G$ eine abelsche Gruppe. Dann ist die Gruppenalgebra $K[G]$ ein graduierter Körper mit der Trägergruppe $G$.

   b) Zeigen Sie durch ein Beispiel, daß es graduierte Körper gibt, die Nullteiler und sogar nilpotente Elemente $\neq 0$ besitzen.

3) Ein $G$-graduierter Ring $R = \bigoplus_{g \in G} R_g$ heißt $G$-**Integritätsring**, wenn jedes homogene Element $x \neq 0$ ein Nichtnullteiler von $R$ ist. Ist $S \subset R$ die Menge dieser Elemente, so ist der Quotientenring $K := R_S$ ein graduierter Körper. Für jeden graduierten Körper $K'$ mit $R \subset K' \subset K$ gilt $K' = K$. (Man nennt $K$ den $G$-**Quotientenkörper** von $R$).

4) Sei $K$ ein Körper, seien $F, G \in K[X,Y]$ teilerfremde homogene Polynome $\neq 0$ mit $\deg F =: p > 0$, $\deg G =: q > 0$ und sei $R := K[X,Y]/(F,G)$. Skizzieren Sie die Hilbertfunktion $\chi_R$.

5) Ein monomiales Ideal besitzt ein kanonisches kürzestes Erzeugendensystem.

## B. Lokalisation und homogene Lokalisation

Im folgenden sollen die Grundtatsachen der Bruchrechnung für Moduln zusammengestellt werden einschließlich der dazu analogen graduierten Theorie.

Sei $R$ ein Ring, $M$ ein $R$–Modul und $S \subset R$ eine multiplikativ abgeschlossene Teilmenge. Hierbei soll stets $1 \in S$ sein. Für $r \in R$ bezeichne $\mu_r : M \to M$ $(m \mapsto rm)$ die Multiplikation mit $r$.

**B.1. DEFINITION.** *Ein $R$–Modul $M_S$ zusammen mit einer $R$–linearen Abbildung $i : M \to M_S$ heißt* **Quotientenmodul** *von $M$ bzgl. der* **Nennermenge** $S$*, wenn folgendes gilt:*

*a) Für jedes $s \in S$ ist $\mu_s : M_S \to M_S$ bijektiv.*

*b) Ist $N$ irgendein $R$–Modul, für den $\mu_s : N \to N$ bijektiv ist für alle $s \in S$, und ist $j : M \to N$ eine lineare Abbildung, so gibt es genau eine lineare Abbildung $\ell : M_S \to N$ mit $j = \ell \circ i$. Man nennt $i$ die* **kanonische Abbildung** *in den Quotientenmodul. $M_S$ heißt auch die* **Lokalisation** *von $M$ bzgl. $S$.*

Wie immer, wenn ein Objekt durch eine universelle Eigenschaft definiert ist, ergibt sich für das Paar $(M_S, i)$, wenn es existiert, die Eindeutigkeit bis auf Isomorphie: Ist $(M_S^*, i^*)$ ebenfalls ein Quotientenmodul von $M$ bzgl. $S$, so existiert genau ein Isomorphismus $M_S \xrightarrow{\sim} M_S^*$, für den das Diagramm

(1)

kommutativ ist.

Der Existenzbeweis erfolgt in mehreren Schritten:

a) $M_S$ als **Menge der Brüche** $\frac{m}{s}$ $(m \in M, s \in S)$. Man führt auf $M \times S$ die folgende Äquivalenzrelation ein, die **Gleichheitsdefinition für Brüche:**
Für $(m, s)$ und $(m', s')$ aus $M \times S$ gilt $(m, s) \sim (m', s')$ genau dann, wenn ein $s'' \in S$ existiert, so daß $s''(s'm - sm') = 0$ ist.

Die Äquivalenzklasse, welcher $(m, s)$ angehört, wird mit $\frac{m}{s}$ bezeichnet, sie heißt der **Bruch** mit dem **Zähler** $m$ und dem **Nenner** $s$. Die Menge aller Brüche wird $M_S$ genannt, und $i : M \to M_S$ ist die Abbildung mit $i(m) = \frac{m}{1}$ für alle $m \in M$. Es gilt $\frac{m}{s} = \frac{s'm}{s's}$ für alle $s' \in S$ (Erweitern von Brüchen).

b) **Addition und Skalarmultiplikation** auf $M_S$ werden durch die **Bruchrechnungsregeln**

$$\frac{m}{s} + \frac{m'}{s'} := \frac{s'm + sm'}{ss'} \quad , \quad r \cdot \frac{m}{s} := \frac{rm}{s}$$

definiert. Man prüft leicht nach, daß das Ergebnis jeweils unabhängig von der speziellen Bruchdarstellung ist und daß in $M_S$ die Axiome eines $R$-Moduls erfüllt sind. Speziell ist der Bruch $\frac{0}{1}$ neutrales Element der Addition. Ferner ist $i : M \to M_S$ eine $R$-lineare Abbildung, und für jedes $s \in S$ ist $\mu_s : M_S \to M_S$ $(\frac{m'}{s'} \mapsto \frac{sm'}{s'})$ bijektiv, da $\frac{m'}{s'} \mapsto \frac{m'}{ss'}$ diese Abbildung umkehrt.

c) Zum **Nachweis der universellen Eigenschaft** seien $N$ und $j$ wie in B.1 gegeben. Eine lineare Abbildung $\ell : M_S \to N$ mit $j = \ell \circ i$, wenn sie existiert, muß für $m \in M$ die Bedingung $\ell(\frac{m}{1}) = j(m)$ erfüllen, also muß auch $s \cdot \ell(\frac{m}{s}) = \ell(s \cdot \frac{m}{s}) = j(m)$ für alle $s \in S$ gelten und somit

$$(2) \qquad \qquad \ell(\frac{m}{s}) = \mu_s^{-1}(j(m))$$

wodurch $\ell$ eindeutig festgelegt ist. Man definiert nun $\ell$ durch die Formel (2) und weist durch einfache Rechnung nach, daß eine wohldefinierte Abbildung vorliegt, für welche $j = \ell \circ i$ gilt.

Auf Grund von (1) identifizieren wir $M_S$ in Zukunft mit dem Modul der Brüche $\frac{m}{s}$ ($m \in M, s \in S$). Im Spezialfall $M = R$ ist $R_S$ zunächst nur ein $R$-Modul. Man kann aber durch die Formel

$$\frac{r}{s} \cdot \frac{r'}{s'} := \frac{rr'}{ss'} \qquad (r, r' \in R,\, s, s' \in S)$$

$R_S$ zu einem kommutativen Ring mit dem Einselement $\frac{1}{1}$ machen. Die kanonische Abbildung $i : R \to R_S$ wird dadurch zum Ringhomomorphismus. Daß für $s \in S$ die Abbildung $\mu_s : R_S \to R_S$ bijektiv wird, ist dazu äquivalent, daß $i(s) = \frac{s}{1}$ Einheit in $R_S$ ist. Natürlich heißt $R_S$ **Quotientenring** von $R$ zur Nennermenge $S$.

Ist $N$ irgendein $R$-Modul mit der Eigenschaft, daß für alle $s \in S$ die Abbildung $\mu_s : N \to N$ bijektiv ist, so kann $N$ mittels der Formel

$$\frac{r}{s} \cdot n := \mu_s^{-1}(rn) \qquad (\frac{r}{s} \in R_S,\, n \in N)$$

auf wohldefinierte Weise zu einem $R_S$-Modul gemacht werden. Speziell gilt dies für $N = M_S$, hierbei hat man

$$\frac{r}{s} \cdot \frac{m}{s'} = \frac{rm}{ss'} \quad \text{für} \quad \frac{r}{s} \in R_S,\, \frac{m}{s'} \in M_S$$

$M_S$ soll in Zukunft stets als $R_S$-Modul betrachtet werden.

Die wichtigsten Fälle für die Lokalisation eines Moduls sind die, in welchen die Nennermenge $S$

a) aus allen Nichtnullteilern des Rings $R$ besteht. Im Fall $M = R$ setzt man dann $Q(R) := R_S$ und nennt $Q(R)$ den **vollen Quotientenring** von $S$. Ist $R$ ein Integritätsring, so ist $Q(R)$ der **Quotientenkörper** von $R$.

b) aus allen Potenzen $1, f, f^2, \ldots$ eines $f \in R$ besteht. In diesem Fall schreibt man auch $M_f$ bzw. $R_f$ für $M_S$ bzw. $R_S$ und spricht von der Lokalisation bzgl. $f$.

c) das Komplement $R \setminus \mathfrak{p}$ eines Primideals von $R$ ist. In diesem Fall schreibt man $M_{\mathfrak{p}}$ bzw. $R_{\mathfrak{p}}$ für $M_S$ bzw. $R_S$ und spricht von der Lokalisation bzgl. $\mathfrak{p}$.

Ist $\alpha : R' \to R$ ein Ringhomomorphismus und $S' \subset R'$ multiplikativ abgeschlossen, so ist $\alpha(S')$ multiplikativ abgeschlossen in $R$. Für einen $R$–Modul $M$ schreibt man dann gewöhnlich

$$M_{S'} := M_{\alpha(S')}$$

Dies ist ein Modul über $R_{S'} := R_{\alpha(S')}$. Speziell für $\mathfrak{p}' \in \operatorname{Spec} R'$ ist $M_{\mathfrak{p}'} := M_{\alpha(S' \setminus \mathfrak{p}')}$.

**B.2.REGELN:** Sei $i : M \to M_S$ die kanonische Abbildung. Dann gilt:

a) $\ker(i) = \{m \in M \mid$ es gibt ein $s \in S$ mit $sm = 0\}$. Ist $S$ die Menge aller Nichtnullteiler von $R$, so ist $\ker(i) = T(M)$ der Torsionsmodul von $M$.

b) Genau dann ist die kanonische Abbildung $i : R \to R_S$ injektiv, wenn $S$ keinen Nullteiler von $R$ enthält.

c) Genau dann ist $M_S = \langle 0 \rangle$, wenn es zu jedem $m \in M$ ein $s \in S$ mit $sm = 0$ gibt.

d) Genau dann ist $R_S = (0)$, wenn $0 \in S$.

**BEWEIS:** a) Genau dann gilt $\frac{m}{1} = \frac{0}{1}$, wenn ein $s \in S$ existiert, so daß $s \cdot (1 \cdot m - 1 \cdot 0) = 0$ ist (Gleichheitsdefinition der Brüche).

b) folgt aus a).

c) ergibt sich analog wie a) und d) folgt aus c), da $1 \in R$ nur durch $0$ annulliert werden kann.

Ist $U \subset M$ ein Untermodul, so hat man auf Grund der universellen Eigenschaft eine $R_S$–lineare Abbildung $U_S \to M_S$, die jeden Bruch $\frac{u}{s} \in U_S$ ($u \in U, s \in S$) auf den ebenso geschriebenen Bruch im $M_S$ abbildet. Diese Abbildung ist auf Grund der Gleichheitsdefinition der Brüche injektiv, und wir betrachten daher $U_S$ stets als $R_S$–Untermodul von $M_S$. Speziell ist für jedes Ideal $I \subset R$ durch $I_S$ ein Ideal von $R_S$ gegeben.

Als nächstes wollen wir die Bruchrechnung im graduierten Fall behandeln, die homogene Lokalisation. Sei $R = \bigoplus_{g \in G} R_g$ ein graduierter Ring über einer abelschen Gruppe $G$. Ferner sei $S \subset R$ eine multiplikativ abgeschlossene Teilmenge, die nur aus homogenen Elementen besteht. Ein Bruch $\frac{r}{s} \in R_S$ heißt **homogen**, wenn $r \in R$

homogen ist. Es ist dann $\deg \frac{r}{s} := \deg r - \deg s$ unabhängig von der speziellen Bruchdarstellung, und es gilt offensichtlich

$$R_S = \bigoplus_{g \in G} (R_S)_g$$

wenn $(R_S)_g$ die Gruppe der homogenen Elemente aus $R_S$ vom Grad $g$ bezeichnet. Speziell ist $(R_S)_0$ ein Unterring von $R_S$. Er wird mit $R_{(S)}$ bezeichnet und heißt die **homogene Lokalisation** von $R$ bzgl. $S$. Seine Elemente sind die Brüche, bei denen Zähler und Nenner den gleichen Grad besitzen.

Ist $R$ trivial graduiert (also $G = \{0\}$), so ist die homogene Lokalisation natürlich die übliche, und daher lassen sich die folgenden Betrachtungen speziell auch auf den ungraduierten Fall anwenden.

B.3. BEISPIELE:
a) Ist $S$ die Menge aller homogenen Nichtnullteiler von $R$, so setzt man

$$R_{(S)} =: Q^h(R)$$

und nennt $Q^h(R)$ den **homogenen vollen Quotientenring** von $R$. Ist $R$ ein Integritätsring, so ist $Q^h(R)$ ein Körper, denn für $\frac{r}{s} \in Q^h(R) \setminus \{0\}$ ist auch $\frac{s}{r} \in Q^h(R)$. In diesem Fall heißt $Q^h(R)$ der **homogene Quotientenkörper** von $R$.
b) Für $f \in R^h$ sei $S := \{1, f, f^2, \dots\}$. Man schreibt

$$R_{(S)} =: R_{(f)}$$

und nennt diesen Ring die **homogene Lokalisation von $R$ bzgl. $f$.**
c) Ist $\mathfrak{p}$ ein homogenes Primideal von $R$, so ist die Menge $S$ aller homogenen Elemente aus $R \setminus \mathfrak{p}$ multiplikativ abgeschlossen. Man schreibt in diesem Fall

$$R_{(S)} =: R_{(\mathfrak{p})}$$

und nennt $R_{(\mathfrak{p})}$ die **homogene Lokalisation von $R$ an der Stelle $\mathfrak{p}$**. Es ist $R_{(\mathfrak{p})}$ ein lokaler Ring mit dem maximalen Ideal

$$\mathfrak{m} := \{\frac{r}{s} \in R_{(\mathfrak{p})} \mid r \in \mathfrak{p}\}$$

In der Tat ist $\mathfrak{m}$ ein Ideal, und die Elemente $\frac{r}{s}$ aus $R_{(\mathfrak{p})} \setminus \mathfrak{m}$ sind Einheiten, denn es ist auch $\frac{s}{r} \in R_{(\mathfrak{p})}$.

In einem Spezialfall gestattet $R_S$ eine einfache Beschreibung als $R_{(S)}$-Algebra.

**B.4.Satz.** *Im Fall $G = \mathbf{Z}$ enthalte $S$ ein Element $f \neq 0$ vom Grad 1. Dann hat man einen Isomorphismus von $R_{(S)}$-Algebren*

$$\alpha\colon R_{(S)}[T, T^{-1}] \xrightarrow{\sim} R_S \quad (\alpha(T) = f, \alpha(T^{-1}) = \frac{1}{f})$$

*Speziell gilt für jedes homogene $f \in R \setminus \{0\}$ vom Grad 1*

$$R_f \cong R_{(f)}[T, T^{-1}]$$

**Beweis:** Es ist $R_{(S)}[T, T^{-1}] = R_{(S)}[T]_T$, und $f$ ist eine Einheit in $R_S$, daher ist $\alpha$ wohldefiniert. Für $\frac{r}{s} \in (R_S)_d$ ist $\frac{r}{sf^d} \in R_{(S)}$ und $\alpha(\frac{r}{sf^d}T^d) = \frac{r}{s}$, also ist $\alpha$ surjektiv.

Ferner ist $\alpha$ ein homogener $R_{(S)}$-Homomorphismus. Aus $\alpha(\frac{r}{s}T^\nu) = \frac{rf^\nu}{s} = 0$ ($\frac{r}{s} \in R_{(S)}$) folgt $\frac{r}{s} = 0$, und somit ist $\alpha$ auch injektiv,  **q.e.d.**

Ist $M$ ein graduierter $R$-Modul, so ist $M_{(S)}$ analog wie $R_{(S)}$ als der Untermodul von $M_S$ definiert, der aus den homogenen Elementen 0-ten Grades besteht. Es ist klar, daß $M_S$ ein graduierter $R_S$-Modul ist und $M_{(S)}$ ein $R_{(S)}$-Modul. Ferner ist $i\colon M \to M_S$ ($m \mapsto \frac{m}{1}$) ein homogener Homomorphismus vom Grad 0.

Für einen graduierten Untermodul $U \subset M$ ist $U_{(S)} = U_S \cap M_{(S)}$ ein $R$-Untermodul von $M_{(S)}$. Er besteht aus allen Quotienten $\frac{u}{s} \in M_{(S)}$ mit $u \in U^h$, $s \in S$, $\deg u = \deg s$. Speziell ist für jedes homogene Ideal $I \subset R$ durch $I_{(S)} \subset R_{(S)}$ ein Ideal von $R_{(S)}$ gegeben.

Sei nun ein homogener Untermodul $N \subset M_S$ gegeben. Dann ist $U := i^{-1}(N)$ ein homogener Untermodul von $M$ mit $N = U_S$. Ist $N'$ ein Untermodul von $M_{(S)}$, so ist $N := R_S \cdot N'$ ein homogener Untermodul von $M_S$ mit $N' = N \cap M_{(S)}$. Es ist dann $N = U_S$ mit $U := i^{-1}(N)$ und somit $N' = U_{(S)}$. Wir haben gezeigt

**B.5.Satz.** *Die homogenen Untermoduln von $M_S$ (Untermoduln von $M_{(S)}$) sind von der Form $U_S$ (von der Form $U_{(S)}$), wobei $U$ die homogenen Untermoduln von $M$ durchläuft. Dabei ist $U_{(S)} = U_S \cap M_{(S)}$.*

Speziell gilt dies natürlich für die Ideale in $R_S$ und $R_{(S)}$: Jedes homogene Ideal in $R_S$ (jedes Ideal in $R_{(S)}$) ist von der Form $I_S$ (von der Form $I_{(S)}$) mit einem homogenen Ideal $I \subset R$.

**B.6.Korollar.** *Ist $M$ ein noetherscher $R$-Modul, so ist $M_{(S)}$ ein noetherscher $R_{(S)}$-Modul. Ist $R$ ein noetherscher Ring, so auch $R_{(S)}$. Speziell gilt dies im trivial graduierten Fall.*

BEWEIS: Zu einer aufsteigenden Kette $N_1' \subset N_2' \subset \dots$ von $R_{(S)}$-Untermoduln von $M_{(S)}$ gehört eine aufsteigende Kette $U_1 \subset U_2 \subset \dots$ von Untermoduln $U_i \subset M$ mit $N_i' = (U_i)_{(S)}$ $(i \in \mathbf{N}_+)$. Da die Kette der $U_i$ stationär wird, gilt das Gleiche für die Kette der $N_i'$.

Ist $\ell\colon M \to N$ ein Homomorphismus graduierter $R$-Moduln, und ist $\ell$ vom Grad $0$, so induziert $\ell$ einen Homomorphismus von $R_{(S)}$-Moduln

$$\ell_{(S)}\colon M_{(S)} \to N_{(S)} \qquad \left(\ell_{(S)}(\frac{m}{s}) = \frac{\ell(m)}{s}\right)$$

Ist $\ell$ injektiv (surjektiv), so auch $\ell_{(S)}$.

B.7.SATZ. *(Vertauschbarkeit von Quotienten- und Restklassenbildung)*
*Sei $U \subset M$ ein graduierter Untermodul und $\varepsilon\colon M \to M/U$ der kanonische Epimorphismus. Dann induziert $\varepsilon_{(S)}\colon M_{(S)} \to (M/U)_{(S)}$ einen Isomorphismus*

$$M_{(S)}/U_{(S)} \cong (M/U)_{(S)} \quad (\frac{m}{s} + U_{(S)} \mapsto \frac{m+U}{s})$$

BEWEIS: Für $m \in M^h$ sei $\overline{m} \in M/U$ die Restklasse mod $U$. Die kanonische Abbildung $\varepsilon_{(S)}$ bildet den Bruch $\frac{m}{s}$ auf $\frac{\overline{m}}{s}$ ab. Dieser verschwindet genau dann, wenn ein $s' \in s$ existiert mit $s'\overline{m} = 0$, also $s'm \in U$. Dann ist aber $\frac{m}{s} = \frac{s'm}{s's} \in U_{(S)}$. Da $\varepsilon_{(S)}$ surjektiv ist, folgt die Behauptung aus dem Homomorphiesatz.

Für ein homogenes Ideal $I \subset R$ erhält man einen Isomorphismus von $R_{(S)}$-Moduln $(R)_{(S)}/I_{(S)} \cong (R/I)_{(S)}$. Bezeichnet nun $\overline{S}$ das Bild von $S$ in $R/I$, so ist $(R/I)_{(S)} \cong (R/I)_{(\overline{S})}$, wie man leicht sieht, und man erhält einen Isomorphismus von Ringen

$$R_{(S)}/I_{(S)} \cong (R/I)_{(\overline{S})}$$

Natürlich gilt B.7 wie auch diese Formel im trivial graduierten Fall: $R_S/I_S \cong (R/I)_{\overline{S}}$.

Für jedes (homogene) Primideal $\mathfrak{p} \subset R$ mit $\mathfrak{p} \cap S = \emptyset$ ist $\mathfrak{p}_S \subset R_S$ ebenfalls ein (homogenes) Primideal, denn es ist $R_S/\mathfrak{p}_S = (R/\mathfrak{p})_{\overline{S}}$ ein Integritätsring. Insbesondere ist für jedes homogene $\mathfrak{p} \subset R$ das Ideal $\mathfrak{p}_{(S)}$ ein Primideal von $R_{(S)}$.

B.8.SATZ. *a) Durch $\mathfrak{p} \mapsto \mathfrak{p}_S$ wird eine Bijektion der Menge aller (homogenen) Primideale $\mathfrak{p}$ von $R$ mit $\mathfrak{p} \cap S = \emptyset$ auf die Menge aller (homogenen) Primideale von $R_S$ gegeben.*
*b) Im Fall $G = \mathbf{Z}$ enthalte $S$ ein Element $\neq 0$ vom Grad $1$. Dann wird durch $\mathfrak{p} \mapsto \mathfrak{p}_{(S)}$ eine Bijektion der Menge aller homogenen Primideale $\mathfrak{p}$ von $R$ mit $\mathfrak{p} \cap S = \emptyset$ auf die Menge aller Primideale von $R_{(S)}$ gegeben.*

BEWEIS: Sei $i\colon R \to R_S$ der kanonische Homomorphismus.

a) Für jedes (homogene) Primideal $\mathfrak{P}$ von $R_S$ ist $\mathfrak{p} := i^{-1}(\mathfrak{P})$ ein (homogenes) Primideal von $R$ mit $\mathfrak{p} \cap S = \emptyset$ und $\mathfrak{P} = \mathfrak{p}_S$. Da $i^{-1}(\mathfrak{p}_S) = \mathfrak{p}$ ist, definiert $\mathfrak{p} \mapsto \mathfrak{p}_S$ eine Bijektion.

b) Unter den Voraussetzungen von b) ist $R_S \cong R_{(S)}[T, T^{-1}]$ nach A.16. Für jedes $\mathfrak{P} \in \operatorname{Spec} R_{(S)}$ ist $\mathfrak{P} R_S$ ein homogenes Primideal von $R_S$, denn es ist

$$R_{(S)}[T, T^{-1}]/\mathfrak{P} R_{(S)}[T, T^{-1}] \cong (R_{(S)}/\mathfrak{P})[T, T^{-1}]$$

ein Integritätsring. Es folgt $\mathfrak{P} = \mathfrak{P} R_S \cap R_{(S)} = \mathfrak{p}_{(S)}$ mit $\mathfrak{p} := i^{-1}(\mathfrak{P} R_S)$.

Umgekehrt sei nun $\mathfrak{p} \in \operatorname{Spec} R$ homogen, $\mathfrak{p} \cap S = \emptyset$. Es ist klar, daß $\mathfrak{p} \supset i^{-1}(\mathfrak{p}_{(S)} R_S)$. Für $x \in R^h$ mit $\frac{x}{1} = \frac{p}{s_1} \cdot \frac{r}{s_2}$ ($p \in \mathfrak{p}^h$, $s_1, s_2 \in S$ und $r \in R^h$) gilt $s s_1 s_2 x = s p r \in \mathfrak{p}$ mit einem $s \in S$. Es folgt $x \in \mathfrak{p}$, da $\mathfrak{p} \cap S = \emptyset$. Somit ist $\mathfrak{p} = i^{-1}(\mathfrak{p}_{(S)} R_S)$, und auch $\mathfrak{p} \mapsto \mathfrak{p}_{(S)}$ ist bijektiv.

Im folgenden betrachten wir wieder Ringe und Moduln ohne Graduierung und leiten einige Aussagen des Lokal-Global-Prinzips her.

Das **Lokal-Global-Prinzip** führt Eigenschaften eines $R$–Moduls $M$ auf die seiner Lokalisationen $M_\mathfrak{m}$ für $\mathfrak{m} \in \operatorname{Max} R$ zurück. Es beruht auf folgender Tatsache:

B.9.SATZ. *Folgende Aussagen sind äquivalent:*
*a) $M = \langle 0 \rangle$.*
*b) Für alle $\mathfrak{p} \in \operatorname{Spec} R$ ist $M_\mathfrak{p} = \langle 0 \rangle$.*
*c) Für alle $\mathfrak{m} \in \operatorname{Max} R$ ist $M_\mathfrak{m} = \langle 0 \rangle$.*

BEWEIS: Es genügt, c)$\to$a) zu zeigen. Gilt c), so ist $\frac{m}{1} = 0$ in $M_\mathfrak{m}$ für jedes $m \in M$ und $\mathfrak{m} \in \operatorname{Max} R$. Es existiert dann für jedes $\mathfrak{m} \in \operatorname{Max} R$ ein $s_\mathfrak{m} \in R \setminus \mathfrak{m}$ mit $s_\mathfrak{m} \cdot m = 0$, d.h. $\operatorname{Ann}(m)$ ist in keinem maximalen Ideal von $R$ enthalten. Dann ist $\operatorname{Ann}(m) = R$ und folglich $m = 0$.

B.10.KOROLLAR. *Für Untermoduln $P, Q$ von $M$ sind folgende Aussagen äquivalent:*
*a) $P = Q$.*
*b) $P_\mathfrak{p} = Q_\mathfrak{p}$ für alle $\mathfrak{p} \in \operatorname{Spec} R$.*
*c) $P_\mathfrak{m} = Q_\mathfrak{m}$ für alle $\mathfrak{m} \in \operatorname{Max} R$.*

BEWEIS: Wende B.9 auf $P + Q/Q$ und $P + Q/P$ an.

B.11.KOROLLAR. *Eine Familie $\{m_\lambda\}_{\lambda \in \Lambda}$ von Elementen $m_\lambda \in M$ erzeugt genau dann $M$, wenn sie $M_\mathfrak{m}$ als $R_\mathfrak{m}$–Modul für jedes $\mathfrak{m} \in \operatorname{Max} R$ erzeugt.*

BEWEIS: Wende B.10 auf $P = M$ und $Q := \langle \{m_\lambda\}_{\lambda \in \Lambda} \rangle$ an.

Für Ideale kommt man in B.10 mit einer etwas schwächeren Bedingung aus.

**B.12.KOROLLAR.** *Für Ideale $I$ und $J$ aus $R$ gilt $I = J$ genau dann, wenn für alle $\mathfrak{m} \in \operatorname{Max} R$ mit $I \cap J \subset \mathfrak{m}$ die Bedingung $I_\mathfrak{m} = J_\mathfrak{m}$ erfüllt ist.*

Für $\mathfrak{m} \in \operatorname{Max} R$ mit $I \cap J \not\subset \mathfrak{m}$ gilt sowieso $I_\mathfrak{m} = J_\mathfrak{m} = R_\mathfrak{m}$.

Ist $N$ ein weiterer $R$–Modul, $\alpha \colon M \to N$ eine $R$–lineare Abbildung und $S \subset R$ multiplikativ abgeschlossen, so heißt die $R_S$–lineare Abbildung

$$\alpha_S \colon M_S \to N_S \qquad (\frac{m}{s} \mapsto \frac{\alpha(m)}{s})$$

die **Lokalisation von** $\alpha$ bzgl. $S$. Für $\mathfrak{p} \in \operatorname{Spec} R$ und $S := R \setminus \mathfrak{p}$ schreiben wir $\alpha_\mathfrak{p}$ für $\alpha_S$. Das Lokal-Global-Prinzip läßt sich auch auf lineare Abbildungen anwenden.

**B.13.SATZ.** *Sei $M \xrightarrow{\alpha} N \xrightarrow{\beta} P$ eine Folge von $R$–Moduln und $R$–linearen Abbildungen $\alpha, \beta$.*
*a) Ist $S \subset R$ multiplikativ abgeschlossen und die Folge exakt, so ist auch*

$$M_S \xrightarrow{\alpha_S} N_S \xrightarrow{\beta_S} P_S$$

*eine exakte Folge von $R_S$–Moduln.*
*b) Ist für alle $\mathfrak{m} \in \operatorname{Max} R$ die Folge*

$$M_\mathfrak{m} \xrightarrow{\alpha_\mathfrak{m}} N_\mathfrak{m} \xrightarrow{\beta_\mathfrak{m}} P_\mathfrak{m}$$

*exakt, so ist auch $M \xrightarrow{\alpha} N \xrightarrow{\beta} P$ exakt.*

**BEWEIS:** Sei $Q := \operatorname{im} \alpha$, $Q' := \ker \beta$. Dann ist $Q_S = \operatorname{im} \alpha_S$ und $Q'_S = \ker \beta_S$. Aus $Q = Q'$ folgt $Q_S = Q'_S$. Der Beweis von b) ergibt sich aus B.10.

**B.14.KOROLLAR.** *Sei $\alpha \colon M \to N$ eine $R$–lineare Abbildung.*
*a) Ist $S \subset R$ multiplikativ abgeschlossen und ist $\alpha$ injektiv (surjektiv, bijektiv), so ist es auch $\alpha_S \colon M_S \to N_S$.*
*b) Ist $\alpha_\mathfrak{m} \colon M_\mathfrak{m} \to N_\mathfrak{m}$ für alle $\mathfrak{m} \in \operatorname{Max} R$ injektiv (surjektiv, bijektiv), so auch $\alpha$.*

**BEWEIS:** Für die Injektivität betrachtet man die Folge $0 \to M \to N$ und für die Surjektivität $M \to N \to 0$. Dann wendet man B.13 an.

**B.15.Definition.** *Unter dem* **Träger** *von* $M$ *versteht man die Menge*

$$\operatorname{Supp} M := \{\mathfrak{p} \in \operatorname{Spec} R \mid M_\mathfrak{p} \neq \langle 0 \rangle\}$$

**B.16.Korollar.** *Ist* $M$ *endlich erzeugt, so gilt*

$$\operatorname{Supp} M = \{\mathfrak{p} \in \operatorname{Spec} R \mid \mathfrak{p} \supset \operatorname{Ann} M\}$$

**Beweis:** Sei $M = \langle m_1, \ldots, m_t \rangle$, also $\operatorname{Ann} M = \bigcap_{i=1}^{t} \operatorname{Ann}(m_i)$. Für $\mathfrak{p} \in \operatorname{Spec} R$ gilt $\mathfrak{p} \supset \operatorname{Ann} M$ genau dann, wenn ein $i \in \{1, \ldots, t\}$ existiert mit $\mathfrak{p} \supset \operatorname{Ann}(m_i)$. Diese Bedingung ist aber damit äquivalent, daß $\frac{m_i}{1} \neq 0$ in $M_\mathfrak{p}$ ist.

Die Lokal-Global-Aussagen über Ringe und Moduln ließen sich noch stark vermehren, wir beenden aber vorerst die Beschäftigung mit diesem Thema und verweisen auf die Lehrbücher der kommutativen Algebra.

Aufgaben:

Sei stets $M$ ein Modul über einem Ring $R$.

1) $M$ heißt **reflexiv**, wenn die kanonische Abbildung

$$\delta\colon M \to \operatorname{Hom}_R(\operatorname{Hom}_R(M, R), R) \quad \text{mit} \quad \delta(m)(\ell) = \ell(m)$$

für $m \in M$ und $\ell \in \operatorname{Hom}_R(M, R)$ bijektiv ist. Genau dann ist ein endlich erzeugter Modul über einem noetherschen Ring reflexiv, wenn für alle $\mathfrak{m} \in \operatorname{Max} R$ der $R_\mathfrak{m}$–Modul $M_\mathfrak{m}$ reflexiv ist.

2) $M$ heißt **projektiv**, wenn ein weiterer $R$–Modul $M'$ existiert, so daß $M \oplus M'$ ein freier $R$–Modul ist.

a) Ist $M$ projektiv, $F$ ein $R$–Modul und $\alpha\colon F \to M$ eine surjektive $R$–lineare Abbildung, so existiert ein Untermodul $M' \subset F$, so daß $F \cong M \oplus M'$.

b) Ist $M$ projektiv und endlich erzeugt, so existiert ein endlich erzeugter $R$–Modul $M'$, so daß $M \oplus M'$ frei ist.

3) a) Ein endlich erzeugter Modul $M$ über einem lokalen Ring ist genau dann projektiv, wenn er frei ist. Jedes kürzeste Erzeugendensystem von $M$ ist eine Basis.

b) Ein endlich präsentierbarer Modul $M$ über einem beliebigen Ring $R$ ist genau dann projektiv, wenn er **lokal frei** ist, d.h. wenn $M_\mathfrak{m}$ für alle $\mathfrak{m} \in \operatorname{Max} R$ ein freier $R_\mathfrak{m}$–Modul ist.

4) Ein Integritätsring $R$ ist genau dann ganzabgeschlossen in seinem Quotientenkörper $K$, wenn $R_\mathfrak{m}$ für alle $\mathfrak{m} \in \operatorname{Max} R$ ganzabgeschlossen in $K$ ist.

5) Sei $\mathfrak{p} \in \operatorname{Spec} R$ und seien $m_1, \ldots, m_r \in M$. Erzeugen die Bilder dieser Elemente den $R_\mathfrak{p}$–Modul $M_\mathfrak{p}$ (bzw. sind sie eine Basis von $M_\mathfrak{p}$), so gibt es ein $f \in R \setminus \mathfrak{p}$, so daß die Bilder von $m_1, \ldots, m_r$ in $M_f$ diesen $R_f$–Modul erzeugen (bzw. eine Basis von $M_f$ bilden).

## C. Moduln über noetherschen Ringen

Welche Themen hier behandelt werden, ergibt sich aus den Überschriften zu den einzelnen Abschnitten.

### a) Erzeugung von Moduln

Sei $R \neq \{0\}$ ein Ring, $M$ ein endlich erzeugter $R$–Modul. Mit $\mu(M)$ bezeichnen wir die Anzahl der Elemente eines kürzesten Erzeugendensystems von $M$. Für $\mathfrak{p} \in \operatorname{Spec} R$ sei $\mu_{\mathfrak{p}}(M) := \mu(M_{\mathfrak{p}})$, wobei $M_{\mathfrak{p}}$ als $R_{\mathfrak{p}}$–Modul zu betrachten ist. Es ist klar, daß $\mu_{\mathfrak{p}}(M) \leq \mu(M)$ für alle $\mathfrak{p} \in \operatorname{Spec} R$.

**C.1.LEMMA.** *Ist $M$ frei, so sind die Basen von $M$ gerade die kürzesten Erzeugendensysteme von $M$.*

BEWEIS: Sei $M \cong R^n$ und sei $B := \{b_1, \ldots, b_m\}$ ein kürzestes Erzeugendensystem von $M$. Dann ist natürlich $m \leq n$, und man hat eine surjektive lineare Abbildung $\ell: R^n \to R^n$ mit $\ell(e_i) = b_i$ $(i = 1, \ldots, m)$, $\ell(e_j) = 0$ $(j = m+1, \ldots, n)$, wobei $\{e_1, \ldots, e_n\}$ die Standardbasis von $R^n$ ist. Sei $x_i \in R^n$ so gewählt, daß $\ell(x_i) = e_i$ $(i = 1, \ldots, n)$ und sei $\ell' : R^n \to R^n$ die lineare Abbildung mit $\ell'(e_i) = x_i$ $(i = 1, \ldots, n)$. Dann ist $\ell \circ \ell' = \operatorname{id}$.

Wenn $A$ und $A'$ die $n \times n$–Matrizen sind, welche $\ell$ und $\ell'$ bzgl. der Standardbasis zugeordnet werden, so ist $A \cdot A'$ die Einheitsmatrix, also ist $\det A$ eine Einheit in $R$. Dann muß aber $m = n$ sein, und ferner müssen $b_1, \ldots, b_n$, die Spalten von $A$, linear unabhängig sein, d.h. $B$ ist eine Basis von $M$.

Durch B.11 wird die Untersuchung von Erzeugendensystemen auf den Fall von Moduln über lokalen Ringen zurückgeführt. In dieser Situation ist das folgende Lemma von fundamentaler Bedeutung.

**C.2.LEMMA VON NAKAYAMA.** *Sei $M$ ein beliebiger $R$–Modul, $N \subset M$ ein Untermodul, so daß $M/N$ endlich erzeugt ist, und sei $I \subset R$ ein Ideal, das im Durchschnitt aller maximalen Ideale von $R$ enthalten ist. Gilt $M = N + IM$, so ist $M = N$.*

BEWEIS: $\overline{M} := M/N$ besitzt ein minimales Erzeugendensystem $\{m_1, \ldots, m_t\}$. Angenommen, es wäre $t > 0$. Da $\overline{M} = I\overline{M}$ ist, gibt es eine Gleichung

$$m_t = \sum_{j=1}^{t} a_j m_j \qquad (a_j \in I, j = 1, \ldots, t)$$

Aus $(1 - a_t)m_t = \sum_{j=1}^{t-1} a_j m_j$ ergibt sich, da $a_t$ in allen $\mathfrak{m} \in \operatorname{Max} R$ liegt und $1 - a_t$ demzufolge eine Einheit in $R$ ist, daß $m_t \in \langle m_1, \ldots, m_{t-1} \rangle$. Dies widerspricht der vorausgesetzten Minimalität des Erzeugendensystems. Folglich muß $t = 0$ und $M = N$ sein.

C.3.KOROLLAR. *Sei $(R, \mathfrak{m})$ ein lokaler Ring, $k := R/\mathfrak{m}$ sein Restklassenkörper und $M$ ein endlich erzeugter $R$–Modul. Für Elemente $m_1, \ldots, m_t \in M$ sind folgende Aussagen äquivalent:*
*a) $M = \langle m_1, \ldots, m_t \rangle$.*
*b) Die Restklassen $\overline{m}_i$ der $m_i$ in $M/\mathfrak{m}M$ erzeugen den $k$–Vektorraum $M/\mathfrak{m}M$.*

BEWEIS: Aus $M/\mathfrak{m}M = \langle \overline{m}_1, \ldots, \overline{m}_t \rangle$ folgt $M = \langle m_1, \ldots, m_t \rangle + \mathfrak{m}M$, und aus C.2 ergibt sich $M = \langle m_1, \ldots, m_t \rangle$.

C.4.KOROLLAR. *Unter den Voraussetzungen von C.3 gilt:*
*a) $\mu(M) = \dim_k M/\mathfrak{m}M$.*
*b) $\{m_1, \ldots, m_t\}$ ist genau dann ein kürzestes Erzeugendensystem des Moduls $M$, wenn $\{\overline{m}_1, \ldots, \overline{m}_t\}$ eine Basis von $M/\mathfrak{m}M$ über $k$ ist.*
*c) (Auswahlsatz). Jedes Erzeugendensystem von $M$ enthält ein minimales.*
*d) (Ergänzungssatz). $\{m_1, \ldots, m_t\}$ läßt sich genau dann zu einem minimalen Erzeugendensystem von $M$ ergänzen, wenn $\{\overline{m}_1, \ldots, \overline{m}_t\}$ linear unabhängig über $k$ ist.*

Auf Grund dieser Tatsachen weiß man über die Erzeugung von Moduln über und die von Idealen in lokalen Ringen sehr gut Bescheid. Für einen endlich erzeugten Modul $M$ studieren wir nun noch $\mu_{\mathfrak{p}}(M)$ als Funktion von $\mathfrak{p} \in \operatorname{Spec} R$.

Betrachte für $r \in \mathbb{N}$ das Ideal

$$I(M, r) := \sum_{\{m_1, \ldots, m_r\} \subset M} \operatorname{Ann}(M/\langle m_1, \ldots, m_r \rangle)$$

wobei die Summe über alle $r$–elementigen Teilmengen von $M$ erstreckt wird. Es ist

$$
\begin{aligned}
I(M, 0) &= \operatorname{Ann} M \\
I(M, r) &\subset I(M, r+1) \quad (r \in \mathbb{N})
\end{aligned}
$$

und

$$I(M, r) = R \qquad \text{für } r \geq \mu(M)$$

Ferner gilt für jede multiplikativ abgeschlossene Teilmenge $S \subset R$

$$(1) \qquad\qquad\qquad I(M_S, r) = I(M, r)_S$$

da alle in der Definition von $I(M, r)$ auftretenden Operationen mit Quotientenbildung vertauschbar sind.

C.5.LEMMA. *Für $\mathfrak{p} \in \operatorname{Spec} R$ und $r \in \mathbb{N}$ gilt $\mu_{\mathfrak{p}}(M) \geq r + 1$ genau dann, wenn $\mathfrak{p} \supset I(M, r)$. Insbesondere gilt $\mu_{\mathfrak{p}}(M) \geq 1$ genau dann, wenn $\mathfrak{p} \in \operatorname{Supp} M$.*

BEWEIS: Ist $\mathfrak{p} \supset I(M,r)$, so ist $I(M,r)_\mathfrak{p} = I(M_\mathfrak{p},r) \neq R_\mathfrak{p}$ und daher $r < \mu_\mathfrak{p}(M)$. Gilt $\mathfrak{p} \not\supset I(M,r)$, so ist $I(M,r)_\mathfrak{p} = I(M_\mathfrak{p},r) = R_\mathfrak{p}$. Wegen

$$\sum_{\{m_1,\dots,m_r\}\subset M} \mathrm{Ann}(M_\mathfrak{p}/R_\mathfrak{p}\langle m_1,\dots,m_r\rangle) = R_\mathfrak{p}$$

muß es ein System $\{m_1,\dots,m_r\} \subset M$ geben, so daß $\mathrm{Ann}(M_\mathfrak{p}/R_\mathfrak{p}\langle m_1,\dots,m_r\rangle) = R_\mathfrak{p}$ ist, also $M_\mathfrak{p} = R_\mathfrak{p}\langle m_1,\dots,m_r\rangle$.

## b) Ringe und Moduln endlicher Länge

Sei $M$ ein Modul über einem Ring $R$. Neben der in Abschnitt a) diskutierten Invariante $\mu(M)$ ist die Länge von $M$ eine weitere Verallgemeinerung des Begriffs der Dimension eines Vektorraums.

Eine **Normalreihe** von $M$ ist eine Kette

$$(2) \qquad\qquad M = M_0 \supset M_1 \supset \cdots \supset M_\ell = \langle 0\rangle$$

von Untermoduln $M_i \neq M_{i+1}$ $(i = 0,\dots,\ell-1)$. Die Zahl $\ell$ heißt die **Länge** der Normalreihe, und (2) heißt **Kompositionsreihe**, wenn $M_i/M_{i+1}$ für $i = 0,\dots,\ell-1$ ein **einfacher Modul** ist, d.h. ein Modul, der nur die Untermoduln $M_i/M_{i+1}$ und $\langle 0\rangle$ besitzt.

**C.6.LEMMA.** *Ist $M \neq \langle 0\rangle$, so ist $M$ genau dann einfach, wenn ein $\mathfrak{m} \in \mathrm{Max}\, R$ existiert, so daß $M \cong R/\mathfrak{m}$.*

BEWEIS: Es ist klar, daß $R/\mathfrak{m}$ ein einfacher $R$–Modul ist, wenn $\mathfrak{m} \in \mathrm{Max}\, R$. Ist umgekehrt $M$ einfach und $m \in M \setminus \{0\}$, so ist $M = R \cdot m \cong R/\mathrm{Ann}(m)$ und notwendigerweise $\mathrm{Ann}(m) \in \mathrm{Max}\, R$.

**C.7.DEFINITION.** *a) $M$ heißt **artinscher Modul**, wenn jede absteigende Kette von Untermoduln $M = M_0 \supset M_1 \supset \dots$ von $M$ stationär wird.*
*b) $M$ heißt **Modul von endlicher Länge**, wenn es eine obere Schranke für die Längen aller Normalreihen (2) gibt. Das Maximum der Längen der Ketten (2) heißt dann die **Länge** $\ell(M)$ des Moduls.*
*c) Ein Ring $R$ heißt **artinsch (von endlicher Länge)**, wenn er als $R$–Modul artinsch (von endlicher Länge) ist.*

Jeder Modul endlicher Länge ist artinsch und auch noethersch. In einem solchen Modul kann jede Normalreihe zu einer Kompositionsreihe verfeinert werden. Es gilt

**C.8.SATZ VON JORDAN-HÖLDER.** *Ein Modul, der eine Kompositionsreihe besitzt, hat endliche Länge, und alle seine Kompositionsreihen haben die gleiche Länge.*

BEWEIS: Sei $M = M_0 \supset \cdots \supset M_\ell = \langle 0 \rangle$ eine beliebige Kompositionsreihe. Wir zeigen durch Induktion nach $\ell$, daß jede Normalreihe von $M$ eine Länge $\leq \ell$ besitzt. Dies gilt dann auch für Kompositionsreihen. Weil wir von einer beliebigen solchen Reihe ausgegangen sind, müssen sie dann alle die Länge $\ell$ besitzen.

Für $\ell = 0$ und $\ell = 1$ ist der Satz klar. Sei also $\ell > 1$, und sei der Satz schon für Moduln mit einer Kompositionsreihe geringerer Länge bewiesen. Wir betrachten nun eine beliebige Normalreihe $M = N_0 \supset N_1 \supset \cdots \supset N_\lambda = \langle 0 \rangle$ von $M$. Ist $N_1 \subset M_1$, so ergibt sich aus der Induktionsvoraussetzung, angewandt auf $M_1$, daß $\lambda - 1 \leq \ell - 1$ ist. Ist $N_1 \not\subset M_1$, so ist $N_1 + M_1 = M$, da $M/M_1$ einfach ist. Aus $M/M_1 = N_1 + M_1/M_1 \cong N_1/M_1 \cap N_1$ folgt, daß auch $N_1/M_1 \cap N_1$ einfach ist. Da $M_1$ eine Kompositionsreihe der Länge $\ell - 1$ besitzt, haben nach Induktionsvoraussetzung alle Normalreihen von $M_1 \cap N_1$ eine Länge $\leq \ell - 2$. Da $N_1/M_1 \cap N_1$ einfach ist, hat dann $N_1$ eine Kompositionsreihe der Länge $\leq \ell - 1$. Es ist somit $\lambda - 1 \leq \ell - 1$,

**q.e.d.**

**C.9.ADDITIVITÄT DER LÄNGE.** *In $M$ sei eine Normalreihe (2) gegeben. Genau dann ist $M$ von endlicher Länge, wenn die "Quotienten" $M_i/M_{i+1}$ $(i = 0, \ldots, \ell - 1)$ es sind. Es gilt dann*

$$\ell(M) = \sum_{i=0}^{\ell-1} \ell(M_i/M_{i+1})$$

BEWEIS: Es genügt, den Fall $\ell = 2$ zu betrachten. Ist $M$ von endlicher Länge, so verfeinern wir $M = M_0 \supset M_1 \supset M_2 = \langle 0 \rangle$ zu einer Kompositionsreihe. Die zwischen $M$ und $M_1$ liegenden Moduln liefern dann eine Kompositionsreihe von $M/M_1$, die zwischen $M_1$ und $M_2$ liegenden eine von $M_1 = M_1/M_2$. Es folgt $\ell(M) = \ell(M/M_1) + \ell(M_1/M_2)$.

Sind umgekehrt $M/M_1$ und $M_1$ von endlicher Länge, so erhält man eine Kompositionsreihe von $M$, indem man eine von $M_1$ verlängert mit den Urbildern der Moduln einer Kompositionsreihe von $M/M_1$.

Nach C.9 ist jeder Untermodul und jedes homomorphe Bild eines Moduls von endlicher Länge wieder von endlicher Länge. Die direkte Summe von endlich vielen Moduln endlicher Länge ist wieder ein solcher Modul, ihre Länge ist gleich der Summe der Längen der Summanden. Jeder endlich erzeugte Modul über einem Ring endlicher Länge ist selbst von endlicher Länge.

**C.10.KOROLLAR.** *Für $a, b \in R$ sei $R/(a \cdot b)$ von endlicher Länge. Ist $b$ kein Nullteiler von $R$, so sind auch $R/(a)$ und $R/(b)$ von endlicher Länge und es gilt*

$$\ell(R/(a \cdot b)) = \ell(R/(a)) + \ell(R/(b))$$

BEWEIS: Ist $a$ oder $b$ Einheit in $R$, so ist nichts zu zeigen. Andernfalls ist durch $R/(a \cdot b) \supset (b)/(a \cdot b) \supset \{0\}$ eine Normalreihe von $R/(a \cdot b)$ gegeben. Da $b$ kein Nullteiler von $R$ ist, definiert die Multiplikation mit $b$ einen Modulisomorphismus $R/(a) \cong (b)/(a \cdot b)$. Die Behauptung folgt nun aus C.9.

**C.11.SATZ.** *Für einen Ring $R \neq \{0\}$ sind folgende Aussagen äquivalent:*

a) *$R$ ist von endlicher Länge.*

b) *$R$ ist noethersch und artinsch.*

c) *$R$ ist noethersch, und es gilt* Max $R =$ Min $R$.

BEWEIS: a)$\rightarrow$b) ist klar. Es gelte nun b) und es sei $\mathfrak{p} \in$ Spec $R$. Dann ist auch $R/\mathfrak{p}$ artinsch. Für $a \in R/\mathfrak{p} \setminus \{0\}$ wird die Idealkette $(a) \supset (a^2) \supset \cdots \supset (a^n) \supset \ldots$ stationär: $(a^n) = (a^{n+1})$ für genügend großes $n \in \mathbb{N}$. Es ist dann $a^n = ba^{n+1}$ mit einem $b \in R/\mathfrak{p}$ und somit $a^n(1 - ba) = 0$. Da $R/\mathfrak{p}$ Integritätsring ist, ergibt sich, daß $a$ eine Einheit von $R/\mathfrak{p}$ ist. Somit ist $R/\mathfrak{p}$ ein Körper und $\mathfrak{p} \in$ Max $R$.

c)$\rightarrow$a) Da $R$ noethersch ist, ist Max $R =$ Min $R$ endlich (I.6.10c). Sei Max $R = \{\mathfrak{m}_1,\ldots,\mathfrak{m}_s\}$ und $I := \mathfrak{m}_1 \cap \cdots \cap \mathfrak{m}_s$. Dieses Ideal ist (nach I.6.11a)) nilpotent: Es existiert ein $\rho \in \mathbb{N}$ mit $I^\rho = (0)$. Es genügt zu zeigen, daß $R/I$ von endlicher Länge ist, denn die Quotienten $I^\alpha/I^{\alpha+1}$ ($\alpha = 0,\ldots,\rho - 1$) sind endlich erzeugte $R/I$–Moduln.

$R/I$ ist aber nach dem chinesischen Restsatz das direkte Produkt der Körper $R/\mathfrak{m}_i$ ($i = 1,\ldots,s$), folglich sicher von endlicher Länge, **q.e.d.**

**C.12.KOROLLAR.** *Für ein Ideal $I \neq R$ eines noetherschen Rings $R$ ist $R/I$ genau dann von endlicher Länge, wenn alle $I$ enthaltenden Primideale von $R$ maximal sind.*

Wir können jetzt auch noch die Moduln endlicher Länge über noetherschen Ringen charakterisieren.

**C.13.SATZ.** *Sei $R$ noethersch, $M$ endlich erzeugt. Folgende Aussagen sind äquivalent:*

a) *$M$ ist von endlicher Länge.*

b) Supp $M \subset$ Max $R$.

c) *$R/$ Ann $M$ ist von endlicher Länge.*

BEWEIS: a)$\rightarrow$b) Sei $M = M_0 \supset \cdots \supset M_\ell = \langle 0 \rangle$ eine Kompositionsreihe von $M$ und $M_i/M_{i+1} \cong R/\mathfrak{m}_i$ mit $\mathfrak{m}_i \in$ Max $R$ ($i = 0,\ldots,\ell-1$). Für $\mathfrak{p} \in$ Spec $R \setminus$ Max $R$ ist $(M_i/M_{i+1})_\mathfrak{p} = (R/\mathfrak{m}_i)_\mathfrak{p} = R_\mathfrak{p}/\mathfrak{m}_i R_\mathfrak{p} = \langle 0 \rangle$ und es folgt $M_\mathfrak{p} = \langle 0 \rangle$, also gilt sicher Supp $M \subset$ Max $R$.

b)$\to$c) Da Supp $M$ nach B.16 aus den Primidealen von $R$ besteht, welche Ann $M$ umfassen, ergibt sich aus C.12, daß $R/\,$Ann $M$ von endlicher Länge ist.

c)$\to$a) Ist $R/\,$Ann $M =: R'$ von endlicher Länge, so auch $M$, denn $M$ ist ein endlich erzeugter $R'$-Modul.

## c) Assoziierte Primideale

Das Ziel dieses Abschnitts ist es, zu einer Übersicht über die Nullteiler eines Rings oder Moduls zu gelangen. Sei $R$ ein Ring und $M$ ein $R$-Modul.

**C.14.DEFINITION.** $\mathfrak{p} \in \operatorname{Spec} R$ *heißt* **assoziiert** *zu* $M$, *wenn ein* $m \in M$ *existiert, so daß* $\mathfrak{p} = \operatorname{Ann}(m)$ *ist. Die Menge der assoziierten Primideale von* $M$ *wird mit* Ass $M$ *bezeichnet.*

Für $m \in M$ und $I := \operatorname{Ann}(m)$ ist $R \cdot m \cong R/I$. Daher ist Ass $M$ die Menge aller $\mathfrak{p} \in \operatorname{Spec} R$, für die es einen zu $R/\mathfrak{p}$ isomorphen Untermodul von $M$ gibt. Ferner ist Ann $M \subset \mathfrak{p}$ für jedes $\mathfrak{p} \in$ Ass $M$. Nach B.16 ist Ass $M \subset$ Supp $M$, wenn $M$ endlich erzeugt ist.

**C.15.LEMMA.** *Für jedes* $\mathfrak{p} \in \operatorname{Spec} R$ *ist* $\operatorname{Ass}(R/\mathfrak{p}) = \{\mathfrak{p}\}$ *und es gilt* $\mathfrak{p} = \operatorname{Ann}(x)$ *für jedes* $x \in R/\mathfrak{p} \setminus \{0\}$. *(Hier ist* $R/\mathfrak{p}$ *als* $R$-*Modul zu betrachten.)*

**BEWEIS:** Für $x = r + \mathfrak{p} \neq 0$ $(r \in R)$ und $r' \in R$ gilt $0 = r'x = r'r + \mathfrak{p} = 0 + \mathfrak{p}$ genau dann, wenn $r' \in \mathfrak{p}$. Hieraus folgt $\mathfrak{p} = \operatorname{Ann}(x)$ und somit $\operatorname{Ass}(R/\mathfrak{p}) = \{\mathfrak{p}\}$.

**C.16.LEMMA.** *Für jeden Untermodul* $U \subset M$ *gilt*

$$\operatorname{Ass} U \subset \operatorname{Ass} M \subset \operatorname{Ass} U \cup \operatorname{Ass}(M/U)$$

**BEWEIS:** Es ist klar, daß Ass $U \subset$ Ass $M$. Sei nun $\mathfrak{p} \in$ Ass $M \setminus$ Ass $U$, $\mathfrak{p} = \operatorname{Ann}(m)$ mit einem $m \in M$. Dann ist $R \cdot m \cong R/\mathfrak{p}$. Ferner ist $R \cdot m \cap U = \langle 0 \rangle$, denn wäre $u \in R \cdot m \cap U$ ein Element $\neq 0$, so wäre $\mathfrak{p} = \operatorname{Ann}(u)$ nach C.15 und somit $\mathfrak{p} \in$ Ass $U$, ein Widerspruch. Es ergibt sich, daß $R \cdot m \cong R \cdot m / R \cdot m \cap U \cong R \cdot m + U/U$, also enthält $M/U$ einen zu $R \cdot m \cong R/\mathfrak{p}$ isomorphen Untermodul, d.h. es ist $\mathfrak{p} \in \operatorname{Ass}(M/U)$.

Äquivalent mit C.16 ist die Aussage: Ist $0 \to M_1 \to M_2 \to M_3 \to 0$ eine exakte Folge von $R$-Moduln, so gilt Ass $M_1 \subset$ Ass $M_2 \subset$ Ass $M_1 \cup$ Ass $M_3$.

**C.17.SATZ.** *Ist* $R$ *noethersch und* $M \neq \langle 0 \rangle$, *so ist* Ass $M \neq \emptyset$.

BEWEIS: Die Menge der Ideale von $R$, die als Annullatoren von Elementen $m \in M \setminus \{0\}$ auftreten, ist nicht leer und besitzt somit ein maximales Element $\mathfrak{p}$, da $R$ noethersch ist. Wir zeigen $\mathfrak{p} \in \operatorname{Spec} R$.

Sei $\mathfrak{p} = \operatorname{Ann}(m)$ und seien $a, b \in R$, $ab \in \mathfrak{p}$, $b \notin \mathfrak{p}$. Dann ist $b \cdot m \neq 0$ und $\mathfrak{p} \subset \operatorname{Ann}(bm)$. Wegen der Maximaleigenschaft von $\mathfrak{p}$ gilt $\mathfrak{p} = \operatorname{Ann}(bm)$, und aus $a \cdot b \cdot m = 0$ folgt $a \in \mathfrak{p}$.

Der nächste Satz gibt einen Zusammenhang zwischen den assoziierten Primidealen von $M$ und den **Nullteilern** von $M$ an, also den $r \in R$ mit $r \cdot m = 0$ für ein $m \in M \setminus \{0\}$. Elemente von $R$, die keine Nullteiler von $M$ sind, heißen auch $M$–**regulär** (A.11).

C.18.SATZ. *Für jeden Modul $M$ über einem noetherschen Ring $R$ ist* $\displaystyle\bigcup_{\mathfrak{p} \in \text{Ass } M} \mathfrak{p}$ *die Menge aller Nullteiler von $M$.*

BEWEIS: Es ist klar, daß jedes $\mathfrak{p} \in \operatorname{Ass} M$ aus Nullteilern von $M$ besteht. Sei umgekehrt $r$ ein Nullteiler von $M$. Es gibt dann ein $m \in M \setminus \{0\}$, so daß $r \in \operatorname{Ann}(m)$. Nach C.17 ist $\operatorname{Ass}(R \cdot m) \neq \emptyset$. Wähle $\mathfrak{p} \in \operatorname{Ass}(Rm)$ und $r' \in R$ mit $\mathfrak{p} = \operatorname{Ann}(r'm)$. Wegen $rr'm = 0$ ist $r \in \mathfrak{p}$. Nach C.16 gilt dabei $\mathfrak{p} \in \operatorname{Ass} M$.

Speziell ergibt sich die wichtige Tatsache, daß die Menge der Nullteiler eines noetherschen Rings die Vereinigung seiner assoziierten Primideale ist. Die Menge dieser Primideale ist endlich nach dem folgenden Satz.

C.19.SATZ. *Sei $R$ noethersch und $M$ endlich erzeugt. Dann gibt es eine Kette von Untermoduln*

$$M = M_0 \supset M_1 \supset \cdots \supset M_n = \langle 0 \rangle$$

*so daß $M_i / M_{i+1} \cong R/\mathfrak{p}_i$ ist mit einem $\mathfrak{p}_i \in \operatorname{Spec} R$ $(i = 0, \ldots, n-1)$. Hierbei ist $\operatorname{Ass} M \subset \{\mathfrak{p}_0, \ldots, \mathfrak{p}_{n-1}\}$, und somit ist $\operatorname{Ass} M$ eine endliche Menge. Speziell ist $\operatorname{Ass} R$ endlich.*

BEWEIS: Sei $M \neq \langle 0 \rangle$. Nach C.17 enthält $M$ einen zu $R/\mathfrak{p}$ isomorphen Untermodul für ein $\mathfrak{p} \in \operatorname{Ass} M$. Die Menge $\mathfrak{A}$ der Untermoduln $\neq \langle 0 \rangle$ von $M$, für die die erste Aussage des Satzes gilt, ist somit nicht leer. Da $M$ ein noetherscher Modul ist, besitzt $\mathfrak{A}$ ein maximales Element $N$.

Wäre $N \neq M$, so enthielte $M/N$ einen zu $R/\mathfrak{q}$ mit $\mathfrak{q} \in \operatorname{Spec} R$ isomorphen Untermodul. Ist $N'$ ein Urbild dieses Untermoduls beim kanonischen Epimorphismus $M \to M/N$, so ist $N'/N \cong R/\mathfrak{q}$. Es ergibt sich ein Widerspruch zur Maximalität von $N$. Somit muß $N = M$ sein, und die erste Aussage des Satzes ist bewiesen. Die zweite folgt nun unmittelbar aus C.15 und C.16 mittels Induktion nach $n$.

**C.20.Korollar.** *Besteht ein Ideal $I \subset R$ aus lauter Nullteilern von $M$, so gibt es ein $m \in M \setminus \{0\}$ mit $I \subset \mathrm{Ann}(m)$.*

BEWEIS: Aus $I \subset \bigcup_{\mathfrak{p} \in \mathrm{Ass}\, M} \mathfrak{p}$ und der Endlichkeit von $\mathrm{Ass}\, M$ folgt $I \subset \mathfrak{p}$ für ein $\mathfrak{p} \in \mathrm{Ass}\, M$ nach dem Lemma über das Vermeiden von Primidealen (III.3.6). Da $\mathfrak{p} = \mathrm{Ann}(m)$ ist mit einem $m \in M \setminus \{0\}$, ist die Behauptung bewiesen.

**C.21.Satz.** *Sei $M$ ein Modul über einem noetherschen Ring $R$ und $S \subset R$ eine multiplikativ abgeschlossene Teilmenge. Dann gilt*

$$\mathrm{Ass}\, M_S = \{\mathfrak{p}_S \mid \mathfrak{p} \in \mathrm{Ass}\, M, \mathfrak{p} \cap S = \emptyset\}$$

BEWEIS: Für $\mathfrak{p} \in \mathrm{Ass}\, M$ mit $\mathfrak{p} \cap S = \emptyset$ sei $\mathfrak{p} = \mathrm{Ann}(m)$, $m \in M$. Dann ist $\mathfrak{p}_S$ in $M_S$ der Annullator von $\frac{m}{1}$, also $\mathfrak{p}_S \in \mathrm{Ass}\, M_S$.

Ist umgekehrt für ein $\mathfrak{p} \in \mathrm{Spec}\, R$ mit $\mathfrak{p} \cap S = \emptyset$ das Ideal $\mathfrak{p}_S \in \mathrm{Ass}\, M_S$, also $\mathfrak{p}_S = \mathrm{Ann}(\frac{m}{s})$ für ein $\frac{m}{s} \in M_S$, und ist $\{r_1, \ldots, r_t\}$ ein Erzeugendensystem von $\mathfrak{p}$, so gilt $\frac{r_i}{1} \cdot \frac{m}{s} = 0$ für $i = 1, \ldots, t$. Es gibt somit Elemente $s_i \in S$ mit $s_i r_i m = 0$ $(i = 1, \ldots, t)$. Mit $s' := \prod_{i=1}^{t} s_i$ und $m' := s'm$ ergibt sich zunächst $\mathfrak{p} \subset \mathrm{Ann}(m')$. Ist umgekehrt $r \cdot m' = 0$ für ein $r \in R$, also $\frac{rs'}{1} \in \mathrm{Ann}(\frac{m}{s}) = \mathfrak{p}_S$, so ist $r \in \mathfrak{p}$, da $s' \notin \mathfrak{p}$. Damit ist $\mathfrak{p} = \mathrm{Ann}(m')$ gezeigt, d.h. $\mathfrak{p} \in \mathrm{Ass}\, M$,                **q.e.d.**

Zwischen den assoziierten Primidealen und dem Träger eines Moduls besteht folgender Zusammenhang.

**C.22.Satz.** *Sei $R$ noethersch und $M \neq \langle 0 \rangle$ endlich erzeugt.*
*a) $\mathrm{Supp}\, M = \{\mathfrak{p} \in \mathrm{Spec}\, R \mid \underset{\mathfrak{q} \in \mathrm{Ass}\, M}{\exists}\, \mathfrak{p} \supset \mathfrak{q}\}$.*
*b) $\mathrm{Min}\, R \subset \mathrm{Ass}\, R$.*

BEWEIS: a) Für $\mathfrak{q} \in \mathrm{Ass}\, M$ gilt $\mathfrak{q} \supset \mathrm{Ann}\, M$, und nach B.16 folgt $\mathfrak{q} \in \mathrm{Supp}\, M$. Alle $\mathfrak{q}$ umfassenden Primideale gehören ebenfalls zu $\mathrm{Supp}\, M$.

Sei umgekehrt $M_\mathfrak{p} \neq \langle 0 \rangle$ für ein $\mathfrak{p} \in \mathrm{Spec}\, R$. Nach C.17 enthält $\mathrm{Ass}\, M_\mathfrak{p}$ ein Element $\mathfrak{q} R_\mathfrak{p}$, $\mathfrak{q} \in \mathrm{Spec}\, R$, $\mathfrak{q} \subset \mathfrak{p}$. Aus C.21 folgt $\mathfrak{q} \in \mathrm{Ass}\, M$.

b) Für $\mathfrak{p} \in \mathrm{Min}\, R$ ist $R_\mathfrak{p} \neq \{0\}$, d.h. $\mathfrak{p} \in \mathrm{Supp}\, R$. Nach a) muß $\mathfrak{p}$ ein assoziiertes Primideal $\mathfrak{q}$ von $R$ enthalten, also muß $\mathfrak{p} = \mathfrak{q} \in \mathrm{Ass}\, R$ gelten.

**C.23.Satz.** *Sei $G$ eine geordnete abelsche Gruppe, $R$ ein $G$–graduierter Ring und $M$ ein graduierter $R$–Modul. Dann besteht $\mathrm{Ass}\, M$ aus homogenen Primidealen von $R$. Ist $R$ noethersch und $r \in R$ ein Nullteiler von $M$, so sind auch die homogenen Komponenten von $r$ Nullteiler von $M$.*

BEWEIS: Sei $\mathfrak{p} \in \mathrm{Ass}\,M$. Dann gibt es ein $m \in M$, so daß $\mathfrak{p} = \mathrm{Ann}(m)$. Schreibe $m = m_{g_1} + \cdots + m_{g_s}$ $(m_{g_i} \in M_{g_i} \setminus \{0\}, g_1 < \cdots < g_s)$. Betrachte $a \in \mathfrak{p}$ und schreibe $a = a_{h_1} + \cdots + a_{h_t}$ $(a_{h_j} \in R_{h_j} \setminus \{0\}, h_1 < \cdots < h_t)$. Es ist $a_{h_j} \in \mathfrak{p}$ für $j = 1, \ldots, t$ zu zeigen.

Aus $a \cdot m = \displaystyle\sum_{\substack{i=1,\ldots,s \\ j=1,\ldots,t}} a_{h_j} m_{g_i} = 0$ folgt $a_{h_t} m_{g_s} = 0$. Durch Induktion ergibt sich, daß $a_{h_t}^{i+1} \cdot m_{g_{s-i}} = 0$ $(i = 0, \ldots, s-1)$ ist. Sei $a_{h_t}^i m_{g_{s-i+1}} = 0$ schon gezeigt. Aus

$$a_{h_t} \cdot m_{g_{s-i}} + \sum_{\substack{h_j + g_k = h_t + g_{s-i} \\ j < t}} a_{h_j} \cdot m_{g_k} = 0$$

folgt dann $a_{h_t}^{i+1} m_{g_{s-i}} = 0$.

Insbesondere ist $a_{h_t}^s \cdot m = 0$, also $a_{h_t}^s \in \mathfrak{p}$ und $a_{h_t} \in \mathfrak{p}$. Dann ist auch $a - a_{h_t} \in \mathfrak{p}$, und nochmalige Induktion ergibt $a_{h_j} \in \mathfrak{p}$ für $j = 1, \ldots, t$.

Die letzte Aussage des Satzes folgt, weil $\displaystyle\bigcup_{\mathfrak{p} \in \mathrm{Ass}\,M} \mathfrak{p}$ die Menge aller Nullteiler von $R$ ist: Ist $r \in R$ ein Nullteiler von $M$, so ist $r \in \mathfrak{p}$ für ein $\mathfrak{p} \in \mathrm{Ass}\,M$, und da $\mathfrak{p}$ homogen ist, ergibt sich, daß alle homogenen Komponenten von $r$ Nullteiler sind.

## d) Primärzerlegung

Die Primärzerlegung in Moduln und Ringen ist eine Verallgemeinerung der Faktorzerlegung in faktoriellen Ringen. Sei $M$ ein Modul über einem Ring $R$. Ein Element $r \in R$ heißt **nilpotent für** $M$, wenn ein $\rho \in \mathbf{N}$ existiert, so daß $r^\rho \in \mathrm{Ann}\,M$. Die für $M$ nilpotenten Elemente sind also die von $\mathrm{Rad}(\mathrm{Ann}\,M) = \displaystyle\bigcap_{\mathfrak{p} \supset \mathrm{Ann}\,M} \mathfrak{p}$.

C.24.DEFINITION. *Ein Untermodul $P \subsetneq M$ heißt* **primär**, *wenn jeder Nullteiler von $M/P$ nilpotent für $M/P$ ist.*

Äquivalent mit dieser Bedingung ist die folgende: Ist $a \in R$, $m \in M \setminus P$ und $a \cdot m \in P$, so existiert ein $\rho \in \mathbf{N}$ mit $a^\rho M \subset P$. Ein Ideal $I \subsetneq R$ ist genau dann primär (ein **"Primärideal"**), wenn für $a \in R$, $b \in R \setminus I$ mit $a \cdot b \in I$ ein $\rho \in \mathbf{N}$ existiert, so daß $a^\rho \in I$.

C.25.LEMMA. *Ist $P \subset M$ ein primärer Untermodul, so ist $\mathrm{Rad}(\mathrm{Ann}\,M/P)$ ein Primideal. Speziell ist für jedes Primärideal $I \subset R$ das Radikal $\mathrm{Rad}\,I$ ein Primideal.*

BEWEIS: Für $a, b \in R$ sei $a \cdot b \in \mathrm{Rad}(\mathrm{Ann}\,M/P)$, $b \notin \mathrm{Rad}(\mathrm{Ann}\,M/P)$. Es gibt dann ein $\rho \in \mathbf{N}$, so daß $(a \cdot b)^\rho \in \mathrm{Ann}\,M/P$, dagegen ist $b^\rho \notin \mathrm{Ann}\,M/P$, d.h. es gibt ein $x \in M/P$ mit $b^\rho x \neq 0$. Wegen $a^\rho \cdot b^\rho x = 0$ ist $a^\rho$ ein Nullteiler von $M/P$, es gibt daher ein $\sigma \in \mathbf{N}$ mit $(a^\rho)^\sigma \in \mathrm{Ann}\,M/P$. Folglich ist $a \in \mathrm{Rad}(\mathrm{Ann}\,M/P)$ und $\mathrm{Rad}(\mathrm{Ann}\,M/P)$ ein Primideal.

Die Aussage über Primärideale ergibt sich nun, weil $\mathrm{Ann}(R/I) = I$ ist.

Ist $P \subset M$ ein primärer Untermodul und $\mathfrak{p} = \mathrm{Rad}(\mathrm{Ann}\, M/P)$, so sagt man $P$ sei $\mathfrak{p}$-**primär**. Entsprechend heißt ein Primärideal $I$ mit $\mathrm{Rad}\, I = \mathfrak{p}$ ein $\mathfrak{p}$-**primäres** Ideal. Die Primärideale zu maximalen Idealen lassen sich wie folgt charakterisieren:

**C.26.LEMMA.** *Sei* $\mathfrak{m} \in \mathrm{Max}\, R$, *und sei* $\mathfrak{q}$ *ein beliebiges Ideal von* $R$. *Dann sind folgende Aussagen äquivalent:*

*a)* $\mathfrak{q}$ *ist* $\mathfrak{m}$-*primär, d.h.* $\mathrm{Rad}\,\mathfrak{q} = \mathfrak{m}$.

*b)* $\mathfrak{m}$ *ist das einzige* $\mathfrak{q}$ *umfassende Primideal.*

BEWEIS: a)$\to$b) ist klar, da $\mathrm{Rad}\,\mathfrak{q}$ der Durchschnitt aller $\mathfrak{q}$ umfassenden Primideale ist.

b)$\to$a) Spec $R/\mathfrak{q}$ besteht nur aus einem Element, nämlich $\mathfrak{m}/\mathfrak{q}$. Die Elemente dieses Ideals sind dann nilpotent, die außerhalb $\mathfrak{m}/\mathfrak{q}$ Einheiten. Daher ist die Bedingung für ein $\mathfrak{m}$-primäres Ideal sicher erfüllt.

Nach C.26 sind die Potenzen $\mathfrak{m}^\rho$ $(\rho \in \mathsf{N}_+)$ maximaler Ideale $\mathfrak{m}$ stets $\mathfrak{m}$-primär. Ist $\mathfrak{m}$ endlich erzeugt, so ist ein Ideal $\mathfrak{q}$ genau dann $\mathfrak{m}$-primär, wenn ein $\rho \in \mathsf{N}_+$ existiert mit $\mathfrak{m}^\rho \subset \mathfrak{q} \subset \mathfrak{m}$. Dagegen brauchen Potenzen eines nicht maximalen Primideals nicht primär zu sein.

**C.27.LEMMA.** *Sei* $R$ *noethersch,* $M$ *ein* $R$-*Modul und* $P \subset M$ *ein Untermodul.*

*a) Ist* $P$ *primär, so besteht* $\mathrm{Ass}\,(M/P)$ *aus genau einem Element* $\mathfrak{p}$ *und* $P$ *ist* $\mathfrak{p}$-*primär.*

*b) Ist* $M$ *endlich erzeugt und besteht* $\mathrm{Ass}\,(M/P)$ *aus genau einem Element* $\mathfrak{p}$, *so ist* $P$ *primär.*

BEWEIS: a) Nach C.17 ist $\mathrm{Ass}\,(M/P) \neq \emptyset$. Sei $\mathfrak{p} := \mathrm{Rad}(\mathrm{Ann}(M/P))$ und $\mathfrak{P} \in \mathrm{Ass}\,(M/P)$, $\mathfrak{P} = \mathrm{Ann}(x)$ für ein $x \in M/P$, $x \neq 0$. Dann ist $\mathrm{Ann}(M/P) \subset \mathfrak{P}$ und somit $\mathfrak{p} \subset \mathfrak{P}$. Andererseits ist jedes $r \in \mathfrak{P}$ ein Nullteiler von $M/P$, folglich nilpotent für $M/P$, und es ergibt sich $\mathfrak{P} = \mathfrak{p}$.

b) Nach C.18 ist $\mathfrak{p}$ die Menge aller Nullteiler von $M/P$. Andererseits ist aber auch $\mathfrak{p} = \mathrm{Rad}(\mathrm{Ann}(M/P))$ nach B.16 und C.22 die Menge aller nilpotenten Elemente für $M/P$. Daher ist $P$ $\mathfrak{p}$-primär.

**C.28.KOROLLAR.** *Sei* $M$ *endlich erzeugt. Der Durchschnitt endlich vieler* $\mathfrak{p}$-*primärer Untermoduln von* $M$ *ist* $\mathfrak{p}$-*primär.*

BEWEIS: Seien $P_1$ und $P_2$ $\mathfrak{p}$-primäre Untermoduln von $M$. Man hat dann eine exakte Folge

$$0 \to P_1/P_1 \cap P_2 \to M/P_1 \cap P_2 \to M/P_1 \to 0$$

und nach C.16 ist somit $\mathrm{Ass}\,(M/P_1 \cap P_2) \subset \mathrm{Ass}\,(M/P_1) \cup \mathrm{Ass}\,(P_1/P_1 \cap P_2)$. Hierbei ist $P_1/P_1 \cap P_2 \cong P_1 + P_2/P_2$ und $\mathrm{Ass}\,(P_1 + P_2/P_2) \subset \mathrm{Ass}\,(M/P_2) = \{\mathfrak{p}\}$. Da auch $\mathrm{Ass}\,(M/P_1) = \{\mathfrak{p}\}$ ist, folgt $\mathrm{Ass}\,(M/P_1 \cap P_2) = \{\mathfrak{p}\}$, und nach C.27 ergibt sich die Behauptung.

**C.29.DEFINITION.** *Ein Untermodul* $Q \subset M$ *heißt* **irreduzibel in** $M$, *wenn gilt: Sind* $U_1, U_2$ *Untermoduln von* $M$ *mit* $Q = U_1 \cap U_2$, *so ist* $Q = U_1$ *oder* $Q = U_2$.

Insbesondere sind damit auch **irreduzible Ideale** definiert.

**C.30.SATZ.** *Sei* $R$ *noethersch,* $M$ *endlich erzeugt und* $Q \neq M$ *ein irreduzibler Untermodul von* $M$. *Dann ist* $Q$ *primär.*

BEWEIS: Da $Q$ in $M$ irreduzibel ist, ist in $M/Q$ der Nullmodul irreduzibel. Angenommen, $\mathrm{Ass}\,(M/Q)$ enthielte zwei verschiedene Primideale $\mathfrak{p}_1$ und $\mathfrak{p}_2$. Dann gibt es in $M/Q$ Untermoduln $U_i \cong R/\mathfrak{p}_i$ $(i = 1,2)$. Da $\mathrm{Ann}(x) = \mathfrak{p}_i$ ist für jedes $x \in U_i \setminus \{0\}$ $(i = 1,2)$, ergibt sich $U_1 \cap U_2 = \langle 0 \rangle$, im Widerspruch zur Irreduzibilität von $\langle 0 \rangle$. Da $\mathrm{Ass}\,(M/Q) \neq \emptyset$ ist (C.17), enthält $\mathrm{Ass}\,(M/Q)$ somit genau ein Element, und C.27 liefert die Behauptung.

**C.31.DEFINITION.** *Ein Untermodul* $U \subset M$ **besitzt eine Primärzerlegung,** *wenn es primäre Untermoduln* $P_1, \ldots, P_s$ $(s \geq 1)$ *von* $M$ *gibt, so daß*

$$(3) \qquad\qquad U = P_1 \cap \cdots \cap P_s$$

*Die Primärzerlegung (3) heißt* **reduziert,** *wenn gilt:*
*a) Ist* $P_i$ $\mathfrak{p}_i$*–primär* $(i = 1, \ldots, s)$, *so ist* $\mathfrak{p}_i \neq \mathfrak{p}_j$ *für* $i \neq j$.
*b) Es ist* $\bigcap_{i \neq j} P_i \not\subset P_j$ *für* $j = 1, \ldots, s$.

Ist $R$ noethersch, $M$ endlich erzeugt und besitzt $U \subset M$ eine Primärzerlegung, dann auch eine reduzierte. Nach C.28 kann man nämlich die Primärmoduln zum selben Primideal zum Durchschnitt bringen und damit a) erreichen. Für b) läßt man überflüssige Primärmoduln einfach weg.

Die in einer reduzierten Primärzerlegung (3) auftretenden $P_i$ heißen **Primärkomponenten** von $U$.

**C.32.SATZ.** *(Existenz einer Primärzerlegung). Ist* $M$ *ein endlich erzeugter Modul über einem noetherschen Ring, so besitzt jeder Untermodul* $U \neq M$ *von* $M$ *eine reduzierte Primärzerlegung.*

BEWEIS: (durch noethersche Rekursion) Nach C.30 genügt es zu zeigen, daß $U$ Durchschnitt von endlich vielen irreduziblen Untermoduln von $M$ ist. Wäre dies nicht immer richtig, so gäbe es nach der Maximalbedingung einen größten Untermodul $U \neq M$, für den diese Aussage falsch ist. $U$ wäre dann nicht irreduzibel, d.h. es gäbe Untermoduln $U_i$ von $M$ $(i = 1,2)$ mit $U = U_1 \cap U_2$, $U_i \neq U$. Da die $U_i$ den Modul $U$ echt umfassen, wären sie aber endliche Durchschnitte irreduzibler Untermoduln, folglich auch $U$, ein Widerspruch. Der Satz ist also wahr.

C.33.SATZ. *(1.Eindeutigkeitssatz). Sei $M$ ein Modul über einem noetherschen Ring $R$. Der Untermodul $U \subset M$ besitze eine reduzierte Primärzerlegung $U = P_1 \cap \cdots \cap P_s$ mit $\mathfrak{p}_i$-primären Moduln $P_i \subset M$ $(i = 1, \ldots, s)$. Dann ist*

$$\mathrm{Ass}\,(M/U) = \{\mathfrak{p}_1, \ldots, \mathfrak{p}_s\}$$

*Die $\mathfrak{p}_i$ sind somit durch $M$ und $U$ eindeutig bestimmt.*

BEWEIS: Sei $U_i := \bigcap_{j \neq i} P_j$, also $U = U_i \cap P_i$, $U \neq U_i$ $(i = 1, \ldots, s)$. Aus der Beziehung $U_i/U \cong U_i + P_i/P_i \subset M/P_i$ folgt $\emptyset \neq \mathrm{Ass}\,(U_i/U) \subset \mathrm{Ass}\,(M/P_i) = \{\mathfrak{p}_i\}$, und aus $\mathrm{Ass}\,(U_i/U) \subset \mathrm{Ass}\,(M/U)$ ergibt sich $\{\mathfrak{p}_1, \ldots, \mathfrak{p}_s\} \subset \mathrm{Ass}\,(M/U)$.

Die umgekehrte Inklusion folgt durch Induktion nach $s$. Da für $s=1$ nichts zu zeigen ist, sei $s > 1$. Der Satz sei für reduzierte Primärzerlegungen mit $s-1$ Primärkomponenten schon bewiesen. Aus $U_i = \bigcap_{j \neq i} P_j$ folgt $\mathrm{Ass}\,(M/U_i) = \{\mathfrak{p}_1, .., \widehat{\mathfrak{p}_i}, .., \mathfrak{p}_s\}$, und aus $M/U_i \cong M/U \big/ U_i/U$ ergibt sich mittels C.16

$$\mathrm{Ass}\,(M/U) \subset \mathrm{Ass}\,(U_i/U) \cup \mathrm{Ass}\,(M/U_i) \subset \{\mathfrak{p}_1, \ldots, \mathfrak{p}_s\}$$

q.e.d.

C.34.SATZ. *(Primärzerlegung und Lokalisation). Sei $R$ noethersch und $M$ endlich erzeugt. $S \subset R$ sei multiplikativ abgeschlossen.*
*a) Ist $P \subset M$ ein $\mathfrak{p}$-primärer Untermodul und $\mathfrak{p} \cap S = \emptyset$, so ist $P_S \subset M_S$ ein $\mathfrak{p}_S$-primärer Untermodul. Ist $\mathfrak{p} \cap S \neq \emptyset$, so ist $P_S = M_S$.*
*b) Ist $U = \bigcap_{i=1}^{s} P_i$ eine reduzierte Primärzerlegung eines Untermoduls $U \subset M$, wobei $P_i$ $\mathfrak{p}_i$-primär ist $(i = 1, \ldots, s)$, so ist $U_S = \bigcap_{\mathfrak{p}_i \cap S = \emptyset} (P_i)_S$ eine reduzierte Primärzerlegung des Untermoduls $U_S$ von $M_S$.*

BEWEIS: a) folgt aus C.21 sowie C.27, und b) ergibt sich aus a), weil Lokalisation und Bildung endlicher Durchschnitte vertauschbare Operationen sind.

C.35.SATZ. *(2.Eindeutigkeitssatz). Sei $R$ noethersch und $M$ endlich erzeugt. Für einen Untermodul $U \subset M$ sei $U = P_1 \cap \cdots \cap P_s$ eine reduzierte Primärzerlegung mit $\mathfrak{p}_i$-primären Moduln $P_i \subset M$ $(i = 1,\ldots,s)$. Ist $\mathfrak{p}_i$ ein minimales Element der Menge $\{\mathfrak{p}_1,\ldots,\mathfrak{p}_s\}$, so ist $P_i$ das Urbild von $U_{\mathfrak{p}_i}$ beim kanonischen Homomorphismus $M \to M_{\mathfrak{p}_i}$. Die Primärkomponenten zu den minimalen Elementen von $\mathrm{Ass}(M/U)$ sind durch $M$ und $U$ eindeutig festgelegt.*

BEWEIS: Sei $S_i := R \setminus \mathfrak{p}_i$. Aus C.34 folgt dann $U_{S_i} = (P_i)_{S_i}$, weil $(P_j)_{S_i} = M_{S_i}$ für $j \neq i$ ist. Für $x \in M$ mit $\frac{x}{1} \in (P_i)_{S_i}$ gibt es ein $s \in S_i$ mit $sx \in P_i$. Da $P_i$ $\mathfrak{p}_i$-primär ist und $s \notin \mathfrak{p}_i$, folgt $x \in P_i$, also ist $P_i$ das Urbild von $U_{S_i}$ in $M$,

$$\textbf{q.e.d.}$$

Die Primärkomponenten von $U$, welche nicht zu den minimalen Elementen der Menge $\mathrm{Ass}(M/U)$ gehören, heißen **eingebettet**. Sie sind i.a. nicht durch $M$ und $U$ eindeutig festgelegt. Der zweite Eindeutigkeitssatz beweist die Eindeutigkeit der nicht eingebetteten Primärkomponenten.

AUFGABEN:

1) Sei $M$ von endlicher Länge. Für eine Kompositionsreihe

$$M = M_0 \supset M_1 \supset \cdots \supset M_\ell = \langle 0 \rangle$$

und ein $\mathfrak{m} \in \mathrm{Max}\, R$ sei $\nu_\mathfrak{m}$ die Anzahl der $k \in \{0,\ldots,\ell-1\}$, so daß $M_k/M_{k+1} \cong R/\mathfrak{m}$. Dann ist $\nu_\mathfrak{m}$ unabhängig von der Wahl der Kompositionsreihe von $M$.

2) Sei $M = M_1 + M_2$ mit Untermoduln $M_i \subset M$ $(i = 1,2)$. Gilt dann

$$\mathrm{Ass}\, M = \mathrm{Ass}\, M_1 \cup \mathrm{Ass}\, M_2 \, ?$$

3) Bestimmen Sie eine reduzierte Primärzerlegung des Ideals $(X^2(X-1), XY)$ im Polynomring $K[X,Y]$ über einem Körper $K$.

## D. Filtrierte Algebren und Moduln

Der Begriff der Filtrierung eines Rings oder Moduls ist eine Abschwächung des Begriffs der Graduierung. Filtrierungen leisten manchmal ähnliche Dienste wie Graduierungen.

Sei $S/R$ eine Algebra, $M$ ein $S$–Modul und $(G, +, >)$ eine geordnete abelsche Gruppe.

**D.1.DEFINITION.** *Eine (aufsteigende) $G$–**Filtrierung** der Algebra $S/R$ ist eine Familie $\mathcal{F} = \{\mathcal{F}_g\}_{g \in G}$ von $R$–Untermoduln $\mathcal{F}_g$ von $S$, für die gilt:*
*a) Für $g, h \in G$ mit $g \leq h$ ist $\mathcal{F}_g \subset \mathcal{F}_h$.*
*b) Für $g, h \in G$ ist $\mathcal{F}_g \cdot \mathcal{F}_h \subset \mathcal{F}_{g+h}$.*
*c) $1 \in \mathcal{F}_0$.*
*d) $\bigcup_{g \in G} \mathcal{F}_g = S$.*

Eine Algebra $S/R$, die mit einer Filtrierung $\mathcal{F}$ versehen ist, wird mit $(S/R, \mathcal{F})$ bezeichnet. Sie heißt eine $G$–**filtrierte Algebra**. Aus D.1b) und D.1c) ergibt sich, daß $\mathcal{F}_0$ ein Unterring von $S$ ist und jedes $\mathcal{F}_g$ $(g \in G)$ ein $\mathcal{F}_0$–Modul.

Sei jetzt $(S/R, \mathcal{F})$ eine $G$–filtrierte Algebra.

**D.2.DEFINITION.** *Eine mit $\mathcal{F}$ **verträgliche** $G$–**Filtrierung** von $M$ ist eine Familie $\mathcal{G} = \{\mathcal{G}_g\}_{g \in G}$ von $R$–Untermoduln $\mathcal{G}_g \subset M$, für die gilt:*
*a) Für $g, h \in G$ mit $g \leq h$ ist $\mathcal{G}_g \subset \mathcal{G}_h$.*
*b) Für $g, h \in G$ ist $\mathcal{F}_g \cdot \mathcal{G}_h \subset \mathcal{G}_{g+h}$.*
*c) $\bigcup_{g \in G} \mathcal{G}_g = M$.*

Wir sagen in dieser Situation, $(M, \mathcal{G})$ sei ein **filtrierter** $(S/R, \mathcal{F})$–**Modul**. Die Filtrierung $\mathcal{G}$ heißt **separierend**, wenn

$$\bigcap_{h \in G} \mathcal{G}_h = \langle 0 \rangle$$

**D.3.BEISPIELE:**
a) **Gradfiltrierungen.** Sei $S = \bigoplus_{g \in G} S_g$ ein $G$–graduierter Ring, der als Algebra über $R = S_0$ aufgefaßt wird (A.1), und sei $M = \bigoplus_{g \in G} M_g$ ein $G$–graduierter $S$–Modul (A.6). Setzt man für $g \in G$

$$\mathcal{F}_g := \bigoplus_{h \leq g} S_h \quad \text{und} \quad \mathcal{G}_g := \bigoplus_{h \leq g} M_h$$

so ist $\mathcal{F} := \{\mathcal{F}_g\}$ eine Filtrierung von $S/R$ und $\mathcal{G} := \{\mathcal{G}_g\}$ eine mit $\mathcal{F}$ verträgliche Filtrierung auf $M$. Solche Filtrierungen heißen **Gradfiltrierungen**. Sie sind offensichtlich separierend, ausgenommen den Fall $G = \{0\}$.

Speziell trägt jede Polynomalgebra $S = R[X_1, \ldots, X_n]$ diverse Gradfiltrierungen, den Graduierungen von $S$ entsprechend (A.2). Am wichtigsten für uns ist die zur Standardgraduierung gehörige Filtrierung, die **Standard-Gradfiltrierung**. Für sie besteht $\mathcal{F}_d$ $(d \in \mathbf{Z})$ aus allen Polynomen von Grad $\leq d$.

b) Ist $\mathcal{F}$ eine $G$–Filtrierung von $S/R$ und setzt man $\mathcal{G}_g := \mathcal{F}_g \cdot M$ für alle $g \in G$, so erhält man eine mit $\mathcal{F}$ verträgliche Filtrierung auf $M$. Dies wird auch im nächsten Beispiel angewendet.

c) $I$–**adische Filtrierungen.** Sei $I \subset S$ ein Ideal. Für $k \in \mathbf{N}_+$ sei $\mathcal{F}_{-k} := I^k$, und für $k \in \mathbf{N}$ sei $\mathcal{F}_k := S$. Dann besteht $\mathcal{F} = \{\mathcal{F}_k\}_{k \in \mathbf{Z}}$ aus den $R$–Moduln

$$\cdots \subset I^k \subset I^{k-1} \subset \cdots \subset I^1 = I \subset I^0 = S = S = \ldots$$
$$\ \ \quad \| \qquad \| \qquad\qquad\quad \| \qquad\quad \| \quad\ \|$$
$$\quad \mathcal{F}_{-k} \quad \mathcal{F}_{-k+1} \qquad\qquad \mathcal{F}_{-1} \qquad \mathcal{F}_0 \quad \mathcal{F}_1$$

und es ist klar, daß $\mathcal{F}$ eine $\mathbf{Z}$–Filtrierung auf $S$ ist. Setzt man $\mathcal{G}_{-k} = I^k M$ für $k \in \mathbf{N}_+$, $\mathcal{G}_k = M$ für $k \in \mathbf{N}$, so wird $(M, \mathcal{G})$ ein filtrierter $(S/R, \mathcal{F})$–Modul.

Die so definierten Filtrierungen heißen die $I$–**adischen Filtrierungen** von $S$ bzw. $M$. Im Spezialfall $I = S$ ist $\mathcal{F}_k = S$ für alle $k \in \mathbf{Z}$. Dies ist die **triviale Filtrierung** von $S$.

Die $I$–adische Filtrierung von $S/R$ ist genau dann separierend, wenn $\bigcap_{k \in \mathbf{N}} I^k = (0)$ ist. Man sagt dann auch, daß für $I$ der **Krullsche Durchschnittssatz** gilt. In D.20-23 wird der Durchschnittssatz in gewissen Situationen bewiesen. Für das Studium eines lokalen Rings $(R, \mathfrak{m})$ ist vor allem die $\mathfrak{m}$–adische Filtrierung von Bedeutung.

Sei nun $(S/R, \mathcal{F})$ eine filtrierte Algebra und $(M, \mathcal{G})$ ein filtrierter $(S/R, \mathcal{F})$–Modul. In der Gruppenalgebra (vgl. A.2b)

$$S[G] = \bigoplus_{g \in G} S \cdot T_g \qquad (T_g \cdot T_h = T_{g+h})$$

betrachten wir den Unterring

$$\mathcal{R}_{\mathcal{F}} S := \bigoplus_{g \in G} \mathcal{F}_g \cdot T_g$$

Auf Grund der Axiome D.1 handelt es sich um eine $G$–graduierte $R$–Algebra.

D.4.DEFINITION. $\mathcal{R}_{\mathcal{F}} S$ *heißt die (erweiterte)* **Rees-Algebra** *von* $(S/R, \mathcal{F})$.

Entsprechend ist der **Rees-Modul** von $(M, \mathcal{G})$ definiert als der Untermodul

$$\mathcal{R}_{\mathcal{G}} M = \bigoplus_{g \in G} \mathcal{G}_g T_g \subset M \otimes_S S[G] = \bigoplus_{g \in G} M \cdot T_g$$

Offensichtlich ist $\mathcal{R}_{\mathcal{G}} M$ ein graduierter $\mathcal{R}_{\mathcal{F}} S$–Modul. Da $1 \in \mathcal{F}_g$ für $g \geq 0$, ist klar, daß $T_g \in \mathcal{R}_{\mathcal{F}} S$ für alle $g \geq 0$.

**D.5.BEMERKUNG.** *Die Elemente* $T_g$ $(g \geq 0)$ *sind keine Nullteiler für* $\mathcal{R}_\mathcal{F} S$ *und* $\mathcal{R}_\mathcal{G} M$.

BEWEIS: Die $T_g$ $(g \in G)$ sind Einheiten der Gruppenalgebra $S[G]$, denn $T_g \cdot T_{-g} = T_0 = 1$. Somit ist $\mu_{T_g}: \mathcal{R}_\mathcal{G} M \to \mathcal{R}_\mathcal{G} M$ eine injektive Abbildung $(g \geq 0)$, da sie auf $M \otimes_S S[G]$ injektiv ist.

Für $g \in G$ sind

$$\mathcal{F}_g^< := \bigcup_{h<g} \mathcal{F}_h \quad \text{und} \quad \mathcal{G}_g^< := \bigcup_{h<g} \mathcal{G}_h$$

$R$–Untermoduln von $\mathcal{F}_g$ bzw. $\mathcal{G}_g$. Wir setzen

$$\mathrm{gr}_\mathcal{F}^g S := \mathcal{F}_g / \mathcal{F}_g^< \quad \text{und} \quad \mathrm{gr}_\mathcal{G}^g M := \mathcal{G}_g / \mathcal{G}_g^<$$

sowie

$$\mathrm{gr}_\mathcal{F} S := \bigoplus_{g\in G} \mathrm{gr}_\mathcal{F}^g S \quad \text{und} \quad \mathrm{gr}_\mathcal{G} M := \bigoplus_{g\in G} \mathrm{gr}_\mathcal{G}^g M$$

Für $x + \mathcal{F}_g^< \in \mathrm{gr}_\mathcal{F}^g S$ und $y + \mathcal{G}_h^< \in \mathrm{gr}_\mathcal{G}^h M$ sei

$$(1) \qquad\qquad (x + \mathcal{F}_g^<) \cdot (y + \mathcal{G}_h^<) = x \cdot y + \mathcal{G}_{g+h}^<$$

Das Ergebnis ist unabhängig von der Wahl der Repräsentanten $x \in \mathcal{F}_g$, $y \in \mathcal{G}_h$ der jeweiligen Restklassen. Im Fall $M = S$, $\mathcal{G} = \mathcal{F}$ wird somit auf $\mathrm{gr}_\mathcal{F} S$ eine Multiplikation definiert, durch die $\mathrm{gr}_\mathcal{F} S$ zu einer graduierten $R$–Algebra wird. Durch (1) ist dann auch eine Skalarmultiplikation auf $\mathrm{gr}_\mathcal{G} M$ definiert, durch die $\mathrm{gr}_\mathcal{G} M$ zu einem graduierten $\mathrm{gr}_\mathcal{F} S$–Modul wird.

**D.6.DEFINITION.** $\mathrm{gr}_\mathcal{F} S$ *heißt der* **assoziierte graduierte Ring** *der filtrierten Algebra* $(S/R, \mathcal{F})$ *und* $\mathrm{gr}_\mathcal{G} M$ *der* **assoziierte graduierte Modul** *von* $(M, \mathcal{G})$.

Der assoziierte graduierte Ring wurde für $I$–adische Filtrierungen zuerst von Krull eingeführt.

Im Fall $G = \mathbf{Z}$ gilt für $k \in \mathbf{Z}$

$$\mathcal{F}_k^< = \mathcal{F}_{k-1}, \; \mathcal{G}_k^< = \mathcal{G}_{k-1}$$

und somit ist

$$\mathrm{gr}_\mathcal{F} S = \bigoplus_{k\in \mathbf{Z}} \mathcal{F}_k / \mathcal{F}_{k-1}, \; \mathrm{gr}_\mathcal{G} M = \bigoplus_{k\in \mathbf{Z}} \mathcal{G}_k / \mathcal{G}_{k-1}$$

Ist $I$ ein Ideal von $S$ und $\mathcal{F}$ bzw. $\mathcal{G}$ die $I$–adische Filtrierung auf $S$ bzw. $M$, so schreibt man auch $\mathrm{gr}_I$ für $\mathrm{gr}_\mathcal{F}$ bzw. $\mathrm{gr}_\mathcal{G}$. Es ist

$$\mathrm{gr}_I S = \bigoplus_{k\in \mathbf{N}} I^k / I^{k+1}, \; \mathrm{gr}_I M = \bigoplus_{k\in \mathbf{N}} I^k M / I^{k+1} M$$

wobei $I^k/I^{k+1}$ der homogene Bestandteil vom Grad $-k$ von $\mathrm{gr}_I S$ ist (entsprechend für $\mathrm{gr}_I M$). Meistens ändert man die Graduierung, indem man den Elementen vom Grad $-k$ den Grad $+k$ gibt, wir wollen dies hier aber noch nicht tun.

Für einen lokalen Ring $(R, \mathfrak{m})$ heißt $\mathrm{gr}_\mathfrak{m} R$ einfach der assoziierte graduierte Ring von $R$. Für das Studium lokaler Ringe ist er von grundlegender Bedeutung. Ein einfaches Beispiel ist

$$\mathrm{gr}_{(X_1,\ldots,X_n)} K[X_1,\ldots,X_n]_{(X_1,\ldots,X_n)} \cong K[X_1,\ldots,X_n]$$

Ist nämlich $R := K[X_1,\ldots,X_n]$, $\mathfrak{m} = (X_1,\ldots,X_n)$, so ist

$$\mathfrak{m}^k R_\mathfrak{m}/\mathfrak{m}^{k+1} R_\mathfrak{m} \cong (\mathfrak{m}^k/\mathfrak{m}^{k+1})\cdot R/\mathfrak{m} \cong \mathfrak{m}^k/\mathfrak{m}^{k+1} \cong R_k \text{ und } \mathrm{gr}_\mathfrak{m} R_\mathfrak{m} \cong \bigoplus_{k\in\mathbf{N}} R_k = R.$$

**D.7.DEFINITION.** *Eine Filtrierung $\mathcal{F}$ einer Algebra $S/R$ heißt* **ordentlich**, *wenn für jedes $s \in S \setminus \{0\}$*

$$\mathrm{ord}_\mathcal{F}\, s := \mathrm{Min}\,\{g \in G \mid s \in \mathcal{F}_g\}$$

*existiert. Dieses Element aus $G$ heißt dann die* **Ordnung** *von $s$. Ferner wird $\mathrm{ord}_\mathcal{F} := -\infty$ gesetzt.*

Ordentliche Filtrierungen müssen separierend sein. Gradfiltrierungen sind immer ordentlich. Die Ordnung eines Elements $s \neq 0$ ist der Grad des homogenen Bestandteils höchsten Grades von $s$. Im Fall $G = \mathbf{Z}$ ist eine Filtrierung genau dann ordentlich, wenn sie separierend ist.

Ist $(M,\mathcal{G})$ ein filtrierter $(S/R,\mathcal{F})$-Modul, so ist analog wie in D.7 erklärt, wann die Filtrierung $\mathcal{G}$ ordentlich ist, und was die Ordnung eines Elements aus $M$ ist.

**D.8.REGELN:** $(S/R,\mathcal{F})$ sei eine filtrierte Algebra und $(M,\mathcal{G})$ ein filtrierter $(S/R,\mathcal{F})$-Modul. Die Filtrierungen $\mathcal{F}$ und $\mathcal{G}$ seien ordentlich. Dann gilt:
a) Für $m,n \in M$ ist $\mathrm{ord}_\mathcal{G}(m + n) \leq \mathrm{Max}\,\{\mathrm{ord}_\mathcal{G} m, \mathrm{ord}_\mathcal{G} n\}$. Ist $\mathrm{ord}_\mathcal{G} m \neq \mathrm{ord}_\mathcal{G} n$, so gilt hierbei das Gleichheitszeichen.
b) Für $s \in S$ und $m \in M$ ist

$$\mathrm{ord}_\mathcal{G}(sm) \leq \mathrm{ord}_\mathcal{F}\, s + \mathrm{ord}_\mathcal{G} m$$

Der Beweis ist sehr einfach.

**D.9.DEFINITION.** *Sei $(S/R,\mathcal{F})$ eine filtrierte Algebra mit einer ordentlichen Filtrierung. Für $s \in S \setminus \{0\}$ heißt*

$$s^* := s \cdot T_{\mathrm{ord}_\mathcal{F}\, s} \in \mathcal{R}_\mathcal{F} S$$

*die* **Homogenisierung** *von $s$ und*

$$L_\mathcal{F} s := s + \mathcal{F}^<_{\mathrm{ord}_\mathcal{F}\, s} \in \mathrm{gr}_\mathcal{F} S$$

*die* **Leitform** *von $s$. Für $s = 0$ setzt man $s^* = 0$ und $L_\mathcal{F} s = 0$.*

Für Moduln hat man die entsprechenden Begriffe.

**D.10. BEISPIELE:**

a) **Gradfiltrierungen.** In der Situation von D.3a) sei

$$s = s_{g_1} + \cdots + s_{g_n}$$

die Zerlegung von $s \in S \setminus \{0\}$ in homogene Komponenten $s_{g_i} \in S_{g_i}$, wobei $g_1 < \ldots < g_n$ und $s_{g_i} \neq 0$ $(i = 1, \ldots, n)$. Es ist dann $\mathrm{ord}_{\mathcal{F}} s = g_n$. Für die Homogenisierung $s^* \in \mathcal{R}_{\mathcal{F}} S$ von $s$ gilt

$$s^* = s \cdot T_{g_n} = (s_{g_1} T_{g_1}) \cdot T_{g_n - g_1} + \cdots + (s_{g_{n-1}} T_{g_{n-1}}) \cdot T_{g_n - g_{n-1}} + s_{g_n} \cdot T_{g_n}$$

und die Leitform von $s$ ist

$$L_{\mathcal{F}} s = s_{g_n} + \mathcal{F}_{g_n}^< \in \mathrm{gr}_{\mathcal{F}}^{g_n} S$$

Wir betrachten nun die Gradfiltrierungen einer Polynomalgebra $S = R[X_1, \ldots, X_n]$ etwas eingehender.

$\alpha$) Sei zunächst $G = \mathbf{Z}^n$ mit der lexikographischen Anordnung versehen: Für Elemente $\alpha = (\alpha_1, \ldots, \alpha_n) \in \mathbf{Z}^n$ und $\beta = (\beta_1, \ldots, \beta_n) \in \mathbf{Z}^n$ gilt $\alpha > \beta$ genau dann, wenn $\alpha - \beta = (0, \ldots, 0, \gamma_i, \ldots)$ mit einem $\gamma_i > 0$. Die entsprechende Gradfiltrierung von $S$ werde mit $\mathcal{F}$ bezeichnet. Für $\alpha = (\alpha_1, \ldots, \alpha_n) \in \mathbf{Z}^n$ mit $\alpha_1, \ldots, \alpha_i \in \mathbf{N}$, $\alpha_{i+1} < 0$ $(i \geq 1)$ gilt

$$\mathcal{F}_\alpha = \sum_{0 \leq \nu_1 < \alpha_1} X_1^{\nu_1} R[X_2, \ldots, X_n] + X_1^{\alpha_1} \sum_{0 \leq \nu_2 < \alpha_2} X_2^{\nu_2} R[X_3, \ldots, X_n] + \cdots$$

$$\cdots + X_1^{\alpha_1} \cdots X_{i-1}^{\alpha_{i-1}} \sum_{0 \leq \nu_i < \alpha_i} X_i^{\nu_i} R[X_{i+1}, \ldots, X_n] + X_1^{\alpha_1} \cdots X_i^{\alpha_i} \cdot R[X_{i+1}, \ldots, X_n]$$

und $\mathcal{F}_\alpha = \langle 0 \rangle$, falls $\alpha_1 < 0$.

Die Gruppenalgebra $S[G]$ ist hier die Algebra $S[T_1, \ldots, T_n, T_1^{-1}, \ldots, T_n^{-1}]$ der **Laurentpolynome** in den Variablen $T_1, \ldots, T_n$ über $S$ und

$$\mathcal{R}_{\mathcal{F}} S = \bigoplus_{(\alpha_1, \ldots, \alpha_n) \in \mathbf{Z}^n} \mathcal{F}_{(\alpha_1, \ldots, \alpha_n)} T_1^{\alpha_1} \cdot \ldots \cdot T_n^{\alpha_n} \subset S[T_1, \ldots, T_n, T_1^{-1}, \ldots, T_n^{-1}]$$

Die Homogenisierung $X_i^*$ von $X_i$ ist $X_i^* = X_i T_i \in \mathcal{F}_{(0, \ldots, 1, \ldots, 0)} T_i$ $(i = 1, \ldots, n)$, und für $f = \sum a_{\nu_1 \cdots \nu_n} X_1^{\nu_1} \cdot \ldots \cdot X_n^{\nu_n} \in S$ mit $\deg f = (d_1, \ldots, d_n)$ ist

$$f^* = f \cdot T_1^{d_1} \cdot \ldots \cdot T_n^{d_n} = \sum_{(\nu_1, \ldots, \nu_n) \in \mathbf{N}^n} a_{\nu_1 \cdots \nu_n} X_1^{*\nu_1} \cdot \ldots \cdot X_n^{*\nu_n} T_1^{d_1 - \nu_1} \cdot \ldots \cdot T_n^{d_n - \nu_n}$$

ein Element aus $\bigoplus_{\alpha \geq 0} R[X_1^*, \ldots, X_n^*] T_1^{\alpha_1} \cdot \ldots \cdot T_n^{\alpha_n}$. Für $\alpha = (\alpha_1, \ldots, \alpha_n) \in \mathbf{Z}^n$ gilt $\mathrm{gr}_{\mathcal{F}}^\alpha S = \{0\}$, falls ein $\alpha_i < 0$ für $i \leq n$. Andernfalls ist $\mathrm{gr}_{\mathcal{F}}^\alpha S \cong R \cdot X_1^{\alpha_1} \cdot \ldots \cdot X_n^{\alpha_n}$. Daher hat man einen Isomorphismus graduierter $R$-Algebren

$$\mathrm{gr}_{\mathcal{F}} S \cong S$$

Für das obige $f$ identifiziert sich hierbei $L_{\mathcal{F}}f$ mit $a_{d_1\cdots d_n}X_1^{d_1}\cdots X_n^{d_n}$.

$\beta$) Im Fall der Standardgraduierung auf $S = R[X_1,\ldots,X_n]$ stellt sich die Lage folgendermaßen dar: Es ist $G = \mathbf{Z}$ und $S[G] = S[T,T^{-1}]$, ferner

$$\mathcal{R}_{\mathcal{F}}S = \bigoplus_{n\in\mathbf{N}} \mathcal{F}_n T^n = R[T, X_1^*,\ldots,X_n^*]$$

mit $X_i^* = X_i T$ $(i = 1,\ldots,n)$. Hier ist $\mathcal{R}_{\mathcal{F}}S$ ein Polynomring über $R$ in $n+1$ Variablen. Ist $f = f_m + \cdots + f_d$ die Zerlegung von $f \in S$ in homogene Polynome $f_i$ vom Grad $i$ $(f_m \neq 0,\ f_d \neq 0,\ m \leq d)$, so ist

$$f^* = f_m(X_1^*,\ldots,X_n^*)\cdot T^{d-m} + \cdots + f_{d-1}(X_1^*,\ldots,X_n^*)\cdot T + f_d(X_1^*,\ldots,X_n^*)$$

Mit andern Worten: Es ist

$$f^*(T, X_1^*,\ldots,X_n^*) = T^d \cdot f\left(\frac{X_1^*}{T},\ldots,\frac{X_n^*}{T}\right)$$

die gebräuchliche Homogenisierung des Polynoms $f$ (II,§ 3), nur daß hier $X_i^*$ für das sonst übliche $Y_i$ $(i = 1,\ldots,n)$ und $T$ für $Y_0$ steht. Die Aussagen dieses Anhangs lassen sich somit speziell auf die gewöhnliche Homogenisierung im Polynomring anwenden.

gr$_{\mathcal{F}}^i S$ identifiziert sich hier mit $S_i$, dem homogenen Bestandteil $i$-ten Grades von $S$, und man hat einen Isomorphismus graduierter $R$-Algebren

$$\mathrm{gr}_{\mathcal{F}}S \cong S$$

Für das obige $f$ identifiziert sich hierbei $L_{\mathcal{F}}f$ mit $f_d$, der Gradform von $f$.

b) **$I$-adische Filtrierungen.** In der Situation von D.3c) ist

$$\mathcal{R}_{\mathcal{F}}S = \bigoplus_{k\in\mathbf{N}} I^k T^{-k} \oplus \bigoplus_{k\in\mathbf{N}_+} S T^k \subset S[T,T^{-1}]$$

Der interessante Anteil dieses Rings ist $\mathcal{R}_{\mathcal{F}}^{\leq}S := \bigoplus_{k\in\mathbf{N}} I^k T^{-k}$. Durch die Substitution $T^{-1} \mapsto T$ geht er über in den **klassischen Reesring** $\bigoplus_{k\in\mathbf{N}} I^k T^k \subset S[T]$. Da wir aber Gradfiltrierungen und $I$-adische Filtrierungen simultan behandeln wollen, ist es zweckmäßig, auch $I$-adische Filtrierungen als aufsteigende Filtrierungen zu betrachten, entgegen der sonst üblichen Praxis.

Ist $\mathcal{F}$ separierend, also $\bigcap_{k\in\mathbf{N}} I^k = (0)$, so gilt für $s \in I^k \setminus I^{k+1}$

$$\mathrm{ord}_{\mathcal{F}}\,s = -k\,,\quad s^* = s \cdot T^{-k} \quad\text{und}\quad L_{\mathcal{F}}s = s + I^{k+1}$$

Man schreibt auch $\mathrm{ord}_I$ und $L_I$ für $\mathrm{ord}_{\mathcal{F}}$ und $L_{\mathcal{F}}$.

Der folgende Satz gibt einfache, aber wichtige Zusammenhänge zwischen den hier betrachteten Algebren und Moduln. Es sei $(S/R, \mathcal{F})$ eine beliebige filtrierte Algebra und $(M, \mathcal{G})$ ein filtrierter $(S/R, \mathcal{F})$–Modul. Es wurde bereits vermerkt, daß $\mathcal{R}_{\mathcal{F}}S$ insbesondere die Elemente $T_g$ mit $g \geq 0$ enthält, wobei $T_0$ das Einselement von $\mathcal{R}_{\mathcal{F}}S$ ist. Wir betrachten die beiden folgenden Ideale von $\mathcal{R}_{\mathcal{F}}S$:

$$I_0 := (\{T_g\}_{g>0}) \quad \text{und} \quad I_1 := (\{T_g - T_0\}_{g>0})$$

D.11.SATZ. *Die Abbildung*

$$\alpha: \mathcal{R}_{\mathcal{G}}M/I_0\mathcal{R}_{\mathcal{G}}M \to \mathrm{gr}_{\mathcal{G}}M \quad (\sum_{g \in G} m_g T_g + I_0\mathcal{R}_{\mathcal{G}}M \mapsto \sum_{g \in G} (m_g + \mathcal{G}_g^<))$$

*ist ein Isomorphismus $G$–graduierter $R$–Moduln, und*

$$\beta: \mathcal{R}_{\mathcal{G}}M/I_1\mathcal{R}_{\mathcal{G}}M \to M \quad (\sum_{g \in G} m_g T_g + I_1\mathcal{R}_{\mathcal{G}}M \mapsto \sum_{g \in G} m_g)$$

*ist ein Isomorphismus von $R$–Moduln. Im Fall $M = S$ handelt es sich um Isomorphismen (graduierter) Algebren. Identifiziert man dann $\mathcal{R}_{\mathcal{F}}S/I_0\mathcal{R}_{\mathcal{F}}S$ mit $\mathrm{gr}_{\mathcal{F}}S$ bzw. $\mathcal{R}_{\mathcal{F}}S/I_1\mathcal{R}_{\mathcal{F}}S$ mit $S$, so werden $\alpha$ und $\beta$ Isomorphismen von $\mathrm{gr}_{\mathcal{F}}S$–Moduln bzw. $S$–Moduln.*

BEWEIS: Die Abbildung

$$A: \mathcal{R}_{\mathcal{G}}M \to \mathrm{gr}_{\mathcal{G}}M \quad \text{mit} \quad A(\sum_{g \in G} m_g T_g) = \sum_{g \in G} (m_g + \mathcal{G}_g^<)$$

ist ein Epimorphismus graduierter $R$–Moduln, und es ist $I_0\mathcal{R}_{\mathcal{G}}M \subset \ker A$, denn es gilt $A(m_g T_g T_h) = A(m_g T_{g+h}) = 0$ für jedes $h > 0$. Ist umgekehrt $m_g T_g \in \ker A$ für $m_g \in \mathcal{G}_g$ $(g \in G)$, so ist $m_g \in \mathcal{G}_g^<$, also $m_g \in \mathcal{G}_h$ mit einem $h < g$. Es folgt $m_g T_g = (m_g T_h) \cdot T_{g-h} \in I_0\mathcal{R}_{\mathcal{G}}M$. Nach dem Homomorphiesatz ist $\alpha$ ein Isomorphismus.

Die Abbildung

$$B: \mathcal{R}_{\mathcal{G}}M \to M \quad \text{mit} \quad B(\sum_{g \in G} m_g T_g) = \sum_{g \in G} m_g$$

ist ein Epimorphismus von $R$–Moduln, und es ist $I_1\mathcal{R}_{\mathcal{G}}M \subset \ker B$, da für $h > 0$

$$B((T_h - T_0)\sum_g m_g T_g) = \sum_g (m_{g-h} - m_g) = 0$$

Ist umgekehrt $\sum_g m_g T_g \in \ker B$ und $d := \mathrm{Max}\,\{g \in G \mid m_g \neq 0\}$, dann gilt

$$\sum_g m_g T_g = \sum_g m_g T_g - (\sum_g m_g)T_d = \sum_g m_g T_g \cdot (T_0 - T_{d-g}) \in I_1\mathcal{R}_{\mathcal{G}}M$$

Mit dem Homomorphiesatz ergibt sich, daß $\beta$ ein Isomorphismus von $R$–Moduln ist.
Die weiteren Aussagen des Satzes sind ebenfalls sehr einfach.

Satz D.11 wird häufig dazu verwendet, um Eigenschaften von "$\mathrm{gr}_{\mathcal{G}}M$ auf $M$" zu übertragen. Der folgende Satz ist hierfür ein erstes Beispiel.

**D.12.Satz.** *Unter den Voraussetzungen von D.11 sei $G = \mathbb{Z}$ und $T := T_1$. Die Filtrierung $\mathcal{G}$ sei separierend, und $b_1, \ldots, b_m$ seien Elemente von $M$, für deren Leitformen $\{L_{\mathcal{G}} b_1, \ldots, L_{\mathcal{G}} b_m\}$ ein Erzeugendensystem (bzw. eine Basis) von $\mathrm{gr}_{\mathcal{G}} M$ als $R$-Modul ist. Dann gilt:*

*a) $\{b_1^*, \ldots, b_m^*\}$ ist ein Erzeugendensystem (eine Basis) von $\mathcal{R}_{\mathcal{G}} M$ als $R[T]$-Modul.*

*b) $\{b_1, \ldots, b_m\}$ ist ein Erzeugendensystem (eine Basis) von $M$ als $R$-Modul.*

BEWEIS: $\mathcal{R}_{\mathcal{G}} M$ ist ein graduierter Modul über $\mathcal{R}_{\mathcal{F}} S \subset S[T, T^{-1}]$, und es ist $R[T] \subset \mathcal{R}_{\mathcal{F}} S$, daher ist $\mathcal{R}_{\mathcal{G}} M$ ein graduierter Modul über $R[T]$.

a) Beim Epimorphismus $A \colon \mathcal{R}_{\mathcal{G}} M \to \mathrm{gr}_{\mathcal{G}} M$ aus dem Beweis von D.11 wird $b_i^*$ auf $L_{\mathcal{G}} b_i$ abgebildet. Es ist daher

$$\mathcal{R}_{\mathcal{G}} M = R[T] b_1^* + \cdots + R[T] b_m^* + T \mathcal{R}_{\mathcal{G}} M$$

Da $\mathrm{gr}_{\mathcal{G}} M$ ein endliches Erzeugendensystem als $R$-Modul besitzt, ist die Graduierung von $\mathrm{gr}_{\mathcal{G}} M$ nach unten beschränkt. Somit ist $\mathcal{G}_i / \mathcal{G}_{i-1} = \langle 0 \rangle$ für kleine $i$, und aus der Separiertheit von $\mathcal{G}$ folgt $\mathcal{G}_i = \mathcal{G}_{i-1} = \cdots = \langle 0 \rangle$. Daher ist auch die Graduierung von $\mathcal{R}_{\mathcal{G}} M$ und erst recht die von $\mathcal{R}_{\mathcal{G}} M / \sum_{i=1}^{m} R[T] b_i^*$ nach unten beschränkt. Das graduierte Nakayama-Lemma A.9 liefert

$$\mathcal{R}_{\mathcal{G}} M = \sum_{i=1}^{m} R[T] b_i^*$$

Da $M \cong \mathcal{R}_{\mathcal{G}} M / (T - 1) \mathcal{R}_{\mathcal{G}} M$ ist (D.11), folgt $M = \sum_{i=1}^{m} R b_i$.

Es ist jetzt noch zu zeigen, daß $\{b_1^*, \ldots, b_m^*\}$ über $R[T]$ linear unabhängig ist, wenn $\{L_{\mathcal{G}} b_1, \ldots, L_{\mathcal{G}} b_m\}$ eine $R$-Basis von $\mathrm{gr}_{\mathcal{G}} M$ ist. Angenommen, es gäbe ein Relation

$$(2) \qquad \sum_{i=1}^{m} \rho_i b_i^* = 0 \quad (\rho_i \in R[T], \text{ nicht alle } \rho_i = 0)$$

Dann existiert eine solche Relation mit homogenen $\rho_i \in R[T]$:

$$\rho_i = r_i T^{n_i} \quad (r_i \in R, n_i + \mathrm{ord}_{\mathcal{G}} b_i \text{ unabhängig von } i)$$

In $\mathcal{R}_{\mathcal{G}} M$ ist $T$ nach D.5 kein Nullteiler, daher kann man in (2) den Faktor $T$ so oft kürzen, bis $n_i = 0$ ist für ein $i \in \{1, \ldots, m\}$ mit $r_i \neq 0$. Geht man dann zu $\mathrm{gr}_{\mathcal{G}} M = \mathcal{R}_{\mathcal{G}} M / T \mathcal{R}_{\mathcal{G}} M$ über, so erhält man aus (2) eine nichttriviale Relation zwischen $L_{\mathcal{G}} b_1, \ldots, L_{\mathcal{G}} b_m$ mit Koeffizienten aus $R$, ein Widerspruch.

Wegen $M \cong \mathcal{R}_{\mathcal{G}} M / (T - 1) \mathcal{R}_{\mathcal{G}} M$ ist nun auch $\{b_1, \ldots, b_m\}$ eine Basis von $M$ als $R$-Modul, **q.e.d.**

Sei jetzt $G$ wieder eine beliebige geordnete Gruppe. Für einen $S$-Untermodul $U \subset M$ ist $\mathcal{G} \mid_U := \{\mathcal{G}_h \cap U\}_{h \in G}$ eine mit $\mathcal{F}$ verträgliche Filtrierung von $U$, die **Einschränkung** von $\mathcal{G}$ auf $U$. Ferner ist $\overline{\mathcal{G}} := \{\mathcal{G}_h + U / U\}_{h \in G}$ eine mit $\mathcal{F}$ verträgliche Filtrierung von $M/U$, die **Restklassenfiltrierung** von $\mathcal{G}$ auf $M/U$. Mit $\mathcal{G}$ ist auch $\mathcal{G} \mid_U$ ordentlich.

**D.13.SATZ.** *Man hat eine kanonische exakte Sequenz von graduierten* $\mathcal{R}_{\mathcal{F}}S$*-Moduln*

$$0 \to \mathcal{R}_{\mathcal{G}|_U}U \to \mathcal{R}_{\mathcal{G}}M \to \mathcal{R}_{\overline{\mathcal{G}}}(M/U) \to 0$$

*und eine kanonische exakte Sequenz von graduierten* $\mathrm{gr}_{\mathcal{F}}S$*-Moduln*

$$0 \to \mathrm{gr}_{\mathcal{G}|_U}U \to \mathrm{gr}_{\mathcal{G}}M \to \mathrm{gr}_{\overline{\mathcal{G}}}(M/U) \to 0$$

*Ist die Filtrierung* $\mathcal{G}$ *ordentlich, so identifiziert sich* $\mathcal{R}_{\mathcal{G}|_U}U$ *mit dem von allen* $u^*$
*für* $u \in U$ *in* $\mathcal{R}_{\mathcal{G}}M$ *erzeugten* $\mathcal{R}_{\mathcal{F}}S$*-Untermodul* $U^*$ *und* $\mathrm{gr}_{\mathcal{G}|_U}U$ *mit dem von allen*
$L_{\mathcal{G}}u$ *mit* $u \in U$ *in* $\mathrm{gr}_{\mathcal{G}}M$ *erzeugten* $\mathrm{gr}_{\mathcal{F}}S$*-Untermodul* $\mathrm{gr}_{\mathcal{G}}U$ :

$$\mathcal{R}_{\overline{\mathcal{G}}}(M/U) \cong \mathcal{R}_{\mathcal{G}}M/U^* , \quad \mathrm{gr}_{\overline{\mathcal{G}}}(M/U) \cong \mathrm{gr}_{\mathcal{G}}M/\mathrm{gr}_{\mathcal{G}}U$$

**BEWEIS:** Die exakte Sequenz für die Rees-Moduln ergibt sich, indem man komponentenweise den Noetherschen Isomorphiesatz

$$\mathcal{G}_h + U/U \cong \mathcal{G}_h/\mathcal{G}_h \cap U \qquad (h \in G)$$

anwendet.

Ferner ist $(\mathcal{G}\,|_U)_h^< = \bigcup_{h'<h} (\mathcal{G}\,|_U)_{h'} = \bigcup_{h'<h} (\mathcal{G}_{h'} \cap U) = \mathcal{G}_h^< \cap U$ und $\overline{\mathcal{G}}_h^< = \mathcal{G}_h^< + U/U$.
Die exakte Folge für die assoziierten graduierten Moduln ergibt sich durch komponentenweise Anwendung der Isomorphismen

$$\overline{\mathcal{G}}_h/\overline{\mathcal{G}}_h^< \cong \mathcal{G}_h + U/\mathcal{G}_h^< + U \cong \mathcal{G}_h/(\mathcal{G}_h^< + U) \cap \mathcal{G}_h \cong \mathcal{G}_h/\mathcal{G}_h^< \Big/ (\mathcal{G}_h^< + U) \cap \mathcal{G}_h/\mathcal{G}_h^<$$

$$\cong \mathcal{G}_h/\mathcal{G}_h^< \Big/ \mathcal{G}_h \cap U/\mathcal{G}_h^< \cap U \cong \mathrm{gr}_{\mathcal{G}}^h M/\mathrm{gr}_{\mathcal{G}|_U}^h U \quad (h \in G)$$

Die restlichen Aussagen des Satzes sind klar nach Definition der Homogenisierung $u^*$
und der Leitform $L_{\mathcal{G}}u$ für $u \in U$.


**D.14.SATZ.** *Unter den Voraussetzungen von D.13 seien Elemente* $u_1, \ldots, u_m \in U$
*gegeben, so daß* $\mathrm{gr}_{\mathcal{G}}U$ *als* $\mathrm{gr}_{\mathcal{F}}S$*-Modul von* $\{L_{\mathcal{G}}u_1, \ldots, L_{\mathcal{G}}u_m\}$ *erzeugt wird. Die*
*Filtrierung* $\mathcal{G}$ *sowie die induzierte Filtrierung* $\overline{\mathcal{G}}$ *auf* $M/\langle u_1, \ldots, u_m \rangle$ *sei ordentlich.*
*Dann gilt*

$$U = \langle u_1, \ldots, u_m \rangle$$

**BEWEIS:** Setze $\overline{U} := U/\langle u_1, \ldots, u_m \rangle$. Dann ist $\overline{\mathcal{G}}|_{\overline{U}}$ die Restklassenfiltrierung von
$\mathcal{G}|_U$. Es folgt $\mathrm{gr}_{\overline{\mathcal{G}}|_{\overline{U}}}\overline{U} = \mathrm{gr}_{\mathcal{G}|_U}/\langle L_{\mathcal{G}}u_1, \ldots, L_{\mathcal{G}}u_m \rangle = \langle 0 \rangle$. Da $\overline{\mathcal{G}}$ ordentlich ist, gilt
dies auch für $\overline{\mathcal{G}}|_{\overline{U}}$, und daher ergibt sich aus $\mathrm{gr}_{\overline{\mathcal{G}}|_{\overline{U}}}\overline{U} = \langle 0 \rangle$, daß $\overline{U} = \langle 0 \rangle$.

**D.15.KOROLLAR.** *Für jedes endlich erzeugte Ideal $I \subset S$ seien $\mathcal{F}$ und die auf $S/I$ induzierte Filtrierung $\overline{\mathcal{F}}$ ordentlich. Ist $\mathrm{gr}_{\mathcal{F}}S$ ein noetherscher Ring, so auch $S$.*

In der Situation von D.14 ist für ein Erzeugendensystem $u_1, \ldots, u_m$ vom $U$ das System $\{L_{\mathcal{G}}u_1, \ldots, L_{\mathcal{G}}u_m\}$ nicht unbedingt ein Erzeugendensystem von $\mathrm{gr}_{\mathcal{G}}U$. Dies führt zu folgendem Grundbegriff der Computer-Algebra:

**D.16.DEFINITION.** *$\mathcal{G}$ sei eine ordentliche Filtrierung. Für ein System $\{u_1, \ldots, u_m\}$ von Elementen von $U \subset M$ erzeuge $\{L_{\mathcal{G}}u_1, \ldots, L_{\mathcal{G}}u_m\}$ den $\mathrm{gr}_{\mathcal{F}}S$-Modul $\mathrm{gr}_{\mathcal{G}}U$. Dann heißt $\{u_1, \ldots, u_m\}$ eine* **Gröbner-Basis** *von $U$.*

Nach Satz D.14 ist $\{u_1, \ldots, u_m\}$ dann auch ein Erzeugendensystem von $U$, sofern $\mathcal{G}$ und $\overline{\mathcal{G}}$ ordentliche Filtrierungen sind. Ist $\mathcal{G}$ ordentlich und die Menge aller Ordnungen von Elementen aus $M$ bzgl. der Ordnung von $G$ wohlgeordnet (d.h. besitzt jede nichtleere Teilmenge ein kleinstes Element), dann ist auch jede Restklassenfiltrierung $\overline{\mathcal{G}}$ von $\mathcal{G}$ ordentlich: Die Ordnung einer Restklasse ist die kleinste Ordnung eines ihrer Repräsentanten. Für $\mathbf{Z}^n$ mit der lexikographischen Ordnung ist beispielsweise $\mathbf{N}^n$ eine wohlgeordnete Teilmenge. Zur Bestimmung von Gröbner-Basen dient der **Buchberger-Algorithmus** (vgl. [CLO]).

In der Situation von Beispiel D.10a)$\alpha$) sind die Leitformen der Polynome aus $S$ von der Form $aX_1^{\nu_1} \cdot \ldots \cdot X_n^{\nu_n}$ $(a \in R)$. Man führt kompliziertere Berechnungen auf die mit solchen Leitformen zurück. Beispielsweise wird die Berechnung der $K$-Dimension einer Algebra $K[X_1, \ldots, X_n]/I$ über einem Körper $K$ vermöge des Isomorphismus $\mathrm{gr}(K[X_1, \ldots, X_n]/I) \cong K[X_1, \ldots, X_n]/\mathrm{gr}I$ (vgl. D.13) auf die in A.10 betrachtete Situation zurückgeführt.

Wir beschäftigen uns jetzt mit dem "Hochheben" $\mathrm{gr}_{\mathcal{G}}M$-regulärer Elemente zu $M$-regulären Elementen. (Für diesen Begriff siehe A.11).

**D.17.LEMMA.** *$\mathcal{F}$ und $\mathcal{G}$ seien ordentliche Filtrierungen. Für $f \in S$ sei die Leitform $L_{\mathcal{F}}f$ ein $\mathrm{gr}_{\mathcal{G}}M$-reguläres Element. Dann ist $f^*$ ein $\mathcal{R}_{\mathcal{G}}M$-reguläres Element, und $f$ ist $M$-regulär. Ferner gilt für jedes $m \in M$*

*a) $\mathrm{ord}_{\mathcal{G}}(fm) = \mathrm{ord}_{\mathcal{F}}f + \mathrm{ord}_{\mathcal{G}}m$*

*b) $L_{\mathcal{G}}(fm) = L_{\mathcal{F}}f \cdot L_{\mathcal{G}}m$*

*c) $(f \cdot m)^* = f^* \cdot m^*$*

BEWEIS: Die Aussagen über reguläre Elemente folgen aus b) und c). Um a)-c) zu zeigen, kann man $m \neq 0$ annehmen. Sei $\mathrm{ord}_{\mathcal{F}}f =: a$ und $\mathrm{ord}_{\mathcal{G}}m =: b$. Dann ist $L_{\mathcal{F}}f = f + \mathcal{F}_a^<$, $L_{\mathcal{G}}m = m + \mathcal{G}_b^<$ und

$$L_{\mathcal{F}}f \cdot L_{\mathcal{G}}m = f \cdot m + \mathcal{G}_{a+b}^<$$

wobei $f \cdot m \in \mathcal{G}_{a+b}$. Da $L_{\mathcal{F}}f$ ein $\mathrm{gr}_{\mathcal{G}}M$-reguläres Element ist, muß $f \cdot m \notin \mathcal{G}_{a+b}^{<}$ gelten, folglich $\mathrm{ord}_{\mathcal{G}}(fm) = \mathrm{ord}_{\mathcal{F}}f + \mathrm{ord}_{\mathcal{G}}m$ und $L_{\mathcal{G}}(fm) = L_{\mathcal{F}}f \cdot L_{\mathcal{G}}m$. Ferner ist $(f \cdot m)^* = f \cdot m \cdot T_{a+b} = (fT_a)(mT_b) = f^* \cdot m^*$.

**D.18.SATZ.** *Es seien Elemente* $f_1, \ldots, f_n \in S$ *gegeben. Ferner sei* $\mathcal{F}$ *und für* $i = 0, \ldots, n-1$ *die Restklassenfiltrierung von* $\mathcal{G}$ *auf* $M/(f_1, \ldots, f_i)M$ *ordentlich. Für* $i = 0, \ldots, n-1$ *sei* $L_{\mathcal{F}}f_{i+1}$ *ein* $\mathrm{gr}_{\mathcal{G}}M/(L_{\mathcal{F}}f_1, \ldots, L_{\mathcal{F}}f_i)\mathrm{gr}_{\mathcal{G}}M$*-reguläres Element. Dann gilt für den Untermodul* $U := (f_1, \ldots, f_n)M$ *von* $M$:
*a)* $\mathrm{gr}_{\mathcal{G}}U = (L_{\mathcal{F}}f_1, \ldots, L_{\mathcal{F}}f_n) \cdot \mathrm{gr}_{\mathcal{G}}M$
*b)* $U^* = (f_1^*, \ldots, f_n^*) \cdot \mathcal{R}_{\mathcal{G}}M$
*c) Für* $i = 0, \ldots, n-1$ *ist* $f_{i+1}^*$ *ein* $\mathcal{R}_{\mathcal{G}}M/(f_1^*, \ldots, f_i^*)\mathcal{R}_{\mathcal{G}}M$*-reguläres Element, und* $f_{i+1}$ *ist* $M/(f_1, \ldots, f_i)M$*-regulär.*

BEWEIS: Setze $\overline{M} := M/(f_1)M$ und $\overline{U} := U/(f_1)M \cap U$. Sei $\overline{\mathcal{G}}$ die Restklassenfiltrierung von $\mathcal{G}$ auf $\overline{M}$. Nach D.17 gilt $\mathrm{gr}_{\mathcal{G}}((f_1)M) = (L_{\mathcal{F}}f_1) \cdot \mathrm{gr}_{\mathcal{G}}M$ und $(f_1 M)^* = f_1^* \mathcal{R}_{\mathcal{G}}M$. Ferner sind $f_1^*$ bzw. $f_1$ reguläre Elemente für $\mathcal{R}_{\mathcal{G}}M$ bzw. $M$. Aus D.13 ergibt sich

$$\mathcal{R}_{\overline{\mathcal{G}}}\overline{M} \cong \mathcal{R}_{\mathcal{G}}M/f_1^* \mathcal{R}_{\mathcal{G}}M \quad \text{und} \quad \mathrm{gr}_{\overline{\mathcal{G}}}\overline{M} \cong \mathrm{gr}_{\mathcal{G}}M/(L_{\mathcal{F}}f_1) \cdot \mathrm{gr}_{\mathcal{G}}M$$

Bei diesen Isomorphismen identifiziert sich $\overline{U}^*$ mit $U^*/(f_1^*)U^*$ und $\mathrm{gr}_{\overline{\mathcal{G}}}\overline{U}$ mit dem Modul $\mathrm{gr}_{\mathcal{G}}U/(L_{\mathcal{F}}f_1)\mathrm{gr}_{\mathcal{G}}U$. Durch Induktion kann man annehmen, daß

$$\overline{U}^* = (f_2^*, \ldots, f_n^*)\mathcal{R}_{\overline{\mathcal{G}}}\overline{M} \quad \text{und} \quad \mathrm{gr}_{\overline{\mathcal{G}}}\overline{U} = (L_{\mathcal{F}}f_2, \ldots, L_{\mathcal{F}}f_n)\mathrm{gr}_{\overline{\mathcal{G}}}\overline{M}$$

ist, wobei $f_{i+1}^*$ modulo $(f_2^*, \ldots, f_i^*)\mathcal{R}_{\overline{\mathcal{G}}}\overline{M}$ und $f_{i+1}$ modulo $(f_2, \ldots, f_i)M$ regulär ist ($i = 1, \ldots, n-1$). Die Behauptungen des Satzes folgen nun sofort.

**D.19.KOROLLAR.** *Im Fall* $M = S$ *und* $U = (f_1, \ldots, f_n)$ *ist* $\{f_1, \ldots, f_n\}$ *eine Gröbner-Basis des Ideals* $U$.

$I$-adische Filtrierungen sind genau dann ordentlich, wenn sie separierend sind. Im folgenden sei $S$ ein noetherscher Ring (der als Algebra über $R = \mathbf{Z}$ betrachtet wird), $I \subset S$ ein Ideal und $M$ ein endlich erzeugter $S$-Modul.

**D.20. KRULLSCHER DURCHSCHNITTSSATZ.** *Für* $\tilde{M} := \bigcap_{k \in \mathbf{N}} I^k M$ *gilt*

$$\tilde{M} = I \cdot \tilde{M}$$

Im Beweis benutzt man

**D.21. LEMMA VON ARTIN-REES.** *Für jeden Untermodul $U \subset M$ gibt es ein $k \in \mathbb{N}$, so daß für alle $n \in \mathbb{N}$ gilt*

$$I^{n+k}M \cap U = I^n \cdot (I^k M \cap U)$$

*Mit andern Worten: Die Beschränkung der $I$-adischen Filtrierung von $M$ auf $I^k M \cap U$ ist die $I$-adische Filtrierung von $I^k M \cap U$.*

BEWEIS: Sei $\mathcal{R}_I^{\leq} S = \bigoplus_{i \in \mathbb{N}} I^i T^{-i}$ die (nicht erweiterte) Rees-Algebra. Da der Ring $S$ noethersch ist, ist $I = (a_1, \ldots, a_m)$ endlich erzeugt. Es gilt $\mathcal{R}_I^0 S = S$ und

$$\mathcal{R}_I^{\leq} S = S[a_1 T^{-1}, \ldots, a_m T^{-1}]$$

daher ist $\mathcal{R}_I^{\leq} S$ nach dem Hilbertschen Basissatz ein noetherscher Ring. Da $M$ endlich erzeugt ist, ist auch der $\mathcal{R}_I^{\leq} S$-Modul $\mathcal{R}_I^{\leq} M$ endlich erzeugt.

Setze $U_i := I^i M \cap U$ $(i \in \mathbb{N})$ und betrachte $\overline{U} := \bigoplus_{i \in \mathbb{N}} U_i T^{-i}$ als $\mathcal{R}_I^{\leq} S$-Untermodul von $\mathcal{R}_I^{\leq} M$. Nach dem Hilbertschen Basissatz für Moduln besitzt $\overline{U}$ ein endliches Erzeugendensystem $\{v_1, \ldots, v_s\}$, bestehend aus homogenen Elementen $v_j \in \overline{U}$. Sei $d_j := \deg v_j$ $(j = 1, \ldots, s)$ und $-k := \underset{j=1,\ldots,s}{\text{Min}} \{d_j\}$. Dann ist $k \geq 0$. Wir zeigen, daß $U_{n+k} = I^n U_k$ für alle $n \in \mathbb{N}$ gilt, was gerade die Aussage des Lemmas ist.

Klar ist $I^n U_k \subset U_{n+k}$. Umgekehrt schreibt sich für $u \in U_{n+k}$ das Element $u \cdot T^{-(n+k)}$ in der Form

$$uT^{-(n+k)} = \sum_{j=1}^{t} s_j v_j \qquad (s_j \in \mathcal{R}_I^{\leq} S \text{ homogen})$$

wobei $\deg s_j = -d_j - (n+k)$ ist $(j = 1, \ldots, s)$. Dann ist $s_j \in I^{n+k+d_j} T^{-(n+k+d_j)}$, und es folgt $u \in I^n U_k$, da $k \geq -d_j$ für $j = 1, \ldots, s$, **q.e.d.**

BEWEIS DES KRULLSCHEN DURCHSCHNITTSSATZES: Wende D.21 auf $U = \tilde{M}$ an:

$$\tilde{M} = I^{k+1} M \cap \tilde{M} = I \cdot (I^k M \cap \tilde{M}) = I \cdot \tilde{M}$$

**D.22. KOROLLAR.** *Ist $S$ noethersch und $I$ im Durchschnitt aller maximalen Ideale von $S$ enthalten, so gilt für jeden Untermodul $U \subset M$*

$$\bigcap_{n \in \mathbb{N}} (U + I^n M) = U$$

*Speziell ist $\bigcap_{n \in \mathbb{N}} I^n M = \langle 0 \rangle$, d.h. die $I$-adische Filtrierung von $M$ ist separierend.*

BEWEIS: Setze $N := M/U$ und $\tilde{N} := \bigcap_{n \in \mathbf{N}} I^n N$. Nach D.20 ist $\tilde{N} = I \cdot \tilde{N}$, und nach Nakayama (C.2) folgt $\tilde{N} = \langle 0 \rangle$, also $\bigcap_{n \in \mathbf{N}} (U + I^n M) = U$.

**D.23.KOROLLAR.** *Ist $(S, \mathfrak{m})$ ein noetherscher lokaler Ring, $I$ ein Ideal mit $I \subset \mathfrak{m}$, $M$ ein endlich erzeugter $S$–Modul und $U \subset M$ ein Untermodul, so gilt*

$$\bigcap_{n \in \mathbf{N}} (U + I^n M) = U$$

AUFGABEN:

1) In der Situation von D.10a)$\alpha$) ist die Rees-Algebra $\mathcal{R}_{\mathcal{F}} S$ für $n \geq 2$ kein noetherscher Ring.

2) Sei $(S/R, \mathcal{F})$ eine $G$–filtrierte Algebra. $\mathcal{F}$ sei nach unten beschränkt, d.h. es existiert ein $g_0 \in G$ mit $\mathcal{F}_{g_0} = \langle 0 \rangle$.

   a) Der $R$–Modul $M := \mathrm{Hom}_R(S, R)$ wird zu einem $S$–Modul, wenn man für $s \in S$, $\varphi \in M$ die Skalarmultiplikation $s \cdot \varphi$ durch

   $$(s \cdot \varphi)(x) = \varphi(sx) \qquad (x \in S)$$

   definiert.

   b) Setzt man für $g \in G$

   $$\mathcal{G}_{-g} := \{\varphi \in M \mid \varphi(\mathcal{F}_g^<) = 0\}$$

   so ist $\mathcal{G} := \{\mathcal{G}_g\}_{g \in G}$ eine mit $\mathcal{F}$ verträgliche Filtrierung auf $M$.

3) Sei $(R, \mathfrak{m})$ ein noetherscher lokaler Ring. Ist $\mathrm{gr}_\mathfrak{m}(R)$ ein Integritätsring, so ist $R$ ein Integritätsring. Zeigen Sie an einem Beispiel, daß die Umkehrung nicht gilt.

4) Sei $R$ ein noetherscher Ring und $\mathfrak{p} \in \mathrm{Spec}(R)$. Genau dann ist $\mathrm{gr}_\mathfrak{p}(R)$ ein Integritätsring, wenn $\mathrm{gr}_{\mathfrak{p} R_\mathfrak{p}}(R_\mathfrak{p})$ ein Integritätsring und die kanonische Abbildung $\mathrm{gr}_\mathfrak{p}(R) \to \mathrm{gr}_{\mathfrak{p} R_\mathfrak{p}}(R_\mathfrak{p})$ injektiv ist.

5) Sei $(S/R, \mathcal{F})$ eine $\mathbf{Z}$–filtrierte Algebra mit separierender Filtrierung.

   a) Durch $\mathcal{G}_j := \bigoplus_{i \leq j} \mathcal{F}_i T^i \oplus \bigoplus_{i > j} \mathcal{F}_j T^i$ wird eine separierende $\mathbf{Z}$–Filtrierung von $\mathfrak{R}_{\mathcal{F}}(S)/R[T]$ definiert.

   b) Man hat einen Isomorphismus von $R[T]$-Algebren

   $$\mathrm{gr}_{\mathcal{G}}(\mathfrak{R}_{\mathcal{F}}(S)) \cong \mathrm{gr}_{\mathcal{F}}(S) \otimes_R R[T]$$

   c) Ist $\mathrm{gr}_{\mathcal{F}}(S)$ ein endlich erzeugter projektiver $R$–Modul, so ist $\mathfrak{R}_{\mathcal{F}}(S)$ ein endlich erzeugter projektiver $R[T]$–Modul, und $S$ ist ein endlich erzeugter projektiver $R$–Modul.

## E. Reguläre und quasireguläre Folgen

Reguläre Folgen treten in der kommutativen Algebra und algebraischen Geometrie in vielen Zusammenhängen auf. Sie führen zu dem grundlegenden Begriff der "Tiefe" von Ringen und Moduln. Wichtige Ideale ("vollständige Durchschnitte") werden von regulären Folgen erzeugt.

Sei $R$ ein Ring, $M$ ein $R$–Modul und $(a_1, \ldots, a_m) \in R^m$ ein $m$–Tupel von Elementen aus $R$. Setze $M_i := M/(a_1, \ldots, a_i)M$ $(i = 0, \ldots, m)$. Wir kürzen die Folge $(a_1, \ldots, a_m)$ manchmal durch $a$ ab.

**E.1.DEFINITION.** $(a_1, \ldots, a_m)$ *heißt* $M$–**reguläre Folge**, *wenn gilt:*
*a)* $(a_1, \ldots, a_m)M \neq M$.
*b) Für* $i = 0, \ldots, m - 1$ *ist* $a_{i+1}$ *ein* $M_i$–*reguläres Element, d.h.* $\mu_{a_{i+1}} : M_i \to M_i$ $(x \mapsto a_{i+1}x)$ *ist eine injektive Abbildung.*

Im Fall $M = R$ heißen $R$–reguläre Folgen auch einfach **reguläre Folgen**. In einem graduierten Ring wird eine solche Folge, die aus lauter homogenen Elementen besteht, auch eine **homogene reguläre Folge** genannt. Die Bedingung E.1b) ist schon in A.12b) und D.17 aufgetreten. Ist $a$ eine reguläre Folge, so ist das Bild von $a_{i+1}$ in $R_i := R/(a_1, \ldots, a_i)$ kein Nullteiler dieses Rings $(i = 0, \ldots, m - 1)$.

**E.2.BEISPIELE:**
a) Ist $R = P[X_1, \ldots, X_n]$ eine Polynomalgebra über einem Ring $P$, so ist $(X_1, \ldots, X_n)$ eine (homogene) reguläre Folge.
b) Ist $R$ ein faktorieller Ring, und ist für $a_1, a_2 \in R \setminus \{0\}$ das Ideal $(a_1, a_2) \neq R$, so ist die Folge $(a_1, a_2)$ genau dann regulär, wenn $a_1$ und $a_2$ teilerfremd sind.
c) Ist unter den Voraussetzungen von E.1 eine $M$–reguläre Folge $(a_1, \ldots, a_m)$ gegeben, so ist auch $(a_1, \ldots, a_i)$ eine $M$–reguläre Folge, und $(a_{i+1}, \ldots, a_m)$ ist $M_i$–regulär. Die Umkehrung gilt ebenfalls.

Die folgenden Lemmata enthalten Grundeigenschaften von regulären Folgen.

**E.3.LEMMA.** *Ist* $(a_1, \ldots, a_m)$ *eine* $M$–*reguläre Folge, und gilt* $a_1 x_1 + \cdots + a_m x_m = 0$ *für* $x_1, \ldots, x_m \in M$, *so ist*

$$x_i \in (a_1, \ldots, \widehat{a_i}, \ldots, a_m)M \qquad (i = 1, \ldots, m)$$

BEWEIS: Da $a_m$ $M_{m-1}$–regulär ist, gilt $x_m \in (a_1, \ldots, a_{m-1})M$. Schreibe $x_m = \sum\limits_{i=1}^{m-1} a_i y_i$ $(y_i \in M)$. Dann hat man eine Gleichung

$$\sum_{j=1}^{m-1} a_j(x_j + a_m y_j) = 0$$

Durch Induktion kann man $x_i + a_m y_i \in (a_1, \ldots, \widehat{a_i}, \ldots, a_{m-1})M$ für $i = 1, \ldots, m-1$ annehmen. Es folgt dann die Behauptung.

**E.4.LEMMA.** *Ist $(a_1, \ldots, a_m)$ eine $M$–reguläre Folge, so auch $(a_1^{\nu_1}, \ldots, a_m^{\nu_m})$ für beliebige $\nu_i \in \mathsf{N}_+$ $(i = 1, \ldots, m)$.*

BEWEIS: Nach E.2c) genügt es zu zeigen, daß $(a_1^{\nu}, a_2, \ldots, a_m)$ für alle $\nu \in \mathsf{N}_+$ eine $M$–reguläre Folge ist. Sei $\nu > 1$, und sei schon gezeigt, daß $(a_1^{\nu-1}, a_2, \ldots, a_m)$ $M$–regulär ist. Wir zeigen dann durch Induktion nach $i$, daß auch $(a_1^{\nu}, a_2, \ldots, a_i)$ für $i = 1, \ldots, m$ eine $M$–reguläre Folge ist. Für $i = 1$ ist dies klar, weil mit $a_1$ auch $a_1^{\nu}$ ein $M$–reguläres Element ist. Ist die Behauptung für $(a_1^{\nu}, a_2, \ldots, a_{i-1})$ mit $1 < i \leq m$ schon gezeigt, so betrachten wir eine Relation

$$a_i x = a_1^{\nu} x_1 + \cdots + a_{i-1} x_{i-1} \quad \text{mit } x, x_1, \ldots, x_{i-1} \in M$$

Dann gilt nach Induktionsvoraussetzung über $\nu$, daß $x \in (a_1^{\nu-1}, a_2, \ldots, a_{i-1})M$. Schreibt man

$$x = a_1^{\nu-1} y_1 + a_2 y_2 + \cdots + a_{i-1} y_{i-1} \quad (y_1, \ldots, y_{i-1} \in M)$$

so erhält man eine Gleichung

$$a_1^{\nu-1}(a_1 x_1 - a_i y_1) + a_2(x_2 - a_i y_2) + \cdots + a_{i-1}(x_{i-1} - a_i y_{i-1}) = 0$$

und aus E.3 ergibt sich $a_1 x_1 - a_i y_1 \in (a_2, \ldots, a_{i-1})M$, also $a_i y_1 \in (a_1, \ldots, a_{i-1})M$. Dann ist aber $y_1 \in (a_1, \ldots, a_{i-1})M$ und $x \in (a_1^{\nu}, a_2, \ldots, a_{i-1})M$, **q.e.d.**

**E.5.LEMMA.** *Ist $a$ eine $M$–reguläre Folge und $F \neq \langle 0 \rangle$ ein freier $R$–Modul, so ist $a$ auch $M \otimes_R F$–regulär. Insbesondere gilt: Ist $a$ $R$–regulär und $S/R$ eine Algebra, die eine Basis besitzt, so ist $a$ auch $S$–regulär.*

BEWEIS: Sei $\{x_\lambda\}_{\lambda \in \Lambda}$ eine Basis von $F$. Dann ist

$$M \otimes_R F/(a_1, \ldots, a_i)M \otimes_R F \cong M/(a_1, \ldots, a_i)M \otimes_R F \cong \bigoplus_{\lambda \in \Lambda} M/(a_1, \ldots, a_i)M \otimes_R R x_\lambda$$

Folglich ist $(a)M \otimes_R F \neq M \otimes_R F$. Da $a_{i+1}$ ein $M/(a_1, \ldots, a_i)M$–reguläres Element ist, ist es offensichtlich auch $M \otimes_R F/(a_1, \ldots, a_i)M \otimes_R F$–regulär.

E.6.LEMMA. *Für $a, b \in R$ sei $(a, b)$ eine $M$–reguläre Folge und $b$ ein $M$–reguläres Element. Dann ist auch $(b, a)$ eine $M$–reguläre Folge.*

BEWEIS: Es ist nur zu zeigen, daß $a$ $M/bM$–regulär ist. Wäre dies nicht der Fall, so gäbe es ein $x \in M \setminus bM$ mit $ax \in bM$, also $ax = bx'$ $(x' \in M)$. Da $b$ $M/aM$–regulär ist, ergibt sich $x' = ax''$ mit $x'' \in M$, folglich $a(x - bx'') = 0$. Da $a$ $M$–regulär ist, folgt $x = bx'' \in bM$, ein Widerspruch.

Wenn $a$ eine $M$–reguläre Folge ist, so ist

$$(a_1) \subset (a_1, a_2) \subset \cdots \subset (a_1, \ldots, a_m)$$

eine echt aufsteigende Idealkette. Daher ist klar, daß in den Idealen noetherscher Ringe maximale $M$–reguläre Folgen existieren. Daß ihre Länge beschränkt ist, ergibt sich aus dem folgenden Satz.

E.7.SATZ. *Sei $R$ noethersch und $M$ endlich erzeugt. Für ein Ideal $I$ in $R$ gelte $IM \neq M$. Dann haben alle maximalen $M$–regulären Folgen aus $I$ die gleiche Länge.*

BEWEIS: (nach Northcott-Rees [NR]). Unter den maximalen $M$–regulären Folgen aus $I$ gibt es eine mit der kleinsten Elementezahl $n$. Wir schließen durch Induktion nach $n$. Für $n = 0$ enthält $I$ kein $M$–reguläres Element, und es ist nichts zu zeigen. Es sei daher $n > 0$, ferner $a = (a_1, \ldots, a_n)$ eine maximale und $b = (b_1, \ldots, b_n)$ eine beliebige $M$–reguläre Folge. Es ist zu zeigen, daß auch $b$ maximal ist.

Im Fall $n = 1$ enthält $I$ kein $M/a_1 M$–reguläres Element. Daher gibt es nach C.20 ein $m \in M \setminus a_1 M$ mit $I \cdot m \subset a_1 M$. Speziell ist $b_1 m = a_1 m'$ $(m' \in M)$. Wäre $m' \in b_1 M$, so wäre $m \in a_1 M$, folglich ist $m' \notin b_1 M$. Aus $a_1 I m' = I b_1 m \subset a_1 b_1 M$ ergibt sich $I m' \subset b_1 M$, und somit besteht $I$ auch aus lauter Nullteilern von $M/b_1 M$.

Ist nun $n > 1$, so setzt man $M_i := M/(a_1, \ldots, a_i)M$ und $M_i' := M/(b_1, \ldots, b_i)M$ $(i = 0, \ldots, n - 1)$. Wähle ein $c \in I$, welches kein Nullteiler für $M_i$ und $M_i'$ für $i = 0, \ldots, n - 1$ ist. Dies ist möglich, da die Nullteilermengen der $M_i$ und $M_i'$ nach C.18 und C.19 endliche Vereinigungen von Primidealen sind und $I$ in keiner dieser Mengen enthalten ist.

Durch wiederholte Anwendung von Lemma E.6 ergibt sich, daß $(c, a_1, \ldots, a_{n-1})$ und $(c, b_1, \ldots, b_{n-1})$ $M$–reguläre Folgen aus $I$ sind, wobei $(c, a_1, \ldots, a_{n-1})$ maximal ist, weil $(a_1, \ldots, a_{n-1}, c)$ es ist auf Grund des schon behandelten Falls $n = 1$, angewandt auf $M_{n-1}$.

Es sind dann $(a_1, \ldots, a_{n-1})$ und $(b_1, \ldots, b_{n-1})$ $M/cM$–reguläre Folgen, wobei die erste maximal ist. Nach Induktionsvoraussetzung ist es dann auch die zweite, daher ist auch $(b_1, \ldots, b_{n-1}, c)$ eine maximale $M$–reguläre Folge. Wieder gemäß dem Fall $n = 1$ ist dann auch $b$ maximal,                                              **q.e.d.**

**E.8.DEFINITION.** *Sei $R$ noethersch, $I \subset R$ ein Ideal, $M$ ein endlich erzeugter $R$–Modul und $IM \neq M$. Die Länge einer maximalen $M$–regulären Folge aus $I$ heißt die $I$–**Tiefe** von $M$. Sie wird mit $d(I, M)$ bezeichnet. Ist $I$ das maximale Ideal eines noetherschen lokalen Rings $R$, so schreibt man $d(M)$ für $d(I, M)$ und spricht einfach von der **Tiefe** von $M$. Speziell ist hiermit die Tiefe $d(R)$ von $R$ definiert.*

**E.9.KOROLLAR.** *Unter den Voraussetzungen von E.8 sei $a = (a_1, \ldots, a_m)$ eine $M$–reguläre Folge aus $I$. Dann gilt:*

$$d(I, M/(a)M) = d(I, M) - m$$

Im folgenden werden $M$–reguläre Folgen $(a_1, \ldots, a_m)$ mit Hilfe des assoziierten graduierten Moduls $\mathrm{gr}_I M$ charakterisiert, wobei $I := (a_1, \ldots, a_m)$ ist. Wir schreiben abkürzend

$$M \otimes_R R[X_1, \ldots, X_m] =: M[X_1, \ldots, X_m]$$

Die Elemente dieses Moduls können als "Polynome" $\sum m_{\nu_1 \cdots \nu_m} X_1^{\nu_1} \cdots X_m^{\nu_m}$ mit Koeffizienten $m_{\nu_1 \cdots \nu_m} \in M$ betrachtet werden. $M[X_1, \ldots, X_m]$ ist ein $R[X_1, \ldots, X_m]$–Modul. Der Grad eines Polynoms aus $M[X_1, \ldots, X_m]$ ist wie üblich definiert, ebenso der Begriff der Homogenität. Einsetzungshomomorphismen verallgemeinern sich wie folgt: Sei $S/R$ eine Algebra, $N$ ein $S$–Modul und $\varphi : M \to N$ eine $R$–lineare Abbildung. Für Elemente $s_1, \ldots, s_m \in S$ hat man dann einen $R[X_1, \ldots, X_m]$–Homomorphismus

$$\phi : M[X_1, \ldots, X_m] \to N$$

mit $\phi(\sum m_{\nu_1 \cdots \nu_m} X_1^{\nu_1} \cdots X_m^{\nu_m}) = \Sigma s_1^{\nu_1} \cdots s_m^{\nu_m} \varphi(m_{\nu_1 \cdots \nu_m})$. Wir sagen hierfür auch, dies sei der Einsetzungshomomorphismus $X_i \mapsto s_i$ $(i = 1, \ldots, m)$, $\phi|_M = \varphi$.

Im folgenden sei wieder $R$ ein beliebiger Ring, $M$ ein $R$–Modul, $(a_0, \ldots, a_m) \in R^{m+1}$ ein $(m+1)$–Tupel und $I := (a_0, \ldots, a_m)$. Es bezeichnet $M_{a_0}$ den Quotientenmodul von $M$ nach der Nennermenge $\{1, a_0, a_0^2, \ldots\}$.

**E.10.SATZ.** *Sei $(a_0, \ldots, a_m)$ eine $M$–reguläre Folge und $\varphi : M \to M_{a_0}$ der kanonische Homomorphismus.*
*a) Der $R[X_1, \ldots, X_m]$–Homomorphismus*

$$\alpha : M[X_1, \ldots, X_m] \to M_{a_0} \quad (X_i \mapsto \frac{a_i}{a_0}, \ \alpha|_M = \varphi)$$

*besitzt den Kern $(a_0 X_1 - a_1, \ldots, a_0 X_m - a_m) M[X_1, \ldots, X_m]$.*
*b) Der $R/I[Y_0, \ldots, Y_m]$–Homomorphismus*

$$\beta : M/IM[Y_0, \ldots, Y_m] \to \mathrm{gr}_I M \quad (Y_i \mapsto a_i + I^2 \in \mathrm{gr}_I^1 R, \ \beta\,|_{M/IM} = \mathrm{id}_{M/IM})$$

*ist bijektiv.*

BEWEIS: (nach Davis [D])

a) Es ist klar, daß ker $\alpha$ den angegebenen $R[X_1, \ldots, X_m]$-Modul umfaßt. Betrachten wir zuerst den Fall $m = 1$. Für $F \in$ ker $\alpha$ mit $\deg F = d$ kann man $a_0^d F$ durch $a_0 X_1 - a_1$ mit Rest dividieren, d.h. es existiert ein $\varphi \in M[X_1]$ und ein $z \in M$ mit

$$a_0^d F = (a_0 X_1 - a_1) \cdot \varphi + z$$

Aus $F(\frac{a_1}{a_0}) = 0$ folgt dann $z = 0$ und $a_0^d F = (a_0 X_1 - a_1) \cdot \varphi$. Weil $(a_0, a_1)$ eine $M$-reguläre Folge ist, ergibt sich induktiv, daß $\varphi = a_0^d \psi$ mit einem $\psi \in M[X_1]$ ist, also $F \in (a_0 X_1 - a_1) \cdot M[X_1]$.

Im Fall $m > 1$ ist $\alpha$ die Zusammensetzung

$$M[X_1][X_2, \ldots, X_m] \xrightarrow{\alpha_1} M'[X_2, \ldots, X_m] \xrightarrow{\alpha_2} M_{a_0}$$

mit $\alpha_1|_M = \varphi$, $\alpha_1(X_1) = \frac{a_1}{a_0}$, $\alpha_1(X_i) = X_i$, $\alpha_2(X_i) = \frac{a_i}{a_0}$ $(i = 2, \ldots, m)$, wobei $M'$ das Bild von $M[X_1]$ in $M_{a_0}$ ist. Es ist bereits ker $\alpha_1 = (a_0 X_1 - a_1)M[X_1, \ldots, X_m]$ gezeigt. Wegen $a_1 = a_0 \cdot (\frac{a_1}{a_0})$ ist $M'/a_0 M' = M'/(a_0, a_1)M' \cong M/(a_0, a_1)M)[X_1]$, und aus E.5 folgt, daß $(a_0, a_2, \ldots, a_m)$ eine $M'$-reguläre Folge ist, da $(a_2, \ldots, a_m)$ eine $M/(a_0, a_1)M$-reguläre Folge ist. Nach Induktionsvoraussetzung ist

$$\text{ker } \alpha_2 = (a_0 X_2 - a_2, \ldots, a_0 X_m - a_m)M'[X_2, \ldots, X_m]$$

und es folgt die Behauptung.

b) Genau dann ist $\beta$ ein Isomorphismus, wenn für jedes homogene Polynom $d$-ten Grades $F \in M[Y_0, \ldots, Y_m]$ mit $F(a_0, \ldots, a_m) \in I^{d+1}M$ die Koeffizienten von $F$ in $IM$ liegen. Dies wiederum ist damit äquivalent, daß jedes homogene $F$ beliebigen Grades mit $F(a_0, \ldots, a_m) = 0$ in $IM[Y_0, \ldots, Y_m]$ enthalten ist.

Wenn ein solches $F$ mit $\deg F =: d$ gegeben ist, so gilt in $M_{a_0}$ die Gleichung

$$F\left(1, \frac{a_1}{a_0}, \ldots, \frac{a_m}{a_0}\right) = \frac{1}{a_0^d} F(a_0, \ldots, a_m) = 0$$

d.h. $F(1, X_1, \ldots, X_n) \in$ ker $\alpha = (a_0 X_1 - a_1, \ldots, a_0 X_m - a_m)M[X_1, \ldots, X_m]$. Es folgt nun $F = Y_0^d \cdot F(1, \frac{Y_1}{Y_0}, \ldots, \frac{Y_m}{Y_0}) \in IM[Y_0, \ldots, Y_m]$,                           **q.e.d.**

E.11.KOROLLAR. *Sei $(a_0, \ldots, a_m)$ eine $R$-reguläre Folge und $I := (a_0, \ldots, a_m)$. Dann ist für alle $\rho \in \mathbf{N}$ der $R/I$-Modul $\mathrm{gr}_I^\rho R = I^\rho/I^{\rho+1}$ frei vom Rang $\dbinom{\rho + m}{m}$.*

Der folgende Satz ist eine partielle Umkehrung von E.10b).

E.12.SATZ. *Unter den obigen Voraussetzungen seien $M$ und die Restklassenmoduln $M_i := M/(a_0, \ldots, a_i)M$ $(i = 0, \ldots, m)$ $I$–adisch separiert. Ist dann der Einsetzungshomomorphismus*

$$\beta\colon M/IM[Y_0, \ldots, Y_m] \to \mathrm{gr}_I M \quad (Y_i \mapsto a_i + I^2, \beta\,|_{M/IM} = \mathrm{id}_{M/IM})$$

*ein Isomorphismus, so ist $(a_0, \ldots, a_m)$ eine $M$–reguläre Folge.*

BEWEIS: Es ist $M \neq IM$ wegen der Separiertheit von $M$ (außer wenn $M = \langle 0 \rangle$). Wenn die Folge leer ist, ist nichts zu zeigen, sei daher $m \geq 0$ und $\beta$ ein Isomorphismus. Angenommen, es gäbe ein $x \in M \setminus \{0\}$ mit $a_0 x = 0$. Ist dann $\mathrm{ord}_I x = \rho$, so ist $L_I x \in \mathrm{gr}_I^\rho M \cong M/IM[Y_0, \ldots, Y_m]_\rho$, dem Modul der homogenen Polynome vom Grad $\rho$. Aus $a_0 x = 0$ würde $(a_0 + I^2)(x + I^{\rho+1}M) = 0$, also dann $Y_0 \cdot L_I x = 0$ folgen, ein Widerspruch.

Sei nun $M_0 := M/a_0 M$, $I_0 := I/(a_0)$. Dann gilt

$$\mathrm{gr}_{I_0} M_0 \cong \mathrm{gr}_I M/(a_0 + I^2)\mathrm{gr}_I M \cong M_0/I_0 M_0[Y_1, \ldots, Y_m]$$

Durch Induktion ergibt sich, daß $(a_1, \ldots, a_m)$ eine $M_0$–reguläre Folge ist und somit $(a_0, \ldots, a_m)$ eine $M$–reguläre Folge, **q.e.d.**

E.13.KOROLLAR. *Sei $(R, \mathfrak{m})$ ein noetherscher lokaler Ring, $M$ ein endlich erzeugter $R$–Modul und $a = (a_1, \ldots, a_m)$ eine Folge von Elementen aus $\mathfrak{m}$, welche ein Ideal $I$ erzeugen. Genau dann ist $a$ eine $M$–reguläre Folge, wenn*

$$\beta\colon M/IM[X_1, \ldots, X_m] \to \mathrm{gr}_I M \quad (X_i \mapsto a_i + I^2, \beta\,|_{M/IM} = \mathrm{id}_{M/IM})$$

*ein Isomorphismus ist.*

BEWEIS: Die Separiertheitsbedingungen aus E.12 sind nach dem Krullschen Durchschnittssatz D.22 erfüllt.

Die Voraussetzungen seien jetzt wieder wie zu Beginn von Anhang E.

E.14.DEFINITION. *Das $m$–Tupel $a$ heißt $M$–**quasireguläre Folge**, wenn für jedes $\mathfrak{m} \in \mathrm{Max}\, R \cap \mathrm{Supp}\, M$ mit $(a_1, \ldots, a_m) \subset \mathfrak{m}$ die Bilder der $a_i$ in $R_\mathfrak{m}$ eine $M_\mathfrak{m}$–reguläre Folge bilden.*

Ist $a$ $M$–regulär, so ist $a$ natürlich auch $M$–quasiregulär, denn mit $\mu_{a_{i+1}}\colon M_i \to M_i$ ist auch $(\mu_{a_{i+1}})_\mathfrak{m}\colon (M_i)_\mathfrak{m} \to (M_i)_\mathfrak{m}$ für alle $\mathfrak{m}$ injektiv, die $(a_1, \ldots, a_m)$ umfassen. Auf Grund der Isomorphie $(M_i)_\mathfrak{m} \cong M_\mathfrak{m}/(a_1, \ldots, a_i)M_\mathfrak{m}$ folgt daher die Behauptung.

Es ist klar, daß für einen lokalen Ring $(R, \mathfrak{m})$ und $a_1, \ldots, a_m \in \mathfrak{m}$ die $M$–Regularität von $a$ mit der Quasiregularität äquivalent ist, sofern $M \neq \langle 0 \rangle$.

**E.15.Satz.** *Sei $R$ noethersch und $M$ endlich erzeugt. Sei $I := (a_1, \ldots, a_m)$. Dann sind folgende Aussagen äquivalent:*
*a) $a$ ist eine $M$-quasireguläre Folge.*
*b) $M/IM[X_1, \ldots, X_m] \to \mathrm{gr}_I M$ $(X_i \mapsto a_i + I^2)$ ist ein Isomorphismus.*

**Beweis:** Für ein maximales Ideal $\mathfrak{m} \in \mathcal{V}(I) \cap \mathrm{Supp}\, M$ und $\overline{\mathfrak{m}} = \mathfrak{m}/I$ gilt $M_{\mathfrak{m}}/IM_{\mathfrak{m}} \cong (M/IM)_{\overline{\mathfrak{m}}}$ und $\mathrm{gr}_{I_{\mathfrak{m}}} M_{\mathfrak{m}} \cong (\mathrm{gr}_I M)_{\overline{\mathfrak{m}}}$. Die Behauptung folgt daher aus E.13 und dem Lokal-Global-Prinzip B.14b).

**E.16.Korollar.** *Für jede $M$-quasireguläre Folge $(a_1, \ldots, a_m)$ und jede Permutation $\pi \in S_m$ ist auch $(a_{\pi(1)}, \ldots, a_{\pi(m)})$ $M$-quasiregulär. Entsprechendes gilt für $M$-reguläre Folgen, wenn $(R, \mathfrak{m})$ ein noetherscher lokaler Ring ist und $a_i \in \mathfrak{m}$ $(i = 1, \ldots, m)$.*

**Beweis:** Die Bedingung E.15b) hängt nicht von der Reihenfolge der $a_i$ ab.

Man findet im Polynomring $K[X_1, X_2, X_3]$ über einem Körper $K$ leicht reguläre Folgen, die bei Permutation nicht regulär bleiben. Sie sind nach E.16 aber wenigstens quasiregulär.

**Warnung:** Ist $(a_1, \ldots, a_m)$ eine $M$-quasireguläre Folge, so ist $(a_1, \ldots, a_i)$ für $i < m$ nicht unbedingt quasiregulär.

Für graduierte Ringe und Moduln ist die Situation ähnlich wie im lokalen Fall.

**E.17.Satz.** *Sci $R = \bigoplus_{k \in \mathbb{N}} R_k$ ein positiv $\mathbb{Z}$-graduierter Ring, wobei $R_0 =: K$ ein Körper ist, und sei $M \neq \langle 0 \rangle$ ein graduierter $R$-Modul. Setze $\mathfrak{M} := R_+ := \bigoplus_{k > 0} R_k$. Für homogene Elemente $a_1, \ldots, a_m \in \mathfrak{M}$ sind folgende Aussagen äquivalent:*
*a) $(a_1, \ldots, a_m)$ ist eine $M$-reguläre Folge.*
*b) $(a_1, \ldots, a_m)$ ist eine $M$-quasireguläre Folge.*
*c) $(a_1, \ldots, a_m)$ ist eine $M_{\mathfrak{M}}$-reguläre Folge.*

**Beweis:** Es ist nur c)$\to$a) zu zeigen, und hierfür genügt es, die folgende Aussage zu beweisen: Ist $a \in R$ homogen mit $\deg a > 0$, und ist $a$ kein Nullteiler von $M_{\mathfrak{M}}$, dann ist $a$ auch kein Nullteiler von $M$.

Angenommen, es ist $a \cdot x = 0$ mit einem homogenen $x \in M$. Dann ist $\frac{x}{1} = 0$ in $M_{\mathfrak{M}}$, da $\frac{a}{1}$ kein Nullteiler von $M_{\mathfrak{M}}$ ist. Es gibt dann ein $r \in R \setminus \mathfrak{M}$ mit $r \cdot x = 0$. Sei $r = \Sigma r_k$ mit homogenen $r_k \in R$ vom Grad $k$. Weil $r \notin \mathfrak{M}$ ist, muß $r_0 \neq 0$ sein. Aus $rx = 0$ folgt $r_0 x = 0$. Wegen $r_0 \in K^*$ ergibt sich dann aber $x = 0$, d.h. $a$ ist kein Nullteiler von $M$.

Insbesondere bleibt auch im graduierten Fall die Regularität einer Folge bei Permutation ihrer Elemente erhalten.

Wir wenden uns nun der **Erzeugung von Idealen durch reguläre und quasi-reguläre Folgen** zu.

**E.18.AUSTAUSCHSATZ.** *Sei $R$ ein noetherscher Ring und $M$ ein endlich erzeugter $R$-Modul. Das Ideal $I$ aus $R$ werde von den Elementen $a_1, \ldots, a_n$ erzeugt, und es sei $m := d(I, M)$. Dann gilt $m \leq n$, und es gibt (bei geeigneter Numerierung der $a_i$) ein Erzeugendensystem $\{b_1, \ldots, b_m, a_{m+1}, \ldots, a_n\}$ von $I$, wobei $(b_1, \ldots, b_m)$ eine $M$-reguläre Folge ist.*

BEWEIS: Es gelte $(a_1, \ldots, a_k) \subset \bigcup_{\mathfrak{p} \in \text{Ass } M} \mathfrak{p}$, $(a_1, \ldots, a_{k+1}) \not\subset \bigcup_{\mathfrak{p} \in \text{Ass } M} \mathfrak{p}$ für eine Zahl $k \in \{0, \ldots, n\}$. Falls $k = n$ ist, so ist $d(I, M) = 0$, und es ist nichts zu zeigen. Ist $k < n$, so werden wir zeigen, daß ein $M$-reguläres Element $b$ mit $(a_1, \ldots, a_{k+1}) = (b, a_1, \ldots, a_k)$ existiert. Geht man zu $R/(b)$, $I/(b)$ und $M/bM$ über, so folgt die Behauptung durch Induktion.

Sei $\{\mathfrak{p}_1, \ldots, \mathfrak{p}_s\}$ die Menge der maximalen Elemente von Ass $M$. Nach Voraussetzung existiert ein Element der Form $a' := a + r \cdot a_{k+1}$ mit $a \in (a_1, \ldots, a_k)$, $r \in R$, so daß $a' \notin \bigcup_{i=1}^{s} \mathfrak{p}_i$. Ist $a_{k+1} \in \bigcap_{i=1}^{\sigma} \mathfrak{p}_i$ und $a_{k+1} \notin \bigcup_{j=\sigma+1}^{s} \mathfrak{p}_j$, so ist $a \notin \bigcup_{i=1}^{\sigma} \mathfrak{p}_i$. Wir wählen $t \in \bigcap_{j=\sigma+1}^{s} \mathfrak{p}_j$, $t \notin \bigcup_{i=1}^{\sigma} \mathfrak{p}_i$ und setzen $b := ta + a_{k+1}$. Dann ist $b \notin \bigcup_{i=1}^{s} \mathfrak{p}_i$, d.h. $b$ ist $M$-regulär. Ferner ist offensichtlich $(a_1, \ldots, a_{k+1}) = (b, a_1, \ldots, a_k)$,      **q.e.d.**

**E.19.KOROLLAR.** *Ein Ideal eines noetherschen Rings enthalte eine $M$-reguläre Folge der Länge $m$ und werde von $m$ Elementen erzeugt. Dann gilt $I = (a_1, \ldots, a_m)$, wobei $(a_1, \ldots, a_m)$ eine $M$-reguläre Folge ist.*

Dies ergibt sich unmittelbar aus dem Austauschsatz. Es ist dann jedes Erzeugendensystem von $I$ mit $m$ Elementen eine quasireguläre Folge nach dem folgenden Satz:

**E.20.SATZ.** *Sei $R$ noethersch und $M$ endlich erzeugt. Ein Ideal $I \subset R$ werde von einer $M$-quasiregulären Folge der Länge $m$ erzeugt. Dann ist jedes Erzeugendensystem von $I$ mit $m$ Elementen eine $M$-quasireguläre Folge.*

BEWEIS: Sei $I = (a_1, \ldots, a_m) = (b_1, \ldots, b_m)$, wobei $(a_1, \ldots, a_m)$ eine $M$-quasireguläre Folge ist. Dann hat man $R/I[X_1, \ldots, X_m]$-lineare Abbildungen

$$M/IM[X_1, \ldots, X_m] \overset{\gamma}{\longrightarrow} \text{gr}_I M \underset{\beta^{-1}}{\overset{\sim}{\longrightarrow}} M/IM[X_1, \ldots, X_m]$$

mit $\gamma(X_i) = b_i + I^2$ $(i = 1, \ldots, m)$ und dem Isomorphismus $\beta$ aus E.13. Hierbei ist $\gamma$ surjektiv. Wir setzen $F := M/IM[X_1, \ldots, X_m]$ und $\varphi := \beta^{-1} \circ \gamma$. Dann hat man einen Epimorphismus $\varphi\colon F \to F$, wobei $F$ ein endlich erzeugter Modul über dem noetherschen Ring $R/I[X_1,\ldots,X_m]$ ist. Ein solcher Epimorphismus ist aber ein Automorphismus. Andernfalls wäre nämlich

$$\ker \varphi \subset \ker \varphi^2 \subset \cdots \subset \ker \varphi^n \subset \cdots$$

eine nicht abbrechende echt aufsteigende Kette von Untermoduln von $F$. Somit ist auch $\gamma$ ein Isomorphismus, und nach E.13 ist $b$ eine quasireguläre Folge.

AUFGABEN:

1) Geben Sie ein Beispiel für eine reguläre Folge im Polynomring $K[X_1, X_2, X_3]$ über einem Körper $K$ an, die bei Permutation keine reguläre Folge bleibt. Geben Sie auch ein Beispiel einer quasiregulären Folge, für die eine Teilfolge nicht quasiregulär ist.

2) Eine Folge $a = (a_1, \ldots, a_n)$ in einem noetherschen Ring $R$ heiße **uniform**, wenn jedes Teilsystem $(a_{\nu_1}, \ldots, a_{\nu_m})$ von $a$ eine quasireguläre Folge ist. Genau dann ist $a$ uniform, wenn $a$ eine reguläre Folge ist, die bei Permutation ihrer Elemente regulär bleibt.

3) a) Sei $A$ ein $\mathbb{Z}$–graduierter Ring, und seien $a_1, \ldots, a_n \in A$ homogene Elemente gleichen Grades, so daß das Ideal $I = (a_1, \ldots, a_n)$ einen Nichtnullteiler von $A$ enthält. Dann ist $\sum_{i=1}^{n} a_i X_i$ ein Nichtnullteiler von $A[X_1, \ldots, X_n]$.

b) (Regularität einer Folge "allgemeiner" Polynome). Seien $\alpha_1, \ldots, \alpha_r$ ganze Zahlen $> 0$. Sei $n \geq r$, und seien

$$F_i = \sum_{\alpha_1 + \cdots + \alpha_n = d_i} U_{i,\alpha_1,\ldots,\alpha_n} X_1^{\alpha_1} \cdots X_n^{\alpha_n} \qquad (i = 1, \ldots, r)$$

homogene Polynome vom Grad $d_i$ mit unbestimmten Koeffizienten $U_{i,\alpha_1,\ldots,\alpha_n}$. Sei $A := \mathbb{Z}[\{U_{i,\alpha_1,\ldots,\alpha_n}\}_{i=1,\ldots,r;\alpha_1+\cdots+\alpha_n=d_i}]$. Dann ist $\{F_1, \ldots, F_r\}$ eine reguläre Folge in $A[X_1, \ldots, X_n]$.

## F. Idealquotienten

In diesem abschließenden Paragraphen interessieren wir uns vor allem für den Begriff des Sockels und die mit diesem Begriff zusammenhängende Dualität.

Sei $R$ ein Ring und $M$ ein $R$–Modul. Für Untermoduln $U, U' \subset M$ ist

$$(1) \qquad U : U' := \{r \in R \mid rU' \subset U\}$$

ein Ideal von $R$. Dies gilt insbesondere, wenn $U, U'$ Ideale von $R$ sind. In diesem Fall nennt man $U : U'$ den **Idealquotienten** von $U$ und $U'$.

Ist $I \subset R$ ein Ideal, so ist durch

$$(2) \qquad U : I := \{m \in M \mid I \cdot m \subset U\}$$

ein Untermodul von $M$ mit $U \subset U : I$ gegeben.

F.1.BEISPIELE:
a) Der **Annullator** $\operatorname{Ann} U$ von $U$ läßt sich in der Form $\operatorname{Ann} U = \langle 0 \rangle : U$ schreiben.
b) Der **Sockel** eines Moduls $M$ über einem noetherschen lokalen Ring $(R, \mathfrak{m})$ ist definiert als

$$\mathfrak{S}(M) := \{x \in M \mid \mathfrak{m} \cdot x = 0\} = \langle 0 \rangle : \mathfrak{m}$$

Er ist ein Untermodul von $M$ und in natürlicher Weise auch ein $R/\mathfrak{m}$–Vektorraum, da $\mathfrak{m} \cdot \mathfrak{S}(M) = \langle 0 \rangle$. Dessen Dimension ist eine wichtige Invariante von $M$. Insbesondere ist der Sockel $\mathfrak{S}(R) := \{r \in R \mid \mathfrak{m} \cdot r = 0\}$ von $R$ ein Ideal von $R$ und gleichzeitig ein $R/\mathfrak{m}$–Vektorraum. Ist $\mathfrak{S}(R) \neq (0)$, so besteht $\mathfrak{m}$ aus lauter Nullteilern von $R$.
c) Sei $B = \bigoplus_{i \in \mathbf{N}} B_i$ ein positiv graduierter Ring, wobei $B_0 = K$ ein Körper ist. Setze $B_+ := \bigoplus_{i > 0} B_i$. Für einen graduierten $B$–Modul $M$ ist der **Sockel** definiert durch

$$\mathfrak{S}(M) := \{x \in M \mid B_+ \cdot x = \langle 0 \rangle\} = \langle 0 \rangle : B_+$$

Er ist ein homogener Untermodul von $M$ und ein $K$–Vektorraum.

F.2.REGELN: In der eingangs gegebenen Situation sei $V \subset U$ ein Untermodul. Setze $\overline{M} := M/V$. Die Bilder von Elementen und Untermoduln aus $M$ in $\overline{M}$ werden mit einem Querstrich bezeichnet.
a) Ist $V \subset U \cap U'$, so gilt $\overline{U} : \overline{U'} = U : U'$.

b) Allgemein ist $\overline{U:I} = \overline{U}:I$ und speziell für $V = U$

$$\overline{U:I} = \langle 0 \rangle : I = \{\overline{x} \in \overline{M} \mid I\overline{x} = \langle 0 \rangle\}$$

BEWEIS: Wir zeigen a), der Nachweis von b) ist ähnlich. Ist $rU' \subset U$ für ein $r \in R$, so ist auch $r\overline{U'} \subset \overline{U}$ und somit $U:U' \subset \overline{U}:\overline{U'}$. Sei umgekehrt $r \in \overline{U}:\overline{U'}$, d.h. $r \cdot (u' + V) \subset \overline{U}$ für jedes $u' \in U'$. Dann ist $ru' + V = u + V$ mit einem $u \in U$. Da $V \subset U \cap U'$ ist, folgt $ru' \in U$ und somit $r \in U:U'$.

Im folgenden geht es um die explizite Beschreibung von Idealquotienten und um die Bestimmung des Sockels in speziellen Situationen.

Für einen endlich erzeugten Modul $M$ über einem noetherschen Ring $R$ seien zwei $M$–quasireguläre Folgen $a = (a_1, \ldots, a_m)$ und $b = (b_1, \ldots, b_m)$ gegeben, so daß $(b) \subset (a)$ gilt. Man kann dann schreiben

$$(3) \qquad b_i = \sum_{k=1}^{m} c_{ik}a_k \qquad (i = 1, \ldots, m; c_{ik} \in R)$$

Nach der Cramerschen Regel gilt für $\Delta := \det(c_{ik})$ und $k = 1, \ldots, m$

$$a_k \cdot \Delta \in (b_1, \ldots, b_m)$$

Somit induziert die Multiplikation mit $\Delta$ eine wohldefinierte $R$–lineare Abbildung

$$\mu_\Delta : M/(a)M \to M/(b)M \qquad (m + (a)M \mapsto \Delta m + (b)M)$$

F.3.LEMMA. *$\mu_\Delta$ hängt nicht ab von der speziellen Wahl der Koeffizienten $c_{ik}$ in (3).*

BEWEIS: Nach dem Lokal-Global-Prinzip (B.9) kann man annehmen, daß $R$ ein lokaler Ring ist. Da für $(a) = R$ die Aussage trivial ist, kann man ferner voraussetzen, daß $(a)$ im maximalen Ideal $\mathfrak{m}$ von $R$ enthalten und $M \neq \langle 0 \rangle$ ist. $a$ und $b$ sind dann $M$–reguläre Folgen. Es genügt auch zu zeigen, daß sich $\mu_\Delta$ nicht ändert, wenn man für ein einziges $i \in \{1, \ldots, m\}$ die $i$–te Gleichung in (3) durch eine andere ersetzt, etwa

$$b_i = \sum_{k=1}^{m} d_{ik}a_k \qquad (d_{ik} \in R)$$

Sei $\Delta'$ die Determinante des neuen Gleichungssystems. Dann hat das System

$$(4) \qquad \begin{aligned} b_j &= \sum_{k=1}^{m} c_{jk}a_k \qquad (j \neq i) \\ 0 &= \sum_{k=1}^{m} (c_{ik} - d_{ik})a_k \end{aligned}$$

die Determinante $\Delta - \Delta'$. Aus (4) ergibt sich nach der Cramerschen Regel, daß

$$a_k \cdot (\Delta - \Delta') \in (b_1, \ldots, \widehat{b_i}, \ldots, b_m) \qquad (k = 1, \ldots, m)$$

Erst recht ist dann

$$b_i \cdot (\Delta - \Delta') = (\sum_{k=1}^{m} d_{ik} a_k)(\Delta - \Delta') \in (b_1, \ldots, \widehat{b_i}, \ldots, b_m)$$

Da $b_i$ kein Nullteiler von $M/(b_1, \ldots, \widehat{b_i}, \ldots, b_m)M$ ist, folgt

$$(\Delta - \Delta')M \subset (b_1, \ldots, \widehat{b_i}, \ldots, b_m)M \subset (b)M$$

und somit $\mu_\Delta = \mu_{\Delta'}$                                                        **q.e.d.**

Da $\mu_\Delta$ nur von $a$ und $b$ abhängt, schreiben wir $\mu_\Delta =: \mu_b^a$. Ist $c = (c_1, \ldots, c_m)$ eine weitere $M$-quasireguläre Folge mit $(c) \subset (b)$, so gilt nach dem Produktsatz für Determinanten

$$(5) \qquad \qquad \mu_c^b \circ \mu_b^a = \mu_c^a$$

Ist $(a) = (b)$, so ist

$$(6) \qquad \qquad \mu_a^b \circ \mu_b^a = \mathrm{id}_{M/(a)M}$$

insbesondere ist dann $\mu_b^a \in \mathrm{Aut}(M/(a)M)$. Weitere Informationen über $\mu_b^a$ enthält der folgende Satz.

**F.4.THEOREM.** *Unter den Voraussetzungen von F.3 werde* $\overline{M} := M/(b)M$ *gesetzt. Dann gilt:*
a) $\mu_b^a$ *ist stets injektiv.*
b) $\mathrm{im}\, \mu_b^a = \langle 0 \rangle_{\overline{M}} : (a) = \{\overline{m} \in \overline{M} \mid (a) \cdot \overline{m} = \langle 0 \rangle\}.$

BEWEIS: (nach Scheja-Storch [SS]). Nach dem Lokal-Global-Prinzip genügt es, den Fall zu betrachten, daß $R$ lokal und $M \neq \langle 0 \rangle$ ist und (a) im maximalen Ideal $\mathfrak{m}$ von $R$ enthalten ist. Wir nehmen dies im folgenden an.

Für $m = 0$ ist nichts zu zeigen. Sei daher $m > 0$, und seien die Behauptungen für reguläre Folgen der Länge $m - 1$ schon bewiesen.

Nach E.18 gibt es ein $a_1' \in \mathfrak{m}$, das kein Nullteiler von $\tilde{M} := M/(b_2, \ldots, b_m)M$ ist und daß bei geeigneter Numerierung der $a_i$ gilt:

$$(a_1', a_2, \ldots, a_m) = (a_1, \ldots, a_m)$$

Nach E.20 ist dann auch $(a_1', a_2, \ldots, a_m)$ eine $M$–reguläre Folge. Wir bezeichnen sie kurz mit $a'$. Wegen $\mu_b^{a'} = \mu_b^a \circ \mu_a^{a'}$ und weil $\mu_a^{a'}$ ein Automorphismus ist, braucht der Satz nur für $\mu_b^{a'}$ bewiesen zu werden. Dann können wir aber gleich annehmen, daß $a_1$ $\tilde{M}$–regulär ist.

Sei $\Delta_1$ die Determinante des Systems

$$a_1 = a_1$$

$$b_i = \sum_{k=1}^{m} c_{ik} a_k \qquad (i = 2, \ldots, m)$$

Durch Anwendung der Cramerschen Regel auf das Gleichungssystem (3) ergibt sich

$$b_1 \Delta_1 - a_1 \Delta \in (b_2, \ldots, b_m)$$

Somit ist das folgende Diagramm kommutativ:

$$
\begin{array}{ccc}
M/(a)M & \xrightarrow{\mu_{\Delta_1}} & M/(a_1, b_2, \ldots, b_m)M \\
\mu_\Delta \downarrow & & \downarrow \mu_{b_1} \\
M/(b)M & \xrightarrow[\mu_{a_1}]{} & M/(a_1 b_1, b_2, \ldots, b_m)M
\end{array}
$$

Wendet man die Induktionsvoraussetzung auf den $R/(a_1)$–Modul $M/a_1 M$ und die Bilder der $a_i$ und $b_i$ in $R/(a_1)$ $(i = 2, \ldots, m)$ an, so sieht man, daß $\mu_{\Delta_1}$ injektiv ist, und mit F.2b) ergibt sich

$$
\begin{aligned}
\operatorname{im} \mu_{\Delta_1} &= \{\overline{x} \in M/(a_1, b_2, \ldots, b_m)M \mid (a)\overline{x} = \langle 0 \rangle\} \\
&= \{x \in M \mid (a)x \in (a_1, b_2, \ldots, b_m)M\}/(a_1, b_2, \ldots, b_m)M
\end{aligned}
$$

Da $a_1$ und $b_1$ keine Nullteiler von $\tilde{M}$ sind, sind $\mu_{a_1}$ und $\mu_{b_1}$ injektive Abbildungen. Dann ist aber auch $\mu_\Delta$ injektiv, und Teil a) des Satzes ist bewiesen.

Zum Beweis der Aussage b) des Satzes genügt es nachzuweisen, daß $\mu_{a_1}(\langle 0 \rangle_{\overline{M}} : (a))$ $= \mu_{a_1}(\operatorname{im} \mu_\Delta)$ ist, denn $\mu_{a_1}$ ist injektiv. Da das obige Diagramm kommutativ ist, ist zu zeigen, daß

$$(7) \qquad \mu_{a_1}(\langle 0 \rangle_{\overline{M}} : (a)) = \mu_{b_1}(\operatorname{im} \mu_{\Delta_1})$$

Nach F.2b) gilt

$$\langle 0 \rangle_{\overline{M}} : (a) = (b)M : (a)/(b)M = \{m' \in M \mid (a)m' \subset (b)M\}/(b)M$$

und das Bild dieses Moduls bei $\mu_{a_1}$ ist

$$\{a_1 m' \mid m' \in M, (a) a_1 m' \subset (a_1 b_1, b_2, \ldots, b_m)M\}/(a_1 b_1, b_2, \ldots, b_m)M$$

Da $\mu_{b_1}$ injektiv ist, erhalten wir andererseits

$$\mu_{b_1}(\mathrm{im}\ \mu_{\Delta_1}) = \{b_1 m \mid m \in M, (a)b_1 m \subset (a_1 b_1, b_2, \ldots, b_m)M\}/(a_1 b_1, b_2, \ldots, b_m)M$$

Für $m' \in M$ mit $(a)a_1 m' \subset (a_1 b_1, b_2, \ldots, b_m)M$ ist $a_1^2 m' \in (a_1 b_1, b_2, \ldots, b_m)M$ und somit

$$a_1 m' \equiv b_1 m \bmod (b_2, \ldots, b_m)M$$

mit einem $m \in M$, für das $(a)b_1 m \subset (a_1 b_1, b_2, \ldots, b_m)M$.

Ist umgekehrt ein solches $m$ gegeben, dann gilt speziell $b_1^2 m \in (a_1 b_1, b_2, \ldots, b_m)M$ und somit

$$b_1 m \equiv a_1 m' \bmod (b_2, \ldots, b_m)M$$

mit einem $m' \in M$, für das $(a)a_1 m' \subset (a_1 b_1, b_2, \ldots, b_m)M$.

Damit ist (7) gezeigt und der Satz bewiesen.

Im Fall $M = R$ ergibt sich die folgende **Dualitätssaussage**.

**F.5.KOROLLAR.** *([W]) Für zwei quasireguläre Folgen $a$ und $b$ aus einem noetherschen Ring $R$ mit $(b) \subset (a)$ sei $\overline{\Delta}$ das Bild der Determinante $\Delta$ eines Systems (3) in $\overline{R} := R/(b)$. Ferner sei $\overline{I} := (a)/(b)$. Dann gilt*

$$\mathrm{Ann}_{\overline{R}}(\overline{\Delta}) = \overline{I} \quad und \quad \mathrm{Ann}_{\overline{R}}(\overline{I}) = (\overline{\Delta})$$

BEWEIS: Die Zusammensetzung der kanonischen Abbildung $R/(b) \to R/(a)$ mit $\mu_\Delta$ ist die Multiplikation mit $\overline{\Delta}$ auf $\overline{R}$. Da $\mu_\Delta$ injektiv ist, folgt $\mathrm{Ann}_{\overline{R}}(\overline{\Delta}) = \overline{I}$. Die Aussage $\mathrm{Ann}_{\overline{R}}(\overline{I}) = (\overline{\Delta})$ ist ein Spezialfall von F.4b).

Berücksichtigt man die Regel F.2b), so läßt sich F.5 auch wie folgt formulieren.

**F.6.KOROLLAR.** *Unter den Voraussetzungen von F.5 gilt*

$$(a) = (b) : (\Delta, b_1, \ldots, b_m) \quad und \quad (\Delta, b_1, \ldots, b_m) = (b) : (a)$$

Eine der vielen Anwendungen von F.5 bezieht sich auf den Sockel gewisser artinscher lokaler Ringe. Wir formulieren hier die entsprechende Aussage für graduierte Ringe.

**F.7.SATZ.** *Sei $K$ ein Körper und $B = K[X_1, \ldots, X_n]/(F_1, \ldots, F_n)$ mit einer homogenen regulären Folge $(F_1, \ldots, F_n)$. Sei $d_i := \deg F_i > 0$ $(i = 1, \ldots, n)$ und $\rho := \sum_{i=1}^{n} d_i - n$. Dann ist $B_\rho$ der homogene Bestandteil höchsten Grades von $B$, der nicht verschwindet. Es gilt für den Sockel von $B$*

$$\mathfrak{S}(B) = B_\rho \quad und \quad \dim_K \mathfrak{S}(B) = 1$$

BEWEIS: Nach A.12b) besitzt $B$ die Hilbertreihe

$$H_B(t) = \frac{1}{(1-t)^n} \prod_{i=1}^{n} (1 - t^{d_i}) = \prod_{i=1}^{n} \sum_{j=0}^{d_i-1} t^j$$

Dies ist ein normiertes Polynom vom Grad $\rho$, somit ist $\dim_K B_\rho = 1$ und $B_i = 0$ für $i > \rho$. Aus $B_+ \cdot B_\rho = \langle 0 \rangle$ folgt $B_\rho \subset \mathfrak{S}(B)$. Schreibe

$$(8) \qquad F_i = \sum_{k=1}^{n} c_{ik} X_k \qquad (c_{ik} \in K[X_1, \ldots, X_n] \text{ homogen}, i = 1, \ldots, n)$$

Dann besitzt $\Delta := \det(c_{ik})$ den Grad $\rho$. Nach F.5 wird $\mathfrak{S}(B) = (0) : B_+$ vom Bild $\overline{\Delta}$ von $\Delta$ erzeugt. Es folgt $\mathfrak{S}(B) = K \cdot \overline{\Delta}$.

**F.8.ZUSATZ.** *Die Charakteristik von $K$ sei kein Teiler von $\prod_{i=1}^{n} d_i$. Dann wird der Sockel von $B$ als $K$–Vektorraum vom Bild der Jacobideterminante $\det(\frac{\partial F_i}{\partial X_k})$ in $B$ aufgespannt:*

$$\mathfrak{S}(B) = K \cdot \frac{\partial(F_1, \ldots, F_n)}{\partial(x_1, \ldots, x_n)}$$

BEWEIS: Nach Euler (A, Formel (4)) gilt

$$F_i = \frac{1}{d_i} \sum_{k=1}^{n} \frac{\partial F_i}{\partial X_k} X_k \qquad (i = 1, \ldots, n)$$

Dies ist ein System der Form (8).

Wenn eine positiv $\mathbf{Z}$–graduierte Algebra $B$ über einem Körper $K$ einen 1–dimensionalen Sockel besitzt, dann hat das die im folgenden Satz formulierte Konsequenz.

**F.9.SATZ.** *Sei $B$ als $K$–Algebra endlich-dimensional und $\dim_K \mathfrak{S}(B) = 1$. Es sei $B_0 = K$ und $B = K[B_1]$. Dann ist $\mathfrak{S}(B) = B_\rho$, der nicht verschwindende Bestandteil höchsten Grades von $B$, und für $i = 0, \ldots, \rho$ ist die Multiplikationsabbildung*

$$\begin{aligned} B_i \times B_{\rho-i} &\to B_\rho \\ (a \ , b) &\mapsto a \cdot b \end{aligned}$$

*eine nicht-ausgeartete Bilinearform.*

BEWEIS: Da $B_+ \cdot B_\rho = (0)$ ist, gilt $B_\rho \subset \mathfrak{S}(B)$ und damit $\mathfrak{S}(B) = B_\rho$. Zum Beweis der zweiten Aussage des Satzes muß für jedes $a \in B_i \setminus \{0\}$ ein $b \in B_{\rho-i}$ gefunden werden, so daß $a \cdot b \neq 0$ ist.

Im Fall $i = \rho$ können wir $b = 1$ wählen. Sei nun $i < \rho$, und sei die Behauptung schon für $k = i+1$ bewiesen. Es ist dann $a \notin \mathfrak{S}(B)$, daher gilt $B_+ \cdot a \neq (0)$. Es gibt ein $a' \in B_1$ mit $aa' \neq 0$. Nach Induktionsannahme existiert ein $b' \in B_{\rho-k-1}$, so daß $aa'b' \neq 0$. Die Behauptung folgt nun mit $b = a'b'$.

F.10.KOROLLAR. *(Symmetrie der Hilbertfunktion). Für alle* $i \in \mathbf{Z}$ *gilt*

$$\chi_B(i) = \chi_B(\rho - i)$$

Die Zahl $\rho$ wird manchmal auch die $a$-**Invariante** der graduierten $K$-Algebra $B$ mit $\dim_K \mathfrak{S}(B) = 1$ genannt.

AUFGABEN:

1) Seien $I$ und $J$ Ideale eines Rings $R$. Geben Sie einen kanonischen Isomorphismus von $I : J$ auf $\operatorname{Hom}_R(R/J, R/I)$ an.

2) Seien $\mathfrak{q}_i$ $\mathfrak{p}_i$-primäre Ideale eines noetherschen Rings $R$ $(i = 1, \ldots, r)$, wobei $\mathfrak{p}_i \neq \mathfrak{p}_j$ für $i \neq j$. Sei $I = \mathfrak{q}_1 \cap \cdots \cap \mathfrak{q}_r \cap J$ mit einem weiteren Ideal $J$. Dann gilt

$$I : J = \bigcap_{J \not\subset \mathfrak{q}_i} \mathfrak{q}_i : J$$

und $\mathfrak{q}_i : J$ ist $\mathfrak{p}_i$-primär für alle $i$ mit $J \not\subset \mathfrak{q}_i$.

3) Sei $I$ ein Ideal in einem noetherschen Ring mit einer Primärzerlegung

$$I = \mathfrak{q}_1 \cap \cdots \cap \mathfrak{q}_\sigma \cap \mathfrak{q}_1' \cap \cdots \cap \mathfrak{q}_\tau' \qquad (\sigma, \tau \geq 1)$$

ohne eingebettete Primärkomponenten. Setze

$$J := \mathfrak{q}_1 \cap \cdots \cap \mathfrak{q}_\sigma, \quad K := \mathfrak{q}_1' \cap \cdots \cap \mathfrak{q}_\tau'$$

Dann gilt $J = I : K$ und $K = I : J$.

# Literatur


[A]     Czwalina, A. (Übersetzer). Die Kegelschnitte des Apollonius. Nachdruck der Ausgabe München u. Berlin 1926. Oldenburg. München 1967

[BH]    Bruns, W. u. J. Herzog. Cohen-Macaulay Rings. Cambridge University Press 1993

[BK]    Brieskorn, E. u. H. Knörrer. Ebene algebraische Kurven. Birkhäuser. Basel-Boston-Stuttgart 1981

[C]     Cantor, M. Vorlesungen über Geschichte der Mathematik. Nachdruck. Teubner. Stuttgart 1965

[CLO]   Cox, D., Little, J. u. D. O'Shea. Ideals, Varieties and Algorithms. An Introduction to Computational Algebraic Geometry and Commutative Algebra. Undergraduate Texts in Mathematics. Springer-Verlag. 2. Auflage 1996

[CT]    Cartier, P. u. J. Tate. A Simple Proof of the Main Theorem of Elimination Theory in Algebraic Geometry. Enseign. Math. 24 (1978), 311-317

[D]     Davis, E. Ideals of the Principal Class, $R$–Sequences and a Certain Monoidal Transformation. Pac. J. Math. 20 (1967), 197-205

[EH]    Eisenbud, D. u. J. Harris. Schemes: The Language of Modern Algebraic Geometry. Wadsworth, Pacific Grove 1992

[F]     Fischer, G. Mathematische Modelle. Vieweg. Braunschweig-Wiesbaden 1986

[Fu]    Fulton, W. Intersection Theory. Springer. Berlin-Heidelberg-New York-Tokio 1984

[G]     Grothendieck, A. u. J. Dieudonné. Eléments de géometrie algébrique. Publ. Math. IHES 4 (1960), 8 (1961), 11(1961), 17 (1963), 20 (1964), 24 (1965), 28 (1966), 32 (1967)

[H]     Hartshorne, R. Algebraic Geometry. Springer. New York 1977

[HK]    Hübl, R. u. E. Kunz. On the Intersection of Algebraic Curves and Hypersurfaces. Math.Z. (erscheint)

[KS]    Knebusch, M. u. C. Scheiderer. Einführung in die reelle Algebra. Vieweg. Braunschweig-Wiesbaden 1989

[$K_1$] Kunz, E. Einführung in die kommutative Algebra und algebraische Geometrie. Vieweg. Braunschweig 1985

[K₂] — Introduction to Commutative Algebra and Algebraic Geometry. $3^{rd}$ printing. Birkhäuser. Boston 1993

[K₃] — Ebene algebraische Kurven. Regensburger Trichter Bd. 23 (1991)

[K₄] — Algebra. 2. Aufl. Vieweg. Wiesbaden 1994

[K₅] — Über den $n$–dimensionalen Residuensatz. Jahresber. DMV 94 (1992), 170-188

[KL] Kunz, E. u. R. Lux. Durchmesser und Mittelpunkte algebraischer Hyperflächen. El. Math. 51 (1996), 64-74

[KW₁] Kunz, E. u. R. Waldi. Asymptotes and Centers of Affine Algebraic Curves. Math. Semesterber. 42 (1995), 163-180

[KW₂] — Generalization of a Theorem of Chasles. Arch. Math. 65 (1995), 384-390

[N] Newton, I. Curves. In: Lexicon Technicum, Vol. II. London 1710. Siehe auch: The Mathematical Works of Isaac Newton, New York-London 1967

[NR] Northcott, D. G. u. D. Rees. Extensions and Simplifications of the Theory of Regular Local Rings. Proc. Cambridge Phil. Soc. 57 (1961), 483-488

[SS] Scheja, G. u. U. Storch. Über Spurfunktionen bei vollständigen Durchschnitten. J. reine angew. Math. 278/279 (1979), 157-170

[S] Stanley, R. P. Combinatorics and Commutative Algebra. Progress in Math. Sec. Edition. Birkhäuser Boston 1996

[W] Wiebe, H. Über homologische Invarianten lokaler Ringe. Math. Ann. 179 (1969), 257-274

[Wi] Wiles, A. Modular Elliptic Curves and Fermat's Last Theorem. Ann. Math. 142 (1995), 443-551

# Sachwortverzeichnis

# Ebene Algebraische Kurven

von Gerd Fischer

1994. X, 177 Seiten mit zahlreichen Abbildungen.
(vieweg studium; Aufbaukurs Mathematik; hrsg. von Aigner, Martin/ Fischer, Gerd/ Grüter, Michael/ Knebusch, Manfred/ Wüstholz, Gisbert) Kartoniert.
ISBN 3-528-07267-9

*Aus dem Inhalt:* § 1 Affin-algebraische Kurven und ihre Gleichungen - § 2 Der projektive Abschluß - § 3 Tangenten und Singularitäten - § 4 Polaren und Hessekurve - § 5 Duale Kurve und Plückenformeln - § 6 Der Ring der konvergenten Potenzreihen - § 7 Parametrisierung der Kurvenzweige durch Puiseux Reihen - § 8 Tangenten und Schnittmultiplizitäten von Kurvenkeimen - § 9 Die Riemannsche Fläche zu einer algebraischen Kurve
Anhang: 1. Die Resultante - 2. Überlagerungen - 3. Der Satz über implizite Funktionen - 4. Das Newton Polygon - 5. Die Formel von Harnack.

Ausgehend von Beispielen verschiedenartiger Kurven in der reellen Ebene wird gezeigt, daß es nützlich für das Verständnis geometrischer Eigenschaften ist, komplexe und unendlich ferne Punkte hinzuzunehmen. Damit ist der Rahmen abgesteckt für die Untersuchung algebraischer Kurven in der komplex-projektiven Ebene. Neben den elementaren Dingen, wie Tangenten, Singularitäten und Wendepunkten werden auch schwierigere Begriffe wie lokale Zweige und Geschlecht behandelt. Höhepunkte sind die klassischen Formeln von Plücker und Clebsch, die Beziehungen zwischen verschiedenen globalen und lokalen Invarianten einer Kurve beschreiben. Im Vordergrund steht die Geometrie, die benutzten Hilfsmittel aus Algebra, Analysis und Topologie werden ausführlich erläutert. Das Buch kann auch als erste Einführung in algebraische Geometrie und komplexe Analysis dienen. Besonderer Wert wird auf konkrete Rechenverfahren, Beispiele und Bilder gelegt.

Verlag Vieweg · Postfach 1547 · 65005 Wiesbaden · Fax (0611) 78 78-420